可压缩量子流体力学方程及其数学理论

郭柏灵　边东芬　席肖玉　解斌强　王光武　著

浙江科学技术出版社
ZHEJIANG SCIENCE AND TECHNOLOGY PUBLISHING HOUSE

图书在版编目（CIP）数据

可压缩量子流体力学方程及其数学理论 / 郭柏灵等著. — 杭州：浙江科学技术出版社，2019.6

ISBN 978-7-5341-8508-3

Ⅰ. ①可… Ⅱ. ①郭… Ⅲ. ①量子流体—流体力学—研究 Ⅳ. ①O414.2

中国版本图书馆CIP数据核字（2019）第119247号

可压缩量子流体力学方程及其数学理论

郭柏灵　边东芬　席肖玉　解斌强　王光武　著

出版发行　**浙江科学技术出版社**

杭州市体育场路347号　邮政编码：310006

办公室电话：0571-85176593

销售部电话：0571-85176040

网　址：www.zkpress.com

E-mail：zkpress@zkpress.com

排　　版　杭州兴邦电子印务有限公司

印　　刷　浙江新华数码印务有限公司

经　　销　全国各地新华书店

开　　本	787×1092　1/16	**印　张**	14.5
字　　数	405 000		
版　　次	2019年6月第1版	**印　次**	2019年6月第1次印刷
书　　号	ISBN 978-7-5341-8508-3	**定　价**	168.00元

策划编辑　莫沈茗　**责任编辑**　柳丽敏　易　攀　**装帧设计**　孙　菁

责任校对　赵　艳　**责任印务**　田　文

前言

量子力学是研究微观粒子运动规律的物理学分支，主要研究原子、分子、凝聚态物质，以及原子核和基本粒子的结构和性质的基础理论。Schrödinger 方程是量子力学的基本方程。20 世纪 20 年代末，E. Madelung 从非线性 Schrödinger 方程 $i\psi_t + \frac{h^2}{2}\Delta\psi = h(|\psi|^2)\psi, h'(\rho) = \frac{P'(\rho)}{\rho}$ 导出了无粘量子流体力学方程组 (Quantum Hydrodynamic Equations)，由此得到的方程组可以看成是带有 Bohm 势的可压缩欧拉方程。量子流体力学现象来自超流、超导和半导体等。众所周知，半导体是指常温下导电性能介于导体与绝缘体之间的材料。量子流体模型可以用来描述超流体、量子半导体和弱相互作用的玻色气体。近年来，M. Gualdani 和 A. Jüngel 对 Wigner-Fokker-Planck 方程利用矩量法推导出了粘性量子欧拉方程。S. Brull 和 F. M'ehats 在某些假设下，对 Wigner 方程利用 Chapman-Enskog 展开法，得到了量子流体力学方程。Ericksen-Leslie 从连续介质力学出发得到了液晶动力学方程的宏观理论。由于量子流体力学方程的广泛应用，关于量子流体力学方程的研究引起了越来越多学者的关注。

基于上述事实，近几年来，我们对量子流体力学方程方面的资料进行了收集和整理，并对其中的数学物理问题进行了研究。本书主要介绍了这些领域中有关研究的最新成果，其中包括了作者及其合作者的一些研究成果。本书的主要内容有：量子流体力学方程组的物理来源及其数学模型；可压缩量子 Navier-Stokes 方程弱解的整体存在性；无粘量子流体力学方程的有限能量弱解的存在性；具有冷压的非等熵量子 Navier-Stokes 方程；可压缩量子欧拉–泊松方程的边值问题；双极量子流体方程组的渐近极限。

由于作者水平和篇幅有限，书中难免出现不妥或疏漏之处，敬请读者批评指正。

郭柏灵

2018 年 5 月 19 日于北京

目录

1. 量子流体力学方程组的物理来源及其数学模型

量子流体力学现象来自超流、超导和半导体等。众所周知，半导体是指常温下导电性能介于导体与绝缘体之间的材料。半导体根据元素组成可分为元素半导体和化合物半导体。由一种元素构成的半导体称为元素半导体，由两种或者两种以上的元素构成的半导体称为化合物半导体 [1]。人们对元素硅 (Si) 和锗 (Ge) 的认识最早，硅是集成电路中最常用的半导体材料，使用最广泛，被称为第一代半导体材料。以砷化镓 (GaAs) 为代表的化合物半导体材料被称为第二代半导体材料，主要由三种形式构成：第一种，IIIA-VA 族化合物，如砷化镓 (GaAs)、磷化铟 (InP)、氮化镓 (GaN)；第二种，IIB-VIA 族化合物，如硫化锌 (ZnS)、氧化锌 (ZnO)；第三种，IVA 族化合物，如碳化硅 (SiC) 等。进入 20 世纪 80 年代，宽禁带半导体材料，尤其是氮化镓 (GaN) 日益受到人们的重视，由此制造出了蓝光磷光二极管和激光器。以氮化镓 (GaN) 为代表的宽禁带半导体材料被称为第三代半导体材料。

固体按导电能力的大小可划分为金属、半导体和绝缘体。金属的电阻率非常小，因而具有良好的导电性。绝缘体的电阻率非常大，因而基本不导电。半导体的电阻率在金属和绝缘体之间，因而其导电性能介于金属和绝缘体之间。

固体的能带被电子填充的情况有三种：第一种是能带中的电子态是空的，没有被电子占据，这种能带称为空带。第二种是能带中的电子态完全被电子占据，不存在没有被电子占据的空状态，这种能带称为满带。第三种是能带中的电子态部分被电子填充，即电子填充了能带中的一部分电子态，还有一部分电子态是空的，这种能带叫作不满带或部分填充能带。能带理论指出，晶体是否具有导电性，取决于它是否存在不满的能带。

金属、半导体和绝缘体三种固体的能带图及能带被电子填充的情况如图 1-1 所示。

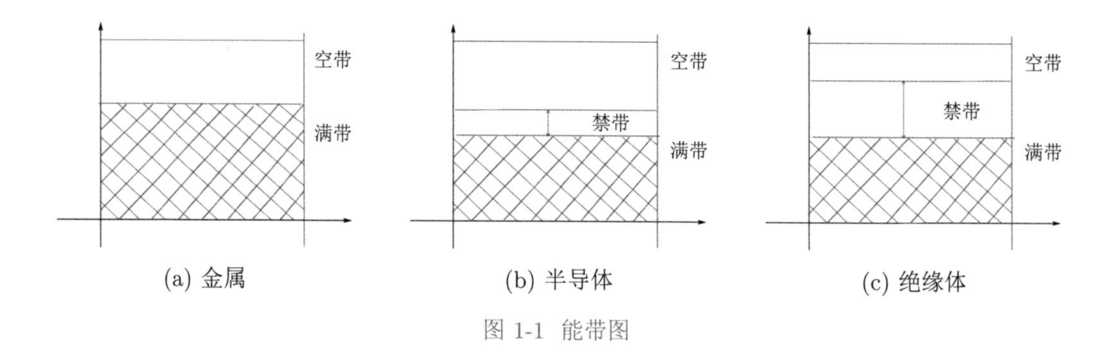

(a) 金属　(b) 半导体　(c) 绝缘体

图 1-1 能带图

对于半导体和绝缘体，在绝对零度时，被电子占据的最高能带是满带，上面邻近的能带则是空带，满带和空带之间被禁带分开。由于没有不满的能带存在，所以它不导电。绝缘体的禁带很宽，即使在温度升高时，电子也难以从满带激发到空带，所以仍然是不导电的。半导体和绝缘体的差别仅在于半导体的禁带比较窄，在一定温度下，电子容易从满带激发到空带。这样一来，原来空着的能带有了少量电子，变成不满带，原来被电子充满的能带因失去了电子也变成了不满带，于是半导体就有了导电性。

下面介绍几个量子流体模型。

1.1 等熵量子流体力学方程组

考虑一维量子等离子体，一个电子纯量子态的情况，$\psi(t)$ 表示波函数，满足 Schrödinger-Poisson 方程组

$$\mathrm{i}h\frac{\partial\psi}{\partial t}=-\frac{h^2}{2m}\frac{\partial^2\psi}{\partial x^2}-e\phi\psi, \tag{1.1.1}$$

$$\frac{\partial^2\phi}{\partial x^2}=\frac{e}{\varepsilon_0}(|\psi|^2-n_0), \tag{1.1.2}$$

其中 h 为普朗克常量，e 为电子电荷，m 为电子质量，ϕ 为电子位势，ε_0 和 n_0 为物理常数。令

$$\psi=A(x,t)\mathrm{e}^{\mathrm{i}S(x,t)}, \tag{1.1.3}$$

$$n=|\psi|^2,\boldsymbol{u}=\frac{1}{m}\frac{\partial S}{\partial x}, \tag{1.1.4}$$

代入方程组 (1.1.1)–(1.1.2)，分开实部，虚部满足方程组

$$\frac{\partial n}{\partial t}+\frac{\partial n\boldsymbol{u}}{\partial x}=0, \tag{1.1.5}$$

$$\frac{\partial \boldsymbol{u}}{\partial t}+\boldsymbol{u}\frac{\partial \boldsymbol{u}}{\partial x}=\frac{e}{m}\frac{\partial \phi}{\partial x}+\frac{h^2}{2m^2}\frac{\partial}{\partial x}\left(\frac{\frac{\partial^2(\sqrt{n})}{\partial x^2}}{\sqrt{n}}\right), \tag{1.1.6}$$

$$\frac{\partial^2 \phi}{\partial x^2}=\frac{e}{\varepsilon_0}(n-n_0). \tag{1.1.7}$$

给定方程组 (1.1.5)–(1.1.7) 的初始条件

$$n|_{t=0}=n_0, \boldsymbol{u}|_{t=0}=\boldsymbol{u}_0, \phi|_{t=0}=0. \tag{1.1.8}$$

现考虑方程组 (1.1.5)–(1.1.7) 的定态解，有

$$\frac{\mathrm{d}}{\mathrm{d}x}n\boldsymbol{u}=0, \tag{1.1.9}$$

$$\boldsymbol{u}\frac{\mathrm{d}\boldsymbol{u}}{\mathrm{d}x}=\frac{e}{m}\frac{\mathrm{d}\phi}{\mathrm{d}x}+\frac{h^2}{2m^2}\frac{\mathrm{d}}{\mathrm{d}x}\left(\frac{\frac{\mathrm{d}^2(\sqrt{n})}{\mathrm{d}x^2}}{\sqrt{n}}\right). \tag{1.1.10}$$

(1.1.9)–(1.1.10) 的首次积分为

$$\boldsymbol{J}=n\boldsymbol{u}, \tag{1.1.11}$$

$$\Sigma=\frac{m\boldsymbol{u}^2}{2}-e\phi-\frac{h^2}{2m}\left(\frac{\frac{\mathrm{d}^2(\sqrt{n})}{\mathrm{d}x^2}}{\sqrt{n}}\right). \tag{1.1.12}$$

令 $\sqrt{n}=A$，消去 $\boldsymbol{u}$，利用 Poisson 方程组得

$$h^2\frac{\mathrm{d}^2A}{\mathrm{d}x^2}=m\left(\frac{m\boldsymbol{J}^2}{A^3}-2eA\phi\right), \tag{1.1.13}$$

$$\frac{\mathrm{d}^2\phi}{\mathrm{d}x^2}=\frac{e}{\varepsilon_0}(A^2-n_0). \tag{1.1.14}$$

设 $\boldsymbol{J}=n_0\boldsymbol{u}_0\neq 0$，引入

$$x^*=\frac{w_p x}{\boldsymbol{u}_0}, A^*=\frac{A}{\sqrt{n_0}}, \phi^*=\frac{e\phi}{m\boldsymbol{u}_0^2}, H=\frac{hw_p}{m\boldsymbol{u}_0^2}, \tag{1.1.15}$$

其中 $w_p=\left(\frac{n_0e^2}{m\varepsilon_0}\right)^{1/2}$ 为等离子体频率，则由 (1.1.13)–(1.1.14) 可得

$$H^2\frac{\mathrm{d}^2A}{\mathrm{d}x^2}=-2\phi A+\frac{1}{A^3}, \tag{1.1.16}$$

$$\frac{\mathrm{d}^2\phi}{\mathrm{d}x^2}=A^2-1, \tag{1.1.17}$$

当 $H=0$ 时，为古典情况，由 (1.1.16) 可得 $A^2=\frac{1}{\sqrt{2\phi}}$，由此可得

$$\frac{\mathrm{d}^2\phi}{\mathrm{d}x^2}=\frac{1}{\sqrt{2\phi}}-1. \tag{1.1.18}$$

我们可以求解方程 (1.1.18) 和方程组 (1.1.16)–(1.1.17)。

1.2 非等熵量子流体力学方程组

首先，我们从碰撞的 Wigner-Boltzman 方程出发，即考虑

$$\omega_t+\boldsymbol{p}\cdot\nabla_x\omega+\theta[V]=\frac{1}{\alpha}(M[\omega]-\omega)+\frac{\alpha}{\tau}(\Delta_{\boldsymbol{p}}\omega+\mathrm{div}_{\boldsymbol{p}}(\rho\omega)), \tag{1.2.1}$$

$\omega(x,\boldsymbol{p},t)$ 为相应变元 $(x,\boldsymbol{p})\in\mathbf{R}^3\times\mathbf{R}^3$，$t>0$ 的 Wigner 函数，α 为平均自由程，τ 为松弛时间，$\theta[V]$ 为非局部位势算子，其中包含了普朗克常量 h，电子位势 V 可以是给定的，也可以由 Poisson 方程求出。方程 (1.2.1) 右端的碰撞项由两项组成：一项是 Wigner 函数，其趋于平衡态 Maxwellian $M[\omega]$，另一项为 Galdeira-Leggelt 型碰撞算子。

用 Chapman-Enskog 展开 $\omega=M[\omega]+\alpha g$，依量子 Maxwellian 给出动量 ω，动量 $n\boldsymbol{u}$，包含 α 阶耗散修正。对于质量密度 n、速度 $\boldsymbol{u}$ 和温度 T 展开到 h^2。进一步设温度 $A(\boldsymbol{u})=\frac{1}{2}(\nabla\boldsymbol{u}-\nabla^{\mathrm{T}}\boldsymbol{u})$ 为 h^2 阶，$\nabla\log T=O(h^2)$ 整个展开阶数为 $O(\alpha^2+\alpha h^2+h^4)$，即可给出如下的 Navier-Stokes 方程

$$n_t+\mathrm{div}(n\boldsymbol{u})=0, \tag{1.2.2}$$

$$(n\boldsymbol{u})_t+\mathrm{div}(n\boldsymbol{u}\otimes\boldsymbol{u})+\nabla(nT)-\frac{h^2}{12}\mathrm{div}(n\nabla^2\log n)-n\nabla V=\mathrm{div}\,\boldsymbol{S}-\frac{n\boldsymbol{u}}{\tau_0}, \tag{1.2.3}$$

$$(ne)_t+\mathrm{div}[(ne+nT)\boldsymbol{u}]-\frac{h^2}{12}\mathrm{div}((n\nabla^2\log n)\boldsymbol{u})+\mathrm{div}\,\boldsymbol{q}_0-n\boldsymbol{u}\nabla V=$$
$$\mathrm{div}(\boldsymbol{S}\boldsymbol{u})-\frac{2}{\tau_0}(ne-\frac{3}{2}n), \tag{1.2.4}$$

其中 $\boldsymbol{u}\otimes\boldsymbol{u}$ 为具有分量 u_ju_k 的矩阵。∇^2 为 Hessian 矩阵，$\tau_0=\frac{\tau}{\alpha}$。能量密度 (作为 $O(h^4)$ 的项) 有

$$ne=\frac{3}{2}nT+\frac{1}{2}n|\boldsymbol{u}|^2-\frac{h^2}{24}n\Delta\log n. \tag{1.2.5}$$

粘性应力张量 $\boldsymbol{S}$ 和全热流 $\boldsymbol{q}_0$ 为

$$\boldsymbol{S}=2\alpha nTD(\boldsymbol{u})-\frac{2}{3}\alpha nT\,\mathrm{div}\,\boldsymbol{u}\boldsymbol{I},$$

$$q_0 = -\frac{5}{2}\alpha nT\nabla T - \frac{h^2}{24}n(\Delta n + 2\nabla \operatorname{div} u), \tag{1.2.6}$$

$D(u) = \frac{1}{2}(\nabla u + \nabla^{\mathrm{T}} u)$ 是速度梯度的对称部分，I 为 $\mathbf{R}^3 \times \mathbf{R}^3$ 的单位矩阵。

以下我们要推出方程组 (1.2.2)–(1.2.4)。

1.2.1 Wigner-BGK 方程

方程 (1.2.1) 中微分算子

$$\theta[V]\omega(x, p, t) = \frac{1}{(2\pi)^3}\int_{\mathbf{R}^3\times\mathbf{R}^3}(\delta V)(x, \eta, t)\omega(x, p', t)\mathrm{e}^{\mathrm{i}(p-p')}\mathrm{d}p'\mathrm{d}\eta,$$

$$(\delta V)(x, \eta, t) = \frac{\mathrm{i}}{h}(V(x + \frac{h}{2}\eta, t) - V(x - \frac{h}{2}\eta, t)), \tag{1.2.7}$$

这里电子位势 $V = V(x, t)$ 为已给函数或由耦合 Poisson 方程导出。$h > 0$ 为普朗克常量，当 $h \to 0$ 时，位势算子 $\theta[V]\omega$ 收敛于经典的 $\nabla_x V \cdot \nabla_p \omega$，这是半经典极限。定义量子指数、量子对数分别为

$$\mathrm{e}^{\omega} = W(\mathrm{e}^{W^{-1}(\omega)}), \log\omega = W(\log W^{-1}(\omega)),$$

这里 W 是 Wigner 变换，W^{-1} 是它的逆。令

$$W(\rho)(x, p) = \frac{1}{(2\pi)^2}\int_{\mathbf{R}^3}\tilde{\rho}(x + \frac{h}{2}\eta, x - \frac{h}{2}\eta)\mathrm{e}^{\mathrm{i}\eta p}\mathrm{d}\eta,$$

令 ρ 是 $L^2(\mathbf{R}^3)$ 的一个算子，$\tilde{\rho}$ 是它的积分核，即

$$\rho\phi(x) = \int_{\mathbf{R}^3}\tilde{\rho}(x, x')\phi(x')\mathrm{d}x', \forall\phi \in L^2(\mathbf{R}^3).$$

逆 W^{-1} 称为 Weyl 量子，对任何函数 $f(x, p)$，作为定义在 $L^2(\mathbf{R}^3)$ 上的一个算子：

$$(W^{-1}(f)\phi)(x, p) = \int_{\mathbf{R}^3\times\mathbf{R}^3} f(\frac{x+y}{2})\phi(y)\mathrm{e}^{\mathrm{i}\frac{p(x-y)}{h}}\mathrm{d}p\mathrm{d}y, \forall\phi \in L^2(\mathbf{R}^3). \tag{1.2.8}$$

量子自由能为

$$S(\omega) = \frac{-1}{(2\pi h)^3}\int_{\mathbf{R}^3\times\mathbf{R}^3}\omega(x, p, \cdot)\left((\log W)(x, p, \cdot) - 1 + \frac{p^2}{2} - V(x, \cdot)\right)\mathrm{d}x\mathrm{d}p. \tag{1.2.9}$$

对于给定的 Wigner 函数 ω，定义 $M[\omega]$ 是 $S(f)$ 的极大，f 具有与 ω 相同的动量，

$$\int_{\mathbf{R}^3}\omega\begin{pmatrix}1\\ p\\ |p|^2/2\end{pmatrix}\mathrm{d}p = \int_{\mathbf{R}^3} f\begin{pmatrix}1\\ p\\ |p|^2/2\end{pmatrix}\mathrm{d}p. \tag{1.2.10}$$

如果解存在，具有形式

$$M[\omega](x,\boldsymbol{p},t)=\mathrm{e}^{A(x,t)-\frac{|\boldsymbol{p}-v(x,t)|^2}{2T(x,t)}}, \tag{1.2.11}$$

这里 A,v 和 T 是 Lagrange 乘子。可以证明在给定局部密度 $\int_{\mathbf{R}}\frac{f\mathrm{d}\boldsymbol{p}}{(2\pi h)^3}$ (在一维情况下)，存在唯一的最大 S。对所有 ω

$$\int_{\mathbf{R}^3}(M[\omega]-\omega)\begin{pmatrix}1\\ \boldsymbol{p}\\ |\boldsymbol{p}|^2/2\end{pmatrix}\mathrm{d}\boldsymbol{p}=0. \tag{1.2.12}$$

在物理上，(1.2.12) 意味着碰撞算子 $Q(\omega)=\dfrac{(M[\omega]-\omega)}{\alpha}$ 的质量、动量和能量守恒。

1.2.2 非局部动量方程

引入

$$\langle g(\boldsymbol{p})\rangle=\frac{1}{(2\pi h)^3}\int_{\mathbf{R}^3}g(\boldsymbol{p})\mathrm{d}\boldsymbol{p},$$

其中 $g(\boldsymbol{p})$ 为给定函数，Wigner 方程 (1.2.12) 乘以 1、$\boldsymbol{p}$ 和 $\dfrac{|\boldsymbol{p}|^2}{2}$，再对 $\boldsymbol{p}\in\mathbf{R}^3$ 积分，利用 (1.2.12)，可得动量方程

$$\begin{aligned}
&\partial_t\langle\omega\rangle+\mathrm{div}_x\langle\boldsymbol{p}\omega\rangle+\langle\theta[V]\omega\rangle=0,\\
&\partial_t\langle\boldsymbol{p}\omega\rangle+\mathrm{div}_x\langle\boldsymbol{p}\otimes\boldsymbol{p}\omega\rangle+\langle\boldsymbol{p}\theta[V]\omega\rangle=-\alpha\tau^{-1}\langle\boldsymbol{p}\omega\rangle,\\
&\partial_t\langle\frac{1}{2}\boldsymbol{p}\omega\rangle+\mathrm{div}_x\langle\frac{1}{2}\boldsymbol{p}|\boldsymbol{p}|^2\omega\rangle+\langle\frac{1}{2}|\boldsymbol{p}|^2\theta[V]\omega\rangle=-\alpha\tau^{-1}\langle|\boldsymbol{p}|^2\omega-3\omega\rangle,
\end{aligned}$$

这里 $\boldsymbol{p}\otimes\boldsymbol{p}$ 表示矩阵 $p_jp_k(j,k=1,2,3)$。定义质量密度 n、动量 $n\boldsymbol{u}$ 和能量密度 ne 如下：

$$n=\langle\omega\rangle,n\boldsymbol{u}=\langle\boldsymbol{p}\omega\rangle,ne=\langle\frac{1}{2}|\boldsymbol{p}|^2\omega\rangle,$$

$\boldsymbol{u}=\dfrac{n\boldsymbol{u}}{n}$ 为速度，$e=\dfrac{ne}{n}$ 为能量。动量方程右端可写为

$$-\frac{\alpha}{\tau}\langle\boldsymbol{p}\omega\rangle=-\frac{n\boldsymbol{u}}{\tau_0},\ -\frac{\alpha}{\tau}\langle|\boldsymbol{p}|^2\omega-3\omega\rangle=-\frac{2}{\tau_0}(ne-\frac{3}{2}n),$$

其中 $\tau_0=\dfrac{\tau}{\alpha}$，对于具有位势算子 $\theta[V]$ 的动量可简化如下：

引理 1.2.1 位势算子 $\theta[V]$ 的动量变为

$$\langle\theta[V]\rangle=0,\langle\boldsymbol{p}\theta[V]\omega\rangle=-n\nabla_xV, \tag{1.2.13}$$

$$\langle \boldsymbol{p}\otimes\boldsymbol{p}\theta[V]\omega\rangle = -2n\boldsymbol{u}\otimes_s \nabla_x V, \langle\frac{1}{2}|\boldsymbol{p}|^2\theta[V]\omega\rangle = -n\boldsymbol{u}\cdot\nabla_x V, \tag{1.2.14}$$

$$\langle\frac{1}{2}\boldsymbol{p}|\boldsymbol{p}|^2\theta[V]\omega\rangle = -(\langle\boldsymbol{p}\otimes\boldsymbol{p}\omega\rangle + ne\boldsymbol{I})\nabla_x V + \frac{\varepsilon^2}{8}n\nabla_x\Delta_x V, \tag{1.2.15}$$

其中 $\boldsymbol{u}\otimes_s\nabla_x V = \frac{1}{2}(\boldsymbol{u}\otimes\nabla_x V + \nabla_x V\otimes\boldsymbol{u})$ 表示张量积的对称部分，$\boldsymbol{I}$ 是 $\mathbf{R}^3\times\mathbf{R}^3$ 中的单位矩阵。

引理 1.2.1 的证明　动量 (1.2.13) 由参考文献 [2] 中引理 12.9 计算得到。(1.2.15) 由参考文献 [2] 中的引理 13.2 得到，(1.2.14) 由参考文献 [3] 中的引理 1 证明得到。

为了计算动量 $\langle\boldsymbol{p}\otimes\boldsymbol{p}\omega\rangle$ 和 $\langle\frac{1}{2}\boldsymbol{p}|\boldsymbol{p}|^2\omega\rangle$，我们用 Chapman-Enskog 展开，

$$\omega = M[\omega] + \alpha g,$$

由此定义函数 g。动量可写成

$$\langle\boldsymbol{p}\otimes\boldsymbol{p}\omega\rangle = \langle\boldsymbol{p}\otimes\boldsymbol{p}M[\omega]\rangle + \alpha\langle\boldsymbol{p}\otimes\boldsymbol{p}g\rangle,$$
$$\langle\frac{1}{2}\boldsymbol{p}|\boldsymbol{p}|^2\omega\rangle = \langle\frac{1}{2}\boldsymbol{p}|\boldsymbol{p}|^2M[\omega]\rangle + \alpha\langle\frac{1}{2}\boldsymbol{p}|\boldsymbol{p}|^2 g\rangle. \tag{1.2.16}$$

将 Chapman-Enskog 展开代入 Wigner-Boltzman 方程 (1.2.1)，可得 g 的明显表达式

$$g = -\frac{1}{\alpha}(M[\omega]-\omega) = -\omega_t - \boldsymbol{p}\cdot\nabla_x\omega - \theta[V]\omega + \alpha\tau^{-1}(\Delta_{\boldsymbol{p}}\omega + \mathrm{div}_{\boldsymbol{p}}(\boldsymbol{p}\omega)) =$$
$$-M[\omega]_t - \boldsymbol{p}\cdot\nabla_x M[\omega] - \theta[V]M[\omega] + O(\alpha). \tag{1.2.17}$$

引入量子应力张量 $\boldsymbol{P}$ 和量子热流 $\boldsymbol{q}$，

$$\boldsymbol{P} = \langle(\boldsymbol{p}-\boldsymbol{u})\otimes(\boldsymbol{p}-\boldsymbol{u})M[\omega]\rangle,\quad \boldsymbol{q} = \langle\frac{1}{2}(\boldsymbol{p}-\boldsymbol{u})|\boldsymbol{p}-\boldsymbol{u}|^2M[\omega]\rangle.$$

利用关系式 $\langle M[\omega]\rangle = \langle\omega\rangle = n$，$\langle\boldsymbol{p}M[\omega]\rangle = n\boldsymbol{u}$，$\langle\frac{1}{2}|\boldsymbol{p}|^2M[\omega]\rangle = ne$，则由 (1.2.12)，计算可得

$$\boldsymbol{P} = \langle\boldsymbol{p}\otimes\boldsymbol{p}M[\omega]\rangle - \boldsymbol{u}\otimes\langle\boldsymbol{p}M[\omega]\rangle - \langle\boldsymbol{p}M[\omega]\rangle\otimes\boldsymbol{u} + \boldsymbol{u}\otimes\boldsymbol{u}\langle M[\omega]\rangle =$$
$$\langle\boldsymbol{p}\otimes\boldsymbol{p}M[\omega]\rangle - n\boldsymbol{u}\otimes\boldsymbol{u},$$
$$\boldsymbol{q} = \langle\frac{1}{2}\boldsymbol{p}|\boldsymbol{p}|^2M[\omega]\rangle - \langle\frac{1}{2}|\boldsymbol{p}|^2M[\omega]\rangle\boldsymbol{u} + \frac{1}{2}|\boldsymbol{u}|^2\langle\boldsymbol{p}M[\omega]\rangle -$$
$$\frac{1}{2}\boldsymbol{u}|\boldsymbol{u}|^2\langle M[\omega]\rangle - \langle\boldsymbol{p}\otimes\boldsymbol{p}M[\omega]\rangle\boldsymbol{u} + \boldsymbol{u}\otimes\boldsymbol{u}\langle\boldsymbol{p}M[\omega]\rangle =$$
$$\langle\frac{1}{2}\boldsymbol{p}|\boldsymbol{p}|^2M[\omega]\rangle - (\boldsymbol{P} + ne\boldsymbol{I})\boldsymbol{u}. \tag{1.2.18}$$

由 (1.2.16) 可知

$$\langle \boldsymbol{p}\otimes\boldsymbol{p}\omega\rangle = \boldsymbol{P} + n\boldsymbol{u}\otimes\boldsymbol{u} + \alpha\langle \boldsymbol{p}\otimes\boldsymbol{p}g\rangle,$$
$$\langle \frac{1}{2}\boldsymbol{p}|\boldsymbol{p}|^2\omega\rangle = (\boldsymbol{P}+ne\boldsymbol{I})\boldsymbol{u} + \boldsymbol{q} + \alpha\langle \frac{1}{2}\boldsymbol{p}|\boldsymbol{p}|^2 g\rangle. \qquad \square$$

于是我们证明如下引理：

引理 1.2.2 保持到 $O(\alpha^2)$，Wigner 方程的动量方程为

$$n_t + \mathrm{div}_x(n\boldsymbol{u}) = 0, \tag{1.2.19}$$
$$(n\boldsymbol{u})_t + \mathrm{div}_x(\boldsymbol{P} + n\boldsymbol{u}\otimes\boldsymbol{u}) - n\nabla_x \boldsymbol{u} + \alpha\,\mathrm{div}_x S_1 - \frac{n\boldsymbol{u}}{\tau_0}, \tag{1.2.20}$$
$$(ne)_t + \mathrm{div}_x((\boldsymbol{P}+ne\boldsymbol{I})\boldsymbol{u}) + \mathrm{div}_x \boldsymbol{q} - n\boldsymbol{u}\cdot\nabla_x V = \alpha\,\mathrm{div}_x S_2 - \frac{2}{\tau_0}\left(ne - \frac{3}{2}n\right), \tag{1.2.21}$$

其中 $\tau_0 = \dfrac{\tau}{\alpha_0}$，$S_1, S_2$ 为

$$S_1 = \partial_t\langle \boldsymbol{p}\otimes\boldsymbol{p}M[\omega]\rangle + \mathrm{div}_x\langle \boldsymbol{p}\otimes\boldsymbol{p}\otimes\boldsymbol{p}M[\omega]\rangle + \langle \boldsymbol{p}\otimes\boldsymbol{p}\theta[V]M[\omega]\rangle,$$
$$S_2 = \partial_t\langle \frac{1}{2}\boldsymbol{p}|\boldsymbol{p}|^2 M[\omega]\rangle + \mathrm{div}_x\langle \frac{1}{2}\boldsymbol{p}\otimes\boldsymbol{p}|\boldsymbol{p}|^2 M[\omega]\rangle + \langle \frac{1}{2}\boldsymbol{p}|\boldsymbol{p}|^2\theta[V]M[\omega]\rangle.$$

这些方程可看成非局部量子 Navier-Stokes 方程组。将量子 Maxwellian $M[\omega]$ 展开至 $O(h^2)$ 阶，可得到此方程组的局部形式。在参考文献 [4] 中已得到 $\boldsymbol{P}, \boldsymbol{q}, ne$ 的表达式。

$$\boldsymbol{P} = nT\boldsymbol{I} - \frac{h^2}{12}\nabla_x^2 \log n + O(h^4), \tag{1.2.22}$$
$$\boldsymbol{q} = -\frac{h^2}{24}n(\Delta_x \boldsymbol{u} + 2\nabla_x \mathrm{div}_x \boldsymbol{u}) + O(h^4), \tag{1.2.23}$$
$$ne = \frac{3}{2}nT + \frac{1}{2}n|\boldsymbol{u}|^2 - \frac{h^2}{24}n\Delta_x \log n + O(h^4). \tag{1.2.24}$$

在温度慢变和涡度张量 $\boldsymbol{A}(\boldsymbol{u})$ 很小的时候，$\nabla_x \log T = O(h^2)$，$\boldsymbol{A}(\boldsymbol{u}) = \dfrac{3}{2}(\nabla\boldsymbol{u} - \nabla^{\mathrm{T}}\boldsymbol{u}) = O(h^2)$，如参考文献 [4] 所证。

乘子 $\boldsymbol{v}$ 和速度 $\boldsymbol{u}$ 的关系为

$$n\boldsymbol{u} = n\boldsymbol{v} + O(h^2).$$

以下可得 S_1, S_2 展开至 $O(\alpha h^2 + \alpha^2)$ 阶的表达式。

1.2.3 S_1 的计算

令 $S_1 = S_{11} + S_{12} + S_{13}$。其中

$$S_{11} = \partial_t \langle \boldsymbol{p} \otimes \boldsymbol{p} M[\omega] \rangle, S_{12} = \mathrm{div}_x \langle \boldsymbol{p} \otimes \boldsymbol{p} \otimes \boldsymbol{p} M[\omega] \rangle, S_{13} = \langle \boldsymbol{p} \otimes \boldsymbol{p} \theta[V] M[\omega] \rangle.$$

充分计算表达式至 $O(\alpha)$ 阶或 $O(h^2)$ 阶，而表达式 $\alpha\,\mathrm{div}_x S_1$ 和表达式 $\alpha\,\mathrm{div}_x S_2$ 为 $O(\alpha)$ 阶。由引理 1.2.1，有

$$S_{13} = -2n\boldsymbol{u} \otimes_s \boldsymbol{\nabla}_x V. \tag{1.2.25}$$

至于 S_{12} 的计算，令 $\boldsymbol{s} = \dfrac{(\boldsymbol{p} - \boldsymbol{v})}{\sqrt{T}}$，利用引理 1.2.3 的展开（见参考文献 [4]）可得。

引理 1.2.3

$$\langle \boldsymbol{s} M[\omega] \rangle = O(h^2), \langle \boldsymbol{s} \otimes \boldsymbol{s} \otimes \boldsymbol{s} M[\omega] \rangle = O(h^2),$$
$$\langle \boldsymbol{s} \otimes \boldsymbol{s} M[\omega] \rangle = n\boldsymbol{I} + O(h^2),\ \langle \boldsymbol{s} \otimes \boldsymbol{s} |\boldsymbol{s}|^2 M[\omega] \rangle = 5n\boldsymbol{I} + O(h^2).$$

利用 (1.2.21) 和引理 1.2.3，有

$$\begin{aligned}
&\langle \boldsymbol{p}_j \boldsymbol{p}_k \boldsymbol{p}_l M[\omega] \rangle = \\
&\langle (\boldsymbol{v}_j + \sqrt{T}\boldsymbol{s}_j)(\boldsymbol{v}_k + \sqrt{T}\boldsymbol{s}_k)(\boldsymbol{v}_l + \sqrt{T}\boldsymbol{s}_l) M[\omega] \rangle = \\
&\langle \boldsymbol{v}_j \boldsymbol{v}_k \boldsymbol{v}_l M[\omega] \rangle + T^{\frac{3}{2}} \langle \boldsymbol{s}_j \boldsymbol{s}_k \boldsymbol{s}_l M[\omega] \rangle + \\
&\sqrt{T}(\boldsymbol{v}_k \boldsymbol{v}_l \langle \boldsymbol{s}_j M[\omega] \rangle + \boldsymbol{v}_k \boldsymbol{v}_j \langle \boldsymbol{s}_l M[\omega] \rangle + \boldsymbol{v}_j \boldsymbol{v}_l \langle \boldsymbol{s}_k M[\omega] \rangle) + \\
&T(\boldsymbol{v}_j \langle \boldsymbol{s}_k \boldsymbol{s}_l M[\omega] \rangle + \boldsymbol{v}_k \langle \boldsymbol{s}_j \boldsymbol{s}_l M[\omega] \rangle + \boldsymbol{v}_l \langle \boldsymbol{s}_j \boldsymbol{s}_k \rangle M[\omega]) = \\
&n\boldsymbol{u}_j \boldsymbol{u}_k \boldsymbol{u}_l + nT(\boldsymbol{u}_j \delta_{kl} + \boldsymbol{u}_k \delta_{jl} + \boldsymbol{u}_l \delta_{jk}) + O(h^2).
\end{aligned} \tag{1.2.26}$$

因此

$$S_{12} = \mathrm{div}_x(n\boldsymbol{u} \otimes \boldsymbol{u} \otimes \boldsymbol{u}) + \mathrm{div}_x(nT\boldsymbol{u})\boldsymbol{I} + 2\boldsymbol{\nabla}_x(nT) \otimes_s \boldsymbol{u} + 2nTD(\boldsymbol{u}) + O(h^2). \tag{1.2.27}$$

这里 $D(\boldsymbol{u}) = \dfrac{1}{2}(\boldsymbol{\nabla}\boldsymbol{u} + \boldsymbol{\nabla}^{\mathrm{T}}\boldsymbol{u})$。

接下来计算 S_{11}。由方程 (1.2.18) 和 (1.2.22) 有

$$\langle \boldsymbol{p} \otimes \boldsymbol{p} M[\omega] \rangle = \boldsymbol{P} + n\boldsymbol{u} \otimes \boldsymbol{u} = nT\boldsymbol{I} + n\boldsymbol{u} \otimes u + O(h^2),$$

对时间求导数变成

$$S_{11} = (nT\boldsymbol{I} + n\boldsymbol{u} \otimes \boldsymbol{u})_t + O(h^2) =$$

$$\frac{2}{3}(ne)_t\boldsymbol{I}-\frac{1}{3}(n|\boldsymbol{u}|^2)_t\boldsymbol{I}+(n\boldsymbol{u}\otimes\boldsymbol{u})_t+O(h^2).$$

基本计算有

$$(n|\boldsymbol{u}|^2)_t=2(n\boldsymbol{u})_t\boldsymbol{u}+\mathrm{div}_x(n\boldsymbol{u})|\boldsymbol{u}|^2,$$
$$(n\boldsymbol{u}\otimes\boldsymbol{u})_t=2(n\boldsymbol{u})_t\otimes_s\boldsymbol{u}+\mathrm{div}_x(n\boldsymbol{u})\boldsymbol{u}\otimes\boldsymbol{u}.$$

利用 (1.2.21) 和 $\boldsymbol{P},ne,\boldsymbol{q}$ 的表达式，得

$$(ne)_t=-\mathrm{div}_x\left(\frac{5}{2}nT\boldsymbol{u}+\frac{1}{2}n\boldsymbol{u}|\boldsymbol{u}|^2\right)+n\boldsymbol{u}\cdot\boldsymbol{\nabla}_xV+O(h^2+\alpha),$$

可得

$$\begin{aligned}S_{11}=&\frac{2}{3}(ne)_t\boldsymbol{I}-\frac{2}{3}(n\boldsymbol{u})_t\boldsymbol{u}\boldsymbol{I}+2(n\boldsymbol{u})_t\otimes_s\boldsymbol{u}+\mathrm{div}_x(n\boldsymbol{u})(\boldsymbol{u}\otimes\boldsymbol{u}-\frac{1}{3}|\boldsymbol{u}|^2\boldsymbol{I})+O(h^2)=\\&-\frac{2}{3}\mathrm{div}_x(n\boldsymbol{u}(\frac{5}{2}T+\frac{1}{2}|\boldsymbol{u}|^2))\boldsymbol{I}+\frac{2}{3}n\boldsymbol{u}\cdot\boldsymbol{\nabla}_xV\boldsymbol{I}+\frac{2}{3}\mathrm{div}_x(n\boldsymbol{u}\otimes\boldsymbol{u})\cdot\boldsymbol{u}\boldsymbol{I}+\\&\frac{2}{3}\boldsymbol{\nabla}_x(nT)\cdot\boldsymbol{u}\boldsymbol{I}-\frac{2}{3}n\boldsymbol{u}\cdot\boldsymbol{\nabla}_x\boldsymbol{u}\boldsymbol{I}-2\,\mathrm{div}(n\boldsymbol{u}\otimes\boldsymbol{u})\otimes_s\boldsymbol{u}-\\&2\boldsymbol{\nabla}_x(nT)\otimes_s\boldsymbol{u}+2n\boldsymbol{\nabla}_xV\otimes_s\boldsymbol{u}+\mathrm{div}_x(n\boldsymbol{u})(\boldsymbol{u}\otimes\boldsymbol{u}-\frac{1}{3}|\boldsymbol{u}|^2\boldsymbol{I})+O(h^2+\alpha).\end{aligned}$$

含 T 的项化简为

$$-\mathrm{div}_x(nT\boldsymbol{u})\boldsymbol{I}-\frac{2}{3}nT\,\mathrm{div}_x\boldsymbol{u}\boldsymbol{I}-2\boldsymbol{\nabla}_x(nT)\otimes_s\boldsymbol{u}.$$

含有 $\boldsymbol{u}$ 的第三项加上 $-\mathrm{div}_x(n\boldsymbol{u}\otimes\boldsymbol{u}\otimes\boldsymbol{u})$，因此

$$\begin{aligned}S_{11}=&-\mathrm{div}_x(nT\boldsymbol{u})\boldsymbol{I}-\frac{2}{3}nT\,\mathrm{div}_x\boldsymbol{u}\boldsymbol{I}-2\boldsymbol{\nabla}_x(nT)\otimes_s\boldsymbol{u}-\mathrm{div}_x(n\boldsymbol{u}\otimes\boldsymbol{u}\otimes\boldsymbol{u})+\\&2n\boldsymbol{\nabla}_xV\otimes_s\boldsymbol{u}+O(h^2+\alpha).\end{aligned}\tag{1.2.28}$$

基于方程 (1.2.25)、(1.2.27) 和 (1.2.28) 可推得

$$S_1=2nTD(\boldsymbol{u})-\frac{2}{3}nT\,\mathrm{div}_x\boldsymbol{u}\boldsymbol{I}+O(h^2+\alpha).$$

1.2.4 $\boldsymbol{S}_2$ 的计算

令 $S_2=S_{21}+S_{22}+S_{23}$，其中 $S_{21}=\partial_t(\frac{1}{2}\boldsymbol{p}|\boldsymbol{p}|^2M[\omega])$，$S_{22}=\mathrm{div}_x(\frac{1}{2}\boldsymbol{p}\otimes\boldsymbol{p}|\boldsymbol{p}|^2M[\omega])$，$S_{23}=\langle\frac{1}{2}\boldsymbol{p}|\boldsymbol{p}|^2\theta[V]M[\omega]\rangle$。

从方程 (1.2.14)，(1.2.22)，(1.2.23) 得

$$
\begin{aligned}
S_{23} &= -(\boldsymbol{P} + n\boldsymbol{u}\otimes\boldsymbol{u} + ne\boldsymbol{I})\nabla_x V + O(h^2) \\
&= -(\frac{5}{2}nT\boldsymbol{I} + \frac{1}{2}n|\boldsymbol{u}|^2\boldsymbol{I} + n\boldsymbol{u}\otimes\boldsymbol{u})\nabla_x V + O(h^2).
\end{aligned}
$$

再来计算 $\langle\frac{1}{2}\boldsymbol{p}\otimes\boldsymbol{p}|\boldsymbol{p}|^2M[\omega]\rangle$。令 $\boldsymbol{s} = \frac{(\boldsymbol{p}-\boldsymbol{v})}{\sqrt{T}}$，利用引理 1.2.3 和 (1.2.24) 可得

$$
\begin{aligned}
&\langle\frac{1}{2}\boldsymbol{p}\otimes\boldsymbol{p}|\boldsymbol{p}|^2M[\omega]\rangle = \\
&\langle\frac{1}{2}(\boldsymbol{v}+\sqrt{T}\boldsymbol{s})\otimes\langle\boldsymbol{v}+\sqrt{T}\boldsymbol{s}\rangle|\boldsymbol{v}+\sqrt{T}\boldsymbol{s}|^2M[\omega]\rangle = \\
&\langle\frac{1}{2}\boldsymbol{v}\otimes\boldsymbol{v}|\boldsymbol{v}|^2M[\omega]\rangle + \sqrt{T}(\boldsymbol{v}\otimes_s\langle\boldsymbol{s}M[\omega]\rangle|\boldsymbol{v}^2|+ \\
&(\boldsymbol{v}\otimes\boldsymbol{v})\boldsymbol{v}\cdot\langle\boldsymbol{s}M[\omega]\rangle) + T(\frac{1}{2}\langle\boldsymbol{s}\otimes\boldsymbol{s}M[\omega]\rangle|\boldsymbol{v}|^2+ \\
&\boldsymbol{v}\otimes\boldsymbol{v}\langle\frac{1}{2}|\boldsymbol{s}|^2M[\omega]\rangle + 2\langle(\boldsymbol{v}\otimes_s\boldsymbol{s})\boldsymbol{v}\cdot\boldsymbol{s}M[\omega]\rangle)+ \\
&T^{\frac{3}{2}}(\boldsymbol{v}\otimes_s\langle\boldsymbol{s}|\boldsymbol{s}|^2M[\omega]\rangle + \langle\boldsymbol{s}\otimes\boldsymbol{s}\otimes\boldsymbol{s}M[\omega]\rangle\cdot\boldsymbol{v})+ \\
&T^2\langle\frac{1}{2}\boldsymbol{s}\otimes\boldsymbol{s}|\boldsymbol{s}|^2M[\omega]\rangle = \\
&\frac{1}{2}n\boldsymbol{u}\otimes\boldsymbol{u}|\boldsymbol{u}|^2 + \frac{1}{2}T|\boldsymbol{u}|^2\langle\boldsymbol{s}\otimes\boldsymbol{s}M[\omega]\rangle + \frac{1}{2}T\boldsymbol{u}\otimes\boldsymbol{u}\langle|\boldsymbol{s}|^2M[\omega]\rangle+ \\
&2T\boldsymbol{u}\otimes_s\langle\boldsymbol{s}(\boldsymbol{u}\cdot\boldsymbol{s})M[\omega]\rangle + \frac{1}{2}T^2\langle\boldsymbol{s}\otimes\boldsymbol{s}|\boldsymbol{s}|^2M[\omega]\rangle + O(h^2) = \\
&\frac{1}{2}n\boldsymbol{u}\otimes\boldsymbol{u}|\boldsymbol{u}|^2 + \frac{1}{2}nT|\boldsymbol{u}|^2\boldsymbol{I} + \frac{7}{2}nT(\boldsymbol{u}\otimes\boldsymbol{u}) + \frac{5}{2}nT^2\boldsymbol{I} + O(h^2).
\end{aligned}
$$

因此

$$
S_{22} = \frac{1}{2}\mathrm{div}_x(n\boldsymbol{u}\otimes\boldsymbol{u}|\boldsymbol{u}|^2) + \frac{1}{2}\nabla_x(nT|\boldsymbol{u}|^2) + \frac{7}{2}\mathrm{div}_x(nT\boldsymbol{u}\otimes\boldsymbol{u}) + \frac{5}{2}\nabla_x(nT^2) + O(h^2).
$$

接下来计算 $\langle\frac{1}{2}\boldsymbol{p}|\boldsymbol{p}|^2M[\omega]\rangle$ 对时间 t 的导数。在 (1.2.26) 中令 $k=l$ 并对 j 求和，有

$$
\langle\frac{1}{2}\boldsymbol{p}|\boldsymbol{p}|^2M[\omega]\rangle = \frac{5}{2}nT\boldsymbol{u} + \frac{1}{2}n\boldsymbol{u}|\boldsymbol{u}|^2 + O(h^2).
$$

因此

$$
\begin{aligned}
S_{21} &= \partial_t(\frac{5}{2}nT\boldsymbol{u} + \frac{1}{2}n\boldsymbol{u}|\boldsymbol{u}|^2) + O(h^2) = \\
&\partial_t(\frac{5}{3}ne\boldsymbol{u} - \frac{1}{3}n\boldsymbol{u}|\boldsymbol{u}|^2) + O(h^2) =
\end{aligned}
$$

$$\frac{5}{3}(ne)_t\boldsymbol{u}+\frac{5}{3}(\frac{3}{2}T+\frac{1}{2}|\boldsymbol{u}|^2)n\boldsymbol{u}_t-\frac{1}{3}(n|\boldsymbol{u}|^2)_t\boldsymbol{u}-\frac{1}{3}|\boldsymbol{u}|^2n\boldsymbol{u}_t+O(h^2)=$$
$$\frac{5}{3}(ne)_t\boldsymbol{u}+(\frac{5}{2}T+\frac{1}{2}|\boldsymbol{u}|^2)n\boldsymbol{u}_t-\frac{1}{3}(n|\boldsymbol{u}|^2)_t\boldsymbol{u}+O(h^2).$$

在 (1.2.28) 中，$n\boldsymbol{u}_t=(n\boldsymbol{u})_t+\mathrm{div}_x(n\boldsymbol{u})\boldsymbol{u}$，有

$$\begin{aligned}S_{21}=&\frac{5}{3}(ne)_t\boldsymbol{u}+(\frac{5}{2}T+\frac{1}{2}|\boldsymbol{u}|^2)(n\boldsymbol{u})_t+(\frac{5}{2}T+\frac{1}{2}|\boldsymbol{u}|^2)\mathrm{div}_x(n\boldsymbol{u})\boldsymbol{u}-\\&\frac{1}{3}|\boldsymbol{u}|^2\mathrm{div}_x(n\boldsymbol{u})\boldsymbol{u}-\frac{2}{3}n\boldsymbol{u}\cdot(n\boldsymbol{u})_t+O(h^2)=\\&\frac{5}{3}(ne)_t\boldsymbol{u}+(\frac{5}{2}T+\frac{1}{2}|\boldsymbol{u}|^2)(n\boldsymbol{u})_t+(\frac{5}{2}T+\frac{1}{6}|\boldsymbol{u}|^2)\mathrm{div}_x(n\boldsymbol{u})\boldsymbol{u}-\\&\frac{2}{3}n\boldsymbol{u}\cdot(n\boldsymbol{u})_t+O(h^2).\end{aligned}$$

由 (1.2.20)和(1.2.21)，有

$$\begin{aligned}S_{21}=&-\frac{25}{6}\mathrm{div}_x(nT\boldsymbol{u})\boldsymbol{u}-\frac{5}{6}\mathrm{div}_x(n\boldsymbol{u}|\boldsymbol{u}|^2)\boldsymbol{u}+\frac{5}{3}n\boldsymbol{u}\boldsymbol{u}\cdot\nabla_xV-\\&(\frac{5}{2}T+\frac{1}{2}|\boldsymbol{u}|^2)\mathrm{div}_x(nT\boldsymbol{I}+n\boldsymbol{u}\otimes\boldsymbol{u})+(\frac{5}{2}T+\frac{1}{2}|\boldsymbol{u}|^2)n\nabla_xV+\\&(\frac{5}{2}T+\frac{1}{6}|\boldsymbol{u}|^2)\mathrm{div}(n\boldsymbol{u})\cdot\boldsymbol{u}+\frac{2}{3}\mathrm{div}_x(nT\boldsymbol{I}+n\boldsymbol{u}\otimes\boldsymbol{u})\cdot n\boldsymbol{u}-\\&\frac{2}{3}n\boldsymbol{u}\boldsymbol{u}\cdot\nabla_xV+O(h^2+\alpha).\end{aligned}$$

将含有位势 V 的项相加，得

$$n\boldsymbol{u}\boldsymbol{u}\cdot\nabla_xV+\frac{5}{2}nT\nabla_xV+\frac{1}{2}n|\boldsymbol{u}|^2\nabla_xV,$$

它等于 $-S_{23}+O(h^2)$。简化含 T 的项

$$-\frac{7}{2}\mathrm{div}_x(nT\boldsymbol{u}\otimes\boldsymbol{u})-\frac{2}{3}nT\boldsymbol{u}\,\mathrm{div}_x\boldsymbol{u}+nT(\nabla\boldsymbol{u}+\nabla^{\mathrm{T}}\boldsymbol{u})\boldsymbol{u}-\frac{5}{2}T\nabla_x(nT)-\frac{1}{2}\nabla_x(nT|\boldsymbol{u}|^2).$$

最后，对含有 $\boldsymbol{u}$ 的四次方项求和，得

$$-\frac{1}{2}|\boldsymbol{u}|^2\boldsymbol{u}\,\mathrm{div}_x(n\boldsymbol{u})-n\boldsymbol{u}(\boldsymbol{u}\nabla n\boldsymbol{u})-\frac{1}{2}|\boldsymbol{u}|^2(\boldsymbol{u}\cdot\nabla)\boldsymbol{u}=-\frac{1}{2}\mathrm{div}_x(n\boldsymbol{u}\otimes\boldsymbol{u}|\boldsymbol{u}|^2).$$

由此推得

$$\begin{aligned}S_{21}=&(\frac{5}{2}nT\boldsymbol{I}+\frac{1}{2}n|\boldsymbol{u}|^2\boldsymbol{I}+n\boldsymbol{u}\otimes\boldsymbol{u})\nabla_xV+2nTD(\boldsymbol{u})\boldsymbol{u}-\frac{2}{3}nT\boldsymbol{u}\,\mathrm{div}_x\boldsymbol{u}-\\&\frac{1}{2}\nabla_x(nT|\boldsymbol{u}|^2)-\frac{7}{2}\mathrm{div}_x(nT\boldsymbol{u}\otimes\boldsymbol{u})-\frac{5}{2}T\nabla_x(nT)-\end{aligned}$$

$$\frac{1}{2}\operatorname{div}_x(n\boldsymbol{u}\otimes\boldsymbol{u}|\boldsymbol{u}|^2)+O(h^2+\alpha).$$

对 S_{21},S_{22},S_{23} 求和，消去某些项，最后有

$$\boldsymbol{S}_2=\frac{5}{2}nT\nabla_x T+2nTD(\boldsymbol{u})\boldsymbol{u}-\frac{2}{3}nT\boldsymbol{u}\operatorname{div}_x\boldsymbol{u}+O(h^2+\alpha).$$

定理 1.2.1 设 $A(\boldsymbol{u})=\dfrac{\nabla\boldsymbol{u}-\nabla^{\mathrm{T}}\boldsymbol{u}}{2}=O(h^2)$，$\nabla\log T=O(h^2)$，则 Wigner-Boltzman 方程 (1.2.1) 的动量方程由 (1.2.2)–(1.2.4) 给出，准确到阶 $O(\alpha^2+\alpha h+h^4)$，其中能量密度 ne，粘性应力张量 $\boldsymbol{S}$，全热流 $\boldsymbol{q}_0$ 由 (1.2.5)，(1.2.6) 给定。

1.2.5 能量与熵估计

这一节我们给出量子 Navier-Stokes 方程 (1.2.2)–(1.2.4) 的能量和熵估计。设电子位势 V 为 Poisson 方程

$$\lambda^2\Delta V=n-\mathcal{C}(x) \tag{1.2.29}$$

的解，其中 λ 为 Debye 长度，$\mathcal{C}$ 为离子密度。

命题 1.2.1 设 $(n,n\boldsymbol{u},ne)$ 为 (1.2.2)–(1.2.4) 的光滑解，V 为 (1.2.29) 的解。若这些变量当 $|x|\to\infty$ 时充分快速衰减为 0，且对 t 一致。则

总质量 $N(t)=\displaystyle\int_{\mathbf{R}^3}n(x,t)\mathrm{d}x$ 是守恒的，即 $\dfrac{\mathrm{d}}{\mathrm{d}t}N(t)=0$。

总能量 $E(t)=\displaystyle\int_{\mathbf{R}^3}(ne+\frac{\lambda^2}{2}|\nabla V|^2)\mathrm{d}x$ 是耗散的，即有

$$\frac{\mathrm{d}E(t)}{\mathrm{d}t}+\frac{2}{\tau_0}\int_{\mathbf{R}^3}\left[\frac{3}{2}n(T-1)+\frac{1}{2}n|\boldsymbol{u}|^2+\frac{h^2}{6}|\nabla\sqrt{n}|^2\right]\mathrm{d}x=0.$$

特别当没有松弛时，$\dfrac{1}{\tau_0}=0$，总能量是守恒的。总能量可写成

$$E(t)=\int_{\mathbf{R}^3}\left(\frac{3}{2}nT+\frac{1}{2}n|\boldsymbol{u}|^2+\frac{h^2}{6}|\nabla\sqrt{n}|^2+\frac{\lambda^2}{2}|\nabla V|^2\right)\mathrm{d}x\geqslant 0.$$

即总能量为热能、动能、量子能和电子能量的总和。

命题 1.2.1 的证明

$$\frac{\mathrm{d}E(t)}{\mathrm{d}t}=\int_{\mathbf{R}^3}((ne)_t+\lambda^2\nabla V\cdot\nabla V_t)\mathrm{d}x=$$

$$\int_{\mathbf{R}^3}(n\boldsymbol{u}\cdot\nabla V-\lambda^2V(\Delta V)_t)\mathrm{d}x-\frac{2}{\tau_0}\int_{\mathbf{R}^3}(ne-\frac{3}{2}\boldsymbol{u})\mathrm{d}x=$$
$$\int_{\mathbf{R}^3}(-\mathrm{div}(n\boldsymbol{u})V-Vn_t)\mathrm{d}x-\frac{2}{\tau_0}\int_{\mathbf{R}^3}\left[\frac{3}{2}n(T-1)+\frac{1}{2}n|\boldsymbol{u}|^2+\frac{\varepsilon^2}{24}\frac{|\nabla n|^2}{n}\right]\mathrm{d}x=$$
$$-\frac{2}{\tau_0}\int_{\mathbf{R}^3}\left[\frac{3}{2}n(T-1)+\frac{1}{2}n|\boldsymbol{u}|^2+\frac{\varepsilon^2}{6}|\nabla\sqrt{n}|^2\right]\mathrm{d}x.$$

再来计算 $\frac{3}{2}nT$。由 (1.2.5)可知

$$(\frac{3}{2}nT)_t=(ne)_t-\frac{1}{2}(n|\boldsymbol{u}|^2)_t+\frac{h^2}{24}(n\Delta\log n)_t. \tag{1.2.30}$$

利用 (1.2.4)，(1.2.28) 计算 (1.2.30) 右端第一项和第二项，可得

$$\begin{aligned}(ne)_t=&\frac{5}{2}\mathrm{div}(-nT\boldsymbol{u}+\alpha nT\nabla T)-\frac{1}{2}\mathrm{div}(n\boldsymbol{u}|\boldsymbol{u}|^2)+\mathrm{div}(\boldsymbol{S}\boldsymbol{u})+n\boldsymbol{u}\cdot\nabla\boldsymbol{u}+\\&\frac{h^2}{24}\mathrm{div}(n\boldsymbol{u}\Delta\log n+2n(\nabla^2\log n)\boldsymbol{u}+n\Delta\boldsymbol{u}+2n\nabla\,\mathrm{div}\,\boldsymbol{u})-\\&\frac{2}{\tau_0}(ne-\frac{3}{2}n),\end{aligned}$$

$$\begin{aligned}-\frac{1}{2}(n|\boldsymbol{u}|^2)_t=&-(n\boldsymbol{u})_t\cdot\boldsymbol{u}-\frac{1}{2}\mathrm{div}(n\boldsymbol{u})\cdot|\boldsymbol{u}|^2=\\&\mathrm{div}(n\boldsymbol{u}\otimes\boldsymbol{u})\cdot\boldsymbol{u}-\frac{1}{2}\mathrm{div}(n\boldsymbol{u})|\boldsymbol{u}|^2+\nabla(nT)\boldsymbol{u}-\frac{h^2}{12}\mathrm{div}(n\nabla^2\log n)\boldsymbol{u}-\\&n\boldsymbol{u}\nabla\boldsymbol{u}-(\mathrm{div}\,\boldsymbol{S})\boldsymbol{u}-\frac{n}{\tau_0}|\boldsymbol{u}|^2,\end{aligned}$$

因为

$$-\frac{1}{2}\mathrm{div}(n\boldsymbol{u}|\boldsymbol{u}|^2)+\mathrm{div}(n\boldsymbol{u}\otimes\boldsymbol{u})\boldsymbol{u}-\frac{1}{2}\mathrm{div}(n\boldsymbol{u})|\boldsymbol{u}|^2=0.$$

两项求和简化为

$$\begin{aligned}&(ne)_t-\frac{1}{2}(n|\boldsymbol{u}|^2)_t=\\&\mathrm{div}(-\frac{3}{2}nT\boldsymbol{u}+\frac{5}{2}\alpha nT\nabla T)-nT\,\mathrm{div}\,\boldsymbol{u}-\boldsymbol{S}:\nabla\boldsymbol{u}-\\&\frac{h^2}{12}\mathrm{div}(n\nabla^2\log n)\boldsymbol{u}+\frac{h^2}{24}\mathrm{div}(n\boldsymbol{u}\Delta\log n+2n(\nabla^2\log n)\boldsymbol{u}+\\&n\Delta\boldsymbol{u}+\alpha n\nabla\,\mathrm{div}\,\boldsymbol{u})-\frac{2}{\tau_0}\Big[\frac{3}{2}n(T-1)-\frac{h^2}{24}n\Delta\log n\Big],\end{aligned} \tag{1.2.31}$$

这里“:”表示两个矩阵指标的求和。注意到

$$\boldsymbol{S}:\nabla\boldsymbol{u}=\alpha nT[(\nabla\boldsymbol{u}+\nabla^{\mathrm{T}}\boldsymbol{u}):\nabla\boldsymbol{u}-\frac{3}{2}(\mathrm{div}\,\boldsymbol{u})^2]=$$

$$\alpha nT[\frac{1}{2}(\nabla \boldsymbol{u}+\nabla^{\mathrm{T}}\boldsymbol{u}):(\nabla \boldsymbol{u}+\nabla^{\mathrm{T}}\boldsymbol{u})-\frac{3}{2}(\operatorname{div}\boldsymbol{u})^2]=$$
$$\alpha nT[2|D(\boldsymbol{u})|^2-\frac{3}{2}(\operatorname{div}\boldsymbol{u})^2].$$

接下来计算右端第三项，由 (1.2.2) 可得，

$$(n\Delta\log n)_t=-\operatorname{div}(n\boldsymbol{u})\Delta\log n-n\Delta(\nabla\log n\cdot\boldsymbol{u}+\operatorname{div}\boldsymbol{u}).$$

又因为

$$n\Delta(\nabla\log n\cdot\boldsymbol{u}+\operatorname{div}\boldsymbol{u})=$$
$$n\nabla\Delta\log n\cdot\boldsymbol{u}+2n\nabla^2\log n:\nabla\boldsymbol{u}+\Delta\boldsymbol{u}\cdot\nabla n+n\Delta\operatorname{div}\boldsymbol{u}=$$
$$\operatorname{div}[n\boldsymbol{u}\Delta\log n+2n(\nabla^2\log n)\boldsymbol{u}+n\Delta\boldsymbol{u}]-\operatorname{div}(n\boldsymbol{u})\Delta\log n-2\operatorname{div}(n\nabla^2\log n)\cdot\boldsymbol{u}.$$

由此得

$$\frac{h^2}{24}(n\Delta\log n)_t=-\frac{h^2}{24}\operatorname{div}[n\boldsymbol{u}\Delta\log n+2n(\nabla^2\log n)\cdot\boldsymbol{u}+n\Delta\boldsymbol{u}]+\frac{h^2}{12}\operatorname{div}(n\nabla^2\log n)\cdot\boldsymbol{u}.$$

由 (1.2.30)和(1.2.31) 可得

$$\begin{aligned}&\left(\frac{3}{2}nT\right)_t+\operatorname{div}\left(\frac{3}{2}nT\boldsymbol{u}-\frac{5}{2}\alpha nT\nabla T-\frac{h^2}{12}n\nabla\operatorname{div}\boldsymbol{u}\right)=\\&-nT\operatorname{div}\boldsymbol{u}+\alpha nT\left[2|D(\boldsymbol{u})|^2-\frac{3}{2}(\operatorname{div}\boldsymbol{u})^2\right]-\\&\frac{2}{\tau_0}\left[\frac{3}{2}n(T-1)-\frac{h^2}{24}n\Delta\log n\right].\end{aligned}\tag{1.2.32}$$

由此即得能量和熵估计。 □

命题 1.2.2 设 $(n,n\boldsymbol{u},ne)$ 为 (1.2.2)–(1.2.4) 的光滑解。若这些变量当 $|x|\to\infty$ 时充分快速衰减为 0，且对 t 一致，则

$$\begin{aligned}\frac{3}{2}\frac{\mathrm{d}}{\mathrm{d}t}\int_{\mathbf{R}^3}nT\mathrm{d}x=&\int_{\mathbf{R}^3}\nabla(nT)\cdot\boldsymbol{u}\mathrm{d}x+\alpha\int_{\mathbf{R}^3}nT(2|D(\boldsymbol{u})|^2-\frac{3}{2}(\operatorname{div}\boldsymbol{u})^2)\mathrm{d}x-\\&\frac{2}{\tau_0}\int_{\mathbf{R}^3}\left[\frac{3}{2}n(T-1)+\frac{h^2}{6}|\nabla\sqrt{n}|^2\right]\mathrm{d}x,\end{aligned}\tag{1.2.33}$$

$$\begin{aligned}&\frac{\mathrm{d}}{\mathrm{d}t}\int_{\mathbf{R}^3}(n\log\frac{n}{T^{3/2}}+\frac{3}{2}nT)\mathrm{d}x=\\&-\int_{\mathbf{R}^3}\left[\frac{5}{2}\alpha\frac{n}{T}|\nabla T|^2+\alpha n(2|D(\boldsymbol{u})|^2-\frac{3}{2}(\operatorname{div}\boldsymbol{u})^2)+\frac{2}{\tau_0}\frac{n}{T}(T-1)^2\right]\mathrm{d}x-\\&\frac{h^2}{12}\int_{\mathbf{R}^3}\left[\frac{n}{T^2}\nabla T\cdot\nabla\operatorname{div}\boldsymbol{u}-\frac{1}{\tau_0}\frac{n}{T}(T-1)\Delta\log n\right]\mathrm{d}x.\end{aligned}\tag{1.2.34}$$

这里 (1.2.33) 右端第一项表示能量变量。在不可压缩流体中，这项消失。第二项是非负的，因为

$$2|D(\boldsymbol{u})|^2-\frac{3}{2}(\operatorname{div}\boldsymbol{u})^2=\frac{1}{2}\left(\sum_{j\neq k}\left|\frac{\partial \boldsymbol{u}_j}{\partial x_k}+\frac{\partial \boldsymbol{u}_k}{\partial x_j}\right|^2+\frac{4}{3}\right)(\operatorname{div}\boldsymbol{u})^2\geqslant 0.$$

第三项表示由于松弛引起的耗散。(1.2.34) 右端的第一项表示由于温度的改变，粘性、松弛引起的耗散。第二项在不可压缩流体中松弛消失。此时，熵是增加的。

命题 1.2.2 的证明 第一个等式 (1.2.33) 的证明来自 (1.2.32)，即在 $x\in\mathbf{R}^3$ 时，对 (1.2.32) 积分和 $nT\operatorname{div}\boldsymbol{u}$、$n\Delta\log n$ 分部积分之后可得。对于第二个等式 (1.2.34) 的证明，我们利用 (1.2.2) 和 (1.2.32) 可得

$$\begin{aligned}&\frac{\mathrm{d}}{\mathrm{d}t}\int_{\mathbf{R}^3}(n\log\frac{n}{T^{3/2}}+\frac{3}{2}nT)\mathrm{d}x=\\&\frac{\mathrm{d}}{\mathrm{d}t}\int_{\mathbf{R}^3}(\frac{5}{2}n\log n-\frac{3}{2}n\log(nT)+\frac{3}{2}nT)\mathrm{d}x=\\&\int_{\mathbf{R}^3}[n_t(\log n-\frac{3}{2}\log T)-\frac{5}{2}n_t-\frac{3}{2T}(nT)_t(1-T)]\mathrm{d}x.\end{aligned}$$

□

1.3 量子等离子体中的电磁场模型

下面研究量子等离子体中粒子的运动。考虑 N 个粒子，波函数 $\psi_\alpha=\psi_\alpha(r,t)$，具有概率 P_α，$\alpha=1,\cdots,N$。$P_\alpha\geqslant 0$，$\sum\limits_{\alpha=1}^{N}P_\alpha=1$，满足 Schrödinger 方程

$$\frac{1}{2m}(\mathrm{i}h\boldsymbol{\nabla}-q\boldsymbol{A})^2\psi_\alpha+q\phi\psi_\alpha=\mathrm{i}h\frac{\partial\psi_\alpha}{\partial t},\tag{1.3.1}$$

其中，$\phi(r,t)$，$\boldsymbol{A}(r,t)$ 分别为数量势和向量势，m 为电荷质量，q 为电荷。设库仑规范场 $\boldsymbol{\nabla}\cdot\boldsymbol{A}=0$，$\psi_\alpha$ 满足 Schrödinger 方程 (1.3.1)。设 Wigner 函数为

$$f(r,\boldsymbol{p},t)=\frac{1}{(2\pi h)^3}\sum_{\alpha=1}^{N}P_\alpha\int\mathrm{d}s\psi_\alpha^*\mathrm{e}^{\mathrm{i}\boldsymbol{p}\cdot s/h}\psi_\alpha(r-\frac{s}{2}).\tag{1.3.2}$$

则 $f=f(r,\boldsymbol{p},t)$ 满足输运方程

$$\begin{aligned}\frac{\partial f}{\partial t}+\frac{\boldsymbol{p}}{m}\cdot\boldsymbol{\nabla}f=&\frac{\mathrm{i}q}{h(2\pi h)^3}\iint\mathrm{d}s\mathrm{d}\boldsymbol{p}'\mathrm{e}^{\mathrm{i}(\boldsymbol{p}-\boldsymbol{p}')s/h}[\phi(r+\frac{s}{2})-\phi(r-\frac{s}{2})]f(r,\boldsymbol{p}',t)+\\&\frac{\mathrm{i}q^2}{2hm(2\pi h)^3}\iint\mathrm{d}s\mathrm{d}\boldsymbol{p}'\mathrm{e}^{\mathrm{i}(\boldsymbol{p}-\boldsymbol{p}')s/h}[\boldsymbol{A}^2(r+\frac{s}{2})-\boldsymbol{A}^2(r-\frac{s}{2})]f(r,\boldsymbol{p}',t)+\end{aligned}$$

$$\frac{q}{2m(2\pi h)^3}\nabla\iint \mathrm{d}s\mathrm{d}\boldsymbol{p}'\mathrm{e}^{\mathrm{i}(\boldsymbol{p}-\boldsymbol{p}')s/h}[\boldsymbol{A}(r+\frac{s}{2})-\boldsymbol{A}(r-\frac{s}{2})]f(r,\boldsymbol{p}',t)-$$
$$\frac{\mathrm{i}q}{hm(2\pi h)^3}\boldsymbol{p}\cdot\iint \mathrm{d}s\mathrm{d}\boldsymbol{p}'\mathrm{e}^{\mathrm{i}(\boldsymbol{p}-\boldsymbol{p}')s/h}[\boldsymbol{A}(r+\frac{s}{2})-\boldsymbol{A}(r-\frac{s}{2})]f(r,\boldsymbol{p}',t). \tag{1.3.3}$$

当 $h\to 0$ 时，Wigner 方程 (1.3.3) 趋于 Vlasov 方程

$$\frac{\partial f}{\partial t}+\boldsymbol{v}\cdot\nabla f+\frac{q}{m}(\boldsymbol{E}+\boldsymbol{v}\times\boldsymbol{B})\cdot\frac{\partial f}{\partial \boldsymbol{v}}=0, \tag{1.3.4}$$

这里 $\boldsymbol{v}=\dfrac{\boldsymbol{p}-q\boldsymbol{A}}{m}$，$\boldsymbol{E}=-\nabla\phi-\dfrac{\partial \boldsymbol{A}}{\partial t}$，$\boldsymbol{B}=\nabla\times\boldsymbol{A}$。

为了简化方程，令

$$\text{流体密度}\quad n=\int \mathrm{d}\boldsymbol{p}f, \tag{1.3.5}$$

$$\text{速度}\quad \boldsymbol{u}=\frac{1}{mn}\int \mathrm{d}\boldsymbol{p}(\boldsymbol{p}-q\boldsymbol{A})f, \tag{1.3.6}$$

$$\text{压力}\quad \boldsymbol{p}=\frac{1}{m^2}\int \mathrm{d}\boldsymbol{p}(\boldsymbol{p}-q\boldsymbol{A})\otimes(\boldsymbol{p}-q\boldsymbol{A})f-n\boldsymbol{u}\otimes\boldsymbol{u}. \tag{1.3.7}$$

对 Wigner 方程 (1.3.3) 取各种动量，并由定义 (1.3.5)–(1.3.7)，可得如下量子流体力学模型

$$\frac{\partial n}{\partial t}+\nabla\cdot(n\boldsymbol{u})=0, \tag{1.3.8}$$

$$\frac{\partial \boldsymbol{u}}{\partial t}+\boldsymbol{u}\cdot\nabla\boldsymbol{u}=-\frac{1}{n}\nabla\boldsymbol{p}+\frac{q}{m}(\boldsymbol{E}+\boldsymbol{u}\times\boldsymbol{B}). \tag{1.3.9}$$

因

$$\psi_\alpha=\sqrt{n_\alpha}\mathrm{e}^{\mathrm{i}s_\alpha/h}. \tag{1.3.10}$$

令

$$\boldsymbol{p}=\boldsymbol{p}^{C}+\boldsymbol{p}^{Q}, \tag{1.3.11}$$

其中

$$\boldsymbol{p}^{C}=m\sum_{\alpha=1}^{N}P_\alpha n_\alpha(\boldsymbol{u}_\alpha-\boldsymbol{u})\otimes(\boldsymbol{u}_\alpha-\boldsymbol{u})+m\sum_{\alpha=1}^{N}P_\alpha n_\alpha(\boldsymbol{u}_\alpha^0-\boldsymbol{u}^0)\otimes(\boldsymbol{u}_\alpha^0-\boldsymbol{u}^0), \tag{1.3.12}$$

$$\boldsymbol{p}^{Q}=-\frac{h^2n}{4m}\nabla\otimes\nabla\log n. \tag{1.3.13}$$

式中，$\boldsymbol{p}^{C}$ 为古典压力，$\boldsymbol{p}^{Q}$ 为量子效应压力。令

$$\boldsymbol{u}_\alpha=\frac{\nabla s_\alpha}{m}, \tag{1.3.14}$$

$$\boldsymbol{u}=\sum_{\alpha=1}^{N}\frac{P_\alpha n_\alpha}{n}\boldsymbol{u}_\alpha, \tag{1.3.15}$$

$$\boldsymbol{u}_\alpha^0=\frac{h}{2m}\frac{\nabla n_\alpha}{n_\alpha}, \tag{1.3.16}$$

$$\boldsymbol{u}^0=\sum_{\alpha=1}^{N}\frac{P_\alpha n_\alpha}{n}\boldsymbol{u}_\alpha^0, \tag{1.3.17}$$

$$n=\sum_{\alpha=1}^{N}P_\alpha n_\alpha. \tag{1.3.18}$$

若 $\boldsymbol{p}_{ij}=\delta_{ij}\boldsymbol{p}$，$\boldsymbol{p}=\boldsymbol{p}(n)$，可得输运方程，

$$\frac{\partial \boldsymbol{u}}{\partial t}+\boldsymbol{u}\cdot\nabla\boldsymbol{u}=-\frac{1}{mn}\nabla\boldsymbol{p}+\frac{q}{m}(\boldsymbol{E}+\boldsymbol{u}\times\boldsymbol{B})+\frac{h^2}{2m^2}\nabla(\frac{\nabla^2\sqrt{n}}{\sqrt{n}}). \tag{1.3.19}$$

1.4 双流体量子电磁流体模型 (含有电子和离子的情况)

下面给出一个双极量子电子磁流体模型：

$$\frac{\partial n_e}{\partial t}+\nabla\cdot(n_e\boldsymbol{u}_e)=0, \tag{1.4.1}$$

$$\frac{\partial n_i}{\partial t}+\nabla\cdot(n_i\boldsymbol{u}_i)=0, \tag{1.4.2}$$

$$\frac{\partial \boldsymbol{u}_e}{\partial t}+\boldsymbol{u}_e\cdot\nabla\boldsymbol{u}_e=-\frac{\nabla P_e}{m_e n_e}-\frac{e}{m_e}(\boldsymbol{E}+\boldsymbol{u}_e\times\boldsymbol{B})+\frac{h^2}{2m_e^2}\nabla\left(\frac{\nabla^2\sqrt{n_e}}{\sqrt{n_e}}\right)-\nu_{ei}(\boldsymbol{u}_e-\boldsymbol{u}_i), \tag{1.4.3}$$

$$\frac{\partial \boldsymbol{u}_i}{\partial t}+\boldsymbol{u}_i\cdot\nabla\boldsymbol{u}_i=-\frac{\nabla P_i}{m_i n_i}-\frac{e}{m_i}(\boldsymbol{E}+\boldsymbol{u}_i\times\boldsymbol{B})+\frac{h^2}{2m_i^2}\nabla\left(\frac{\nabla^2\sqrt{n_i}}{\sqrt{n_i}}\right)-\nu_{ie}(\boldsymbol{u}_i-\boldsymbol{u}_e). \tag{1.4.4}$$

其中，下标 i 表示相对于离子，下标 e 表示相对于电子，ν_{ei}，ν_{ie} 各表示相互作用常数。

补充 Maxwellian 方程：

$$\nabla\cdot\boldsymbol{E}=\frac{\rho}{\varepsilon_0},\Delta\psi=\frac{e}{\varepsilon_0}(n_i-n_e),\boldsymbol{E}=\nabla\psi, \tag{1.4.5}$$

$$\nabla\cdot\boldsymbol{B}=0, \tag{1.4.6}$$

$$\nabla\times\boldsymbol{E}=-\frac{\partial\boldsymbol{B}}{\partial t}, \tag{1.4.7}$$

$$\nabla\times\boldsymbol{B}=(\mu_0\boldsymbol{J}+\mu_0\varepsilon_0\frac{\partial\boldsymbol{E}}{\partial t}), \tag{1.4.8}$$

$$\rho=e(n_i-n_e),\boldsymbol{J}=e(n_i\boldsymbol{u}_i-n_e\boldsymbol{u}_e), \tag{1.4.9}$$

其中 μ_0，ε_0 为物理常数。

为了建立类似于古典的电磁场流体动力学模型，令总质量

$$\rho_m = m_e n_e + m_i n_i. \tag{1.4.10}$$

整体流体速度

$$\boldsymbol{U} = \frac{m_e n_e \boldsymbol{u}_e + m_i n_i \boldsymbol{u}_i}{m_e n_e + m_i n_i}, \tag{1.4.11}$$

其中电子、离子密度

$$n_e = \frac{1}{m_i + m_e}(\rho_m - \frac{m_i}{e}\rho), \tag{1.4.12}$$

$$n_i = \frac{1}{m_i + m_e}(\rho_m + \frac{m_e}{e}\rho). \tag{1.4.13}$$

可得整体流体运动方程

$$\frac{\partial \rho_m}{\partial t} + \boldsymbol{\nabla} \cdot (\rho_m \boldsymbol{U}) = 0, \tag{1.4.14}$$

$$\rho_m(\frac{\partial \boldsymbol{U}}{\partial t} + \boldsymbol{U} \cdot \boldsymbol{\nabla} \boldsymbol{U}) = -\boldsymbol{\nabla} \cdot \Pi + \boldsymbol{J} \times \boldsymbol{B} + \frac{h^2 \rho_m}{2 m_e m_i} \nabla\left(\frac{\boldsymbol{\nabla}^2 \sqrt{\rho_m}}{\sqrt{\rho_m}}\right), \tag{1.4.15}$$

其中

$$\Pi = P\boldsymbol{I} + \frac{m_e m_i n_e n_i}{\rho_m}(\boldsymbol{u}_e - \boldsymbol{u}_i) \otimes (\boldsymbol{u}_e - \boldsymbol{u}_i), \tag{1.4.16}$$

$P = P_e + P_i$，$\boldsymbol{I}$ 是单位矩阵。若在 (1.4.16) 中设 $P_e = P_i = \dfrac{P}{2}$，忽略 (1.4.16) 右端第二项，可得

$$\frac{\partial \boldsymbol{U}}{\partial t} + \boldsymbol{U} \cdot \boldsymbol{\nabla} \boldsymbol{U} = -\frac{1}{\rho_m} \boldsymbol{\nabla} P + \frac{1}{\rho_m} \boldsymbol{J} \times \boldsymbol{B} + \frac{h^2}{2 m_e m_i} \nabla\left(\frac{\boldsymbol{\nabla}^2 \sqrt{\rho_m}}{\sqrt{\rho_m}}\right). \tag{1.4.17}$$

在拟中性假设下，$m_e \ll m_i (m_i \approx 1836 m_e)$，可得 $\boldsymbol{J}$ 的方程

$$\frac{m_e m_i}{\rho_m e^2} \frac{\partial \boldsymbol{J}}{\partial t} - \frac{m_i \boldsymbol{\nabla} P_e}{\rho_m e} = \boldsymbol{E} + \boldsymbol{U} \times \boldsymbol{B} - \frac{m_i}{\rho_m e} \boldsymbol{J} \times \boldsymbol{B} - \frac{h^2}{2 e m_e} \nabla\left(\frac{\boldsymbol{\nabla}^2 \sqrt{\rho_m}}{\sqrt{\rho_m}}\right) - \frac{1}{\sigma} \boldsymbol{J}, \tag{1.4.18}$$

其中 $\sigma = \dfrac{\rho_m e^2}{m_e m_i \nu_{ei}}$。

我们对 (1.4.18) 做进一步简化，可得到如下简化的量子磁场方程：

$$\frac{\partial \rho_m}{\partial t} + \boldsymbol{\nabla} \cdot (\rho_m \boldsymbol{U}) = 0, \tag{1.4.19}$$

$$\frac{\partial \boldsymbol{U}}{\partial t} + \boldsymbol{U} \cdot \boldsymbol{\nabla} \boldsymbol{U} = -\frac{1}{\rho_m} \boldsymbol{\nabla} P + \frac{1}{\rho_m} \boldsymbol{J} \times \boldsymbol{B} + \frac{h^2}{2 m_e m_i} \nabla\left(\frac{\boldsymbol{\nabla}^2 \sqrt{\rho_m}}{\sqrt{\rho_m}}\right), \tag{1.4.20}$$

$$\nabla P = V_s^2 \nabla \rho_m, \tag{1.4.21}$$

$$\nabla \times \boldsymbol{E} = -\frac{\partial \boldsymbol{B}}{\partial t}, \tag{1.4.22}$$

$$\nabla \times \boldsymbol{B} = \mu_0 \boldsymbol{J}, \tag{1.4.23}$$

$$\boldsymbol{J} = \sigma\left[\boldsymbol{E} + \boldsymbol{U} \times \boldsymbol{B} - \frac{m_i}{\rho_m e}\boldsymbol{J} \times \boldsymbol{B} - \frac{h^2}{2em_e}\nabla\left(\frac{\nabla^2\sqrt{\rho_m}}{\sqrt{\rho_m}}\right)\right]. \tag{1.4.24}$$

在 (1.4.21) 中，V_s 是流体的绝热音速，共 13 个变量 $(\rho_m, \boldsymbol{U}, \boldsymbol{J}, \boldsymbol{B}, \boldsymbol{E})$，13 个方程。

在理想磁流体中，设在 (1.4.24) 中，$\sigma = \infty$，且忽略 $\boldsymbol{J} \times \boldsymbol{B}$ 项，可得

$$\rho_m\left(\frac{\partial \boldsymbol{U}}{\partial t} + \boldsymbol{U} \cdot \nabla \boldsymbol{U}\right) = -\nabla P + \frac{1}{\mu_0}(\nabla \times \boldsymbol{B}) \times \boldsymbol{B} + \frac{h^2 \rho_m}{2m_e m_i}\nabla\left(\frac{\nabla^2\sqrt{\rho_m}}{\sqrt{\rho_m}}\right), \tag{1.4.25}$$

$$\frac{\partial \boldsymbol{B}}{\partial t} = \nabla \times (\boldsymbol{U} \times \boldsymbol{B}), \tag{1.4.26}$$

$$\boldsymbol{E} = -\boldsymbol{U} \times \boldsymbol{B} + \frac{h^2}{2em_e}\nabla\left(\frac{\nabla^2\sqrt{\rho_m}}{\sqrt{\rho_m}}\right). \tag{1.4.27}$$

1.5 具有量子效应的某些等离子体方程

1.5.1 量子 KdV 方程

利用奇异摄动方法，可得如下量子 KdV 方程

$$u_t + 2uu_x + \frac{1}{2}\left(1 - \frac{H^2}{4}\right)u_{xxx} = 0, \tag{1.5.1}$$

其中

$$H = \frac{h\omega_{pe}}{k_b T_{Fe}}, \tag{1.5.2}$$

h 表示普朗克常量，ω_{pe} 表示电子等离子体频率，T_{Fe} 表示 Femi 温度。

1.5.2 量子 Zakharov 方程

利用流体电磁快变、慢变分解，可得一维量子 Zakharov 方程

$$\begin{cases} \mathrm{i}\boldsymbol{E}_t + \boldsymbol{E}_{xx} - H^2\boldsymbol{E}_{xxxx} = n\boldsymbol{E}, \\ n_{tt} - n_{xx} + H^2 n_{xxxx} = |\boldsymbol{E}|^2_{xx}. \end{cases} \tag{1.5.3}$$

一维具有量子效应的 Schrödinger 方程

$$\mathrm{i}\boldsymbol{E}_t+\boldsymbol{E}_{xx}+|\boldsymbol{E}|^2\boldsymbol{E}=H^2(\boldsymbol{E}_{xxxx}-\boldsymbol{E}|\boldsymbol{E}|^2_{xx}). \tag{1.5.4}$$

三维量子 Zakharov 方程

$$\mathrm{i}\boldsymbol{\varepsilon}_t-\frac{5c^2}{3V_{Fe}^2}\nabla\times(\nabla\times\boldsymbol{\varepsilon})+\nabla(\nabla\cdot\boldsymbol{\varepsilon})=n\boldsymbol{\varepsilon}+H\nabla[\nabla^2(\nabla\cdot\boldsymbol{\varepsilon})], \tag{1.5.5}$$

$$n_{tt}-\Delta n+\Delta|\boldsymbol{\varepsilon}|^2+H\Delta^2 n=0. \tag{1.5.6}$$

三维量子非线性 Schrödinger 方程

$$\mathrm{i}\boldsymbol{\varepsilon}_t+\nabla(\nabla\cdot\boldsymbol{\varepsilon})-\frac{5c^2}{3V_{Fe}^2}\nabla\times(\nabla\times\boldsymbol{\varepsilon})+|\boldsymbol{\varepsilon}|^2\boldsymbol{\varepsilon}=H\nabla[\nabla^2(\nabla\cdot\boldsymbol{\varepsilon})]-H\boldsymbol{\varepsilon}\nabla^2(|\boldsymbol{\varepsilon}|^2). \tag{1.5.7}$$

2. 可压缩量子 Navier-Stokes 方程弱解的整体存在性

2.1 一维可压缩量子 Navier-Stokes 方程弱解的整体存在性

这一节，主要考虑以下粘性 Korteweg 方程弱解的整体存在性

$$\rho_t + (\rho u)_x = \nu \rho_{xx}, \tag{2.1.1}$$

$$(\rho u)_t + (\rho u^2 + p(\rho))_x - \delta^2 \rho((\varphi(\rho))_{xx}\varphi'(\rho))_x = \nu(\rho u)_{xx} + \varepsilon u_{xx} - \frac{\rho u}{\tau}. \tag{2.1.2}$$

这里 ρ 是密度，u 是速度，ν 和 ε 是粘性系数，τ 是松弛时间，δ 是正参数，$p(\rho)$ 代表压力项，Korteweg 项为 $\delta^2\rho((\varphi(\rho))_{xx}\varphi'(\rho))_x$，其中 $\varphi(\rho) = \rho^\alpha$。

考虑上述方程的一维周期初值问题

$$\rho(x,0) = \rho_0(x), \quad \rho u(x,0) = \rho_0 u_0. \tag{2.1.3}$$

当 $0 < \alpha \leqslant 1$ 时，上述粘性 Korteweg 方程存在整体弱解，当粘性系数取极限 $\varepsilon \to 0$ 时，可得到对应的粘性 Korteweg 方程存在整体弱解 $(0 < \alpha \leqslant \frac{1}{2})$，则当 $\alpha = \frac{1}{2}$ 时，可以得到关于粘性量子流体力学方程的相关结果。因此，利用本章第二节中的有效速度变换，可以得到量子流体力学方程的相关结果。本节参考文献见 [10]–[31]。

定理 2.1.1 设 $T > 0, \varepsilon > 0$，$0 < \alpha \leqslant 1$，函数 $p \in C^1([0,\infty))$ 单调且 H 满足 $H(y) \geqslant -h_0$ $(h_0 > 0)$。对于 $x \in \mathbb{T}$ 和某个 $\eta_0 > 0$，假设初值 $(\rho_0, u_0) \in H^1(\mathbb{T}) \times L^\infty(\mathbb{T})$，$\rho_0(x) \geqslant \eta_0 > 0$，而且 $E(\rho_0, u_0) < \infty$，则存在常数 $\eta > 0$，使得方程 (2.1.1)–(2.1.2) 存在弱解 (ρ, u)，且具有正则性

$$\rho(x,t) \geqslant \eta > 0, t > 0, x \in \mathbb{T},$$

$$\rho_t \in L^2(0,T;L^2(\mathbb{T})), (\rho u)_t \in L^2(0,T;H^{-2}(\mathbb{T})),$$

$$\varphi(\rho)\in L^\infty(0,T;H^1(\mathbb{T}))\cap L^2(0,T;H^2(\mathbb{T})),$$
$$u\in L^2(0,T;H^1(\mathbb{T}))\cap L^\infty(0,T;L^2(\mathbb{T})),$$

且解 (ρ,u) 点点满足 (2.1.1)，对于所有的光滑试验函数 ϕ，$\phi(\cdot,T)=0$，有

$$\begin{aligned}&\int_{\mathbb{T}}\rho u\phi_t\mathrm{d}x+\int_{\mathbb{T}}(\rho u^2+p(\rho))\phi_x\mathrm{d}x-\int_{\mathbb{T}}\delta^2(\varphi(\rho)_{xx}\varphi'(\rho))(\rho\phi)_x\mathrm{d}x-\\&\int_{\mathbb{T}}\nu(\rho u)_x\phi_x\mathrm{d}x-\int_{\mathbb{T}}\varepsilon(u)_x\phi_x\mathrm{d}x-\int_{\mathbb{T}}\frac{\rho u\phi}{\tau}\mathrm{d}x=\int_{\mathbb{T}}\rho_0u_0\phi(\cdot,0)\mathrm{d}x,\end{aligned}\tag{2.1.4}$$

下界 $\eta>0$ 依赖于 ε，初值条件 (2.1.3) 在 H^{-2} 意义下成立。

假设 $(\rho_\varepsilon,u_\varepsilon)$ 是方程 (2.1.1)–(2.1.2) 的弱解，取极限 $\varepsilon\to0$ 时，不能利用 ρ_ε 的下界，因为 ρ_ε 的下界依赖于 ε。再者，由于只有 $\sqrt{\rho_\varepsilon}u_\varepsilon$ 的弱收敛，处理对流项取极限时会遇到问题。为了解决这个问题，在动量方程中利用试验函数 $\rho_\varepsilon^{3/2}\phi$，有

$$\int_{\mathbb{T}}\rho_\varepsilon^{3/2}(\rho_\varepsilon u_\varepsilon^2)_x\phi\mathrm{d}x=-\int_{\mathbb{T}}(\rho_\varepsilon^{1/2-\alpha}\varphi(\rho_\varepsilon)\phi_x+\frac{3}{2\alpha}\rho_\varepsilon^{1/2-\alpha}(\varphi(\rho_\varepsilon))_x\phi)(\rho_\varepsilon u_\varepsilon)^2\mathrm{d}x.$$

则有

定理 2.1.2 假设 $T>0$ 且定理 2.1.1 中假设的条件成立，则对于 $\varepsilon=0$，$0<\alpha\leqslant\frac{1}{2}$，方程 (2.1.1)–(2.1.2) 存在一个弱解 (ρ,J)，满足

$$\rho(x,t)\geqslant0,t>0,x\in\mathbb{T},$$
$$\rho_t\in L^2(0,T;L^2(\mathbb{T})),(\rho^{3/2}J)_t\in L^2(0,T;H^{-1}(\mathbb{T})),$$
$$\varphi(\rho)\in L^\infty(0,T;H^1(\mathbb{T}))\cap L^2(0,T;H^2(\mathbb{T})),$$
$$J\in L^2(0,T;H^1(\mathbb{T})),$$

这里 (ρ,J) 在 $(0,T)\times\mathbb{T}$ 上几乎处处满足 $\rho_t+J_x=\nu\rho_{xx}$，对于所有的试验函数 $\phi\in L^\infty(0,T;H^1(\mathbb{T}))$，有

$$\begin{aligned}&\int_0^T\langle(\rho^{3/2}J)_t,\phi\rangle_{H^{-1},H^1}\mathrm{d}t-\frac{3}{2}\int_0^T\int_{\mathbb{T}}\sqrt{\rho}\rho_tJ\phi\mathrm{d}x\mathrm{d}t-\\&\int_0^T\int_{\mathbb{T}}J^2(3(\sqrt{\rho})_x\phi+\sqrt{\rho}\phi_x)\mathrm{d}x\mathrm{d}t+\int_0^T\int_{\mathbb{T}}(p(\rho))_x\rho^{3/2}\phi\mathrm{d}x\mathrm{d}t+\\&\delta^2\int_0^T\int_{\mathbb{T}}(\varphi(\rho))_{xx}(\alpha\rho^{\alpha+3/2}\phi_x+\frac{5}{2}\rho^{3/2}(\varphi(\rho))_x\phi)\mathrm{d}x\mathrm{d}t=\\&-\nu\int_0^T\int_{\mathbb{T}}J_x\rho(3(\sqrt{\rho})_x\phi+\sqrt{\rho}\phi_x)\mathrm{d}x\mathrm{d}t-\frac{1}{\tau}\int_0^T\int_{\mathbb{T}}\rho^{3/2}J\phi\mathrm{d}x\mathrm{d}t.\end{aligned}\tag{2.1.5}$$

满足下列初值条件

$$\rho(\cdot,0)=\rho_0 \text{ 在 } L^2(\mathbb{T}) \text{ 中，} (\rho^{3/2}J)(\cdot,0)=\rho_0^{5/2}u_0 \text{ 在 } H^{-1}(\mathbb{T}) \text{ 中。}$$

2.1.1 Faedo-Galerkin 逼近

这一节将证明逼近方程解的局部存在性。设 $T>0$，$(\boldsymbol{e}_n)$ 是 $L^2(\mathbb{T})$ 的正交基。引入有限维空间 $X_n=\operatorname{span}(\boldsymbol{e}_1,\cdots,\boldsymbol{e}_n)$，$n\in\mathbb{N}$。初值 $(\rho_0,u_0)\in C^\infty(\mathbb{T})^2$ 满足 $\rho_0(x)\geqslant\eta_0>0, x\in\mathbb{T}$，对于给定的速度 $v\in C^0(0,T;X_n)$，对于某些 $\lambda_i(t)$，有

$$v(x,t)=\sum_{i=1}^{n}\lambda_i(t)\boldsymbol{e}_i(x), t\in[0,T], x\in\mathbb{T}.$$

并且

$$\|v\|_{C^0(0,T;X_n)}=\max_{t\in[0,T]}\sum_{i=1}^{n}|\lambda_i(t)|.$$

因此，v 在 $C^0(0,T;C^k(\mathbb{T}))$ 上有界，而且存在依赖于 k 的常数 C，使得

$$\|v\|_{C^0(0,T;C^k(\mathbb{T}))}\leqslant C\|v\|_{C^0(0,T;L^2(\mathbb{T}))}.$$

现在定义逼近系统，假设 ρ 是下列方程的经典解

$$\rho_t+(\rho v)_x=\nu\rho_{xx}, x\in\mathbb{T}, t>0, \tag{2.1.6}$$

$$\rho(x,0)=\rho_0(x), x\in\mathbb{T}. \tag{2.1.7}$$

对于任意的 $k\in\mathbb{N}$，经典解 $\rho\in C^0(0,T;C^k(\mathbb{T}))$ 并且 $\int_{\mathbb{T}}\rho\mathrm{d}x=\int_{\mathbb{T}}\rho_0(x)\mathrm{d}x$ 成立。定义算子 $S:C^0(0,T;X_n)\to C^0(0,T;C^3(\mathbb{T})), S(v)=\rho$。因为 v 是光滑的，则根据极大值原理，$\rho=S(v)$ 有上下界，即对于 $\|v\|_{C^0(0,T;L^2(\mathbb{T}))}\leqslant c$，存在正常数 $K_0(c)$ 和 $K_1(c)$，使得

$$0<K_0(c)\leqslant(S(v))(t,x)\leqslant K_1(c), t\in[0,T], x\in\mathbb{T}. \tag{2.1.8}$$

另外，存在依赖于 k 和 n 的正常数 K_2，使得对于任意 $v_1,v_2\in C^0(0,T;X_n)$，有

$$\|S(v_1)-S(v_2)\|_{C^0(0,T;C^k(\mathbb{T}))}\leqslant K_2\|v_1-v_2\|_{C^0(0,T;L^2(\mathbb{T}))}. \tag{2.1.9}$$

由此，可以确定 $S(v)$ 的下界只依赖于 $\|v_x\|_{L^2(0,T;L^2(\mathbb{T}))}$，

$$\rho=S(v)\geqslant\eta=\eta(\|v_x\|_{L^2(0,T;L^2(\mathbb{T}))})>0, t\in[0,T], x\in\mathbb{T}. \tag{2.1.10}$$

这个结论依赖于以下引理，具体证明详见参考文献 [23]。

引理 2.1.1 设 $T>0$，$v\in L^2(0,T;H^1(\mathbb{T}))$，且 ρ 是方程 (2.1.6)–(2.1.7) 的解，初值 $\rho_0\in L^\infty(\mathbb{T})$ 满足 $\rho_0(x)\geqslant\eta_0>0$，则存在依赖于 v,ρ_0 的常数 $\eta>0$ 和 $\|v_x\|_{L^2(0,T;L^2(\mathbb{T}))}$，使得

$$\rho(x,t)\geqslant\eta>0, x\in\mathbb{T}, t\in[0,T]. \tag{2.1.11}$$

则对于 $\rho=S(v)$，在 X_n 上要解决关于 u_n 的下列问题：

$$\begin{aligned}&(\rho u_n)_t+(\rho v u_n+p(\rho))_x-\delta^2\rho((\varphi(\rho))_{xx}\varphi'(\rho))_x=\\&\nu(\rho u_n)_{xx}+\varepsilon(u_n)_{xx}-\frac{\rho u_n}{\tau},\end{aligned} \tag{2.1.12}$$

对于所有的试验函数 $\phi\in C^1(0,T;X_n)$，$\phi(\cdot,T)=0$，寻求函数 $u_n\in C^1(0,T;X_n)$ 满足

$$\begin{aligned}&\int_{\mathbb{T}}\rho u_n\phi_t\mathrm{d}x+\int_{\mathbb{T}}(\rho v u_n+p(\rho))\phi_x\mathrm{d}x-\int_{\mathbb{T}}\delta^2(\varphi(\rho)_{xx}\varphi'(\rho))(\rho\phi)_x\mathrm{d}x-\\&\int_{\mathbb{T}}\nu(\rho u_n)_x\phi_x\mathrm{d}x-\varepsilon(u_n)_x\phi_x-\int_{\mathbb{T}}\frac{\rho u_n\phi}{\tau}\mathrm{d}x=\int_{\mathbb{T}}\rho_0u_0\phi(\cdot,0)\mathrm{d}x.\end{aligned}$$

对于给定的 $\rho\in K_\eta=\{L^1(\mathbb{T}):\inf\limits_{x\in\mathbb{T}}\rho\geqslant\eta>0\}$，引入算子族 [18]：

$$M[\rho]:X_n\to X_n^*, (M[\rho]u,w)=\int_{\mathbb{T}}\rho uw\mathrm{d}x, u,w\in X_n.$$

这些算子是对称正定的，并且具有最小特征值

$$\inf_{\|w\|_{L^2(\mathbb{T})=1}}\langle M(\rho)w,w\rangle=\inf_{\|w\|_{L^2(\mathbb{T})=1}}\int_{\mathbb{T}}\rho w^2\mathrm{d}x\geqslant\inf_{x\in\mathbb{T}}\rho(x)>\eta.$$

由于 X_n 是有限维的，这些算子是可逆的：

$$\|M^{-1}(\rho)\|_{L(X_n^*,X_n)}\leqslant\eta^{-1},$$

这里 $L(X_n^*,X_n)$ 是从 X_n^* 到 X_n 的连续映射集。再者，对于所有的 $\rho_1,\rho_2\in K_\eta$，M^{-1} 是 Lipschitz 连续的：

$$\|M^{-1}(\rho_1)-M^{-1}(\rho_2)\|_{L(X_n^*,X_n)}\leqslant K(n,\eta)\|\rho_1-\rho_2\|_{L^1(\mathbb{T})}. \tag{2.1.13}$$

因此可以把问题 (2.1.12) 当作在有限维空间 X_n 上的常微分方程来考虑：

$$\frac{\mathrm{d}}{\mathrm{d}t}(M[\rho(t)]u_n(t))=N[v,u_n(t)], t>0, M[\rho_0]u_n(0)=M[\rho_0]u_0, \tag{2.1.14}$$

这里

$$(N[v,u_n(t)],\phi)=$$

$$\int_{\mathbb{T}}\left(-(\rho v u_n+p(\rho))_x+\delta^2\rho((\varphi(\rho))_{xx}\varphi'(\rho))_x+\nu(\rho u_n)_{xx}+\varepsilon(u_n)_{xx}-\frac{\rho u_n}{\tau}\right)\phi\mathrm{d}x.$$

因为 $\rho=S(v)$ 有下界，所以上述积分是良定的，而且对于任意的 $t\in[0,T]$，从 X_n 映射到 X_n^* 的算子 $N[v,\cdot]$ 关于时间是连续的。因此，根据常微分方程的经典理论，方程 (2.1.14) 存在唯一解，即对于给定的 $v\in C^0(0,T;X_n)$，方程 (2.1.12) 存在唯一解 $u_n\in C^1(0,T;X_n)$。

2.1.2 逼近系统解的存在性

现在开始考虑逼近系统 (2.1.6)–(2.1.7) 和 (2.1.12) 解的整体存在性。

命题 2.1.1 定理 2.1.1 中的假设成立，而且初值光滑，初始密度为正。当 $v=u_n,\rho=\rho_n=S(u_n)$ 时，则方程 (2.1.6)–(2.1.7) 和 (2.1.12) 存在解 $(\rho_n,u_n)\in C^0(0,T;C^3(\mathbb{T}))\times C^1(0,T;X_n)$，且满足估计：

$$\rho_n(x,t)\geqslant\eta(\varepsilon)>0,t\in[0,T],x\in\mathbb{T}, \tag{2.1.15}$$

$$\|\sqrt{\rho_n}u_n\|_{L^\infty(0,T;L^2(\mathbb{T}))}+\|\sqrt{\rho_n}(u_n)_x\|_{L^2(0,T;L^2(\mathbb{T}))}\leqslant K, \tag{2.1.16}$$

$$\|\varphi(\rho_n)\|_{L^\infty(0,T;H^1(\mathbb{T}))}+\|\varphi(\rho_n)\|_{L^2(0,T;H^2(T))}\leqslant K, \tag{2.1.17}$$

$$\varepsilon\|(u_n)_x\|_{L^2(0,T;L^2(\mathbb{T}))}\leqslant K, \tag{2.1.18}$$

这里 $\eta(\varepsilon)>0$ 依赖于 ε 和初值，K 只依赖于 ν 和初值。

命题 2.1.1 的证明 在 $(0,t)$ 上对方程 (2.1.14) 求积分，在 X_n 上有

$$u_n(t)=M^{-1}[(S(u_n))(t)](M[\rho_0](u_0)+\int_0^t N[u_n,u_n(s)]\mathrm{d}s).$$

利用 (2.1.9)，(2.1.13) 和不动点定理，上述方程在短时间区间 $[0,\ T']$$(T'\leqslant T)$ 内，空间 $C^0(0,T';X_n)$ 上可解。事实上，有 $u_n\in C^1(0,T';X_n)$，为了证明 u_n 在整个时间区间 $[0,T]$ 内及空间 X_n 上有界，需要利用能量估计。方程 (2.1.6) 两边同时乘以 $\phi=h(\rho_n)-\frac{u_n^2}{2}-\delta^2(\varphi(\rho_n))_{xx}\varphi'(\rho_n)$，在 (2.1.12) 中利用试验函数 u_n，其中，$v=u_n,\rho=\rho_n$，将得到的两个方程相加，有

$$\begin{aligned}0=&\int_{\mathbb{T}}\left((\rho_n)_t h(\rho_n)-(\rho_n)_t\frac{u_n^2}{2}+(\rho_n u_n)_t u_n\right)\mathrm{d}x-\\&\delta^2\int_{\mathbb{T}}((\rho_n u_n)_x(\varphi(\rho_n))_{xx}\varphi'(\rho_n)+\rho_n u_n((\varphi(\rho_n))_{xx}\varphi'(\rho_n))_x+(\rho_n)_t(\varphi(\rho_n))_{xx}\varphi'(\rho_n))\mathrm{d}x+\\&\int_{\mathbb{T}}((\rho_n u_n)_x h(\rho_n)+(p(\rho_n))_x u_n)\mathrm{d}x+\end{aligned}$$

$$
\begin{aligned}
&\nu\int_{\mathbb{T}}\left(-(\rho_n)_{xx}h(\rho_n)+\frac{1}{2}(\rho_n)_{xx}u_n^2+\delta^2(\rho_n)_{xx}(\varphi(\rho_n))_{xx}\varphi'(\rho_n)-(\rho_nu_n)_{xx}u_n\right)\mathrm{d}x+\\
&\int_{\mathbb{T}}\left((\rho_nu_n^2)_xu_n-\frac{1}{2}(\rho_nu_n)_xu_n^2\right)\mathrm{d}x-\\
&\varepsilon\int_{\mathbb{T}}u_n(u_n)_{xx}\mathrm{d}x+\frac{1}{\tau}\int_{\mathbb{T}}\rho_nu_n^2\mathrm{d}x=:\\
&I_1+I_2+I_3+I_4+I_5+I_6+I_7.
\end{aligned}\tag{2.1.19}
$$

其中

$$
\begin{aligned}
&I_1=\partial_t\int_{\mathbb{T}}\left(H(\rho_n)+\frac{1}{2}\rho_nu_n^2\right)\mathrm{d}x.\\
&I_2=-\delta^2\int_{\mathbb{T}}(\varphi(\rho_n))_t(\varphi(\rho_n))_{xx}\mathrm{d}x=\frac{\delta^2}{2}\partial_t\int_{\mathbb{T}}(\varphi(\rho_n))_x^2\mathrm{d}x.
\end{aligned}
$$

利用 $p'(\rho_n)=\rho_nh'(\rho_n)$ 和分部积分，得到

$$
\begin{aligned}
I_3=&\int_{\mathbb{T}}(-\rho_nu_nh'(\rho_n)(\rho_n)_x+p'(\rho_n)(\rho_n)_xu_n)\mathrm{d}x=0,\\
I_4=&\nu\int_{\mathbb{T}}\Bigg(h'(\rho_n)(\rho_n)_x^2-(\rho_n)_xu_n(u_n)_x+\delta^2(\varphi(\rho_n))_{xx}^2+\\
&\frac{\delta^2(1-\alpha)}{3\alpha\varphi(\rho_n)}((\varphi(\rho_n))_x^3)_x+(\rho_nu_n)_x(u_n)_x\Bigg)\mathrm{d}x=\\
&\nu\int_{\mathbb{T}}\left((G(\rho_n))_x^2+\rho_n(u_n)_x^2+\delta^2(\varphi(\rho_n))_{xx}^2+\frac{16\delta^2(1-\alpha)}{3\alpha}\left(\sqrt{\varphi(\rho_n)}\right)_x^4\right)\mathrm{d}x,\\
I_5=&\int_{\mathbb{T}}(\frac{1}{2}(\rho_nu_n)_xu_n^2+\rho_nu_n^2(u_n)_x)\mathrm{d}x=\\
&-\int_{\mathbb{T}}\rho_nu_n^2(u_n)_x\mathrm{d}x+\int_{\mathbb{T}}\rho_nu_n^2(u_n)_x\mathrm{d}x=0,\\
I_6=&\varepsilon\int_{\mathbb{T}}(u_n)_x^2\mathrm{d}x.
\end{aligned}
$$

$G'(y)=\sqrt{h'(y)},y\geqslant0$。综上所述，有

$$
\begin{aligned}
0=&\partial_t\int_{\mathbb{T}}\left(H(\rho_n)+\frac{1}{2}\rho_nu_n^2+\frac{\delta^2}{2}(\varphi(\rho_n))_x^2\right)\mathrm{d}x+\\
&\nu\int_{\mathbb{T}}\left((G(\rho_n))_x^2+\rho_n(u_n)_x^2+\delta^2(\varphi(\rho_n))_{xx}^2+\frac{16\delta^2(1-\alpha)}{3\alpha}\left(\sqrt{\varphi(\rho_n)}\right)_x^4\right)\mathrm{d}x+\\
&\varepsilon\int_{\mathbb{T}}(u_n)_x^2\mathrm{d}x+\frac{1}{\tau}\int_{\mathbb{T}}\rho_nu_n^2\mathrm{d}x.
\end{aligned}
$$

由这个估计得到 (2.1.16)–(2.1.18)。利用 (2.1.10) 和 (2.1.18)，得到 (2.1.15)。利用估计 (2.1.16)，有 $\|u_n\|_{L^\infty(0,T;L^2(\mathbb{T}))} \leqslant C(\varepsilon)$。联合估计 (2.1.9) 和 (2.1.13)，重复利用不动点定理直到 $T' = T$。 □

引理 2.1.2 以下估计成立：

$$\|\partial_t \rho_n\|_{L^2(0,T;L^2(\mathbb{T}))} + \|\varphi(\rho_n)\|_{L^6(0,T;W^{1,6}(\mathbb{T}))} \leqslant K, \tag{2.1.20}$$

$$\|\rho_n\|_{L^\infty(0,T;H^1(\mathbb{T}))} + \|\rho_n\|_{L^2(0,T;H^2(\mathbb{T}))} \leqslant K, \tag{2.1.21}$$

$$\|\partial_t(\rho_n u_n)\|_{L^2(0,T;H^{-2}(\mathbb{T}))} \leqslant K, \tag{2.1.22}$$

$$\|\rho_n^\beta \partial_t(\rho_n u_n)\|_{L^2(0,T;H^{-1}(\mathbb{T}))} \leqslant K, \tag{2.1.23}$$

这里 $\beta \geqslant \dfrac{1}{2}$，$K > 0$ 且不依赖于 n 和 ε $(0 < \alpha \leqslant \dfrac{1}{2})$。

引理 2.1.2 的证明 利用 Gagliardo-Nirenberg 不等式，有

$$\begin{aligned}\|(\varphi(\rho_n))_x\|^6_{L^6(0,T;L^6(\mathbb{T}))} &\leqslant K\int_0^T \|(\varphi(\rho_n))_x\|^{6\theta}_{H^1(\mathbb{T})}\|(\varphi(\rho_n))_x\|^{6(1-\theta)}_{L^2(\mathbb{T})}\mathrm{d}t \leqslant \\ &K\|\varphi(\rho_n)\|^4_{L^\infty(0,T;H^1(\mathbb{T}))}\int_0^T \|\varphi(\rho_n)\|^2_{H^2(\mathbb{T})}\mathrm{d}t \leqslant K,\end{aligned} \tag{2.1.24}$$

这里 $\theta = \dfrac{1}{3}$，利用估计 (2.1.17)，可以得到 $\varphi(\rho_n)$ 在 $L^6(0,T;W^{1,6}(\mathbb{T}))$ 上有界，因为函数 ρ_n 满足方程 (2.1.6)–(2.1.7)，其中 $v = u_n$，则

$$\partial_t\rho_n = -\sqrt{\rho_n}\sqrt{\rho_n}(u_n)_x - \frac{\sqrt{\rho_n}u_n(\varphi(\rho_n))_x}{\sqrt{\rho_n}\varphi'(\rho_n)} + \nu\left[\frac{(\varphi(\rho_n))_{xx}}{\varphi'(\rho_n)} - \frac{\varphi''(\rho_n)(\rho_n)_x^2}{\varphi'(\rho_n)}\right].$$

利用 (2.1.16)，(2.1.17) 和 (2.1.24)，有 $\rho_n \in L^\infty(0,T;L^\infty(\mathbb{T}))$，$\partial_t\rho_n \in L^2(0,T;L^2(\mathbb{T}))$。此外，根据 $(\rho_n)_x = \dfrac{(\varphi(\rho_n))_x}{\varphi'(\rho_n)}$，$(\rho_n)_{xx} = \dfrac{(\varphi(\rho_n))_{xx}}{\varphi'(\rho_n)} - \dfrac{\varphi''(\rho_n)(\rho_n)_x^2}{\varphi'(\rho_n)} = \alpha\rho^{1-\alpha}(\varphi(\rho_n))_{xx} - \dfrac{\alpha-1}{\alpha^2}\rho_n^{1-2\alpha}(\varphi(\rho_n))_x^2$，有 $\rho_n \in L^\infty(0,T;H^1(\mathbb{T})) \cap L^2(0,T;H^2(\mathbb{T}))$。

断言 $\partial_t(\rho_n u_n)$ 在 $L^2(0,T;H^{-2}(\mathbb{T}))$ 上有界。很容易验证 $(p(\rho_n))_x$，$\varepsilon(u_n)_{xx}$，$\dfrac{\rho_n u_n}{\tau}$ 这三项在 $L^2(0,T;H^{-2}(\mathbb{T}))$ 上有界。此外，$\rho_n u_n^2 = (\sqrt{\rho_n}u_n)^2$ 在 $L^\infty(0,T;L^1(\mathbb{T}))$ 上有界，所以，$(\rho_n u_n^2)_x$ 在 $L^\infty(0,T;W^{-1,1}(\mathbb{T}))$ 上有界，也在 $L^\infty(0,T;H^{-2}(\mathbb{T}))$ 上有界。$\nu(\rho_n u_n)_{xx} = \nu(\sqrt{\rho_n}\sqrt{\rho_n}(u_n)_x + u_n\dfrac{(\varphi(\rho_n))_x}{\varphi'(\rho_n)})_x$ 在 $L^2(0,T;H^{-1}(\mathbb{T}))$ 上有界，

$$\rho_n((\varphi(\rho_n))_{xx}\varphi'(\rho_n))_x = -\frac{1}{2}((\varphi(\rho_n))_x^2)_x + (\rho_n(\varphi(\rho_n))_{xx}\varphi'(\rho_n))_x$$

在 $L^2(0,T;H^{-1}(\mathbb{T}))$ 上有界，也在 $L^2(0,T;H^{-2}(\mathbb{T}))$ 上有界。综上所述，断言得到了验证。

最后，证明 $\rho_n^{\beta}\partial_t(\rho_n u_n)$ 在 $L^2(0,T;H^{-1}(\mathbb{T}))$ 上有界，

$$\rho_n^{\beta}(\rho_n u_n^2)_x = \frac{1}{\alpha}\rho_n^{\beta-\alpha}(\varphi(\rho_n))_x\rho_n u_n^2 + 2\rho_n^{\beta}\sqrt{\rho_n}u_n\sqrt{\rho_n}(u_n)_x$$

在 $L^2(0,T;L^1(\mathbb{T}))\hookrightarrow L^2(0,T;H^{-1}(\mathbb{T}))$ 上有界，这里利用了 $\beta\geqslant\frac{1}{2}, 0<\alpha\leqslant\frac{1}{2}$，避免使用 ρ_n 依赖于 ε 的下界。此外，$\rho_n^{\beta}(p(\rho_n))_x, \rho_n^{\beta+1}\frac{u_n}{\tau}$ 在 $L^2(0,T;L^2(\mathbb{T}))$ 上有界，

$$\rho_n^{\beta+1}(\varphi'(\rho)(\varphi(\rho))_{xx})_x = (\alpha\rho_n^{\beta+\alpha}(\varphi(\rho_n))_{xx})_x - (\beta+1)\rho_n^{\beta}(\varphi(\rho_n))_x(\varphi(\rho_n))_{xx}$$

的第一项在 $L^2(0,T;H^{-1}(\mathbb{T}))$ 上有界,第二项在 $L^2(0,T;L^1(\mathbb{T}))$ 上有界,也在 $L^2(0,T;H^{-1}(\mathbb{T}))$ 上有界。类似地，

$$\varepsilon\rho_n^{\beta}(u_n)_{xx} = (\rho_n^{\beta}\varepsilon(u_n)_x)_x - \frac{\beta}{\alpha}\rho_n^{\beta-\alpha}(\varphi(\rho_n))_x\varepsilon(u_n)_x,$$

$$\begin{aligned}\rho_n^{\beta}(\rho_n u_n)_{xx} = {} & (\rho_n^{\beta+\frac{1}{2}}\sqrt{\rho_n}(u_n)_x)_x - \frac{\beta-1}{\alpha}\rho_n^{\beta-\alpha+\frac{1}{2}}(\varphi(\rho_n))_x\sqrt{\rho_n}(u_n)_x + \\ & \rho_n^{\beta-\frac{1}{2}}(\rho_n)_{xx}\sqrt{\rho_n}u_n\end{aligned}$$

在 $L^2(0,T;H^{-1}(\mathbb{T}))$ 上有界。 □

2.1.3 方程弱解的整体存在性

对于固定的 $\varepsilon>0$，当 $\rho=\rho_n, v=u_n$ 时，在 (2.1.6)–(2.1.7)，(2.1.12) 中取极限 $n\to\infty$。

根据 (2.1.20)和 (2.1.21)，利用 Aubin 引理和紧映射 $H^1\hookrightarrow L^{\infty}$，$H^2\hookrightarrow H^1$，则存在 (ρ_n) 的子序列 (仍记为 (ρ_n))，使得当 $n\to\infty$ 时，有

$\rho_n\to\rho$ 在 $L^2(0,T;H^1(\mathbb{T}))$ 和 $L^{\infty}(0,T;L^{\infty}(\mathbb{T}))$ 中强收敛，

$\rho_n\rightharpoonup\rho$ 在 $L^2(0,T;H^2(\mathbb{T}))$ 中弱收敛，

$\partial_t\rho_n\rightharpoonup\partial_t\rho$ 在 $L^2(0,T;L^2(\mathbb{T}))$ 中弱收敛。

因为 (ρ_n) 有下界，$(\varphi(\rho_n))_x$ 在 $L^2(0,T;L^2(\mathbb{T}))$ 中弱收敛至 $(\varphi(\rho))_x$。此外，对于固定的 $\varepsilon>0$，根据 (2.1.16) 和 (2.1.18)，u_n 在 $L^2(0,T;H^1(\mathbb{T}))$ 中弱收敛至函数 u，则有

$$\partial_t\rho_n + (\rho_n u_n)_x - \nu(\rho_n)_{xx} \rightharpoonup \partial_t\rho + (\rho u)_x - \nu\rho_{xx} \quad 在\ L^1(0,T;L^2(\mathbb{T}))\ 中弱收敛,$$

且

$$(p(\rho_n))_x - \delta^2\rho_n((\varphi(\rho_n))_{xx}\varphi'(\rho_n))_x - \nu(\rho_n u_n)_{xx} - \varepsilon(u_n)_{xx} + \frac{1}{\tau}\rho_n u_n$$

在 $L^1(0,T;H^{-1}(\mathbb{T}))$ 中弱收敛至

$$(p(\rho))_x - \delta^2\rho((\varphi(\rho))_{xx}\varphi'(\rho))_x - \nu(\rho u)_{xx} - \varepsilon(u)_{xx} + \frac{1}{\tau}\rho u.$$

接着处理对流项的极限，首先，因为 (ρ_n) 在 $L^\infty(0,T;L^\infty(\mathbb{T}))$ 中强收敛，(u_n) 在 $L^2(0,T;L^\infty(\mathbb{T}))$ 中弱 * 收敛，则 $\rho_n u_n \rightharpoonup \rho u$ 在 $L^2(0,T;L^\infty(\mathbb{T}))$ 中弱 * 收敛。另外，考虑到 (2.1.22) 和 $(\rho_n u_n)$ 在 $L^2(0,T;H^1(\mathbb{T}))$ 中有界，利用 Aubin 引理，有 $\rho_n u_n \to \rho u$ 在 $L^2(0,T;L^\infty(\mathbb{T}))$ 中强收敛。因此

$$\rho_n u_n^2 \rightharpoonup \rho u^2 \text{ 在 } L^1(0,T;L^\infty(\mathbb{T})) \text{ 中弱 * 收敛。}$$

当 $\rho=\rho_n, v=u_n$ 时，在 (2.1.12) 中取极限 $n\to\infty$，则对于 $\varepsilon>0$，已经证明 (ρ,u) 是方程 (2.1.1)–(2.1.2) 的弱解，定理 2.1.1 得证。

2.1.4 消失粘性极限 $\varepsilon \to 0$

设 $(\rho_\varepsilon,u_\varepsilon)$ 是方程 (2.1.1)–(2.1.3) 的解，其中 $\varepsilon>0, 0<\alpha\leqslant\frac{1}{2}$。接着，取极限 $\varepsilon\to 0$。根据估计 (2.1.20) 和 (2.1.21)，利用 Aubin 引理，则存在 (ρ_n) 的子序列，使得

$$\rho_\varepsilon \to \rho \text{ 在 } L^2(0,T;H^1(\mathbb{T})) \text{ 和 } L^\infty(0,T;L^\infty(\mathbb{T})) \text{ 中强收敛，}$$
$$\rho_\varepsilon \rightharpoonup \rho \text{ 在 } L^2(0,T;H^2(\mathbb{T})) \text{ 中弱收敛，}$$
$$\partial_t\rho_\varepsilon \rightharpoonup \partial_t\rho \text{ 在 } L^2(0,T;L^2(\mathbb{T})) \text{ 中弱收敛。}$$

而且，根据 (2.1.17)，有

$$\varphi(\rho_\varepsilon) \rightharpoonup \varphi(\rho) \text{ 在 } L^\infty(0,T;H^1(\mathbb{T})) \text{ 中弱 * 收敛，在 } L^2(0,T;H^2(\mathbb{T})) \text{ 中弱收敛.}$$

由 (2.1.16)，则

$$(\rho_\varepsilon u_\varepsilon)_x = \frac{1}{\alpha}\rho_\varepsilon^{\frac{1}{2}-\alpha}(\varphi(\rho_\varepsilon))_x\sqrt{\rho_\varepsilon}u_\varepsilon + \sqrt{\rho_\varepsilon}\sqrt{\rho_\varepsilon}(u_\varepsilon)_x$$

在 $L^2(0,T;L^2(\mathbb{T}))$ 中有界。因此，$(\rho_\varepsilon u_\varepsilon)$ 在 $L^2(0,T;H^1(\mathbb{T}))$ 中有界，则

$$\rho_\varepsilon u_\varepsilon \rightharpoonup J \text{ 在 } L^2(0,T;H^1(\mathbb{T})) \text{ 中弱收敛。}$$

因此，利用 (2.1.20) 和 (2.1.21)，当 $\rho=\rho_\varepsilon$，$v=u_\varepsilon$ 时，质量守恒方程取极限 $\varepsilon\to 0$，得到

$$\rho_t + J_x = \nu\rho_{xx} \text{ 在 } L^2(0,T;H^1(\mathbb{T})) \text{ 上。}$$

接着，对动量守恒方程取极限 $\varepsilon\to 0$，方程 (2.1.12) 两边同时乘以 $\rho_\varepsilon^{3/2}$，由于只能控制 $\rho_\varepsilon u_\varepsilon$，不能控制 u_ε，为了能够处理对流项 $(\rho_\varepsilon u_\varepsilon^2)_x$ 的极限，利用 Aubin 引理和 (2.1.22)，则 $\rho_\varepsilon u_\varepsilon$ 在 $L^2(0,T;H^1(\mathbb{T}))$ 中有界意味着

$$\rho_\varepsilon u_\varepsilon\to J \text{ 在 } L^2(0,T;L^\infty(\mathbb{T})) \text{ 中强收敛。}$$

因此，对于任意的试验函数 $\phi\in L^2(0,T;H^1(\mathbb{T}))$，当 $\varepsilon\to 0$ 时，有

$$\begin{aligned}\int_{\mathbb{T}}\rho_\varepsilon^{3/2}(\rho_\varepsilon u_\varepsilon^2)_x\phi\mathrm{d}x &= -\int_{\mathbb{T}}(\rho_\varepsilon^{1/2-\alpha}\varphi(\rho_\varepsilon)\phi_x+\frac{3}{2\alpha}\rho_\varepsilon^{1/2-\alpha}(\varphi(\rho_\varepsilon))_x\phi)(\rho_\varepsilon u_\varepsilon)^2\mathrm{d}x\\ &\to -\int_{\mathbb{T}}(\rho^{1/2-\alpha}\varphi(\rho)\phi_x+\frac{3}{2\alpha}\rho^{1/2-\alpha}(\varphi(\rho))_x\phi)J^2\mathrm{d}x.\end{aligned}$$

根据 (2.1.23)，$\rho_\varepsilon^{3/2}(\rho_\varepsilon u_\varepsilon)_t$ 在 $L^2(0,T;H^{-1}(\mathbb{T}))$ 中有界，因此

$$(\rho_\varepsilon^{5/2}u_\varepsilon)_t=\rho_\varepsilon^{3/2}(\rho_\varepsilon u_\varepsilon)_t+\frac{3}{2}\rho_\varepsilon(\rho_\varepsilon)_t(\sqrt{\rho_\varepsilon}u_\varepsilon)$$

也在 $L^2(0,T;H^{-1}(\mathbb{T}))$ 中有界，有

$$(\rho_\varepsilon^{5/2}u_\varepsilon)_t\rightharpoonup(\rho^{3/2}J)_t \text{ 在 } L^2(0,T;H^{-1}(\mathbb{T})) \text{ 中弱收敛。} \tag{2.1.25}$$

在 (2.1.2) 的弱形式中，令 $\rho_\varepsilon^{3/2}\phi$ 为试验函数，其中 $\phi\in L^\infty(0,T;H^1(\mathbb{T}))$，有

$$\begin{aligned}0 = &\int_0^T\int_{\mathbb{T}}\rho_\varepsilon^{3/2}(\rho_\varepsilon u_\varepsilon)_t\phi\mathrm{d}x\mathrm{d}t-\int_0^T\int_{\mathbb{T}}(\rho_\varepsilon u_\varepsilon^2+p(\rho_\varepsilon))(\rho_\varepsilon^{3/2}\phi)_x\mathrm{d}x\mathrm{d}t+\\ &\delta^2\int_0^T\int_{\mathbb{T}}(\rho_\varepsilon^{5/2}\phi)_x(\varphi(\rho_\varepsilon))_{xx}\varphi'(\rho_\varepsilon)\mathrm{d}x\mathrm{d}t+\nu\int_0^T\int_{\mathbb{T}}(\rho_\varepsilon u_\varepsilon)_x(\rho_\varepsilon^{3/2}\phi)_x\mathrm{d}x\mathrm{d}t+\\ &\varepsilon\int_0^T\int_{\mathbb{T}}(\rho^{3/2}\phi)_x(u_\varepsilon)_x\mathrm{d}x\mathrm{d}t+\frac{1}{\tau}\int_0^T\int_{\mathbb{T}}\rho_\varepsilon^{5/2}u_\varepsilon\phi\mathrm{d}x\mathrm{d}t=:\\ &K_1+K_2+K_3+K_4+K_5+K_6,\end{aligned}$$

其中

$$\begin{aligned}K_1 &= \int_0^T\langle(\rho_\varepsilon^{5/2}u_\varepsilon)_t,\phi\rangle_{H^{-1},H^1}\mathrm{d}t-\frac{3}{2}\int_0^T\int_{\mathbb{T}}\rho_\varepsilon^{3/2}(\rho_\varepsilon)_t u_\varepsilon\phi\mathrm{d}x\mathrm{d}t\\ &\to\int_0^T\langle(\rho^{3/2}J)_t,\phi\rangle_{H^{-1},H^1}\mathrm{d}t-\frac{3}{2}\int_0^T\int_{\mathbb{T}}\sqrt{\rho}\rho_t J\phi\mathrm{d}x\mathrm{d}t,\end{aligned}$$

对于第二个积分，有

$$K_2=\int_0^T\int_{\mathbb{T}}((\rho_\varepsilon u_\varepsilon)^2+\rho_\varepsilon p(\rho_\varepsilon))(3(\sqrt{\rho_\varepsilon})_x\phi+\sqrt{\rho_\varepsilon}\phi_x)\mathrm{d}x\mathrm{d}t=$$

$$\int_0^T\int_{\mathbb{T}}((\rho_\varepsilon u_\varepsilon)^2+\rho_\varepsilon p(\rho_\varepsilon))(\rho_\varepsilon^{1/2-\alpha}\varphi(\rho_\varepsilon)\phi_x+\frac{3}{2\alpha}\rho_\varepsilon^{1/2-\alpha}(\varphi(\rho_\varepsilon))_x\phi)\mathrm{d}x\mathrm{d}t$$
$$\to\int_0^T\int_{\mathbb{T}}(J^2+\rho p(\rho))(\rho^{1/2-\alpha}\varphi(\rho)\phi_x+\frac{3}{2\alpha}\rho^{1/2-\alpha}(\varphi(\rho))_x\phi)\mathrm{d}x\mathrm{d}t=$$
$$\int_0^T\int_{\mathbb{T}}(J^2+\rho p(\rho))(3(\sqrt{\rho})_x\phi+\sqrt{\rho}\phi_x)\mathrm{d}x\mathrm{d}t,$$

这里用到了 $(\rho_\varepsilon u_\varepsilon)^2\to J^2$ 在 $L^1(0,T;L^\infty(\mathbb{T}))$ 中强收敛和 $(\varphi(\rho_\varepsilon))_x\rightharpoonup(\varphi(\rho))_x$ 在 $L^\infty(0,T;L^2(\mathbb{T}))$ 中弱 * 收敛。

对于第三个积分，有

$$K_3=\delta^2\int_0^T\int_{\mathbb{T}}(\varphi(\rho_\varepsilon))_{xx}(\alpha\rho_\varepsilon^{\alpha+3/2}\phi_x+\frac{5}{2}\alpha\rho_\varepsilon^{\alpha+1/2}(\rho_\varepsilon)_x\phi)\mathrm{d}x\mathrm{d}t$$
$$\to\delta^2\int_0^T\int_{\mathbb{T}}(\varphi(\rho))_{xx}(\alpha\rho^{\alpha+3/2}\phi_x+\frac{5}{2}\rho^{3/2}(\varphi(\rho))_x\phi)\mathrm{d}x\mathrm{d}t,$$

这里用到了 $\rho_\varepsilon\to\rho$ 在 $L^\infty(0,T;L^\infty(\mathbb{T}))$ 和 $L^2(0,T;H^1(\mathbb{T}))$ 中强收敛。

对于第四个积分，$\rho_\varepsilon u_\varepsilon\rightharpoonup J$ 在 $L^2(0,T;H^1(\mathbb{T}))$ 中弱收敛，ρ_ε 在 $L^\infty(0,T;L^\infty(\mathbb{T}))$ 中强收敛，以及 $(\rho_\varepsilon)_x$ 在 $L^2(0,T;L^2(\mathbb{T}))$ 中有界，意味着

$$K_4=\nu\int_0^T\int_{\mathbb{T}}(\rho_\varepsilon u_\varepsilon)_x\left(\frac{3}{2}\sqrt{\rho_\varepsilon}(\rho_\varepsilon)_x\phi+\rho_\varepsilon^{3/2}\phi_x\right)\mathrm{d}x\mathrm{d}t$$
$$\to\nu\int_0^T\int_{\mathbb{T}}J_x\left(\frac{3}{2}\sqrt{\rho}(\rho)_x\phi+\rho^{3/2}\phi_x\right)\mathrm{d}x\mathrm{d}t=$$
$$\nu\int_0^T\int_{\mathbb{T}}J_x(\rho^{3/2}\phi)_x\mathrm{d}x\mathrm{d}t,$$

当 $\varepsilon\to0$ 时

$$K_5=\varepsilon\int_0^T\int_{\mathbb{T}}\sqrt{\rho_\varepsilon}(u_\varepsilon)_x(\rho_\varepsilon\phi_x+\frac{3}{2}(\rho_\varepsilon)_x\phi)\mathrm{d}x\mathrm{d}t\leqslant$$
$$\varepsilon(\|\rho_\varepsilon\|_{L^\infty(0,T;L^\infty(\mathbb{T}))}\|\phi_x\|_{L^2(0,T;L^2(\mathbb{T}))}+\frac{3}{2}\|\phi\|_{L^\infty(0,T;L^\infty(\mathbb{T}))}\|(\rho_\varepsilon)_x\|_{L^2(0,T;L^2(\mathbb{T}))})\times$$
$$\|\sqrt{\rho_\varepsilon}(u_\varepsilon)_x\|_{L^2(0,T;L^2(\mathbb{T}))}$$
$$\to0.$$

最后，有

$$K_6\to\frac{1}{\tau}\int_0^T\int_{\mathbb{T}}\rho^{3/2}J\phi\mathrm{d}x\mathrm{d}t.$$

对于光滑初值，已经证明 (ρ, J) 是方程 (2.1.1)–(2.1.2) $(\varepsilon = 0)$ 的解，对于有限能量和初始密度为正的初值 $(\rho_0, u_0) \in H^1(\mathbb{T}) \times L^\infty(\mathbb{T})$，通过常规的逼近技巧，则定理 2.1.2 得证。

2.2 高维可压缩量子 Navier-Stokes 方程弱解的整体存在性

这一节主要研究多维量子流体力学方程

$$\rho_t + \operatorname{div}(\rho \boldsymbol{u}) = 0, \tag{2.2.1}$$

$$(\rho \boldsymbol{u})_t + \operatorname{div}(\rho \boldsymbol{u} \otimes \boldsymbol{u}) + \nabla p(\rho) = \\ 2h^2 \rho \nabla\left(\frac{\triangle\sqrt{\rho}}{\sqrt{\rho}}\right) + 2\nu \operatorname{div}(\mu(\rho) D(\boldsymbol{u})) + \nu \nabla(\lambda(\rho) \operatorname{div} \boldsymbol{u}), \tag{2.2.2}$$

$$\rho(\cdot, 0) = \rho_0, \rho \boldsymbol{u}(\cdot, 0) = \rho_0 u_0 \text{ 在 } \mathbb{T}^d \text{ 上}, \tag{2.2.3}$$

这里 $\rho, \boldsymbol{u}$ 分别表示密度和速度；参数 h $(h > 0)$、ν $(\nu > 0)$ 分别为普朗克常量和粘性常数；压强 $p(\rho) = \rho^\gamma, \gamma \geqslant 1$；$\mathbb{T}^d$ 是 d 维周期区域 $(d \leqslant 3)$；表达式 $\dfrac{\triangle\sqrt{\rho}}{\sqrt{\rho}}$ 是量子 Bohm 势。$\mu(\rho), \lambda(\rho)$ 是依赖于密度的两个 Lamé 粘性系数并且满足

$$\mu(\rho) \geqslant 0, 2\mu(\rho) + d\lambda(\rho) \geqslant 0, \tag{2.2.4}$$

这里 $\mu(\rho)$ 有时也被称为流体的剪切粘性系数，$\lambda(\rho)$ 通常被称为第二粘性系数。众所周知，粘性系数依赖于温度，在等熵情况下，粘性系数依赖于密度。这里，考虑 $\mu(\rho) = \rho, \lambda(\rho) = 0$ 时的情况。本节内容读者可以参考文献 [32]–[66]。

首先，引入有效速度变换 $\boldsymbol{\omega} = \boldsymbol{u} + \nu \nabla \log \rho$，通过计算，量子 Navier-Stokes 方程可以等价地转换为以下粘性量子欧拉方程

$$\rho_t + \operatorname{div}(\rho \boldsymbol{\omega}) = \nu \triangle \rho, \tag{2.2.5}$$

$$(\rho \boldsymbol{\omega})_t + \operatorname{div}(\rho \boldsymbol{\omega} \otimes \boldsymbol{\omega}) + \nabla p(\rho) = 2h_0^2 \rho \nabla\left(\frac{\triangle\sqrt{\rho}}{\sqrt{\rho}}\right) + \nu \triangle(\rho \boldsymbol{\omega}), \tag{2.2.6}$$

$$\rho(\cdot, 0) = \rho_0, \rho \boldsymbol{\omega}(\cdot, 0) = \rho_0 \boldsymbol{\omega}_0 \text{ 在 } \mathbb{T}^d \text{ 上}, \tag{2.2.7}$$

明确地得到了如下引理。

引理 2.2.1 若 $(\rho, \boldsymbol{u})$ 是方程 (2.2.1)–(2.2.3) 的光滑解，则 $(\rho, \boldsymbol{\omega}) = (\rho, \boldsymbol{u} + \nu \nabla \log \rho)$ 满足方程 (2.2.5)–(2.2.7)。反之，若 $(\rho, \boldsymbol{\omega})$ 是方程 (2.2.5)–(2.2.7) 的光滑解，则 $(\rho, \boldsymbol{u}) = (\rho, \boldsymbol{\omega} - \nu \nabla \log \rho)$ 满足方程 (2.2.1)–(2.2.3)。

引理 2.2.1 的证明 设 $(\rho, \boldsymbol{u})$ 是方程 (2.2.1)–(2.2.3) 的光滑解，做变换 $\boldsymbol{\omega} = \boldsymbol{u} + c\nabla\log\rho$，质量守恒方程变为

$$\rho_t + \operatorname{div}(\rho\boldsymbol{\omega}) - c\triangle\rho = \rho_t + \operatorname{div}(\rho(\boldsymbol{\omega} - c\nabla\log\rho)) = \rho_t + \operatorname{div}(\rho\boldsymbol{u}) = 0.$$

利用下列等式

$$\begin{aligned}
c(\rho\nabla\log\rho)_t = \nu(\nabla\rho)_t = -c\nabla\operatorname{div}(\rho\boldsymbol{u}),\\
c^2(\rho\nabla\log\rho\otimes\nabla\log\rho) = c^2\triangle(\rho\nabla\log\rho) - \nu^2\operatorname{div}(\rho\nabla^2\log\rho) =\\
c^2\triangle(\rho\nabla\log\rho) - 2c^2\rho\nabla\left(\frac{\triangle\sqrt{\rho}}{\sqrt{\rho}}\right),\\
c\operatorname{div}(\rho\nabla\log\rho\otimes\boldsymbol{u} + \rho\boldsymbol{u}\otimes\nabla\log\rho) = c\triangle(\rho\boldsymbol{u}) - 2c\operatorname{div}(\rho D(\boldsymbol{u})) + c\nabla\operatorname{div}(\rho\boldsymbol{u}).
\end{aligned}$$

可以得到

$$\begin{aligned}
&(\rho\boldsymbol{\omega})_t + \operatorname{div}(\rho\boldsymbol{\omega}\otimes\boldsymbol{\omega}) - c\Delta(\rho\boldsymbol{\omega}) =\\
&-\nabla p(\rho) + 2(\nu - c)\operatorname{div}(\rho D(\boldsymbol{\omega})) + 2[h^2 - \nu^2 - 2c(\nu - c)]\rho\nabla\left(\frac{\triangle\sqrt{\rho}}{\sqrt{\rho}}\right).
\end{aligned}$$

这里，考虑 $c = \nu, h_0^2 = h^2 - \nu^2 > 0$ 时的情况，因此，$(\rho, \boldsymbol{\omega})$ 满足方程 (2.2.5)–(2.2.7)。 □

利用 Faedo-Galerkin 方法和紧性原理，可以证明方程 (2.2.5)–(2.2.7) 的整体弱解的存在性。对于 $h = \nu$ 和 $h < \nu$ 时方程 (2.2.5)–(2.2.7) 弱解的整体存在性，可以分别参考文献 [41] 和文献 [57]。

定理 2.2.1 令 $T > 0, d \leqslant 3, h_0 > 0, \nu > 0, P(\rho) = \rho^\gamma$，$\gamma > 3(d = 3)$，$\gamma \geqslant 1(d = 2)$。初始值 (ρ_0, ω_0) 满足 $\rho_0 \geqslant 0$ 且 $E(\rho_0, \omega_0)$ 有限，则方程 (2.2.5)–(2.2.7) 存在弱解 $(\rho, \boldsymbol{\omega})$ 满足估计

$$\sqrt{\rho} \in L^\infty([0, T]; H^1(\mathbb{T}^d)) \cap L^2([0, T]; H^2(\mathbb{T}^d)), \rho \geqslant 0, \tag{2.2.8}$$

$$\rho \in H^1([0, T]; L^2(\mathbb{T}^d)) \cap L^\infty([0, T]; L^\gamma(\mathbb{T}^d)) \cap L^2([0, T]; W^{1,3}(\mathbb{T}^d)), \tag{2.2.9}$$

$$\begin{aligned}
&\sqrt{\rho}\boldsymbol{\omega} \in L^\infty([0, T]; L^2(\mathbb{T}^d)), \rho\boldsymbol{\omega} \in L^2([0, T]; W^{1,\frac{3}{2}}(\mathbb{T}^d)),\\
&\sqrt{\rho}|\nabla\boldsymbol{\omega}| \in L^\infty([0, T]; L^2(\mathbb{T}^d)),
\end{aligned}$$

且几乎处处满足方程 (2.2.5)，对于任意的光滑试验函数 $\boldsymbol{\eta}$ 满足 $\boldsymbol{\eta}(\cdot, T) = 0$，使得

$$-\int_{\mathbb{T}^d} \rho_0^2\boldsymbol{\omega}_0 \cdot \boldsymbol{\eta}(\cdot, 0)\mathrm{d}x = \int_0^T \int_{\mathbb{T}^d} [\rho^2\boldsymbol{\omega} \cdot \partial_t\boldsymbol{\eta} - \rho^2\operatorname{div}(\boldsymbol{\omega})\boldsymbol{\omega} \cdot \boldsymbol{\eta} - \nu(\rho\boldsymbol{\omega} \otimes \nabla\rho) : \nabla\boldsymbol{\eta} +$$

$$
\begin{aligned}
&\rho\boldsymbol{\omega}\otimes\rho\boldsymbol{\omega}:\nabla\boldsymbol{\eta}+\frac{\gamma}{\gamma+1}\rho^{\gamma+1}\operatorname{div}\boldsymbol{\eta}-\\
&\nu\nabla(\rho\boldsymbol{\omega}):(\rho\nabla\boldsymbol{\eta}+2\nabla\rho\otimes\boldsymbol{\eta})-\\
&2h_0^2\triangle\sqrt{\rho}(\rho^{3/2}\operatorname{div}\boldsymbol{\eta}+2\sqrt{\rho}\nabla\rho\cdot\boldsymbol{\eta})]\mathrm{d}x\mathrm{d}t. \qquad (2.2.10)
\end{aligned}
$$

这里

$$
\begin{aligned}
&E(\rho(x,0),\boldsymbol{\omega}(x,0))=E(\rho_0,\omega_0),\\
&E(\rho(x,t),\boldsymbol{\omega}(x,t))=\int_{\mathbb{T}^d}\left(\frac{\rho}{2}|\boldsymbol{\omega}|^2+H(\rho)+2h^2|\nabla\sqrt{\rho}|^2\right)\mathrm{d}x,H''(\rho)=\frac{P'(\rho)}{\rho}.
\end{aligned}
$$

则可以得到方程 (2.2.1)–(2.2.3) 的整体弱解的存在性。

推论 2.2.1 令 $T>0,d\leqslant 3,h>0,\nu>0,h>\nu,P(\rho)=\rho^\gamma$，$\gamma>3(d=3)$，$\gamma\geqslant 1(d=2)$。初始值 $(\rho_0,\boldsymbol{u}_0)$ 满足 $\rho_0\geqslant 0$ 且 $E(\rho_0,\boldsymbol{u}_0+\nu\nabla\log\rho_0)$ 有限，则方程 (2.2.1)–(2.2.3) 存在弱解 $(\rho,\boldsymbol{u})$ 满足估计 (2.2.8)，(2.2.9) 和

$$
\begin{aligned}
&\sqrt{\rho}\boldsymbol{u}\in L^\infty([0,T];L^2(\mathbb{T}^d)),\rho\boldsymbol{u}\in L^2([0,T];W^{1,\frac{3}{2}}(\mathbb{T}^d)),\\
&\sqrt{\rho}|\nabla\boldsymbol{u}|\in L^\infty([0,T];L^2(\mathbb{T}^d)),
\end{aligned}
$$

且几乎处处满足方程 (2.2.1)，对于任意的光滑试验函数 $\boldsymbol{\eta}$ 满足 $\boldsymbol{\eta}(\cdot,T)=0$，使得

$$
\begin{aligned}
-\int_{\mathbb{T}^d}\rho_0^2\boldsymbol{u}_0\cdot\boldsymbol{\eta}(\cdot,0)\mathrm{d}x=&\int_0^T\int_{\mathbb{T}^d}(\rho^2\boldsymbol{u}\cdot\partial_t\boldsymbol{\eta}-\rho^2\operatorname{div}(\boldsymbol{u})\boldsymbol{u}\cdot\boldsymbol{\eta}+\rho\boldsymbol{u}\otimes\rho\boldsymbol{u}:\nabla\boldsymbol{\eta}-\\
&2\nu\rho D(\boldsymbol{u}):(\rho\nabla\boldsymbol{\eta}+\nabla\rho\otimes\boldsymbol{\eta})+\frac{\gamma}{\gamma+1}\rho^{\gamma+1}\operatorname{div}\boldsymbol{\eta}-\\
&2h^2\triangle\sqrt{\rho}(\rho^{3/2}\operatorname{div}\boldsymbol{\eta}+2\sqrt{\rho}\nabla\rho\cdot\boldsymbol{\eta}))\mathrm{d}x\mathrm{d}t. \qquad (2.2.11)
\end{aligned}
$$

2.2.1 Faedo-Galerkin 逼近

假设 $T>0,(\boldsymbol{e}_n)$ 是 $L^2(\mathbb{T}^d)$ 的一组标准正交基。引入有限维空间 $X_n=\operatorname{span}(\boldsymbol{e}_1,\ldots,\boldsymbol{e}_n)$，$n\in\mathbb{N}$。初始值 $(\rho_0,u_0)\in C^\infty(\mathbb{T}^d)^4$ 满足 $\rho_0(x)\geqslant\delta>0,x\in\mathbb{T}^d$，对于给定的速度 $\boldsymbol{v}\in C^0(0,T;X_n)$，存在 $\lambda_i(t)$，有

$$
\boldsymbol{v}(x,t)=\sum_{i=1}^n\lambda_i(t)\boldsymbol{e}_i(x),t\in[0,T],x\in\mathbb{T}^d,
$$

而且

$$\|\boldsymbol{v}\|_{C^0(0,T;X_n)}=\max_{t\in[0,T]}\sum_{i=1}^{n}|\lambda_i(t)|.$$

因此，$\boldsymbol{v}$ 在 $C^0(0,T;C^k(\mathbb{T}^d))$ 上有界，而且存在一个依赖于 k 的常数 C，有

$$\|\boldsymbol{v}\|_{C^0(0,T;C^k(\mathbb{T}^d))}\leqslant C\|\boldsymbol{v}\|_{C^0(0,T;L^2(\mathbb{T}^d))}.$$

现在，定义逼近模型。假设 ρ 是下列方程的经典解

$$\begin{aligned}&\rho_t+\operatorname{div}(\rho\boldsymbol{v})=\nu\triangle\rho,x\in\mathbb{T}^d,t>0,\\&\rho(x,0)=\rho_0(x),x\in\mathbb{T}^d.\end{aligned}\tag{2.2.12}$$

对于任意 $k\in\mathbb{N}$，经典解 $\rho\in C^0(0,T;C^k(\mathbb{T}^d))$，而且 $\int_{\mathbb{T}^d}\rho(x,t)\mathrm{d}x=\int_{\mathbb{T}^d}\rho_0(x)\mathrm{d}x$ 成立。定义 $S:C^0(0,T;X_n)\to C^0(0,T;C^d(\mathbb{T}^d))$，其中 $S(\boldsymbol{v})=\rho$。因为 $\boldsymbol{v}$ 是光滑的，所以根据极大值原理，$\rho=S(\boldsymbol{v})$ 有上下界，对于 $\|\boldsymbol{v}\|_{C^0(0,T;L^2(\mathbb{T}^d))}\leqslant c$，存在正常数 $K_0(c)$ 和 $K_1(c)$，有

$$0<K_0(c)\leqslant(S(\boldsymbol{v}))(t,x)\leqslant K_1(c),t\in[0,T],x\in\mathbb{T}^d.\tag{2.2.13}$$

此外，对于任意 $\boldsymbol{v}_1,\boldsymbol{v}_2\in C^0(0,T;X_n)$，存在依赖于 k 和 n 的正常数 K_2，有

$$\|S(\boldsymbol{v}_1)-S(\boldsymbol{v}_2)\|_{C^0(0,T;C^k(\mathbb{T}^d))}\leqslant K_2\|\boldsymbol{v}_1-\boldsymbol{v}_2\|_{C^0(0,T;L^2(\mathbb{T}^d))}.\tag{2.2.14}$$

则对于 $\rho=S(\boldsymbol{v})$，在 X_n 上要解决下列关于 $\boldsymbol{\omega}_n$ 的问题：

$$\begin{aligned}&(\rho\boldsymbol{\omega}_n)_t+\operatorname{div}(\rho\boldsymbol{v}\otimes\boldsymbol{\omega}_n)+\nabla P(\rho)-2h_0^2\rho\nabla\left(\frac{\triangle\sqrt{\rho}}{\sqrt{\rho}}\right)\\&=\nu\triangle(\rho\boldsymbol{\omega}_n)+\delta(\triangle\boldsymbol{\omega}_n-\boldsymbol{\omega}_n),\end{aligned}\tag{2.2.15}$$

对于所有的试验函数 $\boldsymbol{\eta}\in C^1(0,T;X_n)$，$\boldsymbol{\eta}(\cdot,T)=0$，寻找函数 $\boldsymbol{\omega}_n\in C^1(0,T;X_n)$ 满足

$$\begin{aligned}-\int_{\mathbb{T}^d}\rho_0\boldsymbol{\omega}_0\cdot\boldsymbol{\eta}(\cdot,0)\mathrm{d}x=\int_0^T\int_{\mathbb{T}^d}&[\rho\boldsymbol{\omega}_n\cdot\boldsymbol{\eta}_t+(\rho\boldsymbol{v}\otimes\boldsymbol{\omega}_n):\nabla\boldsymbol{\eta}+P(\rho)\operatorname{div}\boldsymbol{\eta}-\\&2h_0^2\frac{\triangle\sqrt{\rho}}{\sqrt{\rho}}\operatorname{div}(\rho\boldsymbol{\eta})-\nu\nabla(\rho\boldsymbol{\omega}_n):\nabla\boldsymbol{\eta}-\\&\delta(\nabla\boldsymbol{\omega}_n:\nabla\boldsymbol{\eta}+\boldsymbol{\omega}_n\cdot\boldsymbol{\eta})]\mathrm{d}x\mathrm{d}t.\end{aligned}\tag{2.2.16}$$

对于给定的 $\rho\in K_{\underline{\rho}}=\{L^1(\mathbb{T}^d):\inf\limits_{x\in\mathbb{T}^d}\rho\geqslant\underline{\rho}>0\}$，引入下列算子族：

$$M[\rho]:X_n\to X_n^*,(M[\rho]\boldsymbol{u},\boldsymbol{\omega})=\int_{\mathbb{T}^d}\rho\boldsymbol{u}\boldsymbol{\omega}\mathrm{d}x,\boldsymbol{u},\boldsymbol{\omega}\in X_n.$$

这些算子是对称正定的，并且具有最小特征值

$$\inf_{\|\boldsymbol{\omega}\|_{L^2(\mathbb{T}^d)=1}} \langle M(\rho)\boldsymbol{\omega},\boldsymbol{\omega}\rangle = \inf_{\|\boldsymbol{\omega}\|_{L^2(\mathbb{T}^d)=1}} \int_{\mathbb{T}^d} \rho\boldsymbol{\omega}^2 \mathrm{d}x \geqslant \inf_{x\in\mathbb{T}^d} \rho(x) > \underline{\rho}.$$

由于 X_n 是有限维的，因此这些算子是可逆的：

$$\|M^{-1}(\rho)\|_{L(X_n^*,\,X_n)} \leqslant \underline{\rho}^{-1},$$

这里 $L(X_n^*, X_n)$ 是从 X_n^* 到 X_n 的连续映射集。此外，对于 $\rho_1,\rho_2\in K_{\underline{\rho}}$，$M^{-1}$ 是 Lipschitz 连续的，有

$$\|M^{-1}(\rho_1)-M^{-1}(\rho_2)\|_{L(X_n^*,\,X_n)} \leqslant K(n,\underline{\rho})\|\rho_1-\rho_2\|_{L^1(\mathbb{T}^d)}. \tag{2.2.17}$$

因此，可以将问题 (2.2.15) 作为在有限维空间 X_n 上的常微分方程来考虑：

$$\frac{\mathrm{d}}{\mathrm{d}t}(M[\rho(t)]\boldsymbol{\omega}_n(t)) = N[\boldsymbol{v},\boldsymbol{\omega}_n(t)],\, t>0,\, M[\rho_0]\boldsymbol{\omega}_n(0) = M[\rho_0]\boldsymbol{\omega}_0, \tag{2.2.18}$$

其中

$$(N[\boldsymbol{v},\boldsymbol{\omega}_n(t)],\boldsymbol{\eta}) = \int_{\mathbb{T}^d}[(\rho\boldsymbol{v}\otimes\boldsymbol{\omega}_n):\nabla\boldsymbol{\eta} + P(\rho)\mathrm{div}\boldsymbol{\eta} - 2h_0^2\frac{\triangle\sqrt{\rho}}{\sqrt{\rho}}\mathrm{div}(\rho\boldsymbol{\eta}) -$$
$$\nu\nabla(\rho\boldsymbol{\omega}_n):\nabla\boldsymbol{\eta} - \delta(\nabla\boldsymbol{\omega}_n:\nabla\boldsymbol{\eta}+\boldsymbol{\omega}_n\cdot\boldsymbol{\eta})]\mathrm{d}x.$$

因为 $\rho = S(\boldsymbol{v})$ 有下界，所以上述积分是良定的，而且对于任意的 $t\in[0,T]$，从 X_n 映射到 X_n^* 的算子 $N[\boldsymbol{v},\cdot]$ 关于时间是连续的。因此，根据常微分方程的经典理论，方程 (2.2.18) 存在唯一解，即对于给定的 $\boldsymbol{v}\in C^0(0,T;X_n)$，方程 (2.2.15) 存在唯一解 $\boldsymbol{\omega}_n\in C^1(0,T;X_n)$。

在 $(0,t)$ 上对 (2.2.18) 求积分，有

$$\boldsymbol{\omega}_n(t) = M^{-1}[S(\boldsymbol{\omega}_n)(t)]\left(M[\rho_0]\omega_0 + \int_0^t N[\boldsymbol{v},\boldsymbol{\omega}_n(t)]\mathrm{d}s\right)$$

在 X_n 上成立。根据关于 S 和 M^{-1} 的 Lipschitz 型估计 (2.2.14)和 (2.2.17)，利用不动点定理，该方程在空间 $C^0([0,T'];X_n)$ 上有解，这里 $[0,T']$ 是一个短时间区间，$T'\leqslant T$。事实上，可以得到 $\boldsymbol{\omega}_n\in C^1([0,T'];X_n)$。因此方程 (2.2.12) 和 (2.2.16) 存在一个局部唯一解 $(\rho_n,\boldsymbol{\omega}_n)$。

接着，证明上述构造的解 $(\rho_n,\boldsymbol{\omega}_n)$ 在整体区间 $[0,T]$ 内存在，在 $[0,T']$ 上只需利用能量估计证明 $(\rho_n,\boldsymbol{\omega}_n)$ 在 X_n 里有界。

引理 2.2.2 假设 $T' \leqslant T$，$\rho_n \in C^1([0,T'];C^3(\mathbb{T}^d))$，$\boldsymbol{\omega}_n \in C^1([0,T'];X_n)$ 是方程 (2.2.12)，(2.2.16) 的局部解，其中 $\rho=\rho_n, \boldsymbol{v}=\boldsymbol{\omega}_n$。有

$$\frac{\mathrm{d}}{\mathrm{d}t}E(\rho_n,\boldsymbol{\omega}_n)+\nu\int_{\mathbb{T}^d}(\rho_n|\nabla\boldsymbol{\omega}_n|^2+H''(\rho_n)|\nabla\rho_n|^2+h_0^2\rho_n|\nabla^2\log\rho_n|^2)\mathrm{d}x+$$
$$\delta\int_{\mathbb{T}^d}(|\nabla\boldsymbol{\omega}_n|^2+|\boldsymbol{\omega}_n|^2)\mathrm{d}x=0. \tag{2.2.19}$$

引理 2.2.2 的证明 在 (2.2.16) 中利用试验函数 $\boldsymbol{\omega}_n \in C^1([0,T];X_n)$，其中 $\boldsymbol{v}=\boldsymbol{\omega}_n, \rho=\rho_n:=S(\boldsymbol{v})=S(\boldsymbol{\omega}_n)$，分部积分后，有

$$0=\int_{\mathbb{T}^d}(|\boldsymbol{\omega}_n|^2\partial_t\rho_n+\frac{1}{2}\rho_n\partial_t|\boldsymbol{\omega}_n|^2-\rho_n\boldsymbol{\omega}_n\otimes\boldsymbol{\omega}_n:\nabla\boldsymbol{\omega}_n+P'(\rho_n)\nabla\rho_n\cdot\boldsymbol{\omega}_n+$$
$$2h_0^2\frac{\triangle\sqrt{\rho_n}}{\sqrt{\rho_n}}\mathrm{div}(\rho_n\boldsymbol{\omega}_n)+\nu\nabla\rho_n\cdot\nabla\boldsymbol{\omega}_n\cdot\boldsymbol{\omega}_n+\nu\rho_n|\nabla\boldsymbol{\omega}_n|^2+$$
$$\delta|\nabla\rho_n|^2+\delta|\rho_n|^2)\mathrm{d}x. \tag{2.2.20}$$

方程 (2.2.12) 两边同时乘以 $H'(\rho_n)-\dfrac{|\boldsymbol{\omega}_n|^2}{2}-2h_0^2\dfrac{\triangle\sqrt{\rho_n}}{\sqrt{\rho_n}}$，再在 $\mathbb{T}^d$ 上分部积分，有

$$0=\int_{\mathbb{T}^d}\bigg(\partial_t H(\rho_n)-\frac{1}{2}|\boldsymbol{\omega}_n|^2\partial_t\rho_n+2h_0^2\partial_t|\nabla\sqrt{\rho_n}|^2-\rho_n H''(\rho_n)\nabla\rho_n\cdot\boldsymbol{\omega}_n+$$
$$\rho_n\boldsymbol{\omega}_n\cdot\nabla\boldsymbol{\omega}_n\cdot\boldsymbol{\omega}_n-2h_0^2\frac{\triangle\sqrt{\rho_n}}{\sqrt{\rho_n}}\mathrm{div}(\rho_n\boldsymbol{\omega}_n)+\nu H''(\rho_n)|\nabla\rho_n|^2-$$
$$\nu\nabla\rho_n\cdot\nabla\boldsymbol{\omega}_n\cdot\boldsymbol{\omega}_n+2\nu h_0^2\frac{\triangle\sqrt{\rho_n}}{\sqrt{\rho_n}}\triangle\rho_n\bigg)\mathrm{d}x. \tag{2.2.21}$$

接着，由等式 $2\rho_n\nabla(\dfrac{\triangle\sqrt{\rho_n}}{\sqrt{\rho_n}})=\mathrm{div}(\rho_n\nabla^2\log\rho_n)$ 得

$$2\int_{\mathbb{T}^d}\frac{\triangle\sqrt{\rho_n}}{\sqrt{\rho_n}}\triangle\rho_n\mathrm{d}x=-2\int_{\mathbb{T}^d}\rho_n\nabla\log\rho_n\cdot\nabla\bigg(\frac{\triangle\sqrt{\rho_n}}{\sqrt{\rho_n}}\bigg)\mathrm{d}x=$$
$$-\int_{\mathbb{T}^d}\nabla\log\rho_n\cdot\mathrm{div}(\rho_n\nabla^2\log\rho_n)\mathrm{d}x=$$
$$\int_{\mathbb{T}^d}\rho_n|\nabla^2\log\rho_n|^2\mathrm{d}x. \tag{2.2.22}$$

联合 (2.2.20)、(2.2.21)和(2.2.22)，完成了引理 2.2.2 的证明。 □

2.2.2 先验估计

假设 $(\rho_n, \boldsymbol{\omega}_n) \in C^1([0,T]; C^3(\mathbb{T}^d)) \times C^1([0,T]; X_n)$ 是逼近方程 (2.2.12) 和 (2.2.16) 的一个解。从引理 2.2.2 和 Gronwall 不等式，可以得到以下一致性估计

$$\|\sqrt{\rho_n}\|_{L^\infty([0,T];H^1(\mathbb{T}^d))} \leqslant C, \tag{2.2.23}$$

$$\|\rho_n\|_{L^\infty([0,T];L^\gamma(\mathbb{T}^d))} \leqslant C, \tag{2.2.24}$$

$$\|\sqrt{\rho_n}\boldsymbol{\omega}_n\|_{L^\infty([0,T];L^2(\mathbb{T}^d))} + \|\sqrt{\rho_n}\nabla\boldsymbol{\omega}_n\|_{L^2([0,T];L^2(\mathbb{T}^d))} \leqslant C, \tag{2.2.25}$$

$$\sqrt{\delta}\|\boldsymbol{\omega}_n\|_{L^2([0,T];H^1(\mathbb{T}^d))} \leqslant C, \tag{2.2.26}$$

这里 $C>0$ 是一个不依赖于 n 和 δ 的常数。因为 $H^1(\mathbb{T}^d) \hookrightarrow L^6(\mathbb{T}^d), d \leqslant 3$，所以由 $\sqrt{\rho_n}$ 的 $L^\infty([0,T];H^1(\mathbb{T}^d))$ 估计可以直接推出 $\rho_n \in L^\infty([0,T];L^3(\mathbb{T}^d))$，该估计只有当 $\gamma>3$ 时能被估计 (2.2.24) 提高。对于 $d=2$，$\alpha<\infty$，$H^1(\mathbb{T}^d) \hookrightarrow L^\alpha(\mathbb{T}^d)$，因此，对于 $\gamma \geqslant 1$，有 $\rho_n \in L^\infty([0,T];L^\alpha(\mathbb{T}^d))$。

上述一致性估计可以导出更进一步的估计。

引理 2.2.3 对于某个不依赖于 n 和 δ 的常数 $C>0$，以下一致性估计成立：

$$\|\sqrt{\rho_n}\|_{L^2(0,T;H^2(\mathbb{T}^d))} + \|\sqrt[4]{\rho_n}\|_{L^4(0,T;W^{1,4}(\mathbb{T}^d))} \leqslant C, \tag{2.2.27}$$

引理 2.2.3 的证明 根据引理 2.2.2 中的能量估计和下列不等式

$$\int_{\mathbb{T}^d} \rho_n |\nabla^2 \log \rho_n|^2 \mathrm{d}x \geqslant \kappa_d \int_{\mathbb{T}^d} |\nabla^2 \sqrt{\rho_n}|^2 \mathrm{d}x,$$
$$\int_{\mathbb{T}^d} \rho_n |\nabla^2 \log \rho_n|^2 \mathrm{d}x \geqslant \kappa \int_{\mathbb{T}^d} |\nabla \sqrt[4]{\rho_n}|^4 \mathrm{d}x,$$

可以证明 (2.2.27)，其中，$\kappa_d = \dfrac{4d-1}{d(d+2)}, \kappa = \dfrac{16(4d-1)}{(d+2)^2}$，这两个不等式的详细证明见参考文献 [55], [58]。 □

引理 2.2.4 对于某个不依赖于 n 和 δ 的常数 $C>0$，以下一致性估计成立:

$$\|\rho_n\boldsymbol{\omega}_n\|_{L^2(0,T;W^{1,3/2}(\mathbb{T}^d))} \leqslant C, \tag{2.2.28}$$

$$\|\rho_n\|_{L^2(0,T;W^{2,p}(\mathbb{T}^d))} \leqslant C, \tag{2.2.29}$$

$$\|\rho_n\|_{L^{\frac{4\gamma+3}{3}}(0,T;L^{\frac{4\gamma+3}{3}}(\mathbb{T}^d))} \leqslant C, \tag{2.2.30}$$

这里，当 $d=3$ 时，$p=2\gamma/(\gamma+1)$；当 $d=2$ 时，$p<2$。

注 2.2.1 当 $d=3$ 时，有 $p>3/2$，因此，$W^{2,p}(\mathbb{T}^d)$ 紧嵌入到 $W^{1,3}(\mathbb{T}^d)$。

引理 2.2.4 的证明 因为 $d\leqslant 3$,所以 $H^2(\mathbb{T}^d)$ 连续嵌入 $L^\infty(\mathbb{T}^d)$,由 (2.2.27) 得到 $\{\sqrt{\rho_n}\}\in L^2(0,T;L^\infty(\mathbb{T}^d))$。因此,由 (2.2.25) 得到 $\rho_n\boldsymbol{\omega}_n=\sqrt{\rho_n}\sqrt{\rho_n}\boldsymbol{\omega}_n$ 在 $L^2(0,T;L^2(\mathbb{T}^d))$ 上一致有界。由 (2.2.23) 和 (2.2.27)，得到 $\{\nabla\sqrt{\rho_n}\}\in L^2(0,T;L^6(\mathbb{T}^d))$ 和 $\{\sqrt{\rho_n}\}\in L^\infty(0,T;L^6(\mathbb{T}^d))$。结合 (2.2.25)，得到

$$\nabla(\rho_n\boldsymbol{\omega}_n)=2\nabla\sqrt{\rho_n}\otimes(\sqrt{\rho_n}\boldsymbol{\omega}_n)+\sqrt{\rho_n}\nabla\boldsymbol{\omega}_n\sqrt{\rho_n} \tag{2.2.31}$$

在 $L^2(0,T;L^{3/2}(\mathbb{T}^d))$ 上一致有界，(2.2.28) 得证。

对于 (2.2.29)，首先根据 Gagliardo-Nirenberg 不等式，这里 $p=2\gamma/(\gamma+1)$，$\theta=1/2$，

$$\begin{aligned}\|\nabla\sqrt{\rho_n}\|^4_{L^4(0,T;L^{2p}(\mathbb{T}^d))}&\leqslant C\int_0^T\|\sqrt{\rho_n}\|^{4\theta}_{H^2(\mathbb{T}^d)}\|\sqrt{\rho_n}\|^{4(1-\theta)}_{L^{2\gamma}(\mathbb{T}^d)}\mathrm{d}t\leqslant\\ &C\|\sqrt{\rho_n}\|^2_{L^\infty(0,T;L^{2\gamma}(\mathbb{T}^d))}\int_0^T\|\sqrt{\rho_n}\|^2_{H^2(\mathbb{T}^d)}\mathrm{d}t\leqslant C.\end{aligned}$$

因此,$\{\sqrt{\rho_n}\}\in L^4(0,T;W^{1,2p}(\mathbb{T}^d))$。注意到 $d=3$,$p>3/2$ 意味着 $\{\sqrt{\rho_n}\}$ 在 $L^4(0,T;L^\infty(\mathbb{T}^d))$ 中一致有界。当 $d=2$ 时，对于任意的 $\alpha<\infty$，$\{\sqrt{\rho_n}\}\in L^\infty(0,T;H^1(\mathbb{T}^d))\hookrightarrow L^\infty(0,T;L^\alpha(\mathbb{T}^d))$。因此，可以将上述估计中的 2γ 替换成 α，使得对于所有的 $p<2$，得到估计 $L^4(0,T;\ W^{1,2p}(\mathbb{T}^d))$。因此，在二维情况下，$\gamma\geqslant 1$。由 $\{\nabla\sqrt{\rho_n}\}\in L^4(0,T;L^{2p}(\mathbb{T}^d))$ 得到

$$\nabla^2\rho_n=2(\sqrt{\rho_n}\nabla^2\sqrt{\rho_n}+\nabla\sqrt{\rho_n}\otimes\nabla\sqrt{\rho_n})$$

在 $L^2(0,T;L^p(\mathbb{T}^d))$ 中有界，(2.2.29) 得证。

最后，根据 Gagliardo-Nirenberg 不等式，$\theta=3/(4\gamma+3)$ 和 $q=2(4\gamma+3)/3$，由于

$$\begin{aligned}\|\sqrt{\rho_n}\|^q_{L^q(0,T;L^q(\mathbb{T}^d))}&\leqslant C\int_0^T\|\sqrt{\rho_n}\|^{q\theta}_{H^2(\mathbb{T}^d)}\|\sqrt{\rho_n}\|^{q(1-\theta)}_{L^{2\gamma}(\mathbb{T}^d)}\mathrm{d}t\leqslant\\ &C\|\rho_n\|^{q(1-\theta)}_{L^\infty(0,T;L^\gamma(\mathbb{T}^d))}\int_0^T\|\sqrt{\rho_n}\|^2_{H^2(\mathbb{T}^d)}\mathrm{d}t\leqslant C.\end{aligned}$$

得到 $\{\rho_n\}\in L^{q/2}(0,T;L^{q/2}(\mathbb{T}^d))$。引理 2.2.4 得证。 □

引理 2.2.5 对于 $s>d/2+1$ 和某个不依赖于 n 和 δ 的常数 $C>0$，以下一致性估计成立：

$$\|\partial_t\rho_n\|_{L^2(0,T;L^{3/2}(\mathbb{T}^d))}\leqslant C, \tag{2.2.32}$$

$$\|\partial_t(\rho_n\boldsymbol{u}_n)\|_{L^{4/3}(0,T;(H^s(\mathbb{T}^d))^*)}\leqslant C, \tag{2.2.33}$$

引理 2.2.5 的证明 根据 (2.2.28) 和 (2.2.29)，得到 $\partial_t\rho_n = -\mathrm{div}(\rho_n\boldsymbol{\omega}_n) + \nu\triangle\rho_n$ 在 $L^2(0,T;\ L^{3/2}(\mathbb{T}^d))$ 中一致有界。(2.2.32) 得证。

序列 $\{\rho_n\boldsymbol{\omega}_n\otimes\boldsymbol{\omega}_n\}\in L^\infty(0,T;L^1(\mathbb{T}^d))$，因此，$\mathrm{div}(\rho_n\boldsymbol{\omega}_n\otimes\boldsymbol{\omega}_n)\in L^\infty(0,T;(W^{1,\infty}(\mathbb{T}^d))^*)$。对于 $s>d/2+1$，由于 $H^s(\mathbb{T}^d)$ 连续嵌入 $W^{1,\infty}(\mathbb{T}^d)$，可以得到 $\mathrm{div}(\rho_n\boldsymbol{\omega}_n\otimes\boldsymbol{\omega}_n)\in L^\infty(0,T;(H^s(\mathbb{T}^d))^*)$。对于任意的 $\boldsymbol{\phi}\in L^4(0,T;W^{1,3}(\mathbb{T}^d))$，由估计

$$
\begin{aligned}
\int_0^T\int_{\mathbb{T}^d}\rho_n\nabla\left(\frac{\triangle\sqrt{\rho_n}}{\sqrt{\rho_n}}\right)\cdot\boldsymbol{\phi}\mathrm{d}x\mathrm{d}t &= \int_0^T\int_{\mathbb{T}^d}\triangle\sqrt{\rho_n}(2\nabla\sqrt{\rho_n}\cdot\boldsymbol{\phi}+\sqrt{\rho_n}\,\mathrm{div}\boldsymbol{\phi})\mathrm{d}x\mathrm{d}t\leqslant\\
&\|\triangle\sqrt{\rho_n}\|_{L^2(0,T;L^2(\mathbb{T}^d))}(2\|\sqrt{\rho_n}\|_{L^4(0,T;W^{1,3}(\mathbb{T}^d))}\|\boldsymbol{\phi}\|_{L^4(0,T;L^6(\mathbb{T}^d))}+\\
&\|\sqrt{\rho_n}\|_{L^\infty(0,T;L^6(\mathbb{T}^d))}\|\boldsymbol{\phi}\|_{L^2(0,T;W^{1,3}(\mathbb{T}^d))})\leqslant\\
&C\|\boldsymbol{\phi}\|_{L^4(0,T;W^{1,3}(\mathbb{T}^d))}
\end{aligned}
$$

得到 $\rho_n\nabla\left(\frac{\triangle\sqrt{\rho_n}}{\sqrt{\rho_n}}\right)$ 在 $L^{4/3}(0,T;(W^{1,3}(\mathbb{T}^d))^*)\hookrightarrow L^{4/3}(0,T;(H^s(\mathbb{T}^d))^*)$ 中一致有界。根据 (2.2.30)，$\{\rho_n^\gamma\}$ 在 $L^{4/3}(0,T;L^{4/3}(\mathbb{T}^d))\hookrightarrow L^{4/3}(0,T;(H^s(\mathbb{T}^d))^*)$ 中有界。再者，根据 (2.2.28)，有 $\triangle(\rho_n\boldsymbol{\omega}_n)$ 在 $L^2(0,T;(W^{1,3}(\mathbb{T}^d)^*))$ 中一致有界。由于 $\{\delta\triangle\boldsymbol{\omega}_n\}$ 在 $L^2(0,T;(H^1(\mathbb{T}^d))^*)$ 中有界，因此

$$
\begin{aligned}
(\rho_n\boldsymbol{\omega}_n)_t = &-\mathrm{div}(\rho_n\boldsymbol{\omega}_n\otimes\boldsymbol{\omega}_n)-\nabla(\rho_n^\gamma)+2h_0^2\rho_n\nabla\left(\frac{\triangle\sqrt{\rho_n}}{\sqrt{\rho_n}}\right)+\\
&\nu\triangle(\rho_n\boldsymbol{\omega}_n)+\delta\triangle\boldsymbol{\omega}_n
\end{aligned}
$$

在 $L^{4/3}(0,T;(H^s(\mathbb{T}^d)^*))$ 中一致有界。 □

由 $\sqrt[4]{\rho_n}$ 在 $L^4(0,T;W^{1,4}(\mathbb{T}^d))$ 中的有界性可以得到 $\partial_t\sqrt{\rho_n}$ 的一致性估计。

引理 2.2.6 以下估计成立：

$$
\|\partial_t\sqrt{\rho_n}\|_{L^2(0,T;(H^1(\mathbb{T}^d))^*)}\leqslant C. \tag{2.2.34}
$$

引理 2.2.6 的证明 质量方程两边同时除以 $\sqrt{\rho_n}$ 得到

$$
\begin{aligned}
\partial_t\sqrt{\rho_n} &= -\nabla\sqrt{\rho_n}\cdot\boldsymbol{\omega}_n-\frac{1}{2}\sqrt{\rho_n}\,\mathrm{div}\,\boldsymbol{\omega}_n+\nu(\triangle\sqrt{\rho_n}+4|\nabla\sqrt[4]{\rho_n}|^2)=\\
&-\mathrm{div}(\sqrt{\rho_n}\boldsymbol{\omega}_n)+\frac{1}{2}\sqrt{\rho_n}\,\mathrm{div}\,\boldsymbol{\omega}_n+\nu(\triangle\sqrt{\rho_n}+4|\nabla\sqrt[4]{\rho_n}|^2).
\end{aligned}
$$

根据 (2.2.25) 和 (2.2.27)，等式右端第一项在 $L^2(0,T;(H^1(\mathbb{T}^d))^*)$ 中有界，剩余项在 $L^2(0,T;\ L^2(\mathbb{T}^d))$ 中一致有界。 □

2.2.3 极限 $n\to\infty$

首先对于固定的 $\delta>0$，取极限 $n\to\infty$（下一节再取极限 $\delta\to 0$）。这里分别取极限的原因是粘性量子欧拉方程的弱形式 (2.2.11) 不同于它的逼近 (2.2.12) 和 (2.2.16)。

利用 Aubin 引理，考虑到 ρ_n 的估计 (2.2.29) 和 (2.2.32)，$\sqrt{\rho_n}$ 的估计 (2.2.27) 和 (2.2.34)，以及 $\rho_n\boldsymbol{\omega}_n$ 的估计 (2.2.28) 和 (2.2.33)，则 $\{\rho_n\}$，$\{\sqrt{\rho_n}\}$，$\{\rho_n\boldsymbol{\omega}_n\}$ 存在子序列，仍保留其记号，使得对于某些函数 $(\rho,\boldsymbol{j})$，当 $n\to\infty$ 时

$$
\begin{aligned}
&\rho_n\to\rho \text{ 在 } L^2(0,T;L^\infty(\mathbb{T}^d)) \text{ 中强收敛,}\\
&\sqrt{\rho_n}\to\sqrt{\rho} \text{ 在 } L^2(0,T;H^2(\mathbb{T}^d)) \text{ 中弱收敛,}\\
&\sqrt{\rho_n}\to\sqrt{\rho} \text{ 在 } L^2(0,T;H^1(\mathbb{T}^d)) \text{ 中强收敛,}\\
&\rho_n\boldsymbol{\omega}_n\to\boldsymbol{j} \text{ 在 } L^2(0,T;L^2(\mathbb{T}^d)) \text{ 中强收敛.}
\end{aligned}
$$

这里我们用到了一个事实，即嵌入 $W^{2,p}(\mathbb{T}^d)\hookrightarrow L^\infty(\mathbb{T}^d)$，$H^2(\mathbb{T}^d)\hookrightarrow H^1(\mathbb{T}^d)$，$W^{1,3/2}(\mathbb{T}^d)\hookrightarrow L^2(\mathbb{T}^d)$ 是紧性的，由 $\boldsymbol{\omega}_n$ 的估计 (2.2.26) 推出 $\{\boldsymbol{\omega}_n\}$ 存在子序列，仍保留其记号，当 $n\to\infty$ 时，

$$
\boldsymbol{\omega}_n\to\boldsymbol{\omega} \text{ 在 } L^2(0,T;H^1(\mathbb{T}^3)) \text{ 中弱收敛,}
$$

$\rho_n\boldsymbol{\omega}_n\to\rho\boldsymbol{\omega}$ 在 $L^1(0,T;L^6(\mathbb{T}^3))$ 中弱收敛，可以推出 $\boldsymbol{j}=\rho\boldsymbol{\omega}$。

现在对系统 (2.2.12)，(2.2.16) 取极限 $n\to\infty$，其中 $\rho=\rho_n,\boldsymbol{v}=\boldsymbol{\omega}_n$，容易验证，当 $n\to\infty$ 时，$\rho,\boldsymbol{\omega}$ 在 $\mathbb{T}^3\times(0,T)$ 上满足

$$
\rho_t+\operatorname{div}(\rho\boldsymbol{u})=\nu\triangle\rho,
$$

接着逐项地考虑弱形式 (2.2.16)，$\rho_n\boldsymbol{\omega}_n$ 在 $L^2(0,T;L^2(\mathbb{T}^d))$ 中的强收敛和 $\boldsymbol{\omega}_n$ 在 $L^2(0,T;L^6(\mathbb{T}^d))$ 中的弱收敛，导出

$$
\rho_n\boldsymbol{\omega}_n\otimes\boldsymbol{\omega}_n\rightharpoonup\rho\boldsymbol{\omega}\otimes\boldsymbol{\omega} \text{ 在 } L^1(0,T;L^{3/2}(\mathbb{T}^d)) \text{ 中弱收敛。} \tag{2.2.35}
$$

根据 (2.2.28)，进一步有

$$
\nabla(\rho_n\boldsymbol{\omega}_n)\rightharpoonup\nabla(\rho\boldsymbol{\omega}) \text{ 在 } L^2(0,T;L^{3/2}(\mathbb{T}^d)) \text{ 中弱收敛。} \tag{2.2.36}
$$

$\{\rho_n\}$ 在 $L^\infty(0,T;L^\gamma(\mathbb{T}^d))$ 中有界，表明对于某个函数 z，$\rho_n^\gamma\rightharpoonup z$ 在 $L^\infty(0,T;L^1(\mathbb{T}^d))$ 中弱 * 收敛，因为 $\rho_n^\gamma\to\rho^\gamma$，则几乎处处有 $z=\rho^\gamma$。最后，上述收敛性结果表明对于足够光滑

的试验函数，当 $n\to\infty$ 时，

$$\int_{\mathbb{T}^d}\frac{\triangle\sqrt{\rho_n}}{\sqrt{\rho_n}}\mathrm{div}(\rho_n\boldsymbol{\phi})\mathrm{d}x=\int_{\mathbb{T}^d}\triangle\sqrt{\rho_n}(2\nabla\sqrt{\rho_n}\cdot\boldsymbol{\phi}+\sqrt{\rho_n}\,\mathrm{div}\,\boldsymbol{\phi})\mathrm{d}x \tag{2.2.37}$$

收敛于

$$\int_{\mathbb{T}^d}\triangle\sqrt{\rho}(2\nabla\sqrt{\rho}\cdot\boldsymbol{\phi}+\sqrt{\rho}\,\mathrm{div}\,\boldsymbol{\phi})\mathrm{d}x. \tag{2.2.38}$$

这里已经证明 $(\rho,\rho\boldsymbol{\omega})$ 在 $\mathbb{T}^d\times(0,T)$ 上点点满足 $\rho_t+\mathrm{div}(\rho\boldsymbol{\omega})=\nu\triangle\rho$，对于所有的试验函数 $\boldsymbol{\phi}$，下列积分是良定的

$$\begin{aligned}-\int_{\mathbb{T}^d}\rho_0\boldsymbol{\omega}_0\cdot\boldsymbol{\phi}(\cdot,0)\mathrm{d}x=&\int_0^T\int_{\mathbb{T}^d}[\rho\boldsymbol{\omega}\cdot\boldsymbol{\phi}_t+(\rho\boldsymbol{\omega}\otimes\boldsymbol{\omega}):\nabla\boldsymbol{\phi}+P(\rho)\mathrm{div}\boldsymbol{\phi}-\\&2h_0^2\triangle\sqrt{\rho}(\sqrt{\rho}\mathrm{div}\boldsymbol{\phi}+2\nabla\sqrt{\rho}\cdot\boldsymbol{\phi})-\nu\nabla(\rho\boldsymbol{\omega}):\nabla\boldsymbol{\phi}-\\&\delta(\nabla\boldsymbol{\omega}:\nabla\boldsymbol{\phi}+\boldsymbol{\omega}\cdot\boldsymbol{\phi})]\mathrm{d}x\mathrm{d}t.\end{aligned} \tag{2.2.39}$$

2.2.4 极限 $\boldsymbol{\delta}\to 0$

设 $(\rho_\delta,\boldsymbol{\omega}_\delta)$ 是 (2.2.12)，(2.2.39) 的解，在 (2.2.39) 中利用试验函数 $\rho_\delta\phi$，有

$$\begin{aligned}-\int_{\mathbb{T}^d}\rho_0^2\boldsymbol{\omega}_0\cdot\boldsymbol{\phi}(\cdot,0)\mathrm{d}x=&\int_0^T\int_{\mathbb{T}^d}(\rho_\delta^2\boldsymbol{\omega}_\delta\cdot\partial_t\boldsymbol{\phi}-\rho_\delta^2\mathrm{div}(\boldsymbol{\omega}_\delta)\boldsymbol{\omega}_\delta\cdot\boldsymbol{\phi}+\frac{\gamma}{\gamma+1}\rho_\delta^{\gamma+1}\mathrm{div}\boldsymbol{\phi}-\\&\nu(\rho_\delta\boldsymbol{\omega}_\delta\otimes\nabla\rho_\delta):\nabla\boldsymbol{\phi}-\nu\nabla(\rho_\delta\boldsymbol{\omega}_\delta):(\rho_\delta\nabla\boldsymbol{\phi}+2\nabla\rho_\delta\otimes\boldsymbol{\phi})+\\&\rho_\delta\boldsymbol{\omega}_\delta\otimes\rho_\delta\boldsymbol{\omega}_\delta:\nabla\boldsymbol{\phi}-2h_0^2\triangle\sqrt{\rho_\delta}(\rho_\delta^{\frac{3}{2}}\mathrm{div}\boldsymbol{\phi}+2\sqrt{\rho_\delta}\nabla\rho_\delta\cdot\boldsymbol{\phi})-\\&\delta\nabla\boldsymbol{\omega}_\delta:(\rho_\delta\nabla\boldsymbol{\phi}+\nabla\rho_\delta\otimes\boldsymbol{\phi})-\delta\rho_\delta\boldsymbol{\omega}_\delta\cdot\boldsymbol{\phi})\mathrm{d}x\mathrm{d}t.\end{aligned} \tag{2.2.40}$$

由 Aubin 引理和 2.2.2 节的正则性结果，可以推出对于某些函数 $(\rho,\boldsymbol{j})$，存在子序列，使得当 $\delta\to 0$ 时，

$$\rho_\delta\to\rho \text{ 在 } L^2(0,T;W^{1,m}(\mathbb{T}^d)) \text{ 中强收敛，} 3<m<6\gamma/(\gamma+3), \tag{2.2.41}$$

$$\rho_\delta\boldsymbol{\omega}_\delta\to\boldsymbol{j} \text{ 在 } L^2(0,T;L^q(\mathbb{T}^d)) \text{ 中强收敛，} 1\leqslant q<3, \tag{2.2.42}$$

$$\sqrt{\rho_\delta}\to\sqrt{\rho} \text{ 在 } L^\infty(0,T;L^r(\mathbb{T}^d)) \text{ 中强收敛，} 1\leqslant r<6. \tag{2.2.43}$$

这里用到了一个事实，即嵌入 $W^{2,p}(\mathbb{T}^d)\hookrightarrow W^{1,m}(\mathbb{T}^d)$ $(3<m<6\gamma/(\gamma+3))$，$W^{1,3/2}(\mathbb{T}^d)\hookrightarrow L^q(\mathbb{T}^d)$ $(1\leqslant q<3)$，$H^1(\mathbb{T}^d)\hookrightarrow L^r(\mathbb{T}^d)$ $(1\leqslant r<6)$ 是紧性的。由估计和 Fatou 引理，得到

$$\int_{\mathbb{T}^d}\liminf_{\delta\to0}\frac{|\rho_\delta\boldsymbol{\omega}_\delta|^2}{\rho_\delta}\mathrm{d}x<\infty,$$

这意味着在 $\{\rho=0\}$ 上，$\boldsymbol{j}=0$，接着定义极限速度在 $\{\rho\neq 0\}$ 上为 $\boldsymbol{\omega}:=\boldsymbol{j}/\rho$ 和在 $\{\rho=0\}$ 上为 $\boldsymbol{\omega}:=0$，则有 $\boldsymbol{j}=\rho\boldsymbol{\omega}$。根据 (2.2.25)，对于某个函数 $\boldsymbol{g}$，存在子序列，使得

$$\sqrt{\rho_\delta}\boldsymbol{\omega}_\delta \rightharpoonup \boldsymbol{g} \text{ 在 } L^\infty(0,T;L^2(\mathbb{T}^d)) \text{ 中弱 * 收敛.} \tag{2.2.44}$$

因此，由 $\sqrt{\rho_\delta}$ 在 $L^2(0,T;L^\infty(\mathbb{T}^d))$ 上强收敛到 $\sqrt{\rho}$，可以推断出 $\rho_\delta\boldsymbol{\omega}_\delta=\sqrt{\rho_\delta}(\sqrt{\rho_\delta}\boldsymbol{\omega}_\delta)\rightharpoonup\sqrt{\rho}\boldsymbol{g}$ 在 $L^2(0,T;L^2(\mathbb{T}^d))$ 上弱收敛，并且 $\sqrt{\rho}\boldsymbol{g}=\rho\boldsymbol{\omega}=\boldsymbol{j}$。特别地，在 $\{\rho\neq 0\}$ 上有 $\boldsymbol{g}=\boldsymbol{j}/\sqrt{\rho}$。

现在开始在弱形式 (2.2.40) 中逐项取极限 $\delta\to 0$，由强收敛 (2.2.41) 和 (2.2.42) 推出

$$\begin{aligned}
&\rho_\delta^2\boldsymbol{\omega}_\delta \to \rho^2\boldsymbol{\omega} \text{ 在 } L^1(0,T;L^q(\mathbb{T}^d)) \text{ 中强收敛，} q<3,\\
&\rho_\delta\boldsymbol{\omega}_\delta\otimes\nabla\rho_\delta \to \rho\boldsymbol{\omega}\otimes\nabla\rho \text{ 在 } L^1(0,T;L^{3/2}(\mathbb{T}^d)) \text{ 中强收敛，}\\
&\rho_\delta\boldsymbol{\omega}_\delta\otimes\rho_\delta\boldsymbol{\omega}_\delta \to \rho\boldsymbol{\omega}\otimes\rho\boldsymbol{\omega} \text{ 在 } L^1(0,T;L^{q/2}(\mathbb{T}^d)) \text{ 中强收敛，} q<3.
\end{aligned}$$

而且有

$$\begin{aligned}
&\nabla\rho_\delta \to \nabla\rho \text{ 在 } L^2(0,T;L^m(\mathbb{T}^d)) \text{ 中强收敛，} m>3,\\
&\sqrt{\rho_\delta} \to \sqrt{\rho} \text{ 在 } L^\infty(0,T;L^r(\mathbb{T}^d)) \text{ 中强收敛，} r<6,\\
&\Delta\sqrt{\rho_\delta} \rightharpoonup \Delta\sqrt{\rho} \text{ 在 } L^2(0,T;L^2(\mathbb{T}^d)) \text{ 中强收敛.}
\end{aligned}$$

这意味着

$$\Delta\sqrt{\rho_\delta}\sqrt{\rho_\delta}\nabla\rho_\delta \rightharpoonup \Delta\sqrt{\rho}\sqrt{\rho}\nabla\rho \text{ 在 } L^1(0,T;L^1(\mathbb{T}^d)) \text{ 中弱收敛.} \tag{2.2.45}$$

这里需要限制 $\gamma>3$ $(d=3)$，以此来保证 ρ_δ 在 $W^{1,m}(\mathbb{T}^d)$ $(m>3)$ 的紧性。又因为 $\nabla(\rho_\delta\boldsymbol{\omega}_\delta)$ 在 $L^2(0,T;L^{3/2}(\mathbb{T}^d))$ 中弱收敛，$\nabla\rho_\delta$ 在 $L^2(0,T;L^3(\mathbb{T}^d))$ 中强收敛，有

$$\nabla(\rho_\delta\boldsymbol{\omega}_\delta)\cdot\nabla\rho_\delta \rightharpoonup \nabla(\rho\boldsymbol{\omega})\cdot\nabla\rho \text{ 在 } L^1(0,T;L^1(\mathbb{T}^d)) \text{ 中弱收敛.} \tag{2.2.46}$$

由于 ρ_δ 在 $L^{4\gamma/3+1}(0,T;L^{4\gamma/3+1}(\mathbb{T}^d))$ $(4\gamma/3+1>\gamma+1)$ 中有界，ρ_δ 几乎处处收敛，有

$$\rho_\delta^{\gamma+1} \to \rho^{\gamma+1} \text{ 在 } L^1(0,T;L^1(\mathbb{T}^d)) \text{ 中强收敛.}$$

利用 $\sqrt{\delta}\boldsymbol{\omega}_\delta$ 的估计 (2.2.26)，有

$$\begin{aligned}
&\delta\int_{\mathbb{T}^d}\nabla\boldsymbol{\omega}_\delta:(\rho_\delta\nabla\boldsymbol{\phi}+\nabla\rho_\delta\otimes\boldsymbol{\phi})\mathrm{d}x \leqslant\\
&\sqrt{\delta}\|\sqrt{\delta}\nabla\boldsymbol{\omega}_\delta\|_{L^2(0,T;L^2(\mathbb{T}^d))}(\|\rho_\delta\|_{L^2(0,T;L^\infty(\mathbb{T}^d))}\|\boldsymbol{\phi}\|_{L^2(0,T;H^1(\mathbb{T}^d))}+
\end{aligned}$$

$$
\begin{aligned}
&\|\rho_\delta\|_{L^2(0,T;W^{1,3}(\mathbb{T}^d))}\|\boldsymbol{\phi}\|_{L^\infty(0,T;L^6(\mathbb{T}^d))}) \to 0,\\
&\delta\int_{\mathbb{T}^d}\rho_\delta\boldsymbol{\omega}_\delta\cdot\boldsymbol{\phi}\mathrm{d}x \leqslant\\
&\delta\|\rho_\delta\boldsymbol{\omega}_\delta\|_{L^2(0,T;L^3(\mathbb{T}^d))}\|\boldsymbol{\phi}\|_{L^2(0,T;L^{3/2}(\mathbb{T}^d))} \to 0,\ \text{当}\ \delta\to 0\ \text{时}.
\end{aligned}
$$

最后，只需证明 $\rho_\delta^2\operatorname{div}(\boldsymbol{\omega}_\delta)\boldsymbol{\omega}_\delta$ 的收敛性，采用类似于参考文献 [11] 中的方法，引入函数 $G_\alpha\in C^\infty([0,\infty))$，$\alpha>0$，满足 $G_\alpha(x)=1\ (x\geqslant 2\alpha)$，$G_\alpha(x)=0\ (x\leqslant\alpha)$，而且 $0\leqslant G_\alpha\leqslant 1$。估计 $\rho_\delta^2\operatorname{div}(\boldsymbol{\omega}_\delta)\boldsymbol{\omega}_\delta$ 的低密度部分

$$
\begin{aligned}
&\|(1-G_\alpha(\rho_\delta))\rho_\delta^2\operatorname{div}(\boldsymbol{\omega}_\delta)\boldsymbol{\omega}_\delta\|_{L^1(0,T;L^1(\mathbb{T}^d))}\leqslant\\
&\|(1-G_\alpha(\rho_\delta))\sqrt{\rho_\delta}\|_{L^\infty(0,T;L^\infty(\mathbb{T}^d))}\|\sqrt{\rho_\delta}\operatorname{div}\boldsymbol{\omega}_\delta\|_{L^2(0,T;L^2(\mathbb{T}^d))}\|\rho_\delta\boldsymbol{\omega}_\delta\|_{L^2(0,T;L^2(\mathbb{T}^d))}\leqslant\\
&C\|(1-G_\alpha(\rho_\delta))\sqrt{\rho_\delta}\|_{L^\infty(0,T;L^\infty(\mathbb{T}^d))}\leqslant C\sqrt{\alpha},
\end{aligned}
$$

这里 $C>0$ 不依赖于 δ 和 α，考虑

$$
G_\alpha(\rho_\delta)\rho_\delta\operatorname{div}\boldsymbol{\omega}_\delta=\operatorname{div}(G_\alpha(\rho_\delta)\rho_\delta\boldsymbol{\omega}_\delta)-\rho_\delta\boldsymbol{\omega}_\delta\otimes\nabla\rho_\delta\left(G_\alpha'(\rho_\delta)+\frac{G_\alpha(\rho_\delta)}{\rho_\delta}\right), \tag{2.2.47}
$$

当 $\delta\to 0$ 时，上式右端第一项在 $L^1(0,T;H^{-1}(\mathbb{T}^d))$ 中强收敛到 $\operatorname{div}(G_\alpha(\rho)\rho\boldsymbol{\omega})$，这是因为 $G_\alpha(\rho_\delta)$ 在 $L^p(0,T;L^p(\mathbb{T}^d))$ $(p<\infty)$ 中强收敛到 $G_\alpha(\rho)$，$\rho_\delta\boldsymbol{\omega}_\delta$ 在 $L^2(0,T;L^q(\mathbb{T}^d))$ $(q<3)$ 中强收敛到 $\rho\boldsymbol{\omega}$。根据 (2.2.43) 和 (2.2.44)，可以推出 $\rho_\delta\boldsymbol{\omega}_\delta\rightharpoonup\rho\boldsymbol{\omega}$ 在 $L^\infty(0,T;L^{2r/(r+2)}(\mathbb{T}^d))$ $(r<6)$ 中弱 * 收敛。因此，根据 (2.2.41)，有

$$
\rho_\delta\boldsymbol{\omega}_\delta\otimes\nabla\rho_\delta\rightharpoonup\rho\boldsymbol{\omega}\otimes\nabla\rho\ \text{在}\ L^2(0,T;L^\theta(\mathbb{T}^d))\ \text{中弱收敛},
$$

这里 $\theta=2mr/(2m+2r+mr)$。选取 $3<m\leqslant 6\gamma/(\gamma+3)$ 和 $r<6$ 使得 $\theta>1$。因此，联合 $G_\alpha'(\rho_\delta)+\dfrac{G_\alpha(\rho_\delta)}{\rho_\delta}$ 在 $L^p(0,T;L^p(\mathbb{T}^d))$ $(p<\infty)$ 中的强收敛，当 $\delta\to 0$ 时，(2.2.47) 在 $L^1(0,T;(H^2(\mathbb{T}^d))^*)$ 中的极限为

$$
G_\alpha(\rho)\rho\operatorname{div}\boldsymbol{\omega}=\operatorname{div}(G_\alpha(\rho)\rho\boldsymbol{\omega})-\rho\boldsymbol{\omega}\otimes\nabla\rho\left(G_\alpha'(\rho)+\frac{G_\alpha(\rho)}{\rho}\right).
$$

$G_\alpha(\rho_\delta)\rho_\delta\operatorname{div}\boldsymbol{\omega}_\delta$ 在 $L^2(0,T;L^2(\mathbb{T}^d))$ 中有界，有

$$
G_\alpha(\rho_\delta)\rho_\delta\operatorname{div}\boldsymbol{\omega}_\delta\rightharpoonup G_\alpha(\rho)\rho\operatorname{div}\boldsymbol{\omega}\ \text{在}\ L^2(0,T;L^2(\mathbb{T}^d))\ \text{中弱收敛}.
$$

又根据 $\rho_\delta\boldsymbol{\omega}_\delta$ 在 $L^2(0,T;L^q(\mathbb{T}^d))$ $(q<3)$ 中强收敛到 $\rho\boldsymbol{\omega}$，可以推出

$$
G_\alpha(\rho_\delta)\rho_\delta\operatorname{div}(\boldsymbol{\omega}_\delta)\rho_\delta\boldsymbol{\omega}_\delta\rightharpoonup G_\alpha(\rho)\rho^2\operatorname{div}(\boldsymbol{\omega})\boldsymbol{\omega}\ \text{在}\ L^1(0,T;L^{q/2}(\mathbb{T}^d))\ \text{中弱收敛}.
$$

因此对于任意的试验函数 $\boldsymbol{\phi}\in L^\infty(0,T;L^\infty(\mathbb{T}^d))$，有

$$
\begin{aligned}
&\int_{\mathbb{T}^d}(\rho_\delta^2\operatorname{div}(\boldsymbol{\omega}_\delta)\boldsymbol{\omega}_\delta-\rho^2\operatorname{div}(\boldsymbol{\omega})\boldsymbol{\omega})\cdot\boldsymbol{\phi}\mathrm{d}x=\\
&\int_{\mathbb{T}^d}(G_\alpha(\rho_\delta)\rho_\delta^2\operatorname{div}(\boldsymbol{\omega}_\delta)\boldsymbol{\omega}_\delta-G_\alpha(\rho)\rho^2\operatorname{div}(\boldsymbol{\omega})\boldsymbol{\omega})\cdot\boldsymbol{\phi}\mathrm{d}x+\\
&\int_{\mathbb{T}^d}(G_\alpha(\rho)-G_\alpha(\rho_\delta))\rho^2\operatorname{div}(\boldsymbol{\omega})\boldsymbol{\omega}\cdot\boldsymbol{\phi}\mathrm{d}x+\\
&\int_{\mathbb{T}^d}(1-G_\alpha(\rho_\delta))(\rho_\delta^2\operatorname{div}(\boldsymbol{\omega}_\delta)\boldsymbol{\omega}_\delta-\rho^2\operatorname{div}(\boldsymbol{\omega})\boldsymbol{\omega})\cdot\boldsymbol{\phi}\mathrm{d}x.
\end{aligned}\tag{2.2.48}
$$

对于任意确定的 $\alpha>0$，当 $\delta\to0$ 时，(2.2.48) 右端第一个积分收敛到 0，最后一个积分关于 δ 一致有界 $C\sqrt{\alpha}$。对于第二个积分，由于 $G_\alpha(\rho_\delta)\to G_\alpha(\rho)$ 在 $L^p(0,T;L^p(\mathbb{T}^d))$ $(p<\infty)$ 中强收敛，则根据插值不等式，$\rho\boldsymbol{\omega}$ 的界 $L^\infty(0,T;L^{3/2}(\mathbb{T}^d))$ 和界 $L^2(0,T;W^{1,3/2}(\mathbb{T}^d))$ 意味着 $\rho\boldsymbol{\omega}\in L^{5/2}(0,T;L^{5/2}(\mathbb{T}^d))$。由于 $\sqrt{\rho}\operatorname{div}\boldsymbol{\omega}\in L^2(0,T;L^2(\mathbb{T}^d))$ 和 $\sqrt{\rho}\in L^q(0,T;L^q(\mathbb{T}^d))$ $(q=8\gamma/3+2)$，有

$$
\rho^2\operatorname{div}(\boldsymbol{\omega})\boldsymbol{\omega}=\sqrt{\rho}(\sqrt{\rho}\operatorname{div}\boldsymbol{\omega})\rho\boldsymbol{\omega}\in L^r(0,T;L^r(\mathbb{T}^d)),\ r=\frac{20\gamma+15}{18\gamma+21}>1.
$$

当 $\delta\to0$ 时，第二个积分收敛到 0。因此，(2.2.48) 可以任意小，即有

$$
\rho_\delta^2\operatorname{div}(\boldsymbol{\omega}_\delta)\boldsymbol{\omega}_\delta\rightharpoonup\rho^2\operatorname{div}(\boldsymbol{\omega})\boldsymbol{\omega}\ \text{在}\ L^1(0,T;L^1(\mathbb{T}^d))\ \text{中弱收敛}.
$$

因此对于光滑的初值，已经证明了 $(\rho,\boldsymbol{\omega})$ 满足 (2.2.5)，(2.2.11)。设 $(\rho_0,\boldsymbol{\omega}_0)$ 是某个有限能量初值，即 $\rho_0>0$，$E(\rho_0,\boldsymbol{\omega}_0)<\infty$，$(\rho_0^\delta,\boldsymbol{\omega}_0^\delta)$ 是在 $\mathbb{T}^3$ 上满足 $\rho_0^\delta\geqslant\delta>0$ 的光滑逼近，当 $\delta\to0$ 时 $\sqrt{\rho_0^\delta}\to\sqrt{\rho_0}$ 在 $H^1(\mathbb{T}^3)$ 中强收敛，$\sqrt{\rho_0^\delta}\boldsymbol{\omega}_0^\delta\to\sqrt{\rho_0}\boldsymbol{\omega}_0$ 在 $L^2(\mathbb{T}^3)$ 中强收敛。因此，对于满足以上估计的初值 $(\rho_0,\boldsymbol{\omega}_0)$，方程 (2.2.5)–(2.2.7) 存在弱解，则 $(\rho,\boldsymbol{u}=\boldsymbol{\omega}-\nu\nabla\log\rho)$ 是方程 (2.2.1)–(2.2.3) 的弱解。

2.3 带有冷压的量子 Navier-Stokes 方程弱解的整体存在性

这一节主要介绍以下一类带有冷压的量子流体力学 (QHD) 模型，考虑下面问题

$$
\begin{cases}
\partial_t\rho+\operatorname{div}(\rho\boldsymbol{u})=0,\\
\partial_t(\rho\boldsymbol{u})+\operatorname{div}(\rho\boldsymbol{u}\otimes\boldsymbol{u})+\nabla(p(\rho)+p_c(\rho))-2\varepsilon^2\rho\nabla\left(\dfrac{\Delta\sqrt{\rho}}{\sqrt{\rho}}\right)=2\nu\operatorname{div}(\rho D(\boldsymbol{u})),\\
\rho|_{t=0}=\rho_0,(\rho\boldsymbol{u})|_{t=0}=\rho_0\boldsymbol{u}_0,
\end{cases}\tag{2.3.1}
$$

其中 p_c 是奇异的连续函数，并满足如下的增长条件

$$\lim_{\rho\to 0} p_c(\rho) = +\infty,$$

称之为冷压，更为具体地假设为

$$p_c'(\rho) = \begin{cases} c\rho^{-4k-1}, & \rho \leqslant 1, k > 1, \\ \rho^{\gamma-1}, & \rho > 1, \gamma > 1. \end{cases} \tag{2.3.2}$$

对于某些常数 $c>0$，把量子项写成另外一种形式来取极限：

$$<\rho\nabla\left(\frac{\Delta\sqrt{\rho}}{\sqrt{\rho}}\right), \boldsymbol{\phi}> = <\sqrt{\rho}\nabla\sqrt{\rho}, \nabla \operatorname{div}\boldsymbol{\phi}> + 2 <\nabla\sqrt{\rho}\otimes\nabla\sqrt{\rho}, \nabla\boldsymbol{\phi}>.$$

这样可以定义系统 (2.3.1) 中动量方程的弱形式：

$$\begin{aligned} &\int_\Omega \rho_0\boldsymbol{u}_0\cdot\boldsymbol{\phi}(\cdot,0)\mathrm{d}x + \int_0^T\int_\Omega (\rho\boldsymbol{u}\cdot\partial_t\boldsymbol{\phi} + \rho(\boldsymbol{u}\otimes\boldsymbol{u}):\nabla\boldsymbol{\phi})\mathrm{d}x\mathrm{d}t + \\ &\int_0^T\int_\Omega (p(\rho)+p_c(\rho))\operatorname{div}\boldsymbol{\phi}\mathrm{d}x\mathrm{d}t = \\ &\int_0^T\int_\Omega (2\varepsilon^2\sqrt{\rho}\nabla\sqrt{\rho}\cdot\nabla\operatorname{div}\boldsymbol{\phi} + 4\varepsilon^2\nabla\sqrt{\rho}\otimes\nabla\sqrt{\rho}:\nabla\boldsymbol{\phi} + 2\nu\rho D(\boldsymbol{u}):\nabla\boldsymbol{\phi})\mathrm{d}x\mathrm{d}t. \end{aligned}$$

在这一节中，首先证明对固定的 ε，系统 (2.3.1) 存在一整体弱解 $(\rho^\varepsilon, \boldsymbol{u}^\varepsilon)$；其次，将证明当参数 ε 趋于 0 时，$(\rho^\varepsilon, \boldsymbol{u}^\varepsilon)$ 趋于 $(\rho^0, \boldsymbol{u}^0)$。这里的 $(\rho^0, \boldsymbol{u}^0)$ 是如下方程组的整体弱解：

$$\begin{cases} \partial_t\rho^0 + \operatorname{div}(\rho^0\boldsymbol{u}^0) = 0, \\ \partial_t(\rho^0\boldsymbol{u}^0) + \operatorname{div}(\rho^0\boldsymbol{u}^0\otimes\boldsymbol{u}^0) + \nabla(p(\rho^0)+p_c(\rho^0)) = 2\nu\operatorname{div}(\rho^0 D(\boldsymbol{u}^0)), \\ \rho^0|_{t=0} = \rho_0, (\rho^0\boldsymbol{u}^0)|_{t=0} = \rho_0\boldsymbol{u}_0. \end{cases} \tag{2.3.3}$$

在给出主要结果前，先给出弱解的定义：

定义 2.3.1 $(\rho, \boldsymbol{u})$ 是系统 (2.3.1) 的一个弱解，如果连续性方程

$$\begin{cases} \partial_t\rho + \operatorname{div}(\sqrt{\rho}\sqrt{\rho}\boldsymbol{u}) = 0, \\ \rho(0,x) = \rho_0(x), \end{cases} \tag{2.3.4}$$

在分布意义下满足，且动量方程的弱形式

$$\int_\Omega \rho_0\boldsymbol{u}_0\cdot\boldsymbol{\phi}(\cdot,0)\mathrm{d}x + \int_0^T\int_\Omega (\rho\boldsymbol{u}\cdot\partial_t\boldsymbol{\phi} + \rho(\boldsymbol{u}\otimes\boldsymbol{u}):\nabla\boldsymbol{\phi})\mathrm{d}x\mathrm{d}t +$$

$$\int_0^T\int_\Omega (p(\rho)+p_c(\rho))\operatorname{div}\boldsymbol{\phi}\mathrm{d}x\mathrm{d}t=$$
$$\int_0^T\int_\Omega (2\varepsilon^2\sqrt{\rho}\nabla\sqrt{\rho}\cdot\nabla\operatorname{div}\boldsymbol{\phi}+4\varepsilon^2\nabla\sqrt{\rho}\otimes\nabla\sqrt{\rho}:\nabla\boldsymbol{\phi}+2\nu\rho D(\boldsymbol{u}):\nabla\boldsymbol{\phi})\mathrm{d}x\mathrm{d}t \tag{2.3.5}$$

对于任意光滑、有紧支集的试验函数 $\boldsymbol{\phi}$ 满足 $\boldsymbol{\phi}(T,\cdot)=0$ 都成立。

定义 2.3.2 $(\rho^0,\boldsymbol{u}^0)$ 是系统 (2.3.3) 的一个弱解，如果连续性方程

$$\begin{cases}\partial_t\rho^0+\operatorname{div}(\sqrt{\rho^0}\sqrt{\rho^0}\boldsymbol{u}^0)=0,\\ \rho^0(0,x)=\rho_0(x),\end{cases} \tag{2.3.6}$$

在分布意义下满足，且动量方程的弱形式

$$\int_\Omega \rho_0\boldsymbol{u}_0\cdot\boldsymbol{\phi}(\cdot,0)\mathrm{d}x+\int_0^T\int_\Omega(\rho^0\boldsymbol{u}^0\cdot\partial_t\boldsymbol{\phi}+\rho^0(\boldsymbol{u}^0\otimes\boldsymbol{u}^0):\nabla\boldsymbol{\phi})\mathrm{d}x\mathrm{d}t+$$
$$\int_0^T\int_\Omega(p(\rho^0)+p_c(\rho^0))\operatorname{div}\boldsymbol{\phi}\mathrm{d}x\mathrm{d}t=$$
$$\int_0^T\int_\Omega 2\nu\rho^0D(\boldsymbol{u}^0):\nabla\boldsymbol{\phi}\mathrm{d}x\mathrm{d}t \tag{2.3.7}$$

对于任意光滑、有紧支集的试验函数 $\boldsymbol{\phi}$ 满足 $\boldsymbol{\phi}(T,\cdot)=0$ 都成立。

本节内容可以参考文献 [67]–[72]。现在给出本节的主要结论。首先引入系统的能量，它是动能、内能和量子能的总和

$$E_\varepsilon(\rho,\boldsymbol{u})=\frac{\rho}{2}|\boldsymbol{u}|^2+H(\rho)+H_c(\rho)+2\varepsilon^2|\nabla\sqrt{\rho}|^2. \tag{2.3.8}$$

这里的 $H(\rho)$ 和 $H_c(\rho)$ 分别满足

$$H''(\rho)=\frac{p'(\rho)}{\rho}\ \text{和}\ H_c''(\rho)=\frac{p_c'(\rho)}{\rho}.$$

注 2.3.1 如果 $p(\rho)=\rho^\gamma$ 且 $\gamma>1$，有

$$H(\rho)=\frac{\rho^\gamma}{\gamma-1}.$$

本节的第一个结论：

定理 2.3.1 令 $\nu>0$，$\varepsilon>0$，$1\leqslant d\leqslant 3$，$T>0$，$\gamma\geqslant 1$。令 $(\rho_0,\boldsymbol{u}_0)$ 满足 $\rho_0\geqslant 0$ 且 $E_\varepsilon(\rho_0,\boldsymbol{u}_0)\leqslant\infty$。那么系统 (2.3.1) 存在整体弱解在定义 2.3.1 意义下成立，满足

$$\rho\geqslant 0,\sqrt{\rho}\in L^\infty(0,T;H^1(\Omega))\cap L^2(0,T;H^2(\Omega)),$$

$$\rho\in L^\infty(0,T;L^\gamma(\Omega)),\rho^\gamma\in L^{5/3}(0,T;L^{5/3}(\Omega)),$$
$$\sqrt{\rho}\boldsymbol{u}\in L^\infty(0,T;L^2(\Omega)),\rho|\nabla\boldsymbol{u}|\in L^2(0,T;L^2(\Omega)),\sqrt{\rho}|\nabla\boldsymbol{u}|\in L^2(0,T;L^2(\Omega)),$$
$$\nabla\left(\frac{1}{\sqrt{\rho}}\right)\in L^2(0,T;L^2(\Omega)).$$

本节的第二个结论：

定理 2.3.2 令 $1\leqslant d\leqslant 3$，$T>0$，$0<\varepsilon<\nu$，$\gamma\geqslant 1$，令 $(\rho_0,\boldsymbol{u}_0)$ 满足 $\rho_0\geqslant 0$ 且 $E_\varepsilon(\rho_0,\boldsymbol{u}_0)\leqslant\infty$，那么对系统 (2.3.1) 的解 $(\rho^\varepsilon,\boldsymbol{u}^\varepsilon)$，当参数 ε 趋于 0 时，有

$$\begin{aligned}
&\rho^\varepsilon\to\rho^0 \text{ 在空间 } L^2(0,T;L^\infty(\Omega)) \text{ 中强收敛，}\\
&\sqrt{\rho^\varepsilon}\rightharpoonup\sqrt{\rho^0} \text{ 在空间 } L^2(0,T;H^2(\Omega)) \text{ 中弱收敛，}\\
&\sqrt{\rho^\varepsilon}\rightharpoonup\sqrt{\rho^0} \text{ 在空间 } L^2(0,T;H^1(\Omega)) \text{ 中强收敛，}\\
&\frac{1}{\sqrt{\rho^\varepsilon}}\to\frac{1}{\sqrt{\rho^0}} \text{ 几乎处处收敛，}\\
&\sqrt{\rho^\varepsilon}\boldsymbol{u}^\varepsilon\to\sqrt{\rho^0}\boldsymbol{u}^0 \text{ 在空间 } L^2(0,T;L^2(\Omega)) \text{ 中强收敛，}\\
&\boldsymbol{u}^\varepsilon\rightharpoonup\boldsymbol{u}^0 \text{ 在空间 } L^p(0,T;L^{q^*}(\Omega)) \text{ 中弱收敛，}
\end{aligned}$$

这里 $p=8k/(4k+1)$，$q^*=24k/(12k+1)$，$(\rho^0,\boldsymbol{u}^0)$ 是系统 (2.3.3) 的解。

注 2.3.2 虽然我们得出的结论对一维、二维和三维的情况都成立，但在证明的过程中主要针对的是三维情况。事实上，最有趣和最困难的情况就是三维空间的情况。

2.3.1 先验估计

在这一小节中将建立所需要的先验估计以便可以对逼近解取极限，从而得到弱解的存在性。特别关注那些与参数 ε 独立或者相关的估计。经过形式上运算，易得

$$\frac{\mathrm{d}}{\mathrm{d}t}\int_\Omega E_\varepsilon(\rho,\boldsymbol{u})\mathrm{d}x+\nu\int_\Omega\rho|D(\boldsymbol{u})|^2\mathrm{d}x=0. \tag{2.3.9}$$

由 (2.3.9) 可推出如下的估计：

引理 2.3.1 在定理 2.3.1 的假设下，存在常数 C 不依赖于 ε，有

$$\|\sqrt{\rho}\boldsymbol{u}\|_{L^\infty(0,T;L^2(\Omega))}\leqslant C, \tag{2.3.10}$$
$$\|\rho^\gamma\|_{L^\infty(0,T;L^1(\Omega))}\leqslant C, \tag{2.3.11}$$
$$\|\sqrt{\rho}D(\boldsymbol{u})\|_{L^2(0,T;L^2(\Omega))}\leqslant C, \tag{2.3.12}$$

接下来给出 B-D 能量不等式，由这个不等式可得到一个关于密度的很好的估计，这在证明收敛性的时候会起到关键作用。

命题 2.3.1 在定理 2.3.1 的假设下，存在常数 C 不依赖于 ε，有

$$\frac{\mathrm{d}}{\mathrm{d}t}\int_\Omega [\frac{\rho}{2}|\boldsymbol{u}+\nu\nabla\log\rho|^2+H(\rho)+H_c(\rho)+(2\varepsilon^2+4\nu^2)|\nabla\sqrt{\rho}|^2]\mathrm{d}x+$$
$$\nu\int_\Omega (H''|\nabla\rho|^2+H_c''|\nabla\rho|^2+\varepsilon^2\rho|\nabla^2\log\rho|^2+2\rho|\nabla\boldsymbol{u}|^2)\mathrm{d}x=0. \tag{2.3.13}$$

命题 2.3.1 的证明 由于

$$\partial_t(\rho\nabla\log\rho)+\mathrm{div}(\rho\nabla^{\mathrm{T}}\boldsymbol{u})+\mathrm{div}(\rho\boldsymbol{u}\otimes\nabla\log\rho)=0,$$

将上面的方程两边乘以 ν，再与下面的方程相加

$$\partial_t(\rho\boldsymbol{u})+\mathrm{div}(\rho\boldsymbol{u}\otimes\boldsymbol{u})+\nabla(p(\rho)+p_c(\rho))-2\varepsilon^2\rho\nabla\left(\frac{\Delta\sqrt{\rho}}{\sqrt{\rho}}\right)=2\nu\,\mathrm{div}(\rho D(\boldsymbol{u})),$$

得到

$$\partial_t(\rho(\boldsymbol{u}+\nu\nabla\log\rho))+\mathrm{div}(\rho\boldsymbol{u}\otimes(\boldsymbol{u}+\nu\nabla\log\rho))+$$
$$\nabla(p(\rho)+p_c(\rho))-2\varepsilon^2\rho\nabla\left(\frac{\Delta\sqrt{\rho}}{\sqrt{\rho}}\right)=\nu\,\mathrm{div}(\rho\nabla\boldsymbol{u}),$$

上面的方程两边乘以 $(\boldsymbol{u}+\nu\nabla\log\rho)$，关于区域 Ω 积分，有

$$\int_\Omega \partial_t(\rho(\boldsymbol{u}+\nu\nabla\log\rho))\cdot(\boldsymbol{u}+\nu\nabla\log\rho)\mathrm{d}x+\int_\Omega \mathrm{div}(\rho\boldsymbol{u}\otimes(\boldsymbol{u}+\nu\nabla\log\rho))\cdot(\boldsymbol{u}+\nu\nabla\log\rho)\mathrm{d}x+$$
$$\int_\Omega \nabla(p(\rho)+p_c(\rho))\cdot(\boldsymbol{u}+\nu\nabla\log\rho)\mathrm{d}x-2\varepsilon^2\int_\Omega \rho\nabla\left(\frac{\Delta\sqrt{\rho}}{\sqrt{\rho}}\right)\cdot(\boldsymbol{u}+\nu\nabla\log\rho)\mathrm{d}x=$$
$$\nu\int_\Omega \mathrm{div}(\rho\nabla\boldsymbol{u})\cdot(\boldsymbol{u}+\nu\nabla\log\rho)\mathrm{d}x. \tag{2.3.14}$$

另外，

$$\int_\Omega \partial_t(\rho(\boldsymbol{u}+\nu\nabla\log\rho))\cdot(\boldsymbol{u}+\nu\nabla\log\rho)\mathrm{d}x=$$
$$\frac{\mathrm{d}}{\mathrm{d}t}\left(\int_\Omega \frac{\rho}{2}|\boldsymbol{u}+\nu\nabla\log\rho|^2\right)\mathrm{d}x-\frac{1}{2}\int_\Omega \mathrm{div}(\rho\boldsymbol{u})|\boldsymbol{u}+\nu\nabla\log\rho|^2\mathrm{d}x.$$
$$\int_\Omega \mathrm{div}(\rho\boldsymbol{u}\otimes(\boldsymbol{u}+\nu\nabla\log\rho))\cdot(\boldsymbol{u}+\nu\nabla\log\rho)\mathrm{d}x=$$
$$\int_\Omega \frac{1}{2}\mathrm{div}(\rho\boldsymbol{u})|\boldsymbol{u}+\nu\nabla\log\rho|^2\mathrm{d}x.$$

$$\int_{\Omega} \nabla(p(\rho)+p_c(\rho))\cdot(\boldsymbol{u}+\nu\nabla\log\rho)\mathrm{d}x =$$

$$\int_{\Omega} \partial_t(H(\rho)+H_c(\rho))\mathrm{d}x+\nu\int_{\Omega} H''(\rho)|\nabla\rho|^2\mathrm{d}x+\nu\int_{\Omega} H_c''(\rho)|\nabla\rho|^2\mathrm{d}x.$$

$$-2\varepsilon^2\int_{\Omega}\rho\nabla\left(\frac{\Delta\sqrt{\rho}}{\sqrt{\rho}}\right)\cdot(\boldsymbol{u}+\nu\nabla\log\rho)\mathrm{d}x =$$

$$2\varepsilon^2\int_{\Omega}\partial_t((\nabla\sqrt{\rho})^2)\mathrm{d}x+\nu\varepsilon^2\int_{\Omega}\rho|\nabla^2\log\rho|^2\mathrm{d}x.$$

最后，利用分部积分，有

$$\begin{aligned}\nu\int_{\Omega}\mathrm{div}(\rho\nabla\boldsymbol{u})\cdot(\boldsymbol{u}+\nu\nabla\log\rho)\mathrm{d}x &= -\nu\int_{\Omega}\rho|\nabla\boldsymbol{u}|^2\mathrm{d}x+\nu^2\int_{\Omega}\boldsymbol{u}\,\mathrm{div}(\rho\nabla^2\log\rho)\mathrm{d}x = \\ &-\nu\int_{\Omega}\rho|\nabla\boldsymbol{u}|^2\mathrm{d}x+2\nu^2\int_{\Omega}\rho\boldsymbol{u}\nabla\left(\frac{\Delta\sqrt{\rho}}{\sqrt{\rho}}\right)\mathrm{d}x = \\ &-\nu\int_{\Omega}\rho|\nabla\boldsymbol{u}|^2\mathrm{d}x-2\nu^2\int_{\Omega}\mathrm{div}(\rho\boldsymbol{u})\left(\frac{\Delta\sqrt{\rho}}{\sqrt{\rho}}\right)\mathrm{d}x = \\ &-\nu\int_{\Omega}\rho|\nabla\boldsymbol{u}|^2\mathrm{d}x+2\nu^2\int_{\Omega}\partial_t\rho\left(\frac{\Delta\sqrt{\rho}}{\sqrt{\rho}}\right)\mathrm{d}x = \\ &-\nu\int_{\Omega}\rho|\nabla\boldsymbol{u}|^2\mathrm{d}x-2\nu^2\int_{\Omega}\partial_t(|\nabla\sqrt{\rho}|^2)\mathrm{d}x.\end{aligned}$$

把上面这些等式代入方程 (2.3.14)，就得到命题 2.3.1。 □

直接从命题 2.3.1，可推出如下的估计：

引理 2.3.2 在定理 2.3.1 的假设下，存在常数 C 不依赖于 ε，有

$$\|\sqrt{\rho}(\boldsymbol{u}+\nu\nabla\log\rho)\|_{L^\infty(0,T;L^2(\Omega))}\leqslant C, \tag{2.3.15}$$

$$\|\nabla\sqrt{\rho}\|_{L^\infty(0,T;L^2(\Omega))}\leqslant C, \tag{2.3.16}$$

$$\|\nabla\rho^{\gamma/2}\|_{L^2(0,T;L^2(\Omega))}\leqslant C, \tag{2.3.17}$$

$$\|\sqrt{\rho}\nabla\boldsymbol{u}\|_{L^2(0,T;L^2(\Omega))}\leqslant C, \tag{2.3.18}$$

$$\varepsilon\|\sqrt{\rho}\nabla^2\log\rho\|_{L^2(0,T;L^2(\Omega))}\leqslant C, \tag{2.3.19}$$

$$\varepsilon\|\nabla^2\sqrt{\rho}\|_{L^2(0,T;L^2(\Omega))}\leqslant C. \tag{2.3.20}$$

注 2.3.3 与估计 (2.3.9) 不同的是，B-D 能量不等式得到的估计 (2.3.16) 中的常数 C 不依赖于参数 ε。

引理 2.3.2 的证明 估计 (2.3.15)，(2.3.16)，(2.3.18) 和 (2.3.19) 可直接由 (2.3.13) 式推得，而估计 (2.3.17) 可利用下面的恒等式推得：

$$H''(\rho)|\nabla\rho|^2 = \frac{p'(\rho)|\nabla\rho|^2}{\rho} = \gamma\rho^{\gamma-2}|\nabla\rho|^2, \nabla\rho^{\gamma/2} = \frac{\gamma}{2}\rho^{\gamma/2-1}\nabla\rho.$$

由下面的式子

$$\int_0^T\int_\Omega \rho|\nabla^2\log\rho|^2\mathrm{d}x\mathrm{d}t \geqslant \int_0^T\int_\Omega |\nabla^2\sqrt{\rho}|^2\mathrm{d}x\mathrm{d}t,$$

可推出 (2.3.20)。 □

接着给出两个关于压力的估计。

引理 2.3.3 在定理 2.3.1 的假设下并且维数是三维时，存在常数 C 不依赖于 ε，有

$$\|\rho^\gamma\|_{L^{5/3}(0,T;L^{5/3}(\Omega))} \leqslant C, \tag{2.3.21}$$

$$\|p_c(\rho)\|_{L^{5/3}(0,T;L^{5/3}(\Omega))} \leqslant C. \tag{2.3.22}$$

引理 2.3.3 的证明 结合估计 (2.3.11)，(2.3.17) 和 Sobolev 嵌入定理，得到

$$\|\rho^{\gamma/2}\|_{L^2(0,T;L^6(\Omega))} \leqslant C,$$

也可以写为

$$\|\rho^\gamma\|_{L^1(0,T;L^3(\Omega))} \leqslant C,$$

利用插值不等式、以上估计和 (2.3.11)，得到

$$\|\rho^\gamma\|_{L^{5/3}(0,T;L^{5/3}(\Omega))} \leqslant C,$$

由于

$$p_c = \frac{c}{-4k}\rho^{-4k}, \rho \leqslant 1, k > 1,$$

令 ζ 是一光滑函数，使得

$$\zeta(y) = y, y \leqslant 1/2;\ \zeta(y) = 0, y > 1.$$

根据 (2.3.9) 和 (2.3.13)，得到

$$\int_0^T\int_\Omega |\nabla\zeta(\rho)^{-2k}|^2\mathrm{d}x\mathrm{d}t \leqslant C.$$

这意味着 $\nabla\zeta(\rho)^{-2k}\in L^2(0,T;L^2(\Omega))$ 且靠近真空，有

$$\int_\Omega \rho^{-4k}\mathrm{d}x\leqslant C. \tag{2.3.23}$$

也就是 $\nabla(\rho)^{-2k}\in L^2(0,T;L^2(\Omega))$，因此知 $\zeta(\rho)^{-2k}\in L^2(0,T;H^1(\Omega))$。再次利用 Sobolev 嵌入定理，有

$$\|\zeta(\rho)^{-2k}\|_{L^2(0,T;L^6(\Omega))}\leqslant C. \tag{2.3.24}$$

最后利用插值不等式，(2.3.23) 和 (2.3.24)，可得 (2.3.22)，引理 2.3.3 得证。 □

引理 2.3.4 在定理 2.3.1 的假设下并且维数是三维时，存在常数 C 不依赖于 ε，有

$$\|\nabla \boldsymbol{u}\|_{L^p(0,T;L^q(\Omega))}\leqslant C, \tag{2.3.25}$$

这里的 $p=8k/(4k+1), q=24k/(12k+1)$。

引理 2.3.4 的证明 将 $\nabla\boldsymbol{u}$ 拆分如下：

$$\nabla\boldsymbol{u}=\frac{1}{\sqrt{\rho}}\sqrt{\rho}\nabla\boldsymbol{u},$$

利用 (2.3.18) 知 $\sqrt{\rho}\nabla\boldsymbol{u}$ 在空间 $L^2(0,T;L^2(\Omega))$ 中一致有界，那么只需证明 $\dfrac{1}{\sqrt{\rho}}$ 在合适的空间里有界。利用 (2.3.24)，有

$$\|\zeta(\rho)^{-2k}\|^2_{L^2(0,T;L^6(\Omega))}=\int_0^T\left(\int_\Omega\left(\frac{1}{\sqrt{\rho}}\right)^{24k}\mathrm{d}x\right)^{8k/24k}\mathrm{d}t,$$

得到

$$\left\|\frac{1}{\sqrt{\rho}}\right\|_{L^{8k}(0,T;L^{24k}(\Omega))}\leqslant C, \tag{2.3.26}$$

和前面一样，$\nabla\boldsymbol{u}=\left(\dfrac{1}{\sqrt{\rho}}\right)\sqrt{\rho}\nabla\boldsymbol{u}$，再利用 (2.3.18) 和 (2.3.26)，引理 2.3.4 得证。 □

引理 2.3.5 在定理 2.3.1 的假设下，存在常数 C 不依赖于 ε，有

$$\|\boldsymbol{u}\|_{L^p(0,T;L^{q^*}(\Omega))}\leqslant C, \tag{2.3.27}$$

这里的 $p=8k/(4k+1), q^*=24k/(12k+1)$。

引理 2.3.6 在定理 2.3.1 的假设下，存在常数 C 不依赖于 ε，有

$$\left\|\nabla\left(\frac{1}{\sqrt{\rho}}\right)\right\|_{L^2(0,T;L^2(\Omega))}\leqslant C, \tag{2.3.28}$$

引理 2.3.6 的证明 从 (2.3.16) 知 $\nabla\sqrt{\rho}\in L^2(\Omega)$。有

$$\nabla\left(\frac{1}{\sqrt{\rho}}\right)=-\frac{1}{2}\frac{\nabla\rho}{\rho^{3/2}}=-\frac{\nabla\sqrt{\rho}}{\rho}.$$

那么，当 $\rho>1$ 时，有 $\dfrac{1}{\rho}<1$ 和 $\nabla\left(\dfrac{1}{\sqrt{\rho}}\right)\in L^2(\Omega)$。

现在考虑 $\rho\leqslant 1$ 的情况。根据命题 2.3.1，有估计 $\displaystyle\int_0^T\int_\Omega H_c''(\rho)|\nabla\rho|^2\mathrm{d}x\mathrm{d}t<+\infty$，这里 $H_c''(\rho)=\dfrac{p_c'(\rho)}{\rho}$。对 $\rho\leqslant 1$，$p_c'(\rho)=c\rho^{-4k-1}$，则 $H_c''(\rho)=c\rho^{-4k-2}$，

$$H_c''(\rho)|\nabla\rho|^2=c\left|\frac{\nabla\rho}{\rho^{2k+1}}\right|^2=\frac{c}{4k^2}\left|\nabla\left(\frac{1}{\rho^{2k}}\right)\right|^2.$$

下面给出 $\nabla\left(\dfrac{1}{\rho^{2k}}\right)$ 和 $\nabla\left(\dfrac{1}{\sqrt{\rho}}\right)$ 之间的联系：

$$\begin{aligned}\nabla\left(\frac{1}{\sqrt{\rho}}\right)&=\nabla\left(\frac{1}{\rho^{2k}}\rho^{2k-1/2}\right)\\&=\rho^{2k-1/2}\nabla\left(\frac{1}{\rho^{2k}}\right)+\frac{1}{\rho^{2k}}\nabla(\rho^{2k-1/2})\\&=\rho^{2k-1/2}\nabla\left(\frac{1}{\rho^{2k}}\right)+(2k-1/2)\rho^{-2k}\nabla(\rho)\rho^{2k-3/2}\\&=\rho^{2k-1/2}\nabla\left(\frac{1}{\rho^{2k}}\right)-2(2k-1/2)\nabla\left(\frac{1}{\sqrt{\rho}}\right),\end{aligned}$$

也就是

$$4k\nabla\left(\frac{1}{\sqrt{\rho}}\right)=\rho^{2k-1/2}\nabla\left(\frac{1}{\rho^{2k}}\right),$$

同时，也有

$$\left|\nabla\left(\frac{1}{\sqrt{\rho}}\right)\right|^2=\frac{\rho^{4k-1}}{16k^2}\left|\nabla\left(\frac{1}{\rho^{2k}}\right)\right|^2=\frac{1}{4c}\rho^{4k-1}H_c''(\rho)|\nabla\rho|^2.$$

所以当 $\rho\leqslant 1$，以及有估计 $\displaystyle\int_0^T\int_\Omega H_c''(\rho)|\nabla\rho|^2\mathrm{d}x<+\infty$，可知 $\nabla\left(\dfrac{1}{\sqrt{\rho}}\right)\in L^2(0,T;L^2(\Omega))$。

□

利用前面的引理，能够建立如下的命题：

命题 2.3.2 在定理 2.3.1 的假设下，存在常数 C 不依赖于 ε，有

$$\|\sqrt{\rho}\boldsymbol{u}\|_{L^{p'}(0,T;L^{q'}(\Omega))}\leqslant C,\tag{2.3.29}$$

这里 $p' > 2$，$q' > 2$。

命题 2.3.2 的证明 令 $r > 0$，它是一个待定的常数。将 $\sqrt{\rho}\boldsymbol{u}$ 拆分如下：

$$\sqrt{\rho}\boldsymbol{u} = (\sqrt{\rho}\boldsymbol{u})^{2r}\boldsymbol{u}^{1-2r}\rho^{1/2-r}.$$

根据 (2.3.11)，知

$$\|\rho^{1/2-r}\|_{L^\infty(0,T;L^{\gamma/(1/2-r)}(\Omega))} \leqslant C.$$

这里的常数 C 与参数 ε 独立。再利用 (2.3.10)，(2.3.27) 和 (2.3.28)，选取

$$\frac{1}{p'} = \frac{1-2r}{p} \text{和} \frac{1}{q'} = \frac{2r}{2} + \frac{1-2r}{q^*} + \frac{1/2-r}{\gamma},$$

这里 r 取值为 2/3，就得到所要的结论。 □

2.3.2 方程弱解的整体存在性

在这一小节中，将证明系统 (2.3.1) 存在整体弱解，即证明定理 2.3.1。证明过程分为两部分，第一部分给出如何构造逼近解，第二部分证明逼近解的稳定性。这是证明 Navier-Stokes 方程解的存在性常见的一种方法。

2.3.2.1 构造逼近解

由有效速度变换

$$\boldsymbol{\omega} = \boldsymbol{u} + \nu\nabla\log\rho.$$

将系统 (2.3.1) 转化为另外一种形式

$$\begin{cases} \partial_t\rho + \operatorname{div}(\rho\boldsymbol{\omega}) = \nu\Delta\rho, \\ \partial_t(\rho\boldsymbol{\omega}) + \operatorname{div}(\rho\boldsymbol{\omega}\otimes\boldsymbol{\omega}) + \nabla(p(\rho)+p_c(\rho)) - 2\varepsilon_0\rho\nabla\left(\dfrac{\Delta\sqrt{\rho}}{\sqrt{\rho}}\right) = \nu\Delta(\rho\boldsymbol{\omega}), \\ \rho|_{t=0} = \rho_0, (\rho\boldsymbol{\omega})|_{t=0} = \rho_0\boldsymbol{\omega}_0, \end{cases} \tag{2.3.30}$$

其中 $\boldsymbol{\omega}_0 = \boldsymbol{u}_0 + \nu\nabla\log\rho_0$，$\varepsilon_0 = \varepsilon^2 - \nu^2$。下面给出系统 (2.3.30) 弱解的定义。

定义 2.3.3 $(\rho, \boldsymbol{\omega})$ 是系统 (2.3.30) 的一个弱解，如果连续性方程

$$\begin{cases} \partial_t\rho + \operatorname{div}(\sqrt{\rho}\sqrt{\rho}\boldsymbol{\omega}) = \nu\Delta\rho, \\ \rho(0,x) = \rho_0(x), \end{cases} \tag{2.3.31}$$

在分布意义下满足，且动量方程的弱形式

$$
\begin{aligned}
&\int_{\Omega}\rho_0\boldsymbol{\omega}_0\cdot\boldsymbol{\phi}(\cdot,0)\mathrm{d}x+\int_0^T\int_{\Omega}(\rho\boldsymbol{\omega}\cdot\partial_t\boldsymbol{\phi}+\rho(\boldsymbol{\omega}\otimes\boldsymbol{\omega}):\nabla\boldsymbol{\phi})\mathrm{d}x\mathrm{d}t+\\
&\int_0^T\int_{\Omega}(p(\rho)+p_c(\rho))\operatorname{div}\boldsymbol{\phi}\mathrm{d}x\mathrm{d}t=\\
&\int_0^T\int_{\Omega}\left(2\varepsilon_0\frac{\Delta\sqrt{\rho}}{\sqrt{\rho}}\operatorname{div}(\rho\boldsymbol{\phi})+\nu\nabla(\rho\boldsymbol{\omega}):\nabla\boldsymbol{\phi}\right)\mathrm{d}x\mathrm{d}t.
\end{aligned}
\tag{2.3.32}
$$

对于任意光滑、有紧支集的试验函数 $\boldsymbol{\phi}$ 满足 $\boldsymbol{\phi}(T,\cdot)=0$ 都成立。

现在的目标是证明系统 (2.3.30) 弱解的整体存在性。为此，将系统 (2.3.30) 投影到有限维空间。

2.3.2.2 解的全局存在性

令 $T>0$，$(\boldsymbol{e}_p)$ 是 $L^2(\Omega)$ 空间中的正交基，注意到 $(\boldsymbol{e}_p)$ 也是 $H^1(\Omega)$ 空间中的正交基。引入有限维空间 $X_N=\operatorname{span}\{\boldsymbol{e}_1,\boldsymbol{e}_2,\cdots,\boldsymbol{e}_N\}$，$N\in\mathbb{N}$。令 $(\rho_0,\boldsymbol{\omega}_0)\in\mathcal{C}^\infty(\Omega)^2$ 里的初值满足 $\rho_0\geqslant\delta>0$，对所有的 $x\in\Omega$ 和某个 $\delta>0$ 都成立。令 $\boldsymbol{v}\in\mathcal{C}^0([0,T];X_N)$ 是给定的速度场，那么对 $x\in\Omega$ 和 $t\in[0,T]$，有

$$
\boldsymbol{v}(x,t)=\sum_{i=1}^N\lambda_i(t)\boldsymbol{e}_i(x),
$$

$\boldsymbol{v}$ 在空间 $\mathcal{C}^0([0,T];C^n(\Omega))$ 中的范数可表示为

$$
\|\boldsymbol{v}\|_{\mathcal{C}^0([0,T];C^n(\Omega))}=\max_{t\in[0,T]}\sum_{i=1}^N|\lambda_i(t)|,
$$

因此 $\boldsymbol{v}$ 在空间 $\mathcal{C}^0([0,T];\mathcal{C}^n(\Omega))$ 中也有界且存在常数依赖于 n，使得

$$
\|\boldsymbol{v}\|_{\mathcal{C}^0([0,T];\mathcal{C}^n(\Omega))}\leqslant C\|\boldsymbol{v}\|_{\mathcal{C}^0([0,T];L^2(\Omega))}.\tag{2.3.33}
$$

令 $\rho\in\mathcal{C}^1([0,T];\mathcal{C}^3(\Omega))$ 是下列方程的经典解

$$
\begin{cases}
\partial_t\rho+\operatorname{div}(\rho\boldsymbol{\omega})=\nu\Delta\rho,x\in\Omega,t\in[0,T],\\
\rho(0,x)=\rho_0(x),x\in\Omega,
\end{cases}
\tag{2.3.34}
$$

根据极大值原理可知，对所有的 $(x,t)\in\Omega\times[0,T]$，有

$$
0<\underline{\rho}(c)\leqslant\rho(x,t)\leqslant\overline{\rho}(c).
$$

另外，对给定的 ρ_N，寻求函数 $\boldsymbol{\omega}_N \in \mathcal{C}^0([0,T];X_N)$ 满足

$$
\begin{aligned}
-\int_\Omega \rho_0\boldsymbol{\omega}_0\cdot\boldsymbol{\phi}(\cdot,0)\mathrm{d}x = \int_0^T\int_\Omega &[\rho_N\boldsymbol{\omega}_N\cdot\partial_t\boldsymbol{\phi}+\rho_N(\boldsymbol{v}\otimes\boldsymbol{\omega}_N):\nabla\boldsymbol{\phi}+\\
&(p(\rho_N)+p_c(\rho_N))\operatorname{div}\boldsymbol{\phi}-2\varepsilon_0\frac{\Delta\sqrt{\rho_N}}{\sqrt{\rho_N}}\operatorname{div}(\rho_N\boldsymbol{\phi})-\\
&\nu\nabla(\rho_N\boldsymbol{\omega}_N):\nabla\boldsymbol{\phi}-\delta(\nabla\boldsymbol{\omega}_N:\nabla\boldsymbol{\phi}+\boldsymbol{\omega}_N\cdot\boldsymbol{\phi})]\mathrm{d}x\mathrm{d}t.
\end{aligned}
\tag{2.3.35}
$$

运用 Banach 不动点定理，可得到系统 (2.3.34) 和 (2.3.35) 存在局部解 $(\rho_N,\boldsymbol{\omega}_N)$，且 $\rho_N\in\mathcal{C}^1([0,T'];\mathcal{C}^3(\Omega))$，$\boldsymbol{\omega}_N\in\mathcal{C}^0([0,T];X_N)$，$T'\leqslant T$。为了将这个局部逼近解延拓到整个事件区间上，要用到下面的能量估计。

引理 2.3.7 令 $T'\leqslant T$，$\rho_N\in\mathcal{C}^1([0,T'];\mathcal{C}^3(\Omega))$，$\boldsymbol{\omega}_N\in\mathcal{C}^0([0,T];X_N)$ 是系统 (2.3.34) 和 (2.3.35) 的局部解，其中 $\rho=\rho_N$，$\boldsymbol{v}=\boldsymbol{\omega}_N$，则有

$$
\begin{aligned}
&\frac{\mathrm{d}E_{\varepsilon_0}}{\mathrm{d}t}(\rho_N,\boldsymbol{\omega}_N)+\nu\int_\Omega(\rho_N|\nabla\boldsymbol{\omega}_N|^2+H''|\nabla\rho_N|^2+H_c''|\nabla\rho_N|^2)\mathrm{d}x+\\
&\varepsilon_0\nu\int_\Omega\rho_N|\nabla^2\log\rho_N|^2\mathrm{d}x+\delta\int_\Omega(|\nabla\boldsymbol{\omega}_N|^2+|\boldsymbol{\omega}_N|^2)\mathrm{d}x=0,
\end{aligned}
\tag{2.3.36}
$$

其中

$$
E_{\varepsilon_0}(\rho_N,\boldsymbol{\omega}_N)=\int_\Omega(\frac{\rho_N}{2}|\boldsymbol{\omega}_N|^2+H(\rho_N)+H_c(\rho_N)+2\varepsilon_0^2|\nabla\sqrt{\rho}|^2)\mathrm{d}x. \qquad \square
$$

2.3.2.3 取极限 $N\to\infty$ 和 $\delta\to 0$

先固定参数 $\delta>0$，取极限 $N\to\infty$。这一过程通过利用逼近解的正则性和 Aubin-Simon 引理来实现。这里要特别注意的一点是冷压的引入，使得不需要假设 $\gamma>3$。

证明如下的命题：

命题 2.3.3 在定理 2.3.1 的假设下，对固定的 ε，存在子序列，当 $N\to\infty$ 时，有下面的收敛性：

$\sqrt{\rho_N}\to\sqrt{\rho_\delta}$ 在空间 $L^2(0,T;H^1(\Omega))$ 中强收敛，

$p(\rho_N)\to p(\rho_\delta)$ 在空间 $L^1(0,T;L^1(\Omega))$ 中强收敛，

$p_c(\rho_N)\to p_c(\rho_\delta)$ 在空间 $L^1(0,T;L^1(\Omega))$ 中强收敛，

$\dfrac{1}{\sqrt{\rho_N}}\to\dfrac{1}{\sqrt{\rho_\delta}}$ 几乎处处收敛，

$\sqrt{\rho_N}\boldsymbol{\omega}_N\to\sqrt{\rho_\delta}\boldsymbol{\omega}_\delta$ 在空间 $L^2(0,T;L^2(\Omega))$ 中强收敛，

$$\nabla\boldsymbol{\omega}_N \to \nabla\boldsymbol{\omega}_\delta \text{ 在空间 } L^p(0,T;L^q(\Omega)) \text{ 中弱收敛，}$$
$$\boldsymbol{\omega}_N \to \boldsymbol{\omega}_\delta \text{ 在空间 } L^p(0,T;L^{q^*}(\Omega)) \text{ 中弱收敛，}$$

这里的 p,q,q^* 在引理 2.3.4 和引理 2.3.5 中已给出。 □

命题 2.3.3 的证明 首先，利用 (2.3.36) 和上一节的技巧，可证明对于变换 $\rho=\rho_N$ 和 $\boldsymbol{u}=\boldsymbol{\omega}_N$，估计 (2.3.10)，(2.3.16)–(2.3.27) 也成立，这里的常数 C 与 N 和 δ 无关，但依赖于参数 ε。

利用 (2.3.10)，(2.3.16)，(2.3.18)，(2.3.20)，(2.3.26)，并且重写方程 (2.3.31) 为

$$\partial_t(\sqrt{\rho_N})+\frac{1}{2\sqrt{\rho_N}}\operatorname{div}(\rho_N\boldsymbol{\omega}_N)=\nu\left(\triangle\sqrt{\rho_N}+\frac{|\nabla\sqrt{\rho_N}|^2}{\sqrt{\rho_N}}\right).$$

可证明

$$\|\partial_t(\sqrt{\rho_N})\|_{L^2(0,T;H^{-1}(\Omega))}\leqslant C, \tag{2.3.37}$$

这里的 C 与 ε 无关。接着利用 (2.3.20) 和 (2.3.37)，可运用 Aubin-Simon 引理得到 $\sqrt{\rho_N}$ 在空间 $L^2(0,T;H^1(\Omega))$ 中强收敛到 $\sqrt{\rho}$。注意到估计 (2.3.20) 依赖于 ε，所以这里的强收敛只对固定的参数 ε 成立。

利用 (2.3.21)，(2.3.22) 和 ρ_N 几乎处处收敛，得到 $p(\rho_N)$ 和 $p_c(\rho_N)$ 在空间 $L^1(0,T;L^1(\Omega))$ 中的强收敛。

重写方程 (2.3.31) 如下：

$$\partial_t\left(\frac{1}{\sqrt{\rho_N}}\right)+\nabla\left(\frac{\boldsymbol{\omega}_N}{\sqrt{\rho_N}}\right)+\frac{3}{2\sqrt{\rho_N}}\operatorname{div}(\boldsymbol{\omega}_N)=-\nu\left(\frac{\Delta\sqrt{\rho_N}}{\rho_N}+\frac{|\nabla\sqrt{\rho_N}|^2}{\rho_N^{3/2}}\right),$$

利用 (2.3.10)，(2.3.16)，(2.3.18)，(2.3.20)，(2.3.23) 和 (2.3.26)，可以证明

$$\left\|\partial_t\left(\frac{1}{\sqrt{\rho_N}}\right)\right\|_{L^2(0,T;W^{-1,1}(\Omega))}\leqslant C(\varepsilon), \tag{2.3.38}$$

这里的常数 C 与 N 和 δ 无关，但依赖于参数 ε。接着利用 (2.3.38) 和 (2.3.26)，运用 Aubin-Simon 引理，得到 $\dfrac{1}{\sqrt{\rho_N}}$ 几乎处处收敛。

另外，有

$$\nabla(\rho_N\boldsymbol{\omega}_N)=\rho_N\nabla\boldsymbol{\omega}_N+\boldsymbol{\omega}_N\nabla\rho_N=\sqrt{\rho_N}\sqrt{\rho_N}\nabla\boldsymbol{\omega}_N+2\sqrt{\rho_N}\boldsymbol{\omega}_N\nabla\sqrt{\rho_N}\in L^2(0,T;L^1(\Omega)).$$

因此知 $\rho_N\boldsymbol{\omega}_N\in L^2(0,T;W^{1,1}(\Omega))$。利用 (2.3.30) 中的第二个方程，可知 $\partial_t(\rho_N\boldsymbol{\omega}_N)$ 的估计，因而由 Aubin-Simon 引理知 $\rho_N\boldsymbol{\omega}_N$ 几乎处处收敛。利用 (2.3.29) 和 $\sqrt{\rho_N}\boldsymbol{\omega}_N$ 几

乎处处收敛，得到 $(\sqrt{\rho_N}\boldsymbol{\omega}_N)^2$ 在空间 $L^1(0,T;L^1(\Omega))$ 中强收敛，因此知 $\sqrt{\rho_N}\boldsymbol{\omega}_N$ 在空间 $L^2(0,T;L^2(\Omega))$ 中强收敛。

最后两个弱收敛直接由估计 (2.3.25) 和 (2.3.27) 得到。 □

利用命题 2.3.3，取极限 $N\to\infty$，可知解 $(\rho_\delta,\boldsymbol{\omega}_\delta)$ 满足 (2.3.36)。注意到估计 (2.3.10)，(2.3.16)–(2.3.27) 对 $\rho=\rho_N$ 和 $\boldsymbol{u}=\boldsymbol{\omega}_N$ 成立，也对 $\rho=\rho_\delta$ 和 $\boldsymbol{u}=\boldsymbol{\omega}_\delta$ 成立，这里的常数 C 与 N 和 δ 无关，但依赖于 ε。和前面的方法类似，可以得到下面命题中的收敛性：

命题 2.3.4 在定理 2.3.1 的假设下，对固定的 ε，存在子序列，当 $N\to\infty$ 时，有下面的收敛性：

$$
\begin{aligned}
&\sqrt{\rho_N}\to\sqrt{\rho_\delta} \text{ 在空间 } L^2(0,T;H^1(\Omega)) \text{ 中强收敛，}\\
&p(\rho_N)\to p(\rho_\delta) \text{ 在空间 } L^1(0,T;L^1(\Omega)) \text{ 中强收敛，}\\
&p_c(\rho_N)\to p_c(\rho_\delta) \text{ 在空间 } L^1(0,T;L^1(\Omega)) \text{ 中强收敛，}\\
&\frac{1}{\sqrt{\rho_N}}\to\frac{1}{\sqrt{\rho_\delta}} \text{ 几乎处处收敛，}\\
&\sqrt{\rho_N}\boldsymbol{\omega}_N\to\sqrt{\rho_\delta}\boldsymbol{\omega}_\delta \text{ 在空间 } L^2(0,T;L^2(\Omega)) \text{ 中强收敛，}\\
&\nabla\boldsymbol{\omega}_N\to\nabla\boldsymbol{\omega}_\delta \text{ 在空间 } L^p(0,T;L^q(\Omega)) \text{ 中弱收敛，}\\
&\boldsymbol{\omega}_N\to\boldsymbol{\omega}_\delta \text{ 在空间 } L^p(0,T;L^{q^*}(\Omega)) \text{ 中弱收敛，}
\end{aligned}
$$

这里的 p,q,q^* 在引理 2.3.4 和引理 2.3.5 中已给出。

命题 2.3.4 的证明和命题 2.3.3 的证明类似，这里略过。根据命题 2.3.4，可以得到系统 (2.3.30) 的弱解在定义 2.3.3 的意义下，而且没有用到 $\gamma>3$ 的假设，这样就构造了一个整体逼近解。

2.3.3 普朗克极限

现在考虑系统 (2.3.1) 的解序列 $(\rho^\varepsilon,\boldsymbol{u}^\varepsilon)_\varepsilon$。现在证明定理 2.3.2，也就是当参数 ε 趋于 0 时，存在子序列 $(\rho^\varepsilon,\boldsymbol{u}^\varepsilon)_\varepsilon$ 在定义 2.3.2 意义下趋向于系统 (2.3.3) 的解。

利用 2.3.1 节的先验估计，可证明 2.3.2 节的收敛性结果，这里唯一的区别是 $\sqrt{\rho^\varepsilon}$ 的强收敛仅在空间 $L^2(0,T;L^2(\Omega))$ 中而不是在空间 $L^2(0,T;H^1(\Omega))$ 中，因为在空间 $L^2(0,T;\ H^1(\Omega))$ 中的常数 C 依赖于参数 ε。

命题 2.3.5 在定理 2.3.2 的假设下，存在子序列，当 ε 趋于 0 时，有下面的收敛性：

$$\sqrt{\rho^\varepsilon}\to\sqrt{\rho} \text{ 在空间 } L^2(0,T;L^2(\Omega)) \text{ 中强收敛，}$$

$$
\begin{aligned}
&p(\rho^{\varepsilon}) \to p(\rho) \text{ 在空间 } L^1(0,T;L^1(\Omega)) \text{ 中强收敛，}\\
&p_c(\rho^{\varepsilon}) \to p_c(\rho) \text{ 在空间 } L^1(0,T;L^1(\Omega)) \text{ 中强收敛，}\\
&\frac{1}{\sqrt{\rho^{\varepsilon}}} \to \frac{1}{\sqrt{\rho}} \text{ 几乎处处收敛，}\\
&\sqrt{\rho^{\varepsilon}}\boldsymbol{u}^{\varepsilon} \to \sqrt{\rho}\boldsymbol{u} \text{ 在空间 } L^2(0,T;L^2(\Omega)) \text{ 中强收敛。}
\end{aligned}
$$

命题 2.3.5 的证明　证明第一个收敛性的时候，用到估计 $\nabla\sqrt{\rho} \in L^2(0,T;L^2(\Omega))$，再结合估计 $\partial_t\sqrt{\rho} \in L^2(0,T;H^{-1}(\Omega))$，运用 Aubin-Simon 引理证得第一个收敛性。剩下的收敛性证明和 2.3.2 节中的一样。 □

由命题 2.3.5 的收敛性，可对弱形式 (2.3.5) 右边的第一项和第二项以及最后一项取极限 $\varepsilon \to 0$。利用 $\sqrt{\rho} \in L^2(0,T;L^2(\Omega))$ 和 $\nabla\sqrt{\rho} \in L^{\infty}(0,T;L^2(\Omega))$ 这一事实可证明：

$$
2\varepsilon^2 \int_0^T \int_{\Omega} \sqrt{\rho}\nabla\sqrt{\rho} \cdot \nabla \mathrm{div}\,\boldsymbol{\phi}\,\mathrm{d}x\mathrm{d}t + 4\varepsilon^2 \int_0^T \int_{\Omega} \nabla\sqrt{\rho} \otimes \nabla\sqrt{\rho} : \nabla\boldsymbol{\phi}\,\mathrm{d}x\mathrm{d}t \leqslant C\varepsilon^2,
$$

这里的常数 C 与参数 ε 无关。因此，当参数 ε 趋于 0 时，这两个积分趋于 0，这样定理 2.3.2 得证。

3. 无粘量子流体力学方程的有限能量弱解的存在性

3.1 介绍和主要结果

这一章主要研究一类不具粘性的量子流体力学 (QHD) 模型，具体考虑如下方程组的柯西问题

$$
\begin{cases}
\partial_t\rho+\nabla \boldsymbol{J}=0,\\
\partial_t \boldsymbol{J}+\operatorname{div}\left(\dfrac{\boldsymbol{J}\otimes \boldsymbol{J}}{\rho}\right)+\nabla P(\rho)+\rho\nabla V=\dfrac{h^2}{2}\rho\nabla\left(\dfrac{\Delta\sqrt{\rho}}{\sqrt{\rho}}\right)+\\
f\left(\sqrt{\rho},\boldsymbol{J},\nabla\sqrt{\rho},\nabla^2\sqrt{\rho},\nabla\left(\dfrac{\boldsymbol{J}}{\sqrt{\rho}}\right)\right),\\
-\Delta V=\rho-C(x),\ \ \operatorname{div}\boldsymbol{B}=0,
\end{cases}
\tag{3.1.1}
$$

其初值为

$$
\rho(0)=\rho_0,\boldsymbol{J}(0)=\boldsymbol{J}_0. \tag{3.1.2}
$$

这里未知函数 ρ，$\boldsymbol{J}$ 分别表示电荷和电流密度，$P(\rho)$ 表示压强，$P(\rho)=\dfrac{p-1}{p+1}\rho^{\frac{p+1}{2}}$，$V$ 是自洽电位势，$C(x)$ 为带正电等离子的密度，h 为普朗克常量。特别讨论 $\boldsymbol{f}=-\boldsymbol{J}$ 的情形，下面证明的方法也适用于 $\boldsymbol{f}=-\alpha\boldsymbol{J}+\rho\nabla g$，其中 $\alpha\geqslant 0$ 且 g 是关于 $\sqrt{\rho},\boldsymbol{J},\nabla\sqrt{\rho}$ 的非线性函数，满足一定的 Caratheodory 条件。其主要目标是研究在初值没有小性或者很高正则性且是在有限能量的情况下整体解的存在性和唯一性。当 $h=0$ 时，系统 (3.1.1) 形式上变成可压的欧拉–泊松方程。

在证明本章结论的过程中利用到的主要工具有能量估计、熵估计、色散估计（如 Strichartz 估计、Morawetz 估计）以及调和分析技巧（如 Paley-Littlewood 频率分解、双线性估计）。

本章的 QHD 模型通过 Madelung 变化 $\psi=\sqrt{\rho}\mathrm{e}^{\mathrm{i}S/h}$ 和非线性 Schrödinger 方程紧

密相连，形式上可转化为如下的 Schrödinger 方程：

$$\begin{cases} \mathrm{i}h\partial_t\psi + \dfrac{h^2}{2}\Delta\psi = |\psi|^{p-1}\psi + V\psi + \tilde{V}\psi, \\ -\Delta V = |\psi|^2, \end{cases} \tag{3.1.3}$$

其中 $\tilde{V} = \dfrac{1}{2\mathrm{i}}\log(\dfrac{\psi}{\overline{\psi}})$，反过来，QHD 系统也可由如上 Schrödinger 方程通过定义 $\rho = |\psi|^2, \boldsymbol{J} = h\mathrm{Im}(\overline{\psi}\nabla\psi)$ 得到。但进行严格化证明过程中会遇到真空问题（即密度等于零的区域）不好处理，在此引入极因子分解方法，使得从 Schrödinger 方程的波函数到量子力学的密度和速度这一变化过程有意义。另外一个问题是 (3.1.3) 中最后一项 $\tilde{V}\psi$ 不好处理，我们利用分数步方法构造逼近解从而用来逼近原方程，接着再对逼近解做一致的先验估计，使得逼近解有足够的紧性取极限，取极限后的函数满足原方程，这样就证明了 QHD 系统 (3.1.1) 整体大初值弱解的存在性。

在给出主要结果之前，先给出方程弱解的定义：

定义 3.1.1 $(\rho, \boldsymbol{J})$ 是定义在 $[0,T)\times\mathbf{R}^n$ 上，初值为 $(\rho_0, \boldsymbol{J}_0)$ 的柯西问题 (3.1.1), (3.1.2) 的一对弱解，如果存在局部可积函数 $(\sqrt{\rho}, \boldsymbol{\Lambda})$ 使得 $\rho \in L^2_{loc}([0,T); H^1_{loc}(\mathbf{R}^n))$，$\boldsymbol{\Lambda} \in L^2_{loc}([0,T); L^2_{loc}(\mathbf{R}^n))$，并且定义 $\rho := (\sqrt{\rho})^2$，$\boldsymbol{J} := \sqrt{\rho}\boldsymbol{\Lambda}$，则有如下式子成立：

(1) 对任意的试验函数 $\eta \in C_0^\infty([0,T)\otimes\mathbf{R}^n)$，有

$$\int_\Omega\int_{\mathbf{R}^n}(\rho\partial_t\eta + \boldsymbol{J}\cdot\nabla\eta)\mathrm{d}x\mathrm{d}t + \int_{\mathbf{R}^n}\rho_0\eta(0)\mathrm{d}x = 0; \tag{3.1.4}$$

(2) 对任意的试验函数 $\zeta \in C_0^\infty([0,T)\otimes\mathbf{R}^n;\mathbf{R}^n)$，有

$$\begin{aligned} &\int_\Omega\int_{\mathbf{R}^n}(\boldsymbol{J}\cdot\partial_t\zeta + \boldsymbol{\Lambda}\otimes\boldsymbol{\Lambda} : \nabla\zeta + \nabla P\mathrm{div}\zeta - \rho\nabla V\cdot\zeta - \boldsymbol{J}\cdot\zeta + \\ &h^2\nabla\sqrt{\rho}\otimes\sqrt{\rho} : \nabla\zeta - \frac{h^2}{4}\rho\Delta\mathrm{div}\zeta)\mathrm{d}x\mathrm{d}t + \int_{\mathbf{R}^n}\boldsymbol{J}_0\zeta(0)\mathrm{d}x = 0; \end{aligned} \tag{3.1.5}$$

(3) (广义的无旋条件) 对几乎处处 $t \in (0,T)$，有

$$\nabla\wedge\boldsymbol{J} = 2\nabla\sqrt{\rho}\wedge\boldsymbol{\Lambda} \tag{3.1.6}$$

在分布意义下成立。

定义 3.1.2 称弱解 $(\rho, \boldsymbol{J})$ 是柯西问题 (3.1.1)，(3.1.2) 的有限能量弱解，有且仅当对几乎处处 $t \in (0,T)$，其能量有限且是柯西问题 (3.1.1)，(3.1.2) 的弱解。

下面给出本章的一个主要结论，假定初值 $(\rho_0, \boldsymbol{J}_0)$ 是某个波函数 $\psi_0 \in H^1(\mathbf{R}^3)$ 的矩，柯西问题 (3.1.1)，(3.1.2) 存在整体有限能量弱解。本章可参考文献 [73]–[80]。

定理 3.1.1 (主要定理) 令 $\psi_0 \in H^1(\mathbf{R}^3)$，并且定义

$$\rho_0 := |\psi_0|^2, \boldsymbol{J}_0 := h\mathrm{Im}(\overline{\psi_0}\nabla\psi_0). \tag{3.1.7}$$

则有，对每个 $0 < T < \infty$，定义在 $[0, T) \times \mathbf{R}^n$ 上，初值为 $(\rho_0, \boldsymbol{J}_0)$ 的 QHD 系统 (3.1.1), (3.1.2) 存在整体有限能量弱解。

3.2 预备知识和记号系统

3.2.1 记号

为了方便，下面给出一些将在后面用到的记号。

如果 X, Y 是两个量，可用 $X \lesssim Y$ 表示对一些绝对常数 $C > 0$，$X \leqslant CY$，和复值可测函数 $f : \mathbf{R}^d \to \mathcal{C}$ 定义标准的 Lebesgue 范数

$$\|f\|_{L^p(\mathbf{R}^d)} := \left(\int_{\mathbf{R}^d} |f(x)|^p \mathrm{d}x\right)^{\frac{1}{p}}.$$

如果用 Banach 空间 X 取代 $\mathcal{C}$，采用如下的定义

$$\|f\|_{L^p(\mathbf{R}^d;X)} := \left(\int_{\mathbf{R}^d} \|f(x)\|_X \mathrm{d}x\right)^{\frac{1}{p}}.$$

来表示 $f : \mathbf{R}^d \to X$ 的范数。特别地，如果 X 是 Lebesgue 空间 $L^r(\mathbf{R}^n)$ 以及 $d = 1$，可简化记号

$$\|f\|_{L_t^q L_x^r(I\times\mathbf{R}^n)} := \left(\int_I \|f(x)\|_{L^r(\mathbf{R}^n)}^q \mathrm{d}x\right)^{\frac{1}{q}} = \left(\int_I \left(\int_{\mathbf{R}^n} \|f(t,x)\|^r \mathrm{d}x\right)^{\frac{q}{r}} \mathrm{d}t\right)^{\frac{1}{q}}.$$

来表示 $f : I \to L^r(\mathbf{R}^n)$ 的混合 Lebesgue 范数。另外，有 $L_t^q L_x^r(I \times \mathbf{R}^n) := L^q(I; L^r(\mathbf{R}^n))$，如果 $q = r$，则记为 $L_{t,x}^q(I \times \mathbf{R}^n)$。对 $s \in \mathbf{R}^n$ 定义 Sobolev 空间 $H^s(\mathbf{R}^n) := (1 - \Delta)^{-s/2} L^2(\mathbf{R}^n)$。

定义 3.2.1 令 $n \geqslant 2$，称 (q, r) 是在 $\mathbf{R}^n$ 中一容许对，如果满足 $2 \leqslant q \leqslant \infty, 2 \leqslant r \leqslant \dfrac{2n}{n-2}$，$(q, r, n) \neq (2, \infty, 2)$ 和

$$\frac{1}{q} = \frac{n}{2}\left(\frac{1}{2} - \frac{1}{r}\right). \tag{3.2.1}$$

令 $I \times \mathbf{R}^3$ 是时空区间，定义 Strichartz 范数 $\dot{S}^0(I \times \mathbf{R}^3)$，

$$\|u\|_{\dot{S}^0(I\times\mathbf{R}^3)} := \sup\left(\sum_N \|P_N u\|_{L_t^q L_x^r(I\times\mathbf{R}^3)}^2\right)^{\frac{1}{2}}, \tag{3.2.2}$$

其中 sup 表示在所有的容许对中取 P_N 是 Paley-Littlewood 投影算子。对任意的 $k \geqslant 1$，定义

$$\|u\|_{\dot{S}^k(I\times\mathbf{R}^3)} := \|\nabla^k u\|_{\dot{S}^0(I\times\mathbf{R}^3)}, \tag{3.2.3}$$

注意到，由 Paley-Littlewood 不等式有

$$\|u\|_{L_t^q L_x^r(I\times\mathbf{R}^3)} \lesssim \left\|\left(\sum_N |P_N u|^2\right)^{\frac{1}{2}}\right\|_{L_t^q L_x^r(I\times\mathbf{R}^3)} \lesssim \left(\left\|\sum_N P_N u\right\|^2_{L_t^q L_x^r(I\times\mathbf{R}^3)}\right)^{\frac{1}{2}}, \tag{3.2.4}$$

那么对每个容许对，有

$$\|u\|_{L_t^q L_x^r(I\times\mathbf{R}^3)} \lesssim \|u\|_{\dot{S}^0(I\times\mathbf{R}^3)}. \tag{3.2.5}$$

引理 3.2.1

$$\|u\|_{L_t^4 L_x^\infty(I\times\mathbf{R}^3)} \lesssim \|u\|_{\dot{S}^1(I\times\mathbf{R}^3)}. \tag{3.2.6}$$

3.2.2 非线性 Schrödinger 方程

这一小节将给出一些关于非线性 Schrödinger 方程的结论，以及一些全局适定性的结论和非线性 Schrödinger 方程解的一些性质，即 Strichartz 估计和局部光滑性估计。这些结果的详细证明可参考文献 [81], [82]。考虑如下的非线性 Schrödinger-Poisson 系统

$$\mathrm{i}h\partial_t\psi + \frac{h^2}{2}\Delta\psi = |\psi|^{p-1}\psi + V\psi + W\psi, \tag{3.2.7}$$

$$-\Delta V = |\psi|^2, \tag{3.2.8}$$

其初值为

$$\psi(0) = \psi_0 \in H^1(\mathbf{R}^n), \tag{3.2.9}$$

其中 $1 \leqslant p < \dfrac{2n}{n-2}$ $(1 \leqslant p < \infty, n = 2)$，$W$ 是实值的位势，使得 $W \in L^p(\mathbf{R}^n) + L^\infty(\mathbf{R}^n)$，$p > \dfrac{n}{2}$。那么有系统 (3.2.7)–(3.2.9) 是全局适定的，即存在唯一强解 $\psi \in C(\mathbf{R}; H^1(\mathbf{R}^n)) \cap C^1(\mathbf{R}; H^{-1}(\mathbf{R}^n))$ 连续依赖于初值。而且，总能量

$$E(t) := \int_{\mathbf{R}^n} \left(\frac{h^2}{2}|\nabla\psi(t,x)|^2 + \frac{2}{p+1}|\psi(t,x)|^{p+1} + V(x,t)|\psi(t,x)|^2 + W(t,x)|\psi(t,x)|^2\right)\mathrm{d}x \tag{3.2.10}$$

是守恒的，即

$$E(t) := E_0, \text{对所有的 } t \in \mathbf{R}. \tag{3.2.11}$$

另外，利用 Schrödinger 方程的色散性质得到一些进一步的估计，如解的可积性估计和正则性估计。

考虑下面的自由 Schrödinger 方程

$$i\partial_t u + \Delta u = 0,$$
$$u(0) = u_0,$$

记 $U(\cdot)$ 是自由的 Schrödinger 群，有关系 $U(t)u_0 = u(t)$。有如下定理：

定理 3.2.1 令 (q,r)，$(\tilde{q},\tilde{r})$ 是任意两个容许对，$U(\cdot)$ 是自由的 Schrödinger 群。那么有

$$\|U(t)f\|_{L_t^q L_x^r} \lesssim \|f\|_{L^2(\mathbf{R}^n)}, \tag{3.2.12}$$

$$\|\int_{s<t} U(t)F(s)\mathrm{d}s\|_{L_t^q L_x^r} \lesssim \|F\|_{L_t^{\tilde{q}'} L_x^{\tilde{r}'}}, \tag{3.2.13}$$

$$\|\int U(t)F(s)\mathrm{d}s\|_{L_t^q L_x^r} \lesssim \|F\|_{L_t^{\tilde{q}'} L_x^{\tilde{r}'}}. \tag{3.2.14}$$

接着由上面的定理可推出如下定理：

定理 3.2.2 令 I 是紧区间，$u: I\times\mathbf{R}^3 \to C$ 是如下 Schrödinger 方程的 Schwartz 解，

$$i\partial_t u + \Delta u = F_1 + \cdots + F_M,$$

对一些 Schwartz 函数 $F_1, \cdots, F_M$。那么有

$$\|u\|_{\dot{S}^0(I\times\mathbf{R}^n)} \lesssim \|u_0\|_{L^2(\mathbf{R}^n)} + \|F_1\|_{L_t^{\tilde{q}_1'} L_x^{\tilde{r}_1'}} + \cdots + \|F_M\|_{L_t^{q_M'} L_x^{r_M'}},$$

其中 $(q_1,r_1),\cdots,(q_M,r_M)$ 是一些容许对指标。

另外，给出关于 Schrödinger 方程正则性的一些性质，尤其是色散方程的解，这些解总是局部值比初值光滑一些。

定理 3.2.3 令 u 是自由 Schrödinger 方程的解，

$$i\partial_t u + \Delta u = 0, u(0) = u_0.$$

令 $\chi \in C_0^\infty(\mathbf{R}^{1+n})$ 的形式为

$$\chi(t,x) = \chi_0(t)\chi_1(x_1)\cdots\chi_n(x_n),$$

$\chi_j \in C_0^\infty(\mathbf{R})$，$j = 1,2\cdots n$。那么有

$$\int_{\mathbf{R}^n}\int_{\mathbf{R}} \chi^2(t,x)|(I-\Delta)^{\frac{1}{4}} u(x,t)|^2 \mathrm{d}x\mathrm{d}t \leqslant C^2\|u_0\|_{L^2(\mathbf{R}^n)}.$$

特别地，如果 $u_0 \in L^2(\mathbf{R}^n)$，则对所有的 $T>0$，有

$$u \in L^2([0,T]; H^{1/2}_{loc}(\mathbf{R}^n)).$$

类似地，也有非齐次的情形：

定理 3.2.4 令 u 是非齐次 Schrödinger 方程的解

$$\mathrm{i}\partial_t u + \Delta u = F, u(0) = u_0 \in L^2(\mathbf{R}^n).$$

其中 $F \in L^1([0,T]; L^2(\mathbf{R}^n))$。那么有

$$u \in L^2([0,T]; H^{1/2}_{loc}(\mathbf{R}^n)).$$

另外，令 $\chi \in C_0^\infty(\mathbf{R}^{1+n})$ 的形式为

$$\chi(t,x) = \chi_0(t)\chi_1(x_1)\cdots\chi_n(x_n),$$

$\chi_j \in C_0^\infty(\mathbf{R})$，$j=1,2\cdots n$，$\mathrm{supp}\chi_0 \subset [0,T]$。那么有局部光滑性成立

$$\left(\int_{\mathbf{R}^n}\int_{\mathbf{R}} \chi^2(t,x)|(I-\Delta)^{\frac{1}{4}}u(x,t)|^2 \mathrm{d}x\mathrm{d}t\right)^{\frac{1}{2}} \leqslant C(\|u_0\|_{L^2(\mathbf{R}^n)} + \|F\|_{L_t^1 L_x^2([0,T]\times\mathbf{R}^n)}).$$

由这些结果可以推出，自由的 Schrödinger 群 $U(\cdot)$ 满足

$$\|U(\cdot)u_0\|_{L^2([0,T];H^{1/2}_{loc}(\mathbf{R}^n))} \lesssim \|u_0\|_{L^2(\mathbf{R}^n)},$$
$$\left\|\int_0^t U(t-s)F(s)\mathrm{d}s\right\|_{L^2([0,T];H^{1/2}_{loc}(\mathbf{R}^n))} \lesssim \|F\|_{L^1([0,T];L^2(\mathbf{R}^n))}.$$

3.2.3 紧性工具

在这一小节中将给出一个在函数空间的紧性定理。

定理 3.2.5 令 $(V,\|\cdot\|_V),(H,\|\cdot\|_H)$ 是两个可分的 Hilbert 空间。假设 $V \subset H$ 是紧的且稠密嵌入的。考虑序列 $\{u^\varepsilon\}$ 在空间 $L^2([0,T];V)$ 中弱收敛到函数 u，$T<\infty$。那么有 u^ε 在空间 $L^2([0,T];V)$ 中强收敛到 u，当且仅当

(1) 对几乎处处 t，有 u^ε 在空间 H 中弱收敛到 u；

(2) $\lim\limits_{|E|\to 0, E\subset[0,T]} \sup\limits_{\varepsilon>0} \int_E \|u^\varepsilon\|_H^2 \mathrm{d}t = 0$。

3.2.4 二维的工具

定理 3.2.6 令 f 是 $L^1(\mathbf{R}^2)$ 空间中的非负函数，使得满足 $f\log f, f\log(1+|x|^2)\in L^1(\mathbf{R}^2)$。如果 $\int f\mathrm{d}x = M$，那么有

$$\frac{M}{2}\int_{\mathbf{R}^2} f\log f\mathrm{d}x + \int_{\mathbf{R}^2\times\mathbf{R}^2} f(x)\log|x-y|f(y)\mathrm{d}x\mathrm{d}y \geqslant C(M) := \frac{M^2}{2}(1+\log\pi+\log M).$$

3.3 极坐标分解

在这一节中将解释如何把一个任意的波函数 ψ 分解成其振幅 $\sqrt{\rho}=|\psi|$ 和单位因子 ϕ，即一个函数在复平面的单位圆周上取值，使得 $\psi=\sqrt{\rho}\phi$。主要的想法是从向量值函数分解为凸函数的梯度和测度保持映射的组合过程中寻找一类测度保持映射。原先的思路是寻求把 L^2 函数 u 投影到一个测度保持映射 S 集合，即找 $s\in S$ 使得距离 $\|u-s\|_{L^2}$ 最小化，或者 $(u,s)_{L^2}$ 最大化，这里考虑最大化 $\mathrm{Re}(u,s)_{L^2}$。

考虑波函数 $\psi\in L^2(\mathbf{R}^n)$，定义集合

$$P(\psi) := \{\phi \| \|\phi\|_{L^\infty(\mathbf{R}^n)}\leqslant 1, \sqrt{\rho}\phi=\psi \text{ 在 } \mathbf{R}^n \text{ 上几乎处处成立}\}, \tag{3.3.1}$$

其中 $\sqrt{\rho}=|\psi|$。当然如果考虑 $\phi\in P(\psi)$，那么由集合 $P(\psi)$ 的定义推得在 $\mathbf{R}^n$ 中 $|\phi|=1$ 对几乎处处 $\sqrt{\rho}-\mathrm{d}x$ 成立，并且 ϕ 是唯一决定的。

引理 3.3.1 令 $\psi\in H^1(\mathbf{R}^n)$，$\sqrt{\rho}:=|\psi|$，那么存在一 $\phi\in L^\infty(\mathbf{R}^n)$ 使得在 $\mathbf{R}^n$ 上几乎处处有 $\psi=\sqrt{\rho}\phi$ 成立，$\sqrt{\rho}\in H^1(\mathbf{R}^n)$，$\nabla\sqrt{\rho}=\mathrm{Re}(\overline{\phi}\nabla\psi)$。如果设 $\boldsymbol{\Lambda}:=h\mathrm{Im}(\overline{\phi}\nabla\psi)$，则有 $\boldsymbol{\Lambda}\in L^2(\mathbf{R}^n)$ 且下面的等式成立

$$h^2\mathrm{Re}(\partial_j\overline{\psi}\partial_k\psi) = h^2\partial_j\sqrt{\rho}\partial_k\sqrt{\rho}+\boldsymbol{\Lambda}^j\boldsymbol{\Lambda}^k, \tag{3.3.2}$$

进一步，令 ψ_n 在 $H^1(\mathbf{R}^n)$ 中强收敛到 ψ，则可以推出如下收敛性

$$\nabla\sqrt{\rho_n}\to\nabla\sqrt{\rho}, \boldsymbol{\Lambda}_n\to\boldsymbol{\Lambda}，\text{在 } L^2(\mathbf{R}^n) \text{ 中强收敛}, \tag{3.3.3}$$

其中 $\boldsymbol{\Lambda}_n := h\mathrm{Im}(\overline{\phi_n}\nabla\psi_n)$。

引理 3.3.1 的证明 考虑序列 $\{\psi_n\}\subset C^\infty(\mathbf{R}^n)$ 在 $H^1(\mathbf{R}^n)$ 中 $\psi_n\to\psi$ 强收敛。利用序列 $\{\psi_n\}$ 的正则性，定义

$$\phi_n(x) = \begin{cases} \dfrac{\psi_n(x)}{|\psi_n(x)|} & \text{如果 } \psi_n(x)\neq 0, \\ 0 & \text{如果 } \psi_n(x)=0。\end{cases}$$

那么，存在函数 $\phi \in L^\infty(\mathbf{R}^n)$ 使得在 $L^\infty(\mathbf{R}^n)$ 上有 $\phi_n \overset{*}{\rightharpoonup} \phi$ 和在 $L^2(\mathbf{R}^n)$ 上 $\nabla\psi_n \to \nabla\psi$ 成立，因此有

$$\mathrm{Re}(\overline{\phi_n}\nabla\psi_n) \rightharpoonup \mathrm{Re}(\overline{\phi}\nabla\psi) \text{ 在 } L^2(\mathbf{R}^n) \text{ 中弱收敛.} \tag{3.3.4}$$

再由 ϕ_n 的定义，知

$$\mathrm{Re}(\overline{\phi_n}\nabla\psi_n) = \nabla|\psi_n| \text{ 在 } \mathbf{R}^n \text{ 上几乎处处成立.} \tag{3.3.5}$$

由此，可以推得

$$\nabla\sqrt{\rho_n} \rightharpoonup \mathrm{Re}(\overline{\phi}\nabla\psi) \text{ 在 } L^2(\mathbf{R}^n) \text{ 中弱收敛.} \tag{3.3.6}$$

另外，在 $L^2(\mathbf{R}^n)$ 中有 $\nabla\sqrt{\rho_n} \rightharpoonup \nabla\sqrt{\rho}$，结合上面推得

$$\nabla\sqrt{\rho} = \mathrm{Re}(\overline{\phi}\nabla\psi), \tag{3.3.7}$$

其中 ϕ 是 ψ 的单位因子。(3.3.2) 由下面的推导得到：

$$\begin{aligned} h^2\mathrm{Re}(\partial_j\overline{\psi}\partial_k\psi) &= h^2\mathrm{Re}((\phi\partial_j\overline{\psi})(\overline{\phi}\partial_k\psi)) = h^2\mathrm{Re}(\phi\partial_j\overline{\psi})\mathrm{Re}(\overline{\phi}\partial_k\psi) - \\ &h^2\mathrm{Im}(\phi\partial_j\overline{\psi})\mathrm{Im}(\overline{\phi}\partial_k\psi) = h^2\partial_j\sqrt{\rho}\partial_k\sqrt{\rho} + \boldsymbol{\Lambda}^j\boldsymbol{\Lambda}^k. \end{aligned} \tag{3.3.8}$$

下面证明 (3.3.3)。在 $H^1(\mathbf{R}^n)$ 中取 $\psi_n \to \psi$ 强收敛，考虑 $\nabla\sqrt{\rho_n} = \mathrm{Re}(\overline{\phi_n}\nabla\psi_n)$，$\boldsymbol{\Lambda}_n := h\mathrm{Im}(\overline{\phi_n}\nabla\psi_n)$。由前面推导过程知，在 $L^\infty(\mathbf{R}^n)$ 上有 $\phi_n \overset{*}{\rightharpoonup} \phi$，$\phi$ 是 ψ 的单位因子。事实上有 $\sqrt{\rho_n}\phi_n \rightharpoonup \sqrt{\rho}\phi$ 和 $\sqrt{\rho_n}\phi_n = \psi_n \to \psi$。接着可推得 $\nabla\sqrt{\rho_n} \rightharpoonup \nabla\sqrt{\rho}, \mathrm{Re}(\overline{\phi_n}\nabla\psi_n) \rightharpoonup \mathrm{Re}(\overline{\phi}\nabla\psi)$ 和 $\nabla\sqrt{\rho} = \mathrm{Re}(\overline{\phi}\nabla\psi)$。而且，有 $\boldsymbol{\Lambda}_n := h\mathrm{Im}(\overline{\phi_n}\nabla\psi_n) \rightharpoonup h\mathrm{Im}(\overline{\phi}\nabla\psi) := \boldsymbol{\Lambda}$。同时可以将弱收敛加强为强收敛，只要注意到

$$\begin{aligned} h^2\|\nabla\psi\|_{L^2}^2 &= h^2\|\nabla\sqrt{\rho}\|_{L^2}^2 + \|\boldsymbol{\Lambda}\|_{L^2}^2 \leqslant \liminf_{n\to\infty}(h^2\|\nabla\sqrt{\rho_n}\|_{L^2}^2 + \|\boldsymbol{\Lambda}_n\|_{L^2}^2) \\ &= h^2\|\nabla\psi_n\|_{L^2}^2 = h^2\|\nabla\psi\|_{L^2}^2. \end{aligned} \tag{3.3.9}$$

□

推论 3.3.1 令 $\psi \in H^1(\mathbf{R}^n)$，则有

$$h\nabla\overline{\psi} \wedge \nabla\psi = 2\mathrm{i}\nabla\sqrt{\rho} \wedge \boldsymbol{\Lambda}. \tag{3.3.10}$$

推论 3.3.1 的证明 注意到 (3.3.10) 的右端可以写成如下形式

$$h\nabla\overline{\psi} \wedge \nabla\psi = h(\phi\nabla\overline{\psi}) \wedge (\overline{\phi}\nabla\psi),$$

其中 $\phi \in L^\infty(\mathbf{R}^n)$ 是 ψ 的单位因子，由引理 3.3.1 有 $\nabla\sqrt{\rho} = \mathrm{Re}(\overline{\phi}\nabla\psi)$，$\boldsymbol{\Lambda} = h\mathrm{Im}(\overline{\phi}\nabla\psi)$。通过把 $\overline{\phi}\nabla\psi$ 分解为实部和虚部，可推得等式 (3.3.10)。 □

下面给出一引理，该引理主要总结了上面的结果以及其结果在分数步方法中的应用，在下一节中也将会用到该引理。

引理 3.3.2 令 $\psi \in H^1(\mathbf{R}^n)$，$\tau > 0, \varepsilon > 0$ 是两个任意小的实数，则存在函数 $\tilde{\psi} \in H^1(\mathbf{R}^n)$ 使得

$$\tilde{\rho} = \rho,$$
$$\tilde{\boldsymbol{\Lambda}} = (1-\tau)\boldsymbol{\Lambda} + r_\varepsilon,$$

其中 $\sqrt{\rho} := |\psi|$，$\sqrt{\tilde{\rho}} := |\tilde{\psi}|$，$\boldsymbol{\Lambda} := h\mathrm{Im}(\overline{\phi}\nabla\psi)$，$\tilde{\boldsymbol{\Lambda}} := h\mathrm{Im}(\overline{\tilde{\phi}}\nabla\tilde{\psi})$，$\phi, \tilde{\phi}$ 分别是 $\psi, \tilde{\psi}$ 的单位因子，且有

$$\|r_\varepsilon\|_{L^2(\mathbf{R}^n)} \leqslant \varepsilon, \tag{3.3.11}$$

而且有

$$\nabla\tilde{\psi} = \nabla\psi - \mathrm{i}\frac{\tau}{h}\phi^*\boldsymbol{\Lambda} + r_{\varepsilon,\tau}, \tag{3.3.12}$$

其中 $\|\phi^*\|_{L^\infty(\mathbf{R}^n)} \leqslant 1$，

$$\|r_{\varepsilon,\tau}\|_{L^2(\mathbf{R}^n)} \leqslant C(\tau\|\nabla\psi\|_{L^2(\mathbf{R}^n)} + \varepsilon). \tag{3.3.13}$$

引理 3.3.2 的证明 考虑 $\psi_n \subset C^\infty(\mathbf{R}^n)$，在 $H^1(\mathbf{R}^n)$ 中 $\psi_n \to \psi$ 强收敛。利用序列 ψ_n 的正则性，定义函数

$$\phi_n(x) = \begin{cases} \dfrac{\psi_n(x)}{|\psi_n(x)|} & \text{如果 } \psi_n(x) \neq 0 \\ 0 & \text{如果 } \psi_n(x) = 0 \end{cases}$$

是波函数 ψ_n 的极因子。因为 $\psi_n \subset C^\infty(\mathbf{R}^n)$，所以有 ψ_n 是逐点光滑和 $\Omega_n := \{x \in \mathbf{R}^n : |\psi_n(x)| > 0\}$ 是开集，边界是光滑的。因此可知存在函数 $\theta_n : \Omega_n \to [0, 2\pi)$，在 Ω_n 上逐点光滑，且有

$$\phi_n(x) = \mathrm{e}^{\mathrm{i}\theta_n(x)}, \text{对任意的 } x \in \Omega_n. \tag{3.3.14}$$

另外，由引理 3.3.1 知，在 $L^\infty(\mathbf{R}^n)$ 上有 $\phi_n \overset{*}{\rightharpoonup} \phi$，其中 ϕ 是 ψ 的极因子，在 $L^2(\mathbf{R}^n)$ 上 $\boldsymbol{\Lambda}_n := h\mathrm{Im}(\overline{\phi_n}\nabla\psi_n) \to \boldsymbol{\Lambda} := h\mathrm{Im}(\overline{\phi}\nabla\psi)$。因此存在 $n \in \mathbf{N}$ 使得

$$\|\psi - \psi_n\|_{H^1(\mathbf{R}^n)} + \|\boldsymbol{\Lambda} - \boldsymbol{\Lambda}_n\|_{L^2(\mathbf{R}^n)} \leqslant \varepsilon. \tag{3.3.15}$$

现在定义函数

$$\tilde{\psi} := \mathrm{e}^{\mathrm{i}(1-\tau)\theta_n}\sqrt{\rho_n}. \tag{3.3.16}$$

此外，有

$$\begin{aligned}\nabla\tilde{\psi} &= \mathrm{e}^{-\mathrm{i}\tau\theta_n}\nabla\psi_n - \mathrm{i}\frac{\tau}{h}\mathrm{e}^{\mathrm{i}(1-\tau)\theta_n}\boldsymbol{\Lambda}_n \\ &= \nabla\psi - \mathrm{i}\frac{\tau}{h}\mathrm{e}^{\mathrm{i}(1-\tau)\theta_n}\boldsymbol{\Lambda} + \tau\left(\sum_{j=1}^{\infty}\frac{(-\mathrm{i}\theta_n)^j\tau^{j-1}}{j!}\right)\nabla\psi_n + \\ &\quad (\nabla\psi_n - \nabla\psi) - \mathrm{i}\frac{\tau}{h}\mathrm{e}^{\mathrm{i}(1-\tau)\theta_n}(\boldsymbol{\Lambda}_n - \boldsymbol{\Lambda}),\end{aligned} \tag{3.3.17}$$

同时也给出 $r_{\varepsilon,\tau}$ 如下

$$r_{\varepsilon,\tau} = \tau\left(\sum_{j=1}^{\infty}\frac{(-\mathrm{i}\theta_n)^j\tau^{j-1}}{j!}\right)\nabla\psi_n + (\nabla\psi_n - \nabla\psi) - \mathrm{i}\frac{\tau}{h}\mathrm{e}^{\mathrm{i}(1-\tau)\theta_n}(\boldsymbol{\Lambda}_n - \boldsymbol{\Lambda}) \tag{3.3.18}$$

以及

$$\tilde{\boldsymbol{\Lambda}} = h\mathrm{Im}(\mathrm{e}^{\mathrm{i}(1-\tau)\theta_n}\nabla\tilde{\psi}) = (1-\tau)\boldsymbol{\Lambda} + (1-\tau)(\boldsymbol{\Lambda}_n - \boldsymbol{\Lambda}) \tag{3.3.19}$$

和 $r_\varepsilon := (1-\tau)(\boldsymbol{\Lambda}_n - \boldsymbol{\Lambda})$ 的 L^2 范数小于 ε。 □

3.4 没有碰撞项的 QHD 系统

在这一节中主要集中考虑三维的情况，先回顾一下量子流体力学 (QHD) 系统在没有碰撞项情况下弱解的存在性，其方程可以表示如下：

$$\partial_t\rho + \nabla\boldsymbol{J} = 0, \tag{3.4.1}$$

$$\partial_t\boldsymbol{J} + \mathrm{div}\left(\frac{\boldsymbol{J}\otimes\boldsymbol{J}}{\rho}\right) + \nabla P(\rho) + \rho\nabla V = \frac{h^2}{2}\rho\nabla\left(\frac{\Delta\sqrt{\rho}}{\sqrt{\rho}}\right), \tag{3.4.2}$$

$$-\Delta V = \rho, \tag{3.4.3}$$

其中 $P(\rho) = \dfrac{p-1}{p+1}\rho^{(p+1)/2}$，$1 \leqslant p < 5$。

定义 3.4.1 $(\rho, \boldsymbol{J})$ 是定义在 $[0,T)\times\mathbf{R}^n$ 上，初值为 $(\rho_0, \boldsymbol{J}_0)$ 的柯西问题 (3.4.1)–(3.4.3) 的一对弱解，如果存在局部可积函数 $(\sqrt{\rho}, \boldsymbol{\Lambda})$ 使得 $\rho \in L^2_{loc}([0,T); H^1_{loc}(\mathbf{R}^n))$，$\boldsymbol{\Lambda} \in L^2_{loc}([0,T); L^2_{loc}(\mathbf{R}^n))$，并且定义 $\rho := (\sqrt{\rho})^2$，$\boldsymbol{J} := \sqrt{\rho}\boldsymbol{\Lambda}$，则有如下式子成立：

(1) 对任意的试验函数 $\eta \in C_0^\infty([0,T)\otimes\mathbf{R}^n)$，有

$$\int_\Omega\int_{\mathbf{R}^n}(\rho\partial_t\eta + \boldsymbol{J}\cdot\nabla\eta)\mathrm{d}x\mathrm{d}t + \int_{\mathbf{R}^n}\rho_0\eta(0)\mathrm{d}x = 0; \tag{3.4.4}$$

(2) 对任意的试验函数 $\zeta \in C_0^\infty([0,T)\otimes \mathbf{R}^n;\mathbf{R}^n)$，有

$$\int_\Omega \int_{\mathbf{R}^n} (\boldsymbol{J}\cdot\partial_t\zeta + \boldsymbol{\Lambda}\otimes\boldsymbol{\Lambda} : \nabla\zeta + \nabla P \mathrm{div}\zeta - \rho\nabla V\cdot\zeta +$$

$$h^2\nabla\sqrt{\rho}\otimes\sqrt{\rho} : \nabla\zeta - \frac{h^2}{4}\rho\Delta\mathrm{div}\zeta)\mathrm{d}x\mathrm{d}t + \int_{\mathbf{R}^n} \boldsymbol{J}_0\zeta(0)\mathrm{d}x = 0; \tag{3.4.5}$$

(3) (广义的无旋条件) 对几乎处处 $t\in(0,T)$，有

$$\nabla\wedge\boldsymbol{J} = 2\nabla\sqrt{\rho}\wedge\boldsymbol{\Lambda} \tag{3.4.6}$$

在分布意义下成立。

称弱解 $(\rho,\boldsymbol{J})$ 是柯西问题 (3.4.1)–(3.4.3) 的有限能量弱解，有且仅当对几乎处处 $t\in(0,T)$，其能量有限且是柯西问题 (3.4.1)–(3.4.3) 的弱解。

下面主要讲如何从 Schrödinger-Poisson 系统的强解得到系统 (3.4.1)–(3.4.3) 的弱解

$$\mathrm{i}h\partial_t\psi + \frac{h^2}{2}\Delta\psi = |\psi|^{p-1}\psi + V\psi, \tag{3.4.7}$$

$$-\Delta V = |\psi|^2, \tag{3.4.8}$$

在 (3.4.2) 中二次项来自于 $\mathrm{Re}(\nabla\overline{\psi}\otimes\nabla\psi)$ 这一项，因为形式上

$$h^2\mathrm{Re}(\nabla\overline{\psi}\otimes\nabla\psi) = h^2\mathrm{Re}(\nabla\sqrt{\rho}\otimes\nabla\sqrt{\rho}) + \frac{\boldsymbol{J}\otimes\boldsymbol{J}}{\rho}. \tag{3.4.9}$$

然而这个等式在区域 $\{\rho=0\}$ 中需利用上一节中极因子分解的方法来验证。

事实上，这个等式的右端通过 Madelung 变化，并由 ρ 和 $\boldsymbol{J}$ 来表示，它们在整个空间 $\mathbf{R}^3$ 上存在，然而项 $\dfrac{\boldsymbol{J}\otimes\boldsymbol{J}}{\rho}$ 应该理解为 $\boldsymbol{\Lambda}\otimes\boldsymbol{\Lambda}$，其中 $\boldsymbol{\Lambda}$ 是 $\boldsymbol{J}\mathrm{d}x$ 关于 $\sqrt{\rho}\mathrm{d}x$ 的 Radon-Nikodym 导数。但是，Madelung 变换在整个空间 $\mathbf{R}^3$ 上无法定义 $\boldsymbol{\Lambda}$，因此需要用上一章中的极因子方法来定义在整个空间 $\mathbf{R}^3$ 上的 $\boldsymbol{\Lambda}$。

进一步，再研究系统 (3.4.1)–(3.4.3) 的弱解存在性，其柯西问题的初值形式是 $(\rho_0,\boldsymbol{J}_0) = (|\psi|^2, h\mathrm{Im}(\overline{\psi_0}\nabla\psi_0))$，对某个 $\psi_0\in H^1(\mathbf{R}^3)$。

命题 3.4.1 令 $0<T<\infty$，$\psi_0\in H^1(\mathbf{R}^3)$，定义系统 (3.4.1)–(3.4.3) 的初值 $(\rho_0,\boldsymbol{J}_0) = (|\psi|^2, h\mathrm{Im}(\overline{\psi_0}\nabla\psi_0))$，则柯西问题 (3.4.1)–(3.4.3) 在时空段 $[0,T)\times\mathbf{R}^3$ 上存在有限能量弱解 $(\rho,\boldsymbol{J})$，并进一步对所有的 $t\in[0,T)$，能量 $E(t)$ 是守恒的。

证明命题 3.4.1 的思路如下：首先考虑 Schrödinger-Poisson 方程 (3.4.7)–(3.4.8)，初值为 $\psi(0)=\psi_0$。很显然，对于初值在空间 $H^1(\mathbf{R}^3)$ 中，方程 (3.4.7)–(3.4.8) 是整体适定的，

且解满足 $\psi \in C^0(\mathbf{R}; H^1(\mathbf{R}^3))$。接着对每个 $t \in [0,T)$ 定义的 $(\rho, \boldsymbol{J}) = (|\psi|^2, h\mathrm{Im}(\overline{\psi}\boldsymbol{\nabla}\psi))$ 有意义并且可以看出 $(\rho, \boldsymbol{J})$ 是系统 (3.4.1)–(3.4.3) 的有限能量弱解，对方程 (3.4.7)–(3.4.8) 的解 ψ，确实有

$$\partial_t \boldsymbol{\nabla}\psi = \frac{\mathrm{i}h}{2}\Delta\boldsymbol{\nabla}\psi - \frac{\mathrm{i}}{h}\boldsymbol{\nabla}((|\psi|^{p-1} + V)\psi)$$

在分布意义下成立。

因此 $(\rho, \boldsymbol{J})$ 形式上可以得到如下的等式

$$\begin{aligned}
&\partial_t \rho = \frac{\mathrm{i}h}{2}\Delta\boldsymbol{\nabla}\psi - \frac{\mathrm{i}}{h}\boldsymbol{\nabla}((|\psi|^{p-1} + V)\psi),\\
&\partial_t \boldsymbol{J} = h\mathrm{Im}(\boldsymbol{\nabla}\psi(-\frac{\mathrm{i}h}{2}\Delta\overline{\psi} + \frac{\mathrm{i}}{h}(|\psi|^{p-1} + V)\overline{\psi})) + \\
&\qquad h\mathrm{Im}(\overline{\psi}(-\frac{\mathrm{i}h}{2}\Delta\overline{\psi} - \frac{\mathrm{i}}{h}\boldsymbol{\nabla}(|\psi|^{p-1} + V)\psi - \frac{\mathrm{i}}{h}(|\psi|^{p-1} + V)\boldsymbol{\nabla}\psi)) = \\
&\qquad \frac{h^2}{4}\boldsymbol{\nabla}\Delta|\psi|^2 - h^2\mathrm{div}(\mathrm{Re}(\boldsymbol{\nabla}\overline{\psi} \otimes \boldsymbol{\nabla}\psi)) - \frac{p-1}{p+1}\boldsymbol{\nabla}(|\psi|^{p+1}) - |\psi|^2\boldsymbol{\nabla}V.
\end{aligned}$$

由引理 3.3.1 可以得到

$$h^2\mathrm{Re}(\boldsymbol{\nabla}\overline{\psi} \otimes \boldsymbol{\nabla}\psi) = h^2\mathrm{Re}(\boldsymbol{\nabla}\sqrt{\rho} \otimes \boldsymbol{\nabla}\sqrt{\rho}) + \boldsymbol{\Lambda} \otimes \boldsymbol{\Lambda}.$$

同样也满足

$$\boldsymbol{J} = \sqrt{\rho}\boldsymbol{\Lambda}.$$

因此形式上有如下的等式成立

$$\partial_t \boldsymbol{J} + \mathrm{div}(\boldsymbol{\Lambda} \otimes \boldsymbol{\Lambda}) + \boldsymbol{\nabla}P(\rho) + \rho\boldsymbol{\nabla}V = \frac{h^2}{4}\boldsymbol{\nabla}\Delta\rho - h^2\mathrm{div}(\boldsymbol{\nabla}\sqrt{\rho} \otimes \boldsymbol{\nabla}\sqrt{\rho}). \tag{3.4.10}$$

当然这些运算都是形式的，因为 ψ 没有足够的正则性保证上面的运算有意义。

另外，能量

$$E(t) := \int_{\mathbf{R}^3}\left(\frac{h^2}{2}|\boldsymbol{\nabla}\psi|^2 + \frac{2}{p+1}|\psi|^{p+1}\right)\mathrm{d}x + \frac{1}{2}\int_{\mathbf{R}^3_x \times \mathbf{R}^3_y}|\psi(t,y)|^2\frac{1}{|x-y|}|\psi(t,x)|^2\mathrm{d}x\mathrm{d}y. \tag{3.4.11}$$

对 Schrödinger-Poisson 方程来说是守恒的。因而，只需要注意到由引理 3.3.1 知能量 (3.4.11) 和 (3.2.10) 中的能量是一样的。

命题 3.4.1 的证明 考虑 Schrödinger-Poisson 方程 (3.4.7)–(3.4.8)。根据非线性 Schrödinger 方程的标准理论可知，对于初值在能量空间 $\psi(0) = \psi_0 \in H^1(\mathbf{R}^3)$ 中方程 (3.4.7)–

(3.4.8) 是全局适定的。现在取一列磨光子 χ_ε 收敛到狄拉克质量，并且定义 $\psi^\varepsilon := \chi_\varepsilon * \psi$，其中 $\psi \in C(\mathbf{R}; H^1(\mathbf{R}^3))$ 是方程 (3.4.7)–(3.4.8) 的解。因此知 $\psi^\varepsilon \in C^\infty(\mathbf{R}^{1+3})$ 以及有

$$\mathrm{i}h\partial_t\psi^\varepsilon + \frac{h^2}{2}\Delta\psi^\varepsilon = \chi_\varepsilon * (|\psi|^{p-1}\psi + V\psi), \tag{3.4.12}$$

其中 V 是经典的 Hartree 位势。因此微分 $|\psi^\varepsilon|^2$ 相对时间得到

$$\begin{aligned}\partial_t|\psi^\varepsilon|^2 = 2\mathrm{Re}(\overline{\psi^\varepsilon}\partial_t\psi^\varepsilon) = 2\mathrm{Re}(\overline{\psi^\varepsilon}(\frac{\mathrm{i}h^2}{2}\Delta\psi^\varepsilon - \frac{\mathrm{i}}{h}\chi_\varepsilon * (|\psi|^{p-1}\psi + V\psi))) = \\ -h\mathrm{div}(\mathrm{Im}(\overline{\psi^\varepsilon}\nabla\psi^\varepsilon)) + \frac{2}{h}\mathrm{Im}(\overline{\psi^\varepsilon}\chi_\varepsilon * (|\psi|^{p-1}\psi + V\psi)).\end{aligned}$$

如果求 $h\mathrm{Im}(\overline{\psi^\varepsilon}\nabla\psi^\varepsilon)$ 对时间 t 的偏微分，会得到

$$\begin{aligned}\partial_t(h\mathrm{Im}(\overline{\psi^\varepsilon}\nabla\psi^\varepsilon)) = {} & h\mathrm{Im}[(-\frac{\mathrm{i}h^2}{2}\Delta\overline{\psi^\varepsilon} + \frac{\mathrm{i}}{h}\chi_\varepsilon * (|\psi|^{p-1}\psi) + \frac{\mathrm{i}}{h}\chi_\varepsilon * (V\psi))\nabla\psi^\varepsilon] + \\ & h\mathrm{Im}[\overline{\psi^\varepsilon}(\frac{\mathrm{i}h^2}{2}\Delta\nabla\psi^\varepsilon - \frac{\mathrm{i}}{h}\chi_\varepsilon * (|\psi|^{p-1}\psi) - \frac{\mathrm{i}}{h}\chi_\varepsilon * (V\psi)] = \\ & \frac{h^2}{2}\mathrm{Re}(-\nabla\psi^\varepsilon\Delta\overline{\psi^\varepsilon} + \overline{\psi^\varepsilon}\Delta\nabla\psi^\varepsilon) + \mathrm{Re}(\chi_\varepsilon * (|\psi|^{p-1}\overline{\psi})\nabla\psi^\varepsilon - \\ & \overline{\psi^\varepsilon}\chi_\varepsilon * (|\psi|^{p-1})) + \mathrm{Re}(\chi_\varepsilon * (V\overline{\psi})\nabla\psi^\varepsilon - \chi_\varepsilon * (V\psi)\overline{\psi^\varepsilon}) =: A + B + C.\end{aligned}$$

接下来讨论上述公式的这三项。对于第一项 A 可立即有

$$\frac{h^2}{2}\mathrm{Re}(-\nabla\psi^\varepsilon\Delta\overline{\psi^\varepsilon} + \overline{\psi^\varepsilon}\Delta\nabla\psi^\varepsilon) = h^2\mathrm{div}(\mathrm{Re}(\nabla\psi^\varepsilon \otimes \nabla\overline{\psi^\varepsilon})) + \frac{h^2}{4}\Delta\nabla|\psi^\varepsilon|^2. \tag{3.4.13}$$

对于第二项 B 可以写为

$$\begin{aligned}& \mathrm{Re}(\chi_\varepsilon * (|\psi|^{p-1}\overline{\psi})\nabla\psi^\varepsilon - \overline{\psi^\varepsilon}\chi_\varepsilon * (|\psi|^{p-1})) = \\ & \mathrm{Re}(|\psi|^{p-1}\overline{\psi^\varepsilon}\nabla\psi^\varepsilon - \overline{\psi^\varepsilon}\chi_\varepsilon * (\psi\nabla|\psi|^{p-1} + \nabla\psi|\psi|^{p-1})) + R_1^\varepsilon = \\ & -\mathrm{Re}(\overline{\psi^\varepsilon}\chi_\varepsilon * (\psi\nabla|\psi|^{p-1})) + R_1^\varepsilon + R_2^\varepsilon = \\ & -|\psi^\varepsilon|^2\nabla|\psi^\varepsilon|^{p-1} + R_1^\varepsilon + R_2^\varepsilon + R_3^\varepsilon,\end{aligned}$$

其中

$$\begin{aligned}R_1^\varepsilon &:= \mathrm{Re}((\chi_\varepsilon * (|\psi|^{p-1}\overline{\psi}) - |\psi|^{p-1}\overline{\psi^\varepsilon})\nabla\psi^\varepsilon), \\ R_2^\varepsilon &:= \mathrm{Re}(\overline{\psi^\varepsilon}(|\psi^\varepsilon|^{p-1}\nabla\psi^\varepsilon - \chi_\varepsilon * (|\psi|^{p-1}\nabla\psi))), \\ R_3^\varepsilon &:= \mathrm{Re}(\overline{\psi^\varepsilon}(\psi|^\varepsilon\nabla|\psi^\varepsilon|^{p-1} - \chi_\varepsilon * (\psi|\nabla|\psi|^{p-1}))).\end{aligned}$$

只剩下分析余项 $R_j^\varepsilon(j=1,2,3)$ 是如何趋于 0，该结论将在引理 3.4.1 中证明。另外，下面的等式成立：

$$|\psi^\varepsilon|^2\nabla|\psi^\varepsilon|^{p-1}=\frac{p-1}{p+1}\nabla|\psi^\varepsilon|^{p+1}.$$

对于第三项 C 通过类似的运算可以写为

$$C=|\psi^\varepsilon|^2\nabla(\chi*V)+R_4^\varepsilon.$$

其中余项 R_4^ε 将在引理 3.4.1 中分析。因此知 $h\mathrm{Im}(\overline{\psi^\varepsilon}\nabla\psi^\varepsilon)$ 满足

$$\begin{aligned}\partial_t(h\mathrm{Im}(\overline{\psi^\varepsilon}\nabla\psi^\varepsilon))=-h^2\mathrm{div}(\mathrm{Re}(\nabla\psi^\varepsilon\otimes\nabla\overline{\psi^\varepsilon}))+\frac{h^2}{4}\Delta\nabla|\psi^\varepsilon|^2+\\ \frac{p-1}{p+1}\nabla|\psi^\varepsilon|^{p+1}+|\psi^\varepsilon|^2\nabla(\chi*V)+R^\varepsilon,\end{aligned}$$

其中 $R^\varepsilon:=R_1^\varepsilon+R_2^\varepsilon+R_3^\varepsilon+R_4^\varepsilon$。现在，令 $\varepsilon\to 0$，得到

$$\begin{aligned}\partial_t(h\mathrm{Im}(\overline{\psi^\varepsilon}\nabla\psi^\varepsilon))=-h^2\mathrm{div}(\mathrm{Re}(\nabla\psi^\varepsilon\otimes\nabla\overline{\psi^\varepsilon}))+\frac{h^2}{4}\Delta\nabla|\psi^\varepsilon|^2+\\ \frac{p-1}{p+1}\nabla|\psi^\varepsilon|^{p+1}+|\psi^\varepsilon|^2\nabla V.\end{aligned}$$

由引理 3.3.1 知，这个等式等于 (3.4.10)，有

$$h^2\mathrm{Re}(\nabla\overline{\psi}\otimes\nabla\psi)=h^2\mathrm{Re}(\nabla\sqrt{\rho}\otimes\nabla\sqrt{\rho})+\boldsymbol{\Lambda}\otimes\boldsymbol{\Lambda},$$

和 $\sqrt{\rho}\boldsymbol{\Lambda}=\boldsymbol{J}$，$\boldsymbol{J}:=h\mathrm{Im}(\overline{\psi}\nabla\psi)$。

最后，注意到，由 $\boldsymbol{J}$ 的定义，知

$$\nabla\wedge\boldsymbol{J}=h(\nabla\overline{\psi}\wedge\nabla\psi).$$

那么由推论 3.3.1 得到 $\nabla\wedge\boldsymbol{J}=2\nabla\sqrt{\rho}\wedge\boldsymbol{\Lambda}$。 □

引理 3.4.1 令 $0<T<\infty$，则有 $\|R_j^\varepsilon\|_{L^1_{t,x}([0,T]\times\mathbf{R}^3)}\to 0$，当 $\varepsilon\to 0$ 时，我们有 $|R|\to 0$。

引理 3.4.1 的证明 对 Schrödinger-Poisson 方程的解，利用 Strichartz 估计有

$$\|\psi\|_{L^q_tW^{1,r}([0,T]\times\mathbf{R}^3)}\leqslant C(E_0,\|\psi_0\|_{L^2(\mathbf{R}^3)},T).$$

其中 (q,r) 是一对容许对指标，E_0 是初始的能量。第一个误差可以被如下的方式控制：

$$\|R_1^\varepsilon\|_{L^1_{t,x}([0,T]\times\mathbf{R}^3)}\leqslant$$

$$\|\chi_\varepsilon*(|\psi|^{p-1}\overline{\psi})-|\psi^\varepsilon|^{p-1}\overline{\psi^\varepsilon}\|_{L_t^{\frac{4(p+1)}{p+7}}L_x^{\frac{p+1}{p}}([0,T]\times\mathbf{R}^3)}\|\nabla\psi^\varepsilon\|_{L_t^{\frac{4(p+1)}{3(p-1)}}L_x^p([0,T]\times\mathbf{R}^3)}\leqslant$$
$$T^{\frac{4(p+1)}{p+7}}(\|\chi_\varepsilon*(|\psi|^{p-1}\overline{\psi})-|\psi|^{p-1}\overline{\psi}\|_{L_t^\infty L_x^{p+1}([0,T]\times\mathbf{R}^3)}+$$
$$\||\psi|^{p-1}\overline{\psi}-|\psi^\varepsilon|^{p-1}\overline{\psi^\varepsilon}\|_{L_t^\infty L_x^{p+1}([0,T]\times\mathbf{R}^3)})\|\nabla\psi^\varepsilon\|_{L_t^{\frac{4(p+1)}{3(p-1)}}L_x^p([0,T]\times\mathbf{R}^3)}$$

剩下的余项可通过同样的方式计算。注意到利用 Strichartz 估计得到 $\psi\nabla|\psi|^{p-1}$ 在空间 $L_t^{\frac{4(p+1)}{3(p-1)}}L_x^p([0,T]\times\mathbf{R}^3)$ 中。 □

3.5 分数步方法：定义和一致性

在这一节中将利用前一节中的结果来构造下面 QHD 系统的逼近解序列:

$$\partial_t\rho+\nabla \boldsymbol{J}=0, \tag{3.5.1}$$

$$\partial_t\boldsymbol{J}+\operatorname{div}\left(\frac{\boldsymbol{J}\otimes\boldsymbol{J}}{\rho}\right)+\nabla P(\rho)+\rho\nabla V+\boldsymbol{J}=\frac{h^2}{2}\rho\nabla\left(\frac{\Delta\sqrt{\rho}}{\sqrt{\rho}}\right), \tag{3.5.2}$$

$$-\Delta V=\rho, \tag{3.5.3}$$

和初值

$$\rho(0)=\rho_0,\boldsymbol{J}(0)=\boldsymbol{J}_0. \tag{3.5.4}$$

定义 3.5.1 称 $(\rho,\boldsymbol{J})$ 是定义在 $[0,T)\times\mathbf{R}^n$ 上，初值为 $(\rho_0,\boldsymbol{J}_0)$ 的柯西问题(3.5.1)–(3.5.4)的一对弱解,如果存在局部可积函数 $(\sqrt{\rho},\boldsymbol{\Lambda})$ 使得 $\rho\in L^2_{loc}([0,T);H^1_{loc}(\mathbf{R}^n)),\boldsymbol{\Lambda}\in L^2_{loc}([0,T);L^2_{loc}(\mathbf{R}^n))$，并且定义 $\rho:=(\sqrt{\rho})^2$，$\boldsymbol{J}:=\sqrt{\rho}\boldsymbol{\Lambda}$，则有如下式子成立:

(1) 对任意的试验函数 $\eta\in C_0^\infty([0,T)\otimes\mathbf{R}^n)$，有

$$\int_\Omega\int_{\mathbf{R}^n}(\rho\partial_t\eta+\boldsymbol{J}\cdot\nabla\eta)\mathrm{d}x\mathrm{d}t+\int_{\mathbf{R}^n}\rho_0\eta(0)\mathrm{d}x=0; \tag{3.5.5}$$

(2) 对任意的试验函数 $\zeta\in C_0^\infty([0,T)\otimes\mathbf{R}^n;\mathbf{R}^n)$，有

$$\int_\Omega\int_{\mathbf{R}^n}(\boldsymbol{J}\cdot\partial_t\zeta+\boldsymbol{\Lambda}\otimes\boldsymbol{\Lambda}:\nabla\zeta+\nabla P\operatorname{div}\zeta-\rho\nabla V\cdot\zeta+h^2\nabla\sqrt{\rho}\otimes\sqrt{\rho}:\nabla\zeta-$$
$$\boldsymbol{J}\zeta+\frac{h^2}{4}\rho\Delta\operatorname{div}\zeta)\mathrm{d}x\mathrm{d}t+\int_{\mathbf{R}^n}\boldsymbol{J}_0\zeta(0)\mathrm{d}x=0; \tag{3.5.6}$$

(3) (广义的无旋条件) 对几乎处处 $t\in(0,T)$，有

$$\nabla\wedge\boldsymbol{J}=2\nabla\sqrt{\rho}\wedge\boldsymbol{\Lambda} \tag{3.5.7}$$

在分布意义下成立。

分数步方法主要基于以下简单的想法，即将 QHD 演化方程分成两步：第一步，固定参数 $\tau>0$，解无碰撞项的 QHD 方程；第二步，求解没有 QHD 方程的碰撞问题；接着再一次求解无碰撞项的 QHD 方程，但此时初值选取很重要，因为如果把第一次求得的解作为第二次方程的初值，这不一定正确。由第 2 章可知，求解无碰撞项的 QHD 方程，其柯西问题的初值需兼容 Schrödinger 方程。因此，在每一次解无碰撞项的 QHD 方程时，其初值需要用来重新构造波函数。

下面具体解释如何建立分数步的步骤得到逼近解。首先注意到，由 3.4 节可知，该方法需要特别的初值 $(\rho_0,\boldsymbol{J}_0)$，即假定存在函数 $\psi_0\in H^1(\mathbf{R}^3)$ 使得量子流体方程的初值由 Madelung 变换得到：

$$\rho_0=|\psi_0|^2,\boldsymbol{J}_0=h\mathrm{Im}(\overline{\psi_0}\nabla\psi_0). \tag{3.5.8}$$

这个假设是物理相关的，因为这样的选取表明 QHD 系统的解和波动力学的方式兼容。具体的迭代步骤如下：首先，设 $\tau>0$ 是时间网格，因而在每个时间区间 $[k\tau,(k+1)\tau)$ 上定义逼近解，对任意的整数 $k\geqslant 0$。

第一步，$k=0$，求解 Schrödinger-Poisson 系统的柯西问题

$$\mathrm{i}h\partial_t\psi^\tau+\frac{h^2}{2}\Delta\psi^\tau=|\psi^\tau|^{p-1}\psi^\tau+V^\tau\psi^\tau, \tag{3.5.9}$$

$$-\Delta V^\tau=|\psi^\tau|^2, \tag{3.5.10}$$

$$\psi^\tau(0)=\psi_0, \tag{3.5.11}$$

其唯一的强解 $\psi\in C(\mathbf{R};H^1(\mathbf{R}^3))$ 限定在区间 $[0,\tau)$ 上。定义 $\rho^\tau:=|\psi^\tau|^2,\boldsymbol{J}^\tau:=h\mathrm{Im}(\overline{\psi^\tau}\nabla\psi^\tau)$。那么由第 2 章结果可知，$(\rho^\tau,\boldsymbol{J}^\tau)$ 是无碰撞项的 QHD 系统的弱解。假设已知 ψ^τ 在时空段 $[(k-1)\tau,k\tau)\times\mathbf{R}^3$ 上，如果通过数学归纳法求解，则需要知道如何在区间 $[k\tau,(k+1)\tau)$ 上定义 $\psi^\tau,\rho^\tau,\boldsymbol{J}^\tau$。

为考虑碰撞项 $f=-\boldsymbol{J}$，更新 ψ 在 $t=k\tau$ 的值，即定义 $\psi(k\tau+)$ 的值。构造 $\psi(k\tau+)$ 的值是通过 3.3 节的极因子分解方法做到的。

利用引理 3.3.2，$\psi=\psi^\tau(k\tau-)$，$\varepsilon=\tau 2^{-k}\|\psi_0\|_{H^1(\mathbf{R}^3)}$，那么可以利用引理 3.3.2 中定义的波函数 $\tilde{\psi}$，有

$$\psi^\tau(k\tau+)=\tilde{\psi}, \tag{3.5.12}$$

因此

$$\rho^\tau(k\tau+)=\rho^\tau(k\tau-), \tag{3.5.13}$$

$$\boldsymbol{\Lambda}^\tau(k\tau+)=(1-\tau)\boldsymbol{\Lambda}^\tau(k\tau-)+R_k, \tag{3.5.14}$$

其中 $\|R_k\|_{L^2(\mathbf{R}^3)} \leqslant \tau 2^{-k}\|\psi_0\|_{H^1(\mathbf{R}^3)}$ 和

$$\nabla\psi^\tau(k\tau+) = \nabla\psi^\tau(k\tau-) - \mathrm{i}\frac{\tau}{h}\psi^* \boldsymbol{\Lambda}^\tau(k\tau-) + r_{k,\tau}, \tag{3.5.15}$$

$\|\psi^*\|_{L^\infty} \leqslant 1$ 和

$$\|r_{k,\tau}\|_{L^2} \leqslant C(\tau\|\nabla\psi^\tau(k\tau-)\| + \tau 2^{-k}\|\psi_0\|_{H^1(\mathbf{R}^3)}) \leqslant \tau E_0^{\frac{1}{2}}. \tag{3.5.16}$$

接着求解 Schrödinger-Poisson 系统，初值为 $\psi(0) = \psi^\tau(k\tau+)$。在时间区间 $[k\tau,(k+1)\tau)$ 上定义的 ψ^τ 是限定在区间 $[0,\tau)$ 上 Schrödinger-Poisson 系统的解，另外，定义 $\rho^\tau := |\psi^\tau|^2$，$\boldsymbol{J}^\tau := h\mathrm{Im}(\overline{\psi^\tau}\nabla\psi^\tau)$ 是无碰撞项的 QHD 系统的弱解。

按照这个程序走遍每个时间区间，这样就构造出 QHD 系统的一个逼近解 $(\rho^\tau, \boldsymbol{J}^\tau, V^\tau)$。

定理 3.5.1 考虑逼近解序列 $\{(\rho^{\tau_k}, \boldsymbol{J}^{\tau_k})\}_{k\geqslant 0}$，该序列通过分数步方法构造且假设存在 $0 < T < \infty$，$\sqrt{\rho} \in L^2_{loc}([0,T]; H^1_{loc}(\mathbf{R}^n))$ 和 $\boldsymbol{\Lambda} \in L^2_{loc}([0,T]; L^2_{loc}(\mathbf{R}^n))$，使得

$$\sqrt{\rho^{\tau_k}} \to \sqrt{\rho},\ \text{在 } L^2_{loc}([0,T]; H^1_{loc}(\mathbf{R}^n)) \text{ 中强收敛}; \tag{3.5.17}$$

$$\boldsymbol{\Lambda}^{\tau_k} \to \boldsymbol{\Lambda},\ \text{在 } L^2_{loc}([0,T]; L^2_{loc}(\mathbf{R}^n)) \text{ 中强收敛}. \tag{3.5.18}$$

则极限函数 $(\rho, \boldsymbol{J})$ 是初值为 $(\rho^0, \boldsymbol{J}^0)$ 的 QHD 系统的弱解。

定理 3.5.1 的证明 在证明过程中省略指标 k。

$$\int_0^\infty \int_{\mathbf{R}^n} (\boldsymbol{J}^\tau \cdot \partial_t \boldsymbol{\zeta} + \boldsymbol{\Lambda}^\tau \otimes \boldsymbol{\Lambda}^\tau : \nabla\boldsymbol{\zeta} + \nabla P(\rho^\tau)\mathrm{div}\boldsymbol{\zeta} - \rho^\tau \nabla V^\tau \cdot \boldsymbol{\zeta} +$$

$$h^2 \nabla\sqrt{\rho^\tau} \otimes \sqrt{\rho^\tau} : \nabla\boldsymbol{\zeta} - \frac{h^2}{4}\rho^\tau \Delta\mathrm{div}\boldsymbol{\zeta})\mathrm{d}x\mathrm{d}t + \int_{\mathbf{R}^n} \boldsymbol{J}_0 \boldsymbol{\zeta}(0)\mathrm{d}x =$$

$$\sum_{k=0}^\infty \int_{k\tau}^{(k+1)\tau} \int_{\mathbf{R}^n} (\boldsymbol{J}^\tau \cdot \partial_t \boldsymbol{\zeta} + \boldsymbol{\Lambda}^\tau \otimes \boldsymbol{\Lambda}^\tau : \nabla\boldsymbol{\zeta} + \nabla P(\rho^\tau)\mathrm{div}\boldsymbol{\zeta} - \rho^\tau \nabla V^\tau \cdot \boldsymbol{\zeta} +$$

$$h^2 \nabla\sqrt{\rho^\tau} \otimes \sqrt{\rho^\tau} : \nabla\boldsymbol{\zeta} - \frac{h^2}{4}\rho^\tau \Delta\mathrm{div}\boldsymbol{\zeta})\mathrm{d}x\mathrm{d}t + \int_{\mathbf{R}^n} \boldsymbol{J}_0 \boldsymbol{\zeta}(0)\mathrm{d}x =$$

$$\sum_{k=0}^\infty \left\{ \int_{k\tau}^{(k+1)\tau} \int_{\mathbf{R}^n} -\boldsymbol{J}^\tau \cdot \boldsymbol{\zeta}\mathrm{d}x\mathrm{d}t + \int_{\mathbf{R}^n} \boldsymbol{J}^\tau((k+1)\tau-) \cdot \boldsymbol{\zeta}((k+1)\tau) - \boldsymbol{J}^\tau(k\tau) \cdot \boldsymbol{\zeta}(k\tau)\mathrm{d}x \right\} +$$

$$\int_{\mathbf{R}^n} \boldsymbol{J}_0 \boldsymbol{\zeta}(0)\mathrm{d}x =$$

$$\sum_{k=0}^\infty \int_{k\tau}^{(k+1)\tau} \int_{\mathbf{R}^n} -\boldsymbol{J}^\tau \cdot \boldsymbol{\zeta}\mathrm{d}x\mathrm{d}t + \sum_{k=0}^\infty \int_{\mathbf{R}^n} (\boldsymbol{J}^\tau(k\tau-) - \boldsymbol{J}^\tau(k\tau)) \cdot \boldsymbol{\zeta}(k\tau)\mathrm{d}x =$$

$$\sum_{k=0}^\infty \int_{k\tau}^{(k+1)\tau} \int_{\mathbf{R}^n} -\boldsymbol{J}^\tau \cdot \boldsymbol{\zeta}\mathrm{d}x\mathrm{d}t + \sum_{k=0}^\infty \tau \int_{\mathbf{R}^n} \boldsymbol{J}^\tau(k\tau-) \cdot \boldsymbol{\zeta}(k\tau)\mathrm{d}x +$$

$$\sum_{k=0}^{\infty}\int_{\mathbf{R}^n}(1-\tau)\sqrt{\rho^\tau(k\tau)}R_k\cdot\boldsymbol{\zeta}(k\tau)\mathrm{d}x=$$

$$\sum_{k=0}^{\infty}\int_{k\tau}^{(k+1)\tau}\int_{\mathbf{R}^n}[\boldsymbol{J}^\tau((k+1)\tau-)\cdot\boldsymbol{\zeta}((k+1)\tau)-\boldsymbol{J}^\tau\cdot\boldsymbol{\zeta}(t)]\mathrm{d}x\mathrm{d}t+$$

$$(1-\tau)\sum_{k=0}^{\infty}\int_{\mathbf{R}^n}\sqrt{\rho^\tau(k\tau)}R_k\cdot\boldsymbol{\zeta}(k\tau)\mathrm{d}x=$$

$o(1)+O(\tau)$, 当 $\tau\to 0$. □

3.6 先验估计和收敛性

在这一节中可以得到各种先验估计，从而可知逼近解 $(\rho^\tau,\boldsymbol{J}^\tau)$ 在某个函数空间中是紧性的。在定理 3.5.1 中，希望证明 $\{\sqrt{\rho^\tau}\}$ 在空间 $L^2_{loc}([0,T);H^1_{loc}(\mathbf{R}^3))$ 中的强收敛和 $\{\boldsymbol{\Lambda}^\tau\}$ 在空间 $L^2_{loc}([0,T);L^2_{loc}(\mathbf{R}^3))$ 中的强收敛。为得到这个结果，我们需要一个 Aubin-Lion 型的紧性结果。本节的内容如下：首先得到系统 (3.1.1) 离散的能量不等式，接着利用公式 (3.6.3) 得到 $\{\nabla\psi^\tau\}$ 的 Strichartz 估计。因此利用 Strichartz 估计、定理 3.2.3 和定理 3.2.4，可推导出序列 $\{\nabla\psi^\tau\}$ 的更高的正则性，把得到的更高的正则性再利用定理 3.2.5，从而得到 $\{\sqrt{\rho^\tau}\}$ 在空间 $L^2_{loc}([0,T);H^1_{loc}(\mathbf{R}^3))$ 中的强收敛和 $\{\boldsymbol{\Lambda}^\tau\}$ 在空间 $L^2_{loc}([0,T);L^2_{loc}(\mathbf{R}^3))$ 中的强收敛。

先讨论能量不等式。首先注意到，如果 QHD 系统在空间 $[0,T)\times\mathbf{R}^n$ 有充分正则解，则有

$$E(t)=-\int_0^t\int_{\mathbf{R}^n}|\boldsymbol{\Lambda}|^2\mathrm{d}x\mathrm{d}t'+E_0,t\in[0,T),\tag{3.6.1}$$

现在想找到逼近解的能量耗散的离散形式。

引理 3.6.1 (离散的能量不等式) 令 $(\rho^\tau,\boldsymbol{J}^\tau)$ 是 QHD 系统的逼近解，$0<\tau<1$，那么，对 $t\in[N\tau,(N+1)\tau)$，有

$$E^\tau(t)\leqslant-\frac{\tau}{2}\sum_{k=1}^{N}\|\boldsymbol{\Lambda}(k\tau-)\|_{L^2(\mathbf{R}^n)}+(1+\tau)E_0.\tag{3.6.2}$$

引理 3.6.1 的证明 对所有的 $k\geqslant 1$，有

$$E^\tau(k\tau+)-E^\tau(k\tau-)=\int(\frac{1}{2}|\boldsymbol{\Lambda}^\tau(k\tau+)|^2-\frac{1}{2}|\boldsymbol{\Lambda}^\tau(k\tau-)|^2)\mathrm{d}x=$$

$$\frac{1}{2}\int[(-2\tau+\tau^2)|\boldsymbol{\Lambda}^\tau(k\tau-)|^2-2(1-\tau)\boldsymbol{\Lambda}^\tau(k\tau-)\cdot R_k+|R_k|^2]\mathrm{d}x\leqslant$$

$$\frac{1}{2}\int[(-2\tau+\tau^2)|\boldsymbol{\Lambda}^\tau(k\tau-)|^2-(1-\tau)\alpha|\boldsymbol{\Lambda}^\tau(k\tau-)|^2+\frac{1-\tau}{\alpha}|R_k|^2+|R_k|^2]\mathrm{d}x=$$
$$\frac{1}{2}\int[(-2\tau+\tau^2+\alpha-\alpha\tau)|\boldsymbol{\Lambda}^\tau(k\tau-)|^2+(\frac{1-\tau+\alpha}{\alpha})|R_k|^2]\mathrm{d}x.$$

这里 R_k 表示 (3.5.14) 的误差项。如果选择 $\alpha=\tau$，就有

$$E^\tau(k\tau+)-E^\tau(k\tau-)\leqslant-\frac{\tau}{2}|\boldsymbol{\Lambda}^\tau(k\tau-)|_{L^2}^2+\frac{1}{2\tau}\|R_k\|_{L^2}\leqslant$$
$$-\frac{\tau}{2}|\boldsymbol{\Lambda}^\tau(k\tau-)|_{L^2}^2+\tau 2^{-k-1}\|\psi_0\|_{H^1}.$$

这样不等式 (3.6.2) 可通过对上式中的每一项求和，并且利用每个时间区间 $[k\tau,(k+1)\tau)$ 上能量守恒来得到。 □

不幸的是，能量估计没有足够的紧性推出逼近解的收敛性。的确，从离散的能量不等式，只能得到 $\nabla\psi^\tau$ 在空间 $L^\infty([0,\infty);H^1(\mathbf{R}^3))$ 中的弱收敛，所以在 (3.5.4) 中的二次项取极限过程中可能会出现集中的现象。

具体来说，从能量不等式知，序列 $\{\psi^\tau\}$ 在空间 $L^\infty([0,\infty);H^1(\mathbf{R}^3))$ 中一致有界，从而存在 $\psi\in L^\infty([0,\infty);H^1(\mathbf{R}^3))$，使得有子序列有如下的弱收敛

$$\psi^\tau\rightharpoonup\psi,\ 在\ L^\infty([0,\infty);H^1(\mathbf{R}^3))\ 中弱收敛.$$

由此有

$$\sqrt{\rho^\tau}\rightharpoonup\sqrt{\rho},\ 在\ L^\infty([0,\infty);H^1(\mathbf{R}^3))\ 中弱收敛,$$
$$\boldsymbol{\Lambda}^\tau\rightharpoonup\boldsymbol{\Lambda},\ 在\ L^\infty([0,\infty);L^2(\mathbf{R}^3))\ 中弱收敛.$$

在对二次项取极限时，需要更强的先验估计。接下来，主要是要得到这些估计，但在使用 Strichartz 估计过程中需注意到逼近序列的每一步都是要更新的。

引理 3.6.2 令 ψ^τ 是分数步方法中定义的波函数，令 $t\in[\tau,(N+1)\tau)$，有

$$\nabla\psi^\tau(t)=U(t)-\mathrm{i}\frac{\tau}{h}\sum_{k=1}^{N}U(t-k\tau)(\psi_k^\tau\boldsymbol{\Lambda}^\tau(k\tau-))-$$
$$\mathrm{i}\int_0^t U(t-s)F(s)\mathrm{d}s+\sum_{k=1}^{N}U(t-k\tau)r_k^\tau,\tag{3.6.3}$$

其中 $U(t)$ 是自由的 Schrödinger 映射，

$$\|\psi_k^\tau\|_{L^\infty(\mathbf{R}^3)}\leqslant 1,\quad \|r_k^\tau\|_{L^2(\mathbf{R}^3)}\leqslant\tau\|\psi_0\|_{H^1(\mathbf{R}^3)}\tag{3.6.4}$$

和 $F=\nabla(|\nabla\psi^\tau|^{p-1}\psi^\tau+V^\tau\psi^\tau)$。

引理 3.6.2 的证明 因为 ψ^τ 是 Schrödinger-Poisson 系统在时空段 $[N\tau,(N+1)\tau)\times\mathbf{R}^3$ 上的解，可写为

$$\psi^\tau(t)=U(t-N\tau)\nabla\psi^\tau(N\tau+)-\mathrm{i}\int_{N\tau}^{t}U(t-s)F(s)\mathrm{d}s, \tag{3.6.5}$$

其中 F 在引理 3.6.2 中已定义。现在存在逐点光滑函数 θ_N，使得

$$\psi(N\tau+)=\mathrm{e}^{\mathrm{i}(1-\tau)\theta_N}\sqrt{\rho_n}, \tag{3.6.6}$$

其中 $\psi=\psi^\tau(N\tau-),\tilde{\psi}=\psi^\tau(N\tau+)$ 和 $\varepsilon=2^{-N}\tau\|\psi\|_{H^1(\mathbf{R}^3)}$。因此，有

$$\nabla\psi^\tau(N\tau+)=\nabla\psi^\tau(N\tau-)-\mathrm{i}\frac{\tau}{h}\mathrm{e}^{\mathrm{i}(1-\theta)\theta_N}\boldsymbol{\Lambda}^\tau(N\tau-)+r_N^\tau, \tag{3.6.7}$$

其中 $\|r_N^\tau\|_{L^2}\leqslant\tau\|\psi_0\|_{H^1(\mathbf{R}^3)}$。把 (3.6.7) 代入 (3.6.5) 推出

$$\begin{aligned}\nabla\psi^\tau(t)=&\ U(t-N\tau)\nabla\psi^\tau(N\tau-)-\mathrm{i}\frac{\tau}{h}U(t-N\tau)(\mathrm{e}^{\mathrm{i}(1-\theta)\theta_N}\boldsymbol{\Lambda}^\tau(N\tau-))+\\&\ U(t-N\tau)r_N^\tau-\mathrm{i}\int_{N\tau}^{t}U(t-s)F(s)\mathrm{d}s.\end{aligned} \tag{3.6.8}$$

迭代这个表达式，对 $\nabla\psi^\tau(N\tau-)$ 重复这个过程，则可得到 (3.6.3)。 □

命题 3.6.1 ($\nabla\psi^\tau$ 的 Strichartz 估计) 令 $0<T<\infty$，ψ^τ 是前面定义的，则有

$$\|\nabla\psi^\tau\|_{L_t^qL_r^x([0,T]\times\mathbf{R}^3)}\leqslant C(E_0^{\frac{1}{2}},\|\rho_0\|_{L^1(\mathbf{R}^3)},T). \tag{3.6.9}$$

对每个容许对 (q,r) 都成立。

命题 3.6.1 的证明 首先证明在小区间 $0<T_1\leqslant T$ 内，(q,r) 是一容许对，令 N 是正的整数，使得 $T_1\leqslant N\tau$

$$\begin{aligned}&\|\nabla\psi^\tau\|_{L_t^qL_r^x([0,T_1]\times\mathbf{R}^3)}\leqslant\|U(t)\nabla\psi_0\|_{L_t^qL_r^x([0,T_1]\times\mathbf{R}^3)}+\\&\frac{\mathrm{i}}{h}\sum_{k=1}^{\tau}\|U(t-k\tau)(\mathrm{e}^{\mathrm{i}(1-\theta)\theta_k}\boldsymbol{\Lambda}^\tau(N\tau-))\|_{L_t^qL_r^x([0,T_1]\times\mathbf{R}^3)}+\\&\sum_{k=1}^{\tau}\|U(t-k\tau)r_k^\tau\|_{L_t^qL_r^x([0,T_1]\times\mathbf{R}^3)}+\|\int_0^tU(t-s)F(s)\mathrm{d}s\|_{L_t^qL_r^x([0,T_1]\times\mathbf{R}^3)}=:\\&A+B+C+D.\end{aligned}$$

估计 A 项，有

$$\|U(t)\nabla\psi_0\|_{L_t^qL_r^x([0,T_1]\times\mathbf{R}^3)}\leqslant\|\nabla\psi_0\|_{L^2(\mathbf{R}^3)}. \tag{3.6.10}$$

估计 B 项，有

$$\frac{\mathrm{i}}{h}\sum_{k=1}^{\tau}\|U(t-k\tau)(\mathrm{e}^{\mathrm{i}(1-\theta)\theta_k}\boldsymbol{\Lambda}^{\tau}(N\tau-))\|_{L_t^q L_r^x([0,T_1]\times\mathbf{R}^3)}\leqslant$$
$$\sum_{k=1}^{N}\|\boldsymbol{\Lambda}^{\tau}(N\tau-)\|_{L^2(\mathbf{R}^3)}\leqslant T_1 E_0^{\frac{1}{2}}.$$

估计 C 项如下：

$$\sum_{k=1}^{\tau}\|U(t-k\tau)r_k^{\tau}\|_{L_t^q L_r^x([0,T_1]\times\mathbf{R}^3)}\lesssim\sum_{k=1}^{\tau}\|r_k^{\tau}\|_{L^2(\mathbf{R}^3)}\lesssim T_1\|\psi_0\|_{H^1(\mathbf{R}^3)}.$$

D 项处理起来比较困难,所以先把 F 分成三部分,$F=:F_1+F_2+F_3$,其中 $F_1=\nabla(|\psi^{\tau}|^{p-1}\psi^{\tau})$, $F_2=\nabla V^{\tau}\psi^{\tau}$，$F_3=V^{\tau}\nabla\psi^{\tau}$，则

$$\|\int_0^t U(t-s)F(s)\mathrm{d}s\|_{L_t^q L_x^r([0,T_1]\times\mathbf{R}^3)}\leq\|F_1\|_{L_t^{q_1'}L_x^{r_1'}([0,T_1]\times\mathbf{R}^3)}+$$
$$\|F_2\|_{L_t^{q_2'}L_x^{r_2'}([0,T_1]\times\mathbf{R}^3)}+\|F_3\|_{L_t^{q_3'}L_x^{r_3'}([0,T_1]\times\mathbf{R}^3)},$$

□

接下来依次仔细估计 F_1,F_2,F_3 这三项。对于 F_1 项，有：

引理 3.6.3 存在 $\alpha>0$，依赖 p，使得

$$\||\psi^{\tau}|^{p-1}\nabla\psi^{\tau}\|_{L_t^{\tilde{q}'}L_x^{\tilde{r}'}([0,T]\times\mathbf{R}^3)}\leq T_1^{\alpha}\|\psi_{\tau}\|_{\dot{S}([0,T_1]\times\mathbf{R}^3)}.\tag{3.6.11}$$

引理 3.6.3 的证明 首先利用 Hölder 不等式，有

$$\||\psi^{\tau}|^{p-1}\nabla\psi_{\tau}\|_{L_t^{\tilde{q}'}L_x^{\tilde{r}'}([0,T_1]\times\mathbf{R}^3)}\leq$$
$$T_1^{\alpha}\||\psi^{\tau}|^{p-1}\|_{L_t^{q_1}L_x^{r_1}([0,T_1]\times\mathbf{R}^3)}\|\nabla\psi_{\tau}\|_{L_t^{q_1}L_x^{r_1}([0,T_1]\times\mathbf{R}^3)}=$$
$$T_1^{\alpha}\|\psi^{\tau}\|^{p-1}_{L_t^{q_1(p-1)}L_x^{r_1(p-1)}([0,T_1]\times\mathbf{R}^3)}\|\nabla\psi_{\tau}\|_{L_t^{q_1}L_x^{r_1}([0,T_1]\times\mathbf{R}^3)}.\tag{3.6.12}$$

现在想要$\dfrac{1}{q_1(p-1)}=\dfrac{3}{2}\left(\dfrac{1}{6}-\dfrac{1}{r_1(p-1)}\right)$和$\dfrac{1}{q_2}=\dfrac{3}{2}\left(\dfrac{1}{2}-\dfrac{1}{r_2}\right)$,使得$\|f\|^{p-1}_{L_t^{q_1(p-1)}L_x^{r_1(p-1)}}$,$\|\nabla f\|_{L_t^{q_1}L_x^{r_1}}\leqslant$ $\|f\|_{\dot{S}^1}=\|\nabla f\|_{\dot{S}^0}$。已经知道 $\dfrac{1}{\tilde{q}'}=\dfrac{3}{2}\left(\dfrac{1}{2}-\dfrac{1}{\tilde{r}'}\right)$，结合关于容许对 $(\tilde{q},\tilde{r}),(q_j,r_j)$ 的条件，推出

$$\frac{1}{\tilde{q}'}=\frac{1}{\alpha}+\frac{1}{q_1}+\frac{1}{q_2}=\frac{1}{\alpha}+\frac{3}{2}(p-1)\left(\frac{1}{6}-\frac{1}{r_1(p-1)}\right)+$$
$$\frac{3}{2}(\frac{1}{2}-\frac{1}{r_2})=1+\frac{3}{2}(\frac{1}{2}-\frac{1}{\tilde{r}'})$$

和当 $1 \leqslant p < 5$，有

$$\alpha = \frac{5-p}{4} > 0.$$

这样意味着可选取容许对 $(\tilde{q}', \tilde{r}'), (q_1, r_1), (q_2, r_2)$ 满足前面的条件使得不等式 (3.6.12) 成立。例如，当 $1 \leqslant p \leqslant 3$ 时，取 $\frac{1}{r_1} = \frac{p-1}{6}, \frac{1}{r_2} = \frac{1}{2}$，因此 $q_1 = q_2 = \infty$，从而有 $\frac{1}{\tilde{r}'} = \frac{2+p}{6}, \frac{1}{\tilde{q}'} = \frac{5-p}{4}$。当 $3 \leqslant p < 5$ 时，取 $\frac{1}{r_1} = \frac{p-1}{6}, \frac{1}{r_2} = \frac{1}{6}$，因此 $q_1 = \infty, q_2 = 2$，从而有 $\frac{1}{\tilde{r}'} = \frac{p}{6}, \frac{1}{\tilde{q}'} = \frac{7-p}{4}$。 □

现在考虑 F_3 项：$V^\tau \nabla \psi^\tau$。选取 $(q_2', r_2') = (1, 2)$，利用 Hölder 和 Hardy-Littlewood-Sobolev 不等式有

$$\|V^\tau \nabla \psi^\tau\|_{L_t^1 L_x^2([0, T_1] \times \mathbf{R}^3)} \leqslant T_1^{\frac{1}{2}} \|V^\tau\|_{L_t^\infty L_x^3} \|\nabla \psi^\tau\|_{L_t^2 L_x^6} \leq$$
$$T_1^{\frac{1}{2}} \|\psi^\tau\|_{L_t^\infty L_x^2}^2 \|\nabla \psi^\tau\|_{L_t^2 L_x^6}.$$

对于 F_2 项，取 $(q_2', r_2') = \left(\frac{2}{2-3\varepsilon}, \frac{2}{1+2\varepsilon}\right)$，再利用 Hölder 和 Hardy-Littlewood-Sobolev 不等式有

$$\|\nabla V^\tau \psi^\tau\|_{L_t^{\frac{2}{2-3\varepsilon}} L_x^{\frac{2}{1+2\varepsilon}}([0, T_1] \times \mathbf{R}^3)} \leqslant T_1^{\frac{1}{2}} \|\nabla V^\tau\|_{L_t^{\frac{2}{1-3\varepsilon}} L_x^{\frac{1}{\varepsilon}}} \|\psi^\tau\|_{L_t^\infty L_x^2} \leq$$
$$T_1^{\frac{1}{2}} \|\nabla |\psi^\tau|^2\|_{L_t^{\frac{2}{1-3\varepsilon}} L_x^{\frac{3}{2+3\varepsilon}}} \|\tilde{\psi}^\tau\|_{L_t^\infty L_x^2} \leq T_1^{\frac{1}{2}} \|\nabla \psi^\tau\|_{L_t^{\frac{2}{1-3\varepsilon}} L_x^{\frac{6}{1+6\varepsilon}}} \|\psi^\tau\|_{L_t^\infty L_x^2}^2.$$

现在利用上式总结上面的结果如下：

$$\|\nabla \psi^\tau \psi^\tau\|_{\dot{S}^0([0, T] \times \mathbf{R}^3)} \leq \|\nabla \psi_0\|_{L^2(\mathbf{R}^3)} + T_1 E_0^{\frac{1}{2}} + T_1^\alpha \|\nabla \psi^\tau \psi^\tau\|_{\dot{S}^1([0, T] \times \mathbf{R}^3)}^p \leqslant$$
$$T_1^{\frac{1}{2}} \|\psi_0\|_{L^2(\mathbf{R}^3)} \|\nabla \psi^\tau \psi^\tau\|_{\dot{S}^1([0, T] \times \mathbf{R}^3)} \leq$$
$$(1+T) E_0^{\frac{1}{2}} + T_1^\alpha \|\nabla \psi^\tau \psi^\tau\|_{\dot{S}^1([0, T] \times \mathbf{R}^3)}^p \leqslant$$
$$T_1^{\frac{1}{2}} \|\psi_0\|_{L^2(\mathbf{R}^3)} \|\nabla \psi^\tau \psi^\tau\|_{\dot{S}^1([0, T] \times \mathbf{R}^3)}.$$

引理 3.6.4 存在 $T_1(E_0, \|\psi_0\|_{L^2(\mathbf{R}^3)}, T) > 0$ 和 $C_1(E_0, \|\psi_0\|_{L^2(\mathbf{R}^3)}, T) > 0$ 使得对所有的 $0 < \tilde{T} \leqslant T_1(E_0, \|\rho_0\|_{L^1(\mathbf{R}^3)})$，有

$$\|\nabla \psi^\tau\|_{\dot{S}^0([0, \tilde{T}] \times \mathbf{R}^3)} \leqslant C_1(E_0^{\frac{1}{2}}, \|\rho_0\|_{L^1(\mathbf{R}^3)}, T). \tag{3.6.13}$$

引理 3.6.4 的证明 考虑非平凡的情况 $\|\psi_0\|_{L^2} > 0$。假设 $X \in (0, \infty)$ 满足

$$X \leqslant A + \mu X + \lambda X^p = \psi(X), \tag{3.6.14}$$

其中 $p>1, A>0$，对所有的 $0<\mu<1, \lambda>0$。令 X_* 使得 $\psi'(X_*)=1$，即 $X_*=\left(\frac{1-mu}{p\lambda}\right)^{\frac{1}{p-1}}$，因此当 $\psi(X_*)<X_*$ 时，下面的不等式成立

$$\left(\frac{1}{p^{\frac{1}{p-1}}}-\frac{1}{p^{\frac{p}{p-1}}}\right)\frac{(1-\mu)^{\frac{p}{p-1}}}{\lambda^{\frac{1}{p-1}}}>A. \tag{3.6.15}$$

由于 ψ 的凸性，如果条件 (3.6.15) 满足，则存在两个根 $X_\pm$，且 $X_+(\mu,\lambda,A)>X_-(\mu,\lambda,A)$。因为 $\mu=T_1^{\frac{1}{2}}\|\psi_0\|_{L^2}^2, \lambda=T_1^\alpha, A=(1+T)E_0^{\frac{1}{2}}$，故假设

$$\mu=T_1^{\frac{1}{2}}\|\psi_0\|_{L^2}^2<\frac{1}{2},$$
$$\lambda=T_1^\alpha=T_1^{\frac{5-p}{4}}<\left[\frac{p^{-\frac{1}{p-1}}-p^{-\frac{p}{p-1}}}{2^{\frac{p}{p-1}}(1+T)E_0^{\frac{1}{2}}}\right]^{p-1}.$$

因此选择

$$T_1:=\min\left[(2\|\psi_0\|_{L^2}^2)^{-2},\left[\frac{p^{-\frac{1}{p-1}}-p^{-\frac{p}{p-1}}}{2^{\frac{p}{p-1}}(1+T)E_0^{\frac{1}{2}}}\right]^{\frac{4(p-1)}{5-p}}\right]. \tag{3.6.16}$$

显然不能有

$$X_*=\left[\frac{1-T_1\|\psi_0\|_{L^2}}{pT_1^\alpha}\right]^{\frac{1}{p-1}}\leqslant X_+\leqslant\|\nabla\psi^\tau\|_{\dot{S}^0([0,\tilde{T}]\times\mathbf{R}^3)},$$

因为当 $T_1\to 0$ 得到一矛盾结果，因此

$$\|\nabla\psi^\tau\|_{\dot{S}^0([0,\tilde{T}]\times\mathbf{R}^3)}\leqslant X_-.$$

□

推论 3.6.1 令 $0<T<\infty$，$\sqrt{\rho^\tau},\boldsymbol{\Lambda}^\tau$ 是前面章节中定义的，则有

$$\|\nabla\sqrt{\rho^\tau}\|_{L_t^qL_r^x([0,T]\times\mathbf{R}^3)}+\|\nabla\sqrt{\boldsymbol{\Lambda}^\tau}\|_{L_t^qL_r^x([0,T]\times\mathbf{R}^3)}\leqslant C(E_0^{\frac{1}{2}},\|\rho_0\|_{L^1(\mathbf{R}^3)},T).$$

对每个容许对 (q,r) 都成立。

但是，上面得到的这些估计还不足以得到二次项的收敛性。因此，需要得到序列 $\{\nabla\psi^\tau\}$ 的额外紧性估计，以保证能运用定理 3.2.5。特别地，需要一些关于序列 $\{\nabla\psi^\tau\}$ 的紧性和正则性，故将利用一些光滑性的结果来获得该序列的紧性和正则性。

命题 3.6.2 （$\{\nabla\psi^\tau\}$ 的局部光滑性） 存在一 $0<T<\infty$ 和 $C_1(E_0,\|\psi_0\|_{L^2(\mathbf{R}^3)},T)>0$ 使得

$$\|\nabla\psi^\tau\|_{L^2([0,T];H_{loc}^{\frac{1}{2}}(\mathbf{R}^3))}\leqslant C(E_0,\|\rho_0\|_{L^1(\mathbf{R}^3)},T). \tag{3.6.17}$$

命题 3.6.2 的证明 利用 Strichartz 估计以及定理 3.2.3 和定理 3.2.4，推出

$$\begin{aligned}\|\nabla\psi^\tau\|_{L^2([0,T];H^{\frac{1}{2}}_{loc}(\mathbf{R}^3))}\leq &\|\nabla\psi_0\|_{L^2(\mathbf{R}^3)}+\\&\frac{\mathrm{i}}{h}\sum_{k=1}^N\|\boldsymbol{\Lambda}^\tau(k\tau-)\|_{L^2(\mathbf{R}^3)}+\tau\sum_{k=1}^N\|\nabla\psi_{n_k}\|_{L^2(\mathbf{R}^3)}+\\&\sum_{k=1}^N\|\nabla\psi_{n_k}\nabla\psi^\tau(k\tau-)+\frac{\tau}{h}(\boldsymbol{\Lambda}_{n_k}-\boldsymbol{\Lambda}^\tau(k\tau-))\|_{L^2(\mathbf{R}^3)}+\\&\|F\|_{L^1([0,T];L^2(\mathbf{R}^3))}.\end{aligned}$$

前三项很明显被常数 $C(E_0,T)$ 所控制，第四项是 $O(\tau)$。最后一项可利用 Strichartz 估计。和之前一样，将 F 分成三部分，$F=:F_1+F_2+F_3$，有

$$\begin{aligned}&\||\psi^\tau|^{p-1}\nabla\psi^\tau\|_{L^1_tL^2_x([0,T]\times\mathbf{R}^3)}\leqslant\\&T^{\frac{4}{5-p}}\||\psi^\tau|^{p-1}\|_{L_t^{\frac{4}{p-1}}L_x^\infty([0,T]\times\mathbf{R}^3)}\|\nabla\psi^\tau\|_{L_t^\infty L_x^2([0,T]\times\mathbf{R}^3)}\leqslant\\&T^{\frac{4}{5-p}}\|\psi^\tau\|^{(p-1)}_{L_t^4L_x^\infty([0,T]\times\mathbf{R}^3)}\|\nabla\psi^\tau\|_{L_t^\infty L_x^2([0,T]\times\mathbf{R}^3)},\end{aligned}$$

然而

$$\|\nabla V^\tau\psi^\tau\|_{L^1_tL^2_x([0,T]\times\mathbf{R}^3)}\leqslant T^{\frac{1}{2}}\|\nabla V^\tau\|_{L_t^{\frac{2}{1-2\varepsilon}}L_x^{\frac{1}{\varepsilon}}([0,T]\times\mathbf{R}^3)}\|\psi^\tau\|_{L_t^{\frac{2}{3\varepsilon}}L_x^{\frac{2}{1-2\varepsilon}}([0,T]\times\mathbf{R}^3)}$$

剩下的项跟前面计算的类似。对于 $V^\tau\nabla\psi^\tau$ 已经估计其 $L^1_tL^2_x$ 范数。 □

因为 $H^{\frac{1}{2}}_{loc}$ 紧嵌入到 L^2_{loc}，所以可以利用定理 3.2.5，有

命题 3.6.3 序列 $\{\nabla\psi^\tau\}$，在空间 $L^2([0,T];L^2_{loc}(\mathbf{R}^3))$ 中是紧的，取其子序列，即

$$\|\nabla\psi\|:=s-\lim_{k\to\infty}\nabla\psi^{\tau_k}\ 在\ L^2([0,T];L^2_{loc}(\mathbf{R}^3))\ 中. \tag{3.6.18}$$

特别地，在空间 $L^2([0,T];L^2_{loc}(\mathbf{R}^3))$ 中，$\nabla\sqrt{\rho^\tau}\to\nabla\sqrt{\rho}$ 和 $\boldsymbol{\Lambda}^\tau\to\boldsymbol{\Lambda}$。

命题 3.6.3 的证明 由命题 3.6.2 知，序列 $\{\nabla\psi^\tau\}_{\tau>0}$ 在空间 $L^2([0,T];H^{\frac{1}{2}}_{loc}(\mathbf{R}^3))$ 中一致有界。那么，有子序列在空间 $L^2([0,T];H^{\frac{1}{2}}_{loc}(\mathbf{R}^3))$ 中，$\nabla\psi^\tau\rightharpoonup\nabla\psi$。现在 $H^{\frac{1}{2}}_{loc}$ 紧嵌入到 L^2_{loc}，和对几乎处处 $t\geqslant0$ 有 $\nabla\psi^\tau(t)\rightharpoonup\nabla\psi(t)$ 以及

$$\lim_{|E|\to0,\,E\subset[0,T]}\sup_{\tau>0}\int_E\|\nabla\psi^\tau(t)\|^2_{L^2_{loc}}\,\mathrm{d}t=0,$$

和 $\nabla\psi^\tau\in L^\infty([0,T];L^2(\mathbf{R}^3))$。因而用定理 3.2.5 得到 (3.6.18)。 □

命题 3.6.4 $(\rho, \boldsymbol{J})$ 是柯西问题 (3.1.1)，(3.1.2) 的弱解。

命题 3.6.4 的证明 由定理 3.5.1 和命题 3.6.2 结合可推得。 □

3.7 进一步的推广

3.7.1 有杂质分布的情况

这一节主要研究 QHD 系统含有杂质分布的情况，也就是说，静电位势满足的 Poisson 方程存在给定的非零源。其具体的 QHD 系统如下：

$$\begin{cases} \partial_t \rho + \operatorname{div} \boldsymbol{J} = 0, \\ \partial_t \boldsymbol{J} + \operatorname{div}\left(\dfrac{\boldsymbol{J} \otimes \boldsymbol{J}}{\rho}\right) + \boldsymbol{\nabla} P(\rho) + \rho \boldsymbol{\nabla} V = \dfrac{h^2}{2} \rho \boldsymbol{\nabla}\left(\dfrac{\Delta\sqrt{\rho}}{\sqrt{\rho}}\right) + \\ f(\sqrt{\rho}, \boldsymbol{J}, \boldsymbol{\nabla}\sqrt{\rho}, \boldsymbol{\nabla}^2\sqrt{\rho}, \boldsymbol{\nabla}(\boldsymbol{J}/\sqrt{\rho})), \\ -\Delta V = \rho - C(x), \end{cases} \tag{3.7.1}$$

这里的 $C(x)$ 是给定的杂质分布，对此作如下假设：

$$C \in L^{p_1}(\mathbf{R}^3) + L^{p_2}(\mathbf{R}^3),\ 这里\ 6/5 < p_1 < p_2 < 3/2, \tag{3.7.2}$$

事实上，这种含有杂质分布的情况在半导体建模中很重要，在下面的数学分析中，由于和前面的方程相比只有 Poisson 方程多了一项，故仅需给出这项关于杂质分布的情况即可。

定理 3.7.1 (主要定理) 令 $\psi \in H^1(\mathbf{R}^3)$，并且定义

$$\rho_0 := |\psi_0|^2, \boldsymbol{J}_0 := h \mathrm{Im}(\overline{\psi_0} \boldsymbol{\nabla} \psi_0).$$

则有，对每个 $0 < T < \infty$，定义在 $[0, T) \times \mathbf{R}^n$ 上，初值为 $(\rho_0, \boldsymbol{J}_0)$ 的 QHD 系统 (3.7.1)，(3.7.2) 存在一整体有限能量弱解。

注 3.7.1 注意到满足假设 (3.7.2) 的函数 C 可写成两个函数的和，即 $C = C_1 + C_2$，其中 $C_1 \in L^{r_1}, C_2 \in L^{r_2}$，$r_1 > 6/5$ 且靠近 $6/5$，$r_2 < 3/2$ 且靠近 $3/2$。从现在起，假设 $p_1 > 6/5$ 就是 $6/5$，记为 $p_1 = 6/5 + \varepsilon_1$，$p_2 < 3/2$ 就是 $3/2$，记为 $p_2 = 3/2 - \varepsilon_2$。

在有非零的杂质分布的情况下，将 V 分成两部分，$V := V_1 + V_2$，其中

$$-\Delta V_1 = \rho,\ -\Delta V_2 = -C(x).$$

通过这种分解方式，在有非零的杂质分布的情况下，可利用分数步方法求解，此时在时空区间上求解非线性 Schrödinger-Poisson 系统

$$\begin{cases} \mathrm{i}h\partial_t\psi + \dfrac{h^2}{2}\Delta\psi = |\psi|^{p-1}\psi + V_1\psi + V_2\psi, \\ -\Delta V_1 = |\psi|^2, \end{cases} \tag{3.7.3}$$

这里的 V_2 是线性椭圆方程 $\Delta V_2 = C$ 在 $\mathbf{R}^3$ 上的解，也就是

$$V_2 = -\int_{\mathbf{R}^3} \frac{1}{|x-y|} C(y)\mathrm{d}y. \tag{3.7.4}$$

对上式利用 Hardy 不等式，有

$$V_2 \in L^{6+\varepsilon_1}(\mathbf{R}^3) + L^{\infty-\varepsilon_2}(\mathbf{R}^3), \tag{3.7.5}$$

$$V_2 \in L^{2+\varepsilon_1}(\mathbf{R}^3) + L^{3-\varepsilon_2}(\mathbf{R}^3). \tag{3.7.6}$$

注 3.7.2 (3.7.5), (3.7.6) 的 $\varepsilon_1, \varepsilon_2$ 与 (3.7.2) 中的 p_1, p_2 不完全一样，但它们之间是相关的。

根据非线性 Schrödinger 方程的标准理论，可知系统 (3.7.3) 是全局适定的。因而为了能够使用紧性工具，只需给出一些 Strichartz 估计。

命题 3.7.1 令 $\psi \in C([0,\infty); H^1(\mathbf{R}^3))$ 是柯西问题 (3.7.3) 的解，令 $0 < T < \infty$。则有

$$\|\nabla\psi\|_{L_t^q L_x^r([0,T]\times\mathbf{R}^3)} \leqslant C(T, \|\psi_0\|_{L^2(\mathbf{R}^3)}, E_0), \tag{3.7.7}$$

对每个容许对 (q,r) 都成立。

命题 3.7.1 的证明 利用 Strichartz 估计已有的一些结论，有

$$\begin{aligned} \|\nabla\psi\|_{L_t^q L_x^r} \lesssim{}& \||\psi|^{p-1}\nabla\psi_0\|_{L^2} + \|\nabla\psi\|_{L_t^{q_1'} L_x^{r_1'}} + \|\nabla V_1\psi\|_{L_t^{q_2'} L_x^{r_2'}} + \\ & \|V_1\nabla\psi\|_{L_t^{q_3'} L_x^{r_3'}} + \|\nabla V_2\psi\|_{L_t^{q_4'} L_x^{r_4'}} + \|V_2\nabla\psi\|_{L_t^{q_5'} L_x^{r_5'}}, \end{aligned}$$

很明显，除了 $\nabla V_2\psi$ 和 $V_2\nabla\psi$，其他项跟之前估计一样，所以接下来主要考虑这两项，先考虑 $\nabla V_2\psi$，可写为

$$(\nabla V_2)^1\psi + (\nabla V_2)^2\psi, \text{这里} (\nabla V_2)^1 \in L^{2+\varepsilon_1}(\mathbf{R}^3), (\nabla V_2)^2 \in L^{3-\varepsilon_2}(\mathbf{R}^3). \tag{3.7.8}$$

对每一项，利用 Hölder 不等式，有

$$\|(\nabla V_2)^j\psi\|_{L_t^{\bar{q}'} L_x^{\bar{r}'}} \leqslant T^\alpha \|(\nabla V_2)^j\|_{L_x^{r_j}} \|\psi\|_{L_t^q L_x^r}, j = 1, 2. \tag{3.7.9}$$

这里的指标满足如下的代数关系：

$$\begin{cases} \dfrac{1}{\tilde{q}'} = 1 + \dfrac{3}{2}\left(\dfrac{1}{2} - \dfrac{1}{\tilde{r}'}\right), \\ \dfrac{1}{q} = \dfrac{3}{2}\left(\dfrac{1}{6} - \dfrac{1}{r}\right), \\ \alpha = \dfrac{3}{2}\left(1 - \dfrac{1}{q_j}\right). \end{cases}$$

□

现在回到定理 3.7.1 的证明，跟前面的小节一样，利用分数步方法，先得到无碰撞项的解，把此刻得到的解更新一下，接着在下一个时间区间上，求解无碰撞项的方程，最后在整个区间上可构造出系统的逼近解。然后，需要解的一致估计，得到紧性，可取极限。

$$\begin{aligned} \nabla\psi^\tau(t) = U(t) - \mathrm{i}\frac{\tau}{h}\sum_{k=1}^{N} U(t-k\tau)(\psi_k^\tau \mathbf{\Lambda}^\tau(k\tau-)) - \\ \mathrm{i}\int_0^t U(t-s)F(s)\mathrm{d}s + \sum_{k=1}^{N} U(t-k\tau)r_k^\tau, \end{aligned} \tag{3.7.10}$$

此时 $F = \nabla(|\psi^\tau|^{p-1}\psi^\tau + (V_1^\tau + V_2^\tau)\psi^\tau)$，那么由 Strichartz 估计有

$$\|\nabla\psi^\tau\|_{L_t^q L_x^r([0,T]\times\mathbf{R}^3)} \leqslant C(T, \|\psi_0\|_{L^2(\mathbf{R}^3)}, E_0). \tag{3.7.11}$$

现在需要上一节的光滑性估计，使得逼近解有足够的紧性，以便对二次项取极限。和上一节一样，唯一需要另外估计的是：

$$\|\nabla(V_2\psi^\tau)\|_{L^1([0,T];L^2(\mathbf{R}^3))}, \tag{3.7.12}$$

跟之前一样，分解 $\nabla(V_2\psi^\tau)$ 为四部分，$\nabla(V_2\psi^\tau) = (\nabla V_2)^1\psi^\tau + (\nabla V_2)^2\psi^\tau + V_2^1\nabla\psi^\tau + V_2^2\nabla\psi^\tau$，其中

$$\begin{cases} (\nabla V_2)^1 \in L^{2+\varepsilon_1}(\mathbf{R}^3), \\ (\nabla V_2)^2 \in L^{3-\varepsilon_1}(\mathbf{R}^3), \\ V_2^1 \in L^{6+\varepsilon_1}(\mathbf{R}^3), \\ V_2^2 \in L^{\infty-\varepsilon_2}(\mathbf{R}^3). \end{cases}$$

下面将逐一估计这四项，对于第一项，有

$$\|(\nabla V_2)^1\psi^\tau\|_{L^1([0,T];L^2)} \leqslant T^{\frac{1}{q'}}\|(\nabla V_2)^1\|_{L^{2+\varepsilon_1}}\|\psi^\tau\|_{L_t^q L_x^r} \lesssim T^{\frac{1}{q'}}\|(\nabla V_2)^1\|_{L^{2+\varepsilon_1}}\|\psi^\tau\|_{S^0}, \tag{3.7.13}$$

这里 $\frac{1}{r}$ 取得很小以及 $\frac{1}{q}=\frac{3}{2}\left(\frac{1}{6}-\frac{1}{r}\right)$。对剩下三项用类似的做法，此处略过。这样，就有光滑性估计：

$$\|\nabla\psi^{\tau}\|_{L^2([0,T];H^{1/2}_{loc}(\mathbf{R}^3))}\leqslant C(T,\|\psi_0\|_{L^2(\mathbf{R}^3)},E_0), \tag{3.7.14}$$

得到的估计能够保证我们使用紧性定理 3.2.5。最后，我们证明确实存在 $\psi\in L^{\infty}([0,\infty);H^1(\mathbf{R}^3))$，使得 $(\rho,\boldsymbol{J})$ 定义为 $(\rho,\boldsymbol{J}):=(|\psi|^2,h\mathrm{Im}(\overline{\psi}\nabla\psi))$ 是 QHD 系统 (3.7.1)，(3.7.2) 的整体有限能量弱解。这样定理 3.7.1 得证。

3.7.2 二维的情形

这一节讨论如下的二维 QHD 模型：

$$\begin{cases}\partial_t\rho+\mathrm{div}\boldsymbol{J}=0,\\ \partial_t\boldsymbol{J}+\mathrm{div}\left(\dfrac{\boldsymbol{J}\otimes\boldsymbol{J}}{\rho}\right)+\nabla P(\rho)+\rho\nabla V=\dfrac{h^2}{2}\rho\nabla\left(\dfrac{\Delta\sqrt{\rho}}{\sqrt{\rho}}\right),\\ -\Delta V=\rho,\end{cases} \tag{3.7.15}$$

和初值

$$\rho(0)=\rho_0,\boldsymbol{J}(0)=\boldsymbol{J}_0. \tag{3.7.16}$$

使得存在波函数 $\psi_0\in H^1(\mathbf{R}^2)$，$\rho_0,\boldsymbol{J}_0$ 是其一阶矩和二阶矩，

$$\rho_0:=|\psi_0|^2,\boldsymbol{J}_0:=h\mathrm{Im}(\overline{\psi_0}\nabla\psi_0).$$

很明显，为证明系统 (3.7.15) 和 (3.7.16) 全局弱解的存在性，可利用和三维情形一样的方法。但是，在二维的情形下会有些差别。首先，在二维的情形下，可以处理更为一般的压力项，容许幂次增长行为是 $P(\rho)=\frac{p-1}{p+1}\rho^{\frac{p+1}{2}}$，这里的幂指标 $1\leqslant p<\infty$。另外一个重要的变化是静电位势变得更为奇异，此时 Poisson 方程在 $\mathbf{R}^2$ 中的 Green 函数为

$$\Phi(x):=-\frac{1}{2\pi}\log|x|,x\in\mathbf{R}^2.$$

所以静电位势可表示为

$$V(t,x):=-\frac{1}{2\pi}\int_{\mathbf{R}^2}\log|x-y|\rho(t,y)\mathrm{d}y. \tag{3.7.17}$$

即使假设 ρ 在无穷远处快速衰减，可能静电位势依旧在无穷远处会变得无界。因此，对静电位势在初始时刻假定在某个 Lebesgue 空间是有界的。下面我们来给出本节的主要定理：

定理 3.7.2 (主要定理) 令 $\psi \in H^1(\mathbf{R}^3)$，并且定义

$$\rho_0 := |\psi_0|^2, \boldsymbol{J}_0 := h\mathrm{Im}(\overline{\psi_0}\nabla\psi_0).$$

另外，假设

$$\int_{\mathbf{R}^2} \rho_0 \log \rho_0 \mathrm{d}x < \infty, \tag{3.7.18}$$

和

$$V(0,x) := -\frac{1}{2\pi}\int_{\mathbf{R}^2} \log|x-y|\rho_0(y)\mathrm{d}y, \tag{3.7.19}$$

满足 $V(0,\cdot) \in L^r(\mathbf{R}^2)$，对某个 $2 < r < \infty$。若对每个 $0 < T < \infty$，定义在 $[0,T) \times \mathbf{R}^n$ 上，则有初值为 $(\rho_0, \boldsymbol{J}_0)$ 的 QHD 系统 (3.7.15)，(3.7.16) 存在整体有限能量弱解。

如前面三维的情形，如果系统 (3.7.15) 动量方程不含有碰撞项，则 QHD 系统 (3.7.15) 与如下的非线性 Schrödinger 系统强烈相关

$$\begin{cases} \mathrm{i}h\partial_t\psi + \dfrac{h^2}{2}\Delta\psi = |\psi|^{p-1}\psi + V\psi, \\ -\Delta V = |\psi|^2, \end{cases} \tag{3.7.20}$$

和初值

$$\psi(0) = \psi_0, \tag{3.7.21}$$

因为通过定义 $(\rho, \boldsymbol{J}) := (|\psi|^2, h\mathrm{Im}(\overline{\psi}\nabla\psi))$，可由系统 (3.7.20) 得到无碰撞项的系统 (3.7.15)。

在三维的情形下，我们通过分数步方法构造系统 (3.7.15) 的逼近解，需要系统 (3.7.20) 的全局适定性，同时也需要系统 (3.7.20) 解的 Strichartz 估计来保证逼近解的紧性。下面给出系统 (3.7.20) 的全局适定性。

定理 3.7.3 (主要定理) 令 ψ_0 是系统 (3.7.15) 的初值，满足

$$\psi_0 \in H^1(\mathbf{R}^3), \int_{\mathbf{R}^2} |\psi_0|^2 \log|\psi_0|^2 \mathrm{d}x < \infty, \tag{3.7.22}$$

且 $V(0,\cdot)$ 使得

$$V(0,\cdot) := -\frac{1}{2\pi}\int_{\mathbf{R}^2} \log|\cdot - y|\rho_0(y)\mathrm{d}y \in L^r(\mathbf{R}^2), \tag{3.7.23}$$

对某个 $2 < r < \infty$，则系统 (3.7.20)，(3.7.21) 存在唯一解 $\psi \in C([0,\infty); H^1(\mathbf{R}^3))$。另外，对每个 $T > 0$ 和每个容许对 (q, r)，有

$$\|\nabla\psi\|_{L_t^q L_x^r([0,T]\times\mathbf{R}^3)} \leqslant C(T, \|\psi_0\|_{L^2(\mathbf{R}^3)}, E_0), \tag{3.7.24}$$

注 3.7.3 可看出，假设 (3.7.22) 是为了保证能量有界，这里系统的能量定义为

$$E(t) := \int_{\mathbf{R}^2}\left(\frac{h^2}{2}|\nabla\psi|^2 + \frac{2}{p+1}|\psi|^{p+1} + \frac{1}{2}V|\psi|^2\right)\mathrm{d}x =$$
$$\int_{\mathbf{R}^2}\left(\frac{h^2}{2}|\nabla\psi|^2 + \frac{2}{p+1}|\psi|^{p+1}\right)\mathrm{d}x - \frac{1}{4\pi}\int_{\mathbf{R}^2\times\mathbf{R}^2}\rho(t,x)\log|x-y|\rho(t,y)\mathrm{d}x\mathrm{d}y, \quad (3.7.25)$$

假设 (3.7.22) 还是为了保证静电位势一直在某个 Lebesgue 空间内。

定理 3.7.3 的证明 处理非线性项是幂函数 $|\psi|^{p-1}\psi$，$1<p<\infty$ 的情形，$p=1$ 的情况很容易推得。首先，根据对数型的 Sobolev 不等式可知，初始能量是有界的，进一步，能量在整个时间区间内是守恒的，满足

$$E(t) = E_0 \lesssim \|\psi_0\|^2_{L^2(\mathbf{R}^2)} + \|\nabla\psi_0\|^2_{L^2(\mathbf{R}^2)} + \int_{\mathbf{R}^2}\rho_0\log\rho_0\mathrm{d}x < \infty, \quad (3.7.26)$$

其次，因为 $\psi \in H^1(\mathbf{R}^2)$，利用 Gagliardo-Nirenberg-Sobolev 不等式，有 $\psi \in L^p(\mathbf{R}^2)$，$2 \leqslant p < \infty$，因而可知 $\rho \in L^p(\mathbf{R}^2)$，$1 \leqslant p < \infty$。

现在给出系统 (3.7.20) 的一个局部性结果。根据 Schrödinger 方程的标准理论，只需给出在 Strichartz 空间的先验估计。但是要应用 Strichartz 估计，首先要知道静电位势在哪个空间。 □

引理 3.7.1 令 V 满足系统 (3.7.20) 中的 Poisson 方程，使得初值 $V(0) \in L^r(\mathbf{R}^2)$，$2 \leqslant p < \infty$，则有

$$\begin{cases}\nabla V \in L_t^\infty L_x^p([0,T)\times\mathbf{R}^2), p \in [2,\infty),\\ V \in L_t^\infty L_x^r([0,T)\times\mathbf{R}^2).\end{cases} \quad (3.7.27)$$

引理 3.7.1 的证明 由椭圆正则性理论和 Sobolev 嵌入定理，有

$$\|\nabla V\|_{L^\infty L^2} \leqslant \||\nabla|^{-1}\rho\|_{L^\infty L^2} \lesssim \|\rho_0\|_{L^1}, \quad (3.7.28)$$

另外，对 (3.7.4) 取梯度，得到

$$\nabla V(t,x) = -\frac{1}{2\pi}\int_{\mathbf{R}^3}\frac{|x-y|}{|x-y|^2}\rho(t,y)\mathrm{d}y. \quad (3.7.29)$$

利用广义的 Hardy-Littlewood-Sobolev 不等式，可得到 $\nabla V \in L^\infty([0,T);L^p(\mathbf{R}^2))$，$2<p<\infty$。进而，可知 $\nabla V \in L^\infty([0,T);L^p(\mathbf{R}^2))$，$2 \leqslant p < \infty$。

先对式 (3.7.4) 关于时间求微分，再利用连续性方程，得

$$\partial_t V(t,x) = -\frac{1}{2\pi}\int_{\mathbf{R}^3} \frac{|x-y|}{|x-y|^2}\cdot \boldsymbol{J}(t,y)\mathrm{d}y, \tag{3.7.30}$$

因此，有

$$V(t,x) = V(0,x) - \frac{1}{2\pi}\int_0^t \int_{\mathbf{R}^3} \frac{|x-y|}{|x-y|^2}\cdot \boldsymbol{J}(s,y)\mathrm{d}y\mathrm{d}s, \tag{3.7.31}$$

现在，由能量的有界性和 Gagliardo-Nirenberg-Sobolev 不等式，可得出 $\boldsymbol{J}\in L^\infty([0,T);L^p(\mathbf{R}^2))$，$1\leqslant p<2$，那么再次利用广义的 Hardy-Littlewood-Sobolev 不等式，可得 $\partial_t V\in L^\infty([0,T);L^r(\mathbf{R}^2))$，$1\leqslant p<2$，$2<r<\infty$。因此，有

$$\|V(t)\|_{L^r} \leqslant \|V(0)\|_{L^r} + t\|\partial_t V\|_{L_t^\infty L_x^r([0,\infty)\times\mathbf{R}^2)}, 2<r<\infty, \tag{3.7.32}$$

$V\in L_t^\infty L_x^r([0,\infty)\times\mathbf{R}^2)$。 □

回到定理 3.7.3 的证明。利用 Strichartz 估计，有

$$\begin{aligned}\|\nabla\psi\|_{L_t^q L_x^r([0,T)\times\mathbf{R}^2)} \lesssim \|\nabla\psi_0\|_{L^2(\mathbf{R}^2)} + \||\psi|^{p-1}\nabla\psi\|_{L_t^{q_1'}L_x^{r_1'}} +\\ \|V\nabla\psi\|_{L_t^{q_2'}L_x^{r_2'}} + \|\nabla V\psi\|_{L_t^{q_3'}L_x^{r_3'}},\end{aligned}$$

(q_i',r_i') 是 Schrödinger 方程容许对的对偶指标，考虑右边的第二项，$\||\psi|^{p-1}\nabla\psi\|_{L_t^{q_1'}L_x^{r_1'}}$，由 Hölder 不等式，有

$$\||\psi|^{p-1}\nabla\psi\|_{L_t^{q_1'}L_x^{r_1'}} \leqslant T^{\frac{1}{q_1'}}\|\psi\|_{L_t^\infty L_x^{r(p-1)}}^{p-1}\|\nabla\psi\|_{L_t^\infty L_x^2},$$

这里的指标满足如下的代数关系：

$$\begin{cases} 0<\dfrac{1}{r}\leqslant\dfrac{p-1}{2}, \\ \dfrac{1}{2}\leqslant\dfrac{1}{r_1'}=\dfrac{1}{r}+\dfrac{1}{2}. \end{cases}$$

接着，利用 Gagliardo-Nirenberg-Sobolev 不等式，可推出

$$\begin{aligned}&\||\psi|^{p-1}\nabla\psi\|_{L_t^{q_1'}L_x^{r_1'}} \leqslant T^{\frac{1}{q_1'}}\|\psi\|_{L_t^\infty L_x^{r(p-1)}}^{p-1}\|\nabla\psi\|_{L_t^\infty L_x^2} \lesssim\\ &T^{\frac{1}{q_1'}}\|\psi\|_{L_t^\infty L_x^2}^{\frac{2}{r}}\|\nabla\psi\|_{L_t^\infty L_x^2}^{\frac{r(p-1)-2}{r(p-2)}(p-1)}\|\nabla\psi\|_{L_t^\infty L_x^2} = T^{\frac{1}{q_1'}}\|\psi\|_{L_t^\infty L_x^2}^{\frac{2}{r}}\|\nabla\psi\|_{L_t^\infty L_x^2}^{\frac{rp-2}{r}},\end{aligned}$$

对于右端的第三项，选择 $(q_2',r_2')=(r',\dfrac{2r}{r+2})$，其中 r 是 $V(0)\in L^r$ 中的指标，因此有

$$\|V\nabla\psi\|_{L_t^{r'}L_x^{\frac{2r}{r+2}}} \leqslant T^{\frac{1}{r'}}\|V\|_{L_t^\infty L_x^r}\|\nabla\psi\|_{L_t^\infty L_x^2} \lesssim$$

$$T^{\frac{1}{r'}}(\|V(0)\|_{L^r_x}+T\|\partial_t V\|_{L^\infty_t L^r_x})\|\nabla\psi\|_{L^\infty_t L^2_x}.$$

最后，对于右端的第四项，选取三个指标 r_3', p, p_1，使得

$$\|\nabla V\psi\|_{L_t^{q_3'}L_x^{r_3'}} \leqslant T^{\frac{1}{q_3'}}\|\nabla V\|_{L_t^\infty L_x^p}\|\psi\|_{L_t^\infty L_x^{p_1}} \lesssim$$
$$T^{\frac{1}{q_3'}}\|\nabla V\|_{L_t^\infty L_x^p}\|\psi\|_{L_t^\infty L_x^{p_1}}^{\frac{2}{p_1}}\|\nabla\psi\|_{L_t^\infty L_x^{p_1}}^{1-\frac{2}{p_1}},$$

和

$$\begin{cases}0<\dfrac{1}{p}\leqslant\dfrac{1}{2},\quad 0<\dfrac{1}{p_1}\leqslant\dfrac{1}{2},\\ \dfrac{1}{2}\leqslant\dfrac{1}{r_3'}=\dfrac{1}{p}+\dfrac{1}{p_1}<1.\end{cases}$$

因此得到如下的估计

$$\|\nabla\psi\|_{L_t^q L_x^r([0,T)\times\mathbf{R}^2)} \lesssim \|\nabla\psi_0\|_{L^2(\mathbf{R}^2)} + T^\alpha C(\|\psi_0\|_{L^2}, E_0), \tag{3.7.33}$$

对某个 $\alpha>0$。那么，根据标准的理论知，系统 (3.7.20) 存在 $T^*=T^*(\|\psi_0\|_{L^2},\|\nabla\psi_0\|_{L^2})$，使得存在唯一解

$$\psi\in C([0,T^*);H^1(\mathbf{R}^2))\cap L^q([0,T^*);L^r(\mathbf{R}^2)),\ \text{对任意的容许对}\ (q,r)\ \text{成立}.$$

另外，因为在整个时间区间上能量是守恒的，且 T^* 只依赖于初值，所以可在时间区间 $[kT^*,(k+1)T^*]$ 上重复前面的方法，这样可以把解延拓为整体。定理 3.7.3 得证。

4. 具有冷压的非等熵量子 Navier-Stokes 方程

4.1 假设和主要结果

这一章主要介绍一类具有冷压的非等熵量子 Navier-Stokes 模型。考虑如下 QHD 方程组的柯西问题

$$\begin{cases} \partial_t\rho + \operatorname{div}(\rho\boldsymbol{u}) = 0, & (4.1.1) \\ \partial_t(\rho\boldsymbol{u}) + \operatorname{div}(\rho\boldsymbol{u}\otimes\boldsymbol{u}) + \nabla P - 2h^2\operatorname{div}(\rho(\nabla\otimes\nabla)\log\rho) = \nu\operatorname{div}(\rho D(\boldsymbol{u})), & (4.1.2) \\ \partial_t(\rho E) + \operatorname{div}(\rho E\boldsymbol{u}) + \operatorname{div}(P\boldsymbol{u}) - 2h^2\operatorname{div}(\rho\boldsymbol{u}(\nabla\otimes\nabla)\log\rho) - \\ h^2\operatorname{div}(\rho\Delta\boldsymbol{u}) = \operatorname{div}\boldsymbol{q} + \nu\operatorname{div}(\rho D(\boldsymbol{u})\boldsymbol{u}), & (4.1.3) \end{cases}$$

其中，总能量 E、热扩散通量 $\boldsymbol{q}$ 以及速度的梯度对称部分 $D(\boldsymbol{u})$ 分别定义如下：

$$\rho E = \rho e + \frac{1}{2}\rho|\boldsymbol{u}|^2 - h^2\rho\Delta\log\rho, \boldsymbol{q} = \kappa(\rho,\theta)\nabla\theta, D(\boldsymbol{u}) = \frac{\nabla\boldsymbol{u} + \nabla^{\mathrm{T}}\boldsymbol{u}}{2}.$$

方程里未知函数 $\rho, \boldsymbol{u}, \theta, e$ 分别表示流体的密度、速度、温度和内能，P 是压力场，κ 是热传导系数，h 是普朗克常量，ν 是粘性系数。

其初值为

$$\rho|_{t=0} = \rho_0, \rho\boldsymbol{u}|_{t=0} = \boldsymbol{m}_0, \rho E|_{t=0} = (\rho E)_0, \quad (4.1.4)$$

比较有趣的是，如果解是光滑的，通过适当的计算，关于能量的方程中的量子项可以消去，推得如下的内能方程：

$$\partial_t(\rho e) + \operatorname{div}(\rho e\boldsymbol{u}) + P\boldsymbol{u} = \operatorname{div}(\kappa(\rho,\theta)\nabla\theta) + \nu\rho|D(\boldsymbol{u})|^2. \quad (4.1.5)$$

下面主要给出方程组 (4.1.1)–(4.1.3) 大初值整体弱解的存在性，证明的主要思路是对原方程组添加人工高阶正则项，再用 Galerkin 方法投影到有限维空间，这样就构造

了方程组的逼近解。接着用不动点方法证得逼近解的局部存在性，可推得关于维数的一致估计，进而得到逼近解的整体存在性。最后由物理能量估计、熵估计以及 B-D 有效能量估计得到关于参数的一致估计，可对这些参数取极限，得到的极限满足原方程组解的定义。

4.1.1 假设

本节主要给出物理上的一些假设，比如初值、热传导系数、状态方程。

(1) 初值：系统的初值状态是由量 $\rho_0, \boldsymbol{m}_0, (\rho E)_0$ 来决定的。初始的密度 ρ_0 是非负的可测函数，满足

$$\rho_0 \in L^{5\gamma^+/3}(\Omega), 1/\rho_0 \in L^{(5\gamma^+-1)/3}(\Omega), \int_\Omega \rho_0 \mathrm{d}x = M_0 > 0. \tag{4.1.6}$$

初始的动量 $\boldsymbol{m}_0$ 满足兼容性条件

$$\boldsymbol{m}_0 = 0 \text{ 在集合 } \{x \in \mathbf{R}^n : \rho_0 = 0\} \text{ 上几乎处处成立。} \tag{4.1.7}$$

动能是有限的，即

$$\int_\Omega \frac{|\boldsymbol{m}_0|^2}{\rho_0} \mathrm{d}x \leqslant \infty. \tag{4.1.8}$$

最后假设系统的初始能量是有限的，具体来说

$$E_0 = \int_\Omega \left(\frac{|\boldsymbol{m}_0|^2}{2\rho_0} + \rho_0 e(\rho_0, \theta_0) + h^2 |\boldsymbol{\nabla}\sqrt{\rho_0}|^2\right) \mathrm{d}x \leqslant \infty. \tag{4.1.9}$$

(2) 热传导系数：增长性假设

$$\kappa(\rho, \theta) = \kappa_0 + \rho + \rho\theta^2 + \beta\theta^B, \tag{4.1.10}$$

其中 $\kappa_0 > 0$，$B \geqslant 8$，$\beta > 0$ 都是常数。

(3) 状态方程：假设状态方程满足如下的形式

$$P = P_m + P_r = R\rho\theta + P_c + \frac{a}{3}\theta^4, e = e_m + e_r = C_\mu\theta + e_c + a\frac{\theta^4}{\rho}, \tag{4.1.11}$$

其中 R 和 C_μ 是两个正的常数，$P_m = R\rho\theta + P_c$ 是分子间内部压强，$P_r = \dfrac{a}{3}\theta^4$ 是高温时产生的辐射压强。另外，压强 P_c 和内能 e_c 通过零 Kelvin 等热关系联系起来，具体来说，假设 e_c 是非负的二阶光滑函数，则有如下的关系：

$$P_c(\rho) = \rho^2 \frac{\mathrm{d}e_c(\rho)}{\mathrm{d}\rho}. \tag{4.1.12}$$

(4.1.12) 要求 P_c 是连续函数，并满足如下的增长性条件

$$P_c'(\rho)=\begin{cases}c_2\rho^{-\gamma^- -1}, & \text{当 } \rho\leqslant 1,\\ c_3\rho^{\gamma^+ -1}, & \text{当 } \rho>1,\end{cases} \tag{4.1.13}$$

对正常数 c_2，c_3 和 γ^-，$\gamma^+>1$ 成立。这里注意到 P_c 冷压的假设，即当流体处于绝热温度变化且密度很低的时候，此时流体的压强会和固体的压强类似，这个假设在数学分析上很关键，由此可得到速度的紧性。

热力学第二定律表明对于任何物理系统，机械能转化为热能都是不可逆的过程，因此存在状态函数，称为熵函数，满足 Gibbs 关系：

$$\theta Ds(\rho,\theta)=De(\rho,\theta)+P(\rho,\theta)D\left(\frac{1}{\rho}\right), \text{ 对 } \rho>0,\theta>0. \tag{4.1.14}$$

由此关系，如果已知解是光滑的，可推导出熵方程：

$$\partial_t(\rho s)+\operatorname{div}(\rho s\boldsymbol{u})-\operatorname{div}\left(\frac{\kappa(\rho,\theta)\nabla\theta}{\theta}\right)=\frac{\kappa(\rho,\theta)|\nabla\theta|^2}{\theta^2}+\frac{\nu\rho|D(\boldsymbol{u})|^2}{\theta}, \tag{4.1.15}$$

另外，为符合 Gibbs 关系式 (4.1.14)，根据假设 (4.1.10)，熵可写为

$$s=s_m+s_r,\ \frac{\partial s_m}{\partial\theta}=\frac{1}{\theta}\frac{\partial e_m}{\partial\theta},\ \rho s_r=\frac{4}{3}a\theta^3, \tag{4.1.16}$$

其中

$$|s_m(\rho,\theta)|\leqslant C(1+|\log\rho|+|\log\theta|), \text{ 对所有的 } \rho>0,\theta>0. \tag{4.1.17}$$

在推导一致先验估计的时候，更为方便的一个量是 Helmholtz 函数，定义如下：

$$H_{\overline{\theta}}(\rho,\theta)=\rho(e(\rho,\theta)-\overline{\theta}s(\rho,\theta)). \tag{4.1.18}$$

4.1.2 主要结果

在给出主要结果之前，需要给出弱解的定义。一般来说，弱解应该满足能量估计。从物理角度来看，质量守恒、动量守恒、能量守恒在分布意义下成立。基于这些考虑，弱解定义如下：

定义 4.1.1 我们称 $(\rho,\boldsymbol{u},\theta)$ 为系统 (4.1.1)–(4.1.3) 的一组解，当且仅当对任意的正数 T，$(\rho,\boldsymbol{u},\theta)$ 属于一类

$$\rho\in L^\infty([0,T];L^{\gamma^+}(\Omega)),\rho^{-1}\in L^\infty([0,T];L^{\gamma^-}(\Omega)),$$

$$\sqrt{\rho}\boldsymbol{u} \in L^{\infty}([0,T];L^2(\Omega)),\ \sqrt{\rho}\nabla\boldsymbol{u} \in L^2([0,T];L^2(\Omega)),\tag{4.1.19}$$
$$\theta \in L^{\infty}([0,T];L^4(\Omega)) \cap L^2([0,T];W^{1,2}(\Omega)),$$

下面的等式成立：

(1) 连续性方程

$$\partial_t\rho + \mathrm{div}(\rho\boldsymbol{u}) = 0$$

在 $[0,T]\times\Omega$ 上逐点满足。

(2) 动量方程

$$\int_0^T\int_\Omega \rho\boldsymbol{u}\cdot\partial_t\boldsymbol{\phi}\mathrm{d}x\mathrm{d}t + \int_0^T\int_\Omega(\rho\boldsymbol{u}\otimes\boldsymbol{u})\nabla\boldsymbol{\phi}\mathrm{d}x\mathrm{d}t - \int_0^T\int_\Omega \nu\rho D\boldsymbol{u}:D\boldsymbol{\phi}\mathrm{d}x\mathrm{d}t +$$
$$\int_0^T\int_\Omega P\,\mathrm{div}\,\boldsymbol{\phi}\mathrm{d}x\mathrm{d}t - 2h^2\int_0^T\int_\Omega \rho\nabla^2\log\rho\otimes\nabla\boldsymbol{\phi}\mathrm{d}x\mathrm{d}t = -\int_\Omega \boldsymbol{m}_0\cdot\boldsymbol{\phi}(0)\mathrm{d}x,\tag{4.1.20}$$

对任意的光滑向量试验函数 $\boldsymbol{\phi}$ 都成立，满足 $\boldsymbol{\phi}(\cdot,T)=0$，其中

$$-2h^2\int_0^T\int_\Omega \rho\nabla^2\log\rho\otimes\nabla\boldsymbol{\phi}\mathrm{d}x\mathrm{d}t = -4h^2\int_0^T\int_\Omega \sqrt{\rho}\nabla\sqrt{\rho}\cdot\nabla\,\mathrm{div}\,\boldsymbol{\phi}\mathrm{d}x\mathrm{d}t -$$
$$8h^2\int_0^T\int_\Omega \nabla\sqrt{\rho}\otimes\nabla\sqrt{\rho}:\nabla^2\boldsymbol{\phi}\mathrm{d}x\mathrm{d}t.\tag{4.1.21}$$

(3) 总能量方程

$$\int_0^T\int_\Omega\left(\rho\frac{|\boldsymbol{u}|^2}{2} + \rho e - h^2\rho\Delta\log\rho\right)\partial_t\boldsymbol{\phi}\mathrm{d}x\mathrm{d}t + \int_0^T\int_\Omega\left(\rho e + \rho\frac{|\boldsymbol{u}|^2}{2}\boldsymbol{u} -\right.$$
$$\left.h^2\rho\Delta\log\rho\boldsymbol{u}\right)\cdot\nabla\boldsymbol{\phi}\mathrm{d}x\mathrm{d}t + \int_0^T\int_\Omega P\boldsymbol{u}\cdot\nabla\boldsymbol{\phi}\mathrm{d}x\mathrm{d}t - 2h^2\int_0^T\int_\Omega \rho\boldsymbol{u}\nabla^2\log\rho\otimes\nabla\boldsymbol{\phi}\mathrm{d}x\mathrm{d}t -$$
$$h^2\int_0^T\int_\Omega \rho\Delta\boldsymbol{u}\cdot\nabla\boldsymbol{\phi}\mathrm{d}x\mathrm{d}t - \int_0^T\int_\Omega \kappa\nabla\theta\cdot\nabla\boldsymbol{\phi}\mathrm{d}x\mathrm{d}t - \int_0^T\int_\Omega \nu\rho D(\boldsymbol{u})\boldsymbol{u}\cdot\nabla\boldsymbol{\phi}\mathrm{d}x\mathrm{d}t +$$
$$\int_0^T\int_\Omega\left(\rho\frac{|\boldsymbol{u}|^2}{2} + \rho e + \frac{\lambda}{2}|\nabla\Delta^s\rho|^2 - h^2\rho\Delta\log\rho\right)(0)\boldsymbol{\phi}(0)\mathrm{d}x\mathrm{d}t = 0,\tag{4.1.22}$$

对任意的光滑数值试验函数 $\boldsymbol{\phi}$ 都成立，满足 $\boldsymbol{\phi}(\cdot,T)=0$，其中

$$-h^2\int_0^T\int_\Omega \rho\Delta\log\rho\boldsymbol{u}\cdot\nabla\boldsymbol{\phi}\mathrm{d}x\mathrm{d}t = -h^2\int_0^T\int_\Omega \Delta\rho\boldsymbol{u}\cdot\nabla\boldsymbol{\phi}\mathrm{d}x\mathrm{d}t +$$
$$h^2\int_0^T\int_\Omega \frac{|\nabla\rho|^2}{\rho}\boldsymbol{u}\cdot\nabla\boldsymbol{\phi}\mathrm{d}x\mathrm{d}t,\tag{4.1.23}$$

和

$$-2h^2\int_0^T\int_\Omega \rho\boldsymbol{u}\nabla^2\log\rho\otimes\nabla\boldsymbol{\phi}\mathrm{d}x\mathrm{d}t=-2h^2\int_0^T\int_\Omega \nabla^2\rho\boldsymbol{u}\otimes\nabla\boldsymbol{\phi}\mathrm{d}x\mathrm{d}t+ \\ 2h^2\int_0^T\int_\Omega \frac{\nabla\rho\otimes\nabla\rho}{\rho}\boldsymbol{u}\otimes\nabla\boldsymbol{\phi}\mathrm{d}x\mathrm{d}t, \tag{4.1.24}$$

以及

$$-h^2\int_0^T\int_\Omega \rho\Delta\boldsymbol{u}\cdot\nabla\boldsymbol{\phi}\mathrm{d}x\mathrm{d}t=-h^2\int_0^T\int_\Omega \boldsymbol{u}(\Delta\rho\nabla\boldsymbol{\phi}+2\nabla\rho\Delta\boldsymbol{\phi}+\rho\nabla\Delta\boldsymbol{\phi})\mathrm{d}x\mathrm{d}t. \tag{4.1.25}$$

下面给出本章的主要结果，本章可参考文献 [83]–[88]。

定理 4.1.1 令 Ω 是三维周期区域 T^3。假设 κ, e_c, P_c 满足条件 (4.1.6)–(4.1.12)。令初值满足 $\rho_0\in L^{5\gamma^+/3}(\Omega)$，$\dfrac{1}{\rho_0}\in L^{(5\gamma^+-1)/3}(\Omega)$，$\boldsymbol{m}_0\in L^1(\Omega)$，$\theta_0\in L^4(\Omega)$，使得 $\dfrac{(\boldsymbol{m}_0)^2}{\rho_0}\in L^1(\Omega)$。设参数满足 $\gamma^+>3$，$\gamma^->\dfrac{5\gamma^+-3}{\gamma^+-3}$，$B\geqslant 8$。令 $T>0$ 是任意的，那么系统 (4.1.1)–(4.1.3) 在分布意义下存在弱解，此外，在密度 $\rho>0$ 和温度 $\theta>0$ 条件下几乎处处成立。

4.2 逼近

在本节中，给出两层逼近，第一层逼近是将原方程加一些正则项，第二层逼近是将方程投影到有限维空间 (Faedo-Galerkin 逼近)。对于第一层逼近，具体来说，在质量方程上加正则项 $\varepsilon\Delta\rho$，在动量方程上加人为光滑子 $\lambda\nabla\Delta^{2s+1}\rho$ 和 $\lambda\Delta^{2s+1}(\rho\boldsymbol{u})$，注意到，当 $\varepsilon,\lambda\to 0^+$，就会回到原来的方程。

首先选取参数 $\varepsilon>0,\lambda>0$，固定参数 s 充分大，考虑下面的正则化问题：

寻求空间周期函数 $(\rho,\boldsymbol{u},\theta)$ 使得

$$\begin{aligned}&\rho\in L^2(0,T;W^{2s+2}(\Omega)),\partial_t\rho\in L^2(0,T;L^2(\Omega)),\\&\boldsymbol{u}\in L^2(0,T;W^{2s+1}(\Omega)),\\&\theta\in L^2(0,T;W^{1,2}(\Omega))\cap L^B(0,T;L^{3B}(\Omega)).\end{aligned} \tag{4.2.1}$$

求解如下问题：

(1) 逼近的连续性方程

$$\partial_t\rho+\mathrm{div}(\rho\boldsymbol{u})-\varepsilon\Delta\rho=0,\rho(0,x)=\rho_\lambda^0(x) \tag{4.2.2}$$

在区域 $[0,T]\times\Omega$ 上逐点满足，初值在 L^2 强意义下满足，这里 $\rho_\lambda^0\in C^\infty(\Omega)$ 是正则化的初值，使得当 $\lambda\to0^+$ 时，在 $L^{\gamma^+}(\Omega)$ 空间中有 $\rho_\lambda^0\to\rho^0$，以及 $\lambda\|\nabla^{2s+1}\rho_\lambda^0\|\to0$ 和

$$\inf_{x\in\Omega}\rho_\lambda^0>0. \tag{4.2.3}$$

(2) 逼近的动量方程的弱形式

$$\begin{aligned}&\int_0^T\int_\Omega \rho\boldsymbol{u}\cdot\partial_t\boldsymbol{\phi}\mathrm{d}x\mathrm{d}t-\int_0^T\int_\Omega \lambda\Delta^s\nabla(\rho\boldsymbol{u}):\Delta^s\nabla(\rho\boldsymbol{\phi})\mathrm{d}x\mathrm{d}t+\\&\int_0^T\int_\Omega(\rho\boldsymbol{u}\otimes\boldsymbol{u})\nabla\boldsymbol{\phi}\mathrm{d}x\mathrm{d}t-\int_0^T\int_\Omega \nu\rho D(\boldsymbol{u}):D(\boldsymbol{\phi})\mathrm{d}x\mathrm{d}t+\int_0^T\int_\Omega P\,\mathrm{div}\,\boldsymbol{\phi}\mathrm{d}x\mathrm{d}t-\\&\int_0^T\int_\Omega\lambda\Delta^s\mathrm{div}(\rho\boldsymbol{\phi}):\Delta^{s+1}(\rho)\mathrm{d}x\mathrm{d}t-2h^2\int_0^T\int_\Omega\rho\nabla^2\log\rho\cdot\nabla\boldsymbol{\phi}\mathrm{d}x\mathrm{d}t-\\&\varepsilon\int_0^T\int_\Omega(\nabla\rho\cdot\nabla)\boldsymbol{u}\cdot\boldsymbol{\phi}\mathrm{d}x\mathrm{d}t=-\int_\Omega \boldsymbol{m}_0\cdot\boldsymbol{\phi}(0)\mathrm{d}x,\end{aligned} \tag{4.2.4}$$

对任意的试验函数 $\boldsymbol{\phi}\in L^2(0,T;W^{2s+1}(\Omega))\cap W^{1,2}(0,T;W^{1,2}(\Omega))$ 使得 $\boldsymbol{\phi}(\cdot,T)=0$ 都成立。

(3) 能量等式的弱形式

$$\begin{aligned}&\int_0^T\int_\Omega\Big(\rho\frac{|\boldsymbol{u}|^2}{2}+\rho e+\frac{\lambda}{2}|\nabla\Delta^s\rho|^2-h^2\rho\Delta\log\rho\Big)\partial_t\boldsymbol{\phi}\mathrm{d}x\mathrm{d}t-\int_0^T\int_\Omega\kappa\nabla\theta\cdot\nabla\boldsymbol{\phi}\mathrm{d}x\mathrm{d}t+\\&\int_0^T\int_\Omega\Big(\rho e+\rho\frac{|\boldsymbol{u}|^2}{2}\boldsymbol{u}-h^2\rho\Delta\log\rho\boldsymbol{u}\Big)\cdot\nabla\boldsymbol{\phi}\mathrm{d}x\mathrm{d}t+\int_0^T\int_\Omega P\boldsymbol{u}\cdot\nabla\boldsymbol{\phi}\mathrm{d}x\mathrm{d}t-\\&2h^2\int_0^T\int_\Omega\rho\boldsymbol{u}\nabla^2\log\rho\nabla\boldsymbol{\phi}\mathrm{d}x\mathrm{d}t-h^2\int_0^T\int_\Omega\rho\Delta\boldsymbol{u}\nabla\boldsymbol{\phi}\mathrm{d}x\mathrm{d}t-\\&\int_0^T\int_\Omega\nu\rho D(\boldsymbol{u})\boldsymbol{u}\cdot\nabla\boldsymbol{\phi}\mathrm{d}x\mathrm{d}t=-\int_0^T\int_\Omega\Big(\frac{\varepsilon}{\theta^2}-\varepsilon\theta^5\Big)\boldsymbol{\phi}\mathrm{d}x\mathrm{d}t+\int_0^T\int_\Omega R_{\varepsilon,\lambda}\mathrm{d}x\mathrm{d}t-\\&\int_0^T\int_\Omega\Big(\rho\frac{|\boldsymbol{u}|^2}{2}+\rho e+\frac{\lambda}{2}|\nabla\Delta^s\rho|^2-h^2\rho\Delta\log\rho\Big)(0)\boldsymbol{\phi}(0)\mathrm{d}x\mathrm{d}t\end{aligned} \tag{4.2.5}$$

和

$$\begin{aligned}&R_{\varepsilon,\lambda}(\rho,\theta,\boldsymbol{u},\boldsymbol{\phi})=\lambda[\Delta^s(\mathrm{div}(\rho\boldsymbol{u}\boldsymbol{\phi}))\Delta^{s+1}\rho-\Delta^s\mathrm{div}(\rho\boldsymbol{u})\Delta^{s+1}\rho\boldsymbol{\phi}]-\\&\lambda\Delta^s\mathrm{div}(\rho\boldsymbol{u})\nabla\Delta^{s+1}\rho\cdot\nabla\boldsymbol{\phi}-\lambda[|\Delta^s\nabla(\rho\boldsymbol{u})|^2\boldsymbol{\phi}-\Delta^s\nabla(\rho\boldsymbol{u}):\Delta^s\nabla(\rho\boldsymbol{u}\boldsymbol{\phi})]+\\&\lambda\varepsilon\Delta^{s+1}\rho\nabla\Delta^s\rho\cdot\nabla\boldsymbol{\phi}+\frac{\varepsilon}{2}|\boldsymbol{u}|^2\nabla\rho\cdot\nabla\boldsymbol{\phi}+\varepsilon\nabla\rho\cdot\nabla\boldsymbol{\phi}\left(e_c(\rho)+\frac{P_c(\rho)}{\rho}\right),\end{aligned} \tag{4.2.6}$$

对任意的试验函数 $\boldsymbol{\phi} \in C^\infty([0,T]\times\Omega)$ 使得 $\boldsymbol{\phi}(T,\cdot)=0$ 都成立，这里 $\boldsymbol{u}_\lambda^0=\dfrac{\boldsymbol{m}_0}{\rho_\lambda^0}$ 和 $\theta_\lambda^0 \in C^\infty(\Omega)$，当 $\lambda\to 0^+$ 在空间 $L^4(\Omega)$ 中有 $\theta_\lambda^0\to\theta^0$，以及

$$0<\inf_{x\in\Omega}\theta_\lambda^0(x)=\underline{\theta^0}\leqslant\theta^0(x)\leqslant\sup_{x\in\Omega}\theta_\lambda^0(x)=\overline{\theta^0}<\infty, \tag{4.2.7}$$

对上面正则化系统，证明有如下的结果：

定理 4.2.1 在定理 4.1.1 的假设和上面提到的假设下，对任意的 $T>0,\varepsilon>0,\lambda>0$，问题 (4.2.1)–(4.2.7) 存在一解。

证明定理 4.2.1 需引入另外一层逼近——有限维投影方法 (Faedo-Galerkin 逼近)，同时，把总能量逼近方程简化为内能逼近方程。具体来说，寻求一组解 $(\rho,\boldsymbol{u},\theta)$ 使得

$$\begin{aligned}&\rho\in L^2(0,T;W^{2s+2}(\Omega)),\partial_t\rho\in L^2(0,T;L^2(\Omega)),\\&\boldsymbol{u}\in C(0,T;X_N),\\&\theta\in L^2(0,T;W^{1,2}(\Omega))\cap L^\infty((0,T)\times\Omega),\end{aligned} \tag{4.2.8}$$

求解如下的问题：

(1) 逼近的连续性方程

$$\partial_t\rho+\operatorname{div}(\rho\boldsymbol{u})-\varepsilon\Delta\rho=0,\rho(0,x)=\rho_\lambda^0(x) \tag{4.2.9}$$

在区域 $[0,T]\times\Omega$ 上逐点满足，初值在 L^2 强意义下满足，这里的 ρ_λ^0 定义如上。

(2) Faedo-Galerkin 逼近动量方程的弱形式

寻求 $\boldsymbol{u}\in C([0,T];X_N)$ 使得

$$\begin{aligned}&\int_0^T\int_\Omega\rho\boldsymbol{u}\cdot\partial_t\boldsymbol{\phi}\mathrm{d}x\mathrm{d}t+\int_0^T\int_\Omega\rho\boldsymbol{u}\otimes\boldsymbol{u}:\nabla\boldsymbol{\phi}\mathrm{d}x\mathrm{d}t+\int_0^T\int_\Omega P\operatorname{div}\boldsymbol{\phi}\mathrm{d}x\mathrm{d}t-\\&\int_0^T\int_\Omega\lambda\Delta^s\nabla(\rho\boldsymbol{u}):\Delta^s\nabla(\rho\boldsymbol{\phi})\mathrm{d}x\mathrm{d}t-\int_0^T\int_\Omega\nu\rho D(\boldsymbol{u}):D(\boldsymbol{\phi})\mathrm{d}x\mathrm{d}t-\\&\int_0^T\int_\Omega\lambda\Delta^s\operatorname{div}(\rho\boldsymbol{\phi}):\Delta^{s+1}(\rho)\mathrm{d}x\mathrm{d}t-2h^2\int_0^T\int_\Omega\rho\nabla^2\log\rho\cdot\nabla\boldsymbol{\phi}\mathrm{d}x\mathrm{d}t-\\&\varepsilon\int_0^T\int_\Omega(\nabla\rho\cdot\nabla)\boldsymbol{u}\cdot\boldsymbol{\phi}\mathrm{d}x\mathrm{d}t=-\int_\Omega\boldsymbol{m}_0\cdot\boldsymbol{\phi}(0)\mathrm{d}x,\end{aligned} \tag{4.2.10}$$

对任意的试验函数 $\boldsymbol{\phi}\in X_N$ 都成立。这里的 $X_N=\operatorname{span}\{\boldsymbol{\phi}_i\}_{i=1}^N$，其中 $\{\boldsymbol{\phi}_i\}_{i=1}^N$ 是 $L^2(\Omega)$ 空间的正交基，使得对所有的 $i\in N$，$\boldsymbol{\phi}_i\in C^\infty(\Omega)$。

(3) 逼近的内能方程

$$\partial_t(\rho e(\rho,\theta))+\operatorname{div}(\rho e(\rho,\theta)\boldsymbol{u})-\operatorname{div}(\kappa\nabla\theta)+P\operatorname{div}\boldsymbol{u}=\frac{\varepsilon}{\theta^2}-\varepsilon\theta^5+$$
$$\nu\rho|D(\boldsymbol{u})|^2+\lambda|\Delta^s\nabla(\rho\boldsymbol{u})|^2+\lambda\varepsilon|\Delta^{s+1}\rho|^2+2\varepsilon h^2\rho|\nabla^2\log\rho|^2 \tag{4.2.11}$$

在区域 $[0,T]\times\Omega$ 上几乎处处成立，初值 θ_λ^0 定义如上。

定理 4.2.2 令 $N\in\mathbb{N},\varepsilon>0,\delta>0,\lambda>0$。令初值 $\boldsymbol{m}_0,\rho_\lambda^0,\theta_\lambda^0$ 定义如上。在定理 4.1.1 的假设和上面提到的假设下，对任意的 $T>0,\varepsilon>0,\lambda>0$，问题 (4.2.9)–(4.2.11) 存在一解。

4.3 证明定理 4.2.2

本节的目标是证明定理 4.2.2，证明的思路如下：

第一步，固定 $\boldsymbol{u}(t,x)$ 在空间 $C(0,T;X_N)$ 中且用它来找方程 (4.2.9) 的唯一光滑解 $\rho=\rho(\boldsymbol{u})$，接着再求解方程 (4.2.11) 的唯一强解 $\theta=\theta(\rho,\boldsymbol{u})$。

第二步，利用不动点定理得到动量方程 (4.2.10) 的局部解。

第三步，利用一致的先验估计将动量方程 (4.2.10) 的局部解延拓到整个区间。

4.3.1 连续性方程

首先证明当向量场 $\boldsymbol{u}(x,t)$ 给定且属于空间 $C([0,T];X_N)$ 时，逼近的连续性方程存在唯一的光滑解。

下面的结果可利用 Galerkin 逼近和线性抛物方程的正则性理论证得，证明的详细过程可参考文献 [85]。

引理 4.3.1 对固定的 N，$\boldsymbol{u}(x,t)\in C([0,T];X_N)$，令 ρ_λ^0 定义如上，则方程 (4.2.9) 存在唯一的经典解，即 $\rho\in V_{[0,T]}^{\rho}$，其中

$$V_{[0,T]}^{\rho}=\begin{cases}\rho\in C([0,T];\ C^{2+\nu}(\Omega)),\\ \partial_t\rho\in C([0,T];\ C^{0,\nu}(\Omega)).\end{cases} \tag{4.3.1}$$

另外，映射 $\boldsymbol{u}\mapsto\rho(\boldsymbol{u})$ 把 $C([0,T];X_N)$ 的有界集映到 $V_{[0,T]}^{\rho}$ 的有界集且是连续的，取值在 $C([0,T];C^{2+\nu'}(\Omega))(0<\nu'<\nu<1)$ 中

$$\underline{\rho}^0\mathrm{e}^{-\int_0^\tau\|\operatorname{div}\boldsymbol{u}\|_\infty\mathrm{d}t}\leqslant\rho(\tau,x)\leqslant\overline{\rho^0}\mathrm{e}^{-\int_0^\tau\|\operatorname{div}\boldsymbol{u}\|_\infty\mathrm{d}t}. \tag{4.3.2}$$

最后，对固定的 N，函数 ρ 关于空间是光滑的。

4.3.2 内能方程

对于方程 (4.2.11) 存在唯一强解的证明，其主要思路是将方程 (4.2.11) 正则化，使得能够利用拟线性抛物方程的理论，然后再做一致先验估计，最后对参数取极限，回到原来的方程。证明的结果如下：

引理 4.3.2 令 $\boldsymbol{u}(x,t)\in C([0,T];X_N)$ 是给定的向量场，令 $\rho=\rho_u$ 是引理 4.3.1 中构造的解，那么有方程 (4.2.11) 存在唯一的强解 $\theta=\theta(\boldsymbol{u})$ 且属于

$$V^{\theta}_{[0,T]}=\begin{cases}\partial_t\theta\in L^2((0,T)\times\Omega),\Delta\theta\in L^2((0,T)\times\Omega),\\ \theta\in L^{\infty}(0,T;W^{1,2}(\Omega)),\theta^{-1}\in L^{\infty}((0,T)\times\Omega).\end{cases}\tag{4.3.3}$$

另外，映射 $\boldsymbol{u}\mapsto\theta(\boldsymbol{u})$ 把 $C([0,T];X_N)$ 中的有界集映到空间 $V^{\theta}_{[0,T]}$ 中的有界集且是连续的，取值在空间 $L^2([0,T];W^{1,2}(\Omega))$ 中。

证明的详细过程可参考文献 [85]。

4.3.3 不动点方法

在这一阶段，证明动量方程 (4.2.10) 在小时间区间 $(0,\tau)$ 上解的存在性。将利用 Schauder 不定点定理找到逼近的动量方程的一个解。具体来说，证明存在 $\tau=\tau(N)$ 使得 $\boldsymbol{u}$ 是逼近的动量方程 (4.2.10) 的一个解，为此考虑如下的映射

$$\begin{aligned}&\mathcal{T}:C([0,\tau];X_N)\to C([0,\tau];X_N),\\&\mathcal{T}(\boldsymbol{v})=\boldsymbol{u},\end{aligned}\tag{4.3.4}$$

其中 $(\boldsymbol{u},\boldsymbol{v})$ 是如下问题的解

$$\boldsymbol{u}=\mathcal{M}_{\rho(\boldsymbol{v})}[\boldsymbol{m}_0+\int_0^t P_{X_N}\mathcal{N}(\boldsymbol{v})(s)\mathrm{d}s],\tag{4.3.5}$$

这里

$$\begin{aligned}&<\mathcal{N}(\boldsymbol{v}),\boldsymbol{\phi}>=\int_{\Omega}(\rho\boldsymbol{v}\otimes\boldsymbol{v}):\nabla\boldsymbol{\phi}\mathrm{d}x\mathrm{d}t-\int_{\Omega}\nu\rho D\boldsymbol{v}:D\boldsymbol{\phi}\mathrm{d}x\mathrm{d}t+\int_{\Omega}P\,\mathrm{div}\,\boldsymbol{\phi}\mathrm{d}x\mathrm{d}t+\\&\lambda\int_{\Omega}\rho\nabla\Delta^{2s+1}\rho\cdot\boldsymbol{\phi}\mathrm{d}x\mathrm{d}t+\lambda\int_{\Omega}\rho\Delta^s\mathrm{div}(\Delta^s\nabla(\boldsymbol{v}\rho))\cdot\boldsymbol{\phi}\mathrm{d}x\mathrm{d}t-\\&2h^2\int_{\Omega}\rho\nabla^2\log\rho\cdot\nabla\boldsymbol{\phi}\mathrm{d}x\mathrm{d}t-\varepsilon\int_{\Omega}(\nabla\rho\cdot\nabla)\boldsymbol{v}\cdot\boldsymbol{\phi}\mathrm{d}x\mathrm{d}t\end{aligned}\tag{4.3.6}$$

和

$$\mathcal{M}_{\rho(\boldsymbol{v})}: X_N \to X_N,\ \int_\Omega \rho \mathcal{M}_{\rho(\boldsymbol{v})}[w]\boldsymbol{\phi} \mathrm{d}x =< w, \phi >.\ w, \boldsymbol{\phi} \in X_N. \tag{4.3.7}$$

接着，考虑空间 $C([0,T];X_N)$ 中一球 $\mathcal{B}_R$：

$$\mathcal{B}_R = \{\boldsymbol{v} \in C([0,\tau];X_N): \|\boldsymbol{v}\|_{C([0,\tau];X_N)} \leqslant R\}.$$

先证明当 τ 取得充分小时，映射 $\mathcal{T}$ 是连续的且映 $\mathcal{B}_R$ 到自身。事实上，观察到

$$\begin{aligned}&\|\mathcal{N}(\boldsymbol{u})\|_{X_N} \leqslant C[\|\rho\|_{L^\infty(\Omega)}(\|\boldsymbol{u}\|_{X_N} + \|\boldsymbol{u}\|_{X_N}^2) + \|\rho\|_{L^\infty(\Omega)}^\gamma + \|\theta\|_{L^\infty(\Omega)}^4 + \\ &\|\rho\|_{L^\infty(\Omega)}\|\theta\|_{L^\infty(\Omega)} + \|\rho\|_{L^\infty(\Omega)}(\|\rho\|_{W^{4s+3,\infty}(\Omega)} + \|\rho\|_{W^{4s+2,\infty}(\Omega)}\|\boldsymbol{u}\|_{X_N})].\end{aligned} \tag{4.3.8}$$

从估计 (4.3.8) 和引理 4.3.1，4.3.2 中的估计推出，当 τ 取得充分小时，映射 $\mathcal{T}$ 确实映 $\mathcal{B}_R$ 到自身。另外，也可证明映射确实是连续的，映射的值域里的函数是 Lipschitz 函数，因此在 $\mathcal{B}_R$ 是紧的。这样，就可以利用 Schauder 不动点定理证明方程 (4.2.10) 在小时间区间 $(0,\tau)$ 上解的存在性。

4.3.4 一致的先验估计和全局可解性

为将方程 (4.2.10) 的局部解延拓到整个时间区间上，需得到关于 N 的一个一致先验估计。从上一节知 $\boldsymbol{u}$ 是连续可微函数，因此，方程 (4.2.10) 可通过分部积分转化为如下的形式

$$\begin{aligned}&\int_0^T\int_\Omega \partial_t(\rho\boldsymbol{u})\cdot\boldsymbol{\phi}\mathrm{d}x\mathrm{d}t + \int_0^T\int_\Omega \lambda\Delta^s\nabla(\rho\boldsymbol{u}):\Delta^s\nabla(\rho\boldsymbol{\phi})\mathrm{d}x\mathrm{d}t - \int_0^T\int_\Omega(\rho\boldsymbol{u}\otimes\boldsymbol{u}):\nabla\boldsymbol{\phi}\mathrm{d}x\mathrm{d}t + \\ &\int_0^T\int_\Omega \nu\rho D(\boldsymbol{u}):D(\boldsymbol{\phi})\mathrm{d}x\mathrm{d}t - \int_0^T\int_\Omega P\,\mathrm{div}\,\boldsymbol{\phi}\mathrm{d}x\mathrm{d}t - \int_0^T\int_\Omega \lambda\rho\nabla\Delta^{2s+1}(\rho\boldsymbol{u})\cdot\boldsymbol{\phi}\mathrm{d}x\mathrm{d}t + \\ &2h^2\int_0^T\int_\Omega \rho\nabla^2\log\rho\otimes\nabla\boldsymbol{\phi}\mathrm{d}x\mathrm{d}t + \varepsilon\int_0^T\int_\Omega(\nabla\rho\cdot\nabla)\boldsymbol{u}\cdot\boldsymbol{\phi}\mathrm{d}x\mathrm{d}t = 0,\end{aligned} \tag{4.3.9}$$

对任意的 $\boldsymbol{\phi} \in X_N$ 都成立，因此取试验函数 $\boldsymbol{\phi} = \boldsymbol{u}$。对逼近的动量方程，利用连续性方程，得到动能的表达式

$$\begin{aligned}&\frac{\mathrm{d}}{\mathrm{d}t}\int_\Omega(\frac{1}{2}\rho|\boldsymbol{u}|^2 + \frac{\lambda}{2}|\nabla^{2s+1}\rho|^2 + \rho e(\rho,\theta) + 4h^2|\nabla\sqrt{\rho}|^2)\mathrm{d}x + \\ &\nu\int_\Omega \rho|D(\boldsymbol{u})|^2\mathrm{d}x + \lambda\int_\Omega|\Delta^s\nabla(\rho\boldsymbol{u})|^2\mathrm{d}x + \varepsilon\lambda\int_\Omega|\Delta^{s+1}\rho|^2\mathrm{d}x + \\ &2\varepsilon h^2\int_\Omega \rho|\nabla^2\log\rho|^2\mathrm{d}x = \int_\Omega P\,\mathrm{div}\,\boldsymbol{u}\mathrm{d}x,\end{aligned} \tag{4.3.10}$$

对内能方程 (4.2.11) 关于空间变量积分，然后和 (4.3.10) 相加，其和再关于时间变量积分，得到

$$\int_\Omega (\frac{1}{2}\rho|\boldsymbol{u}|^2(t)+\frac{\lambda}{2}|\nabla^{2s+1}\rho|^2(t)+\rho e(\rho,\theta)(t)+4h^2|\nabla\sqrt{\rho}|^2(t))\mathrm{d}x+\varepsilon\int_0^t\int_\Omega \theta^5\mathrm{d}x\mathrm{d}t=$$
$$\varepsilon\int_0^t\int_\Omega \frac{1}{\theta^2}\mathrm{d}x\mathrm{d}t+\int_\Omega (\frac{1}{2}\rho|\boldsymbol{u}|^2(0)+\frac{\lambda}{2}|\nabla^{2s+1}\rho|^2(0)+\rho e(\rho,\theta)(0)+4h^2|\nabla\sqrt{\rho}|^2(0))\mathrm{d}x. \tag{4.3.11}$$

4.3.5 熵估计

本节的目的是推出系统的一个基本估计，它是一个整体熵估计，是关于逼近方程里面所有参数一致的一个先验估计。首先利用 Gibbs 关系，可推出熵方程，进而从熵方程得到熵估计，需注意到熵方程相对内能方程而言没有压力项，只需控制熵的大小。具体推导过程如下：由引理 4.3.2 知 θ 是正有界的。因此，将逼近的内能方程除以 θ，经过适当的运算，可得到

$$\partial_t(\rho s(\rho,\theta))+\mathrm{div}(\rho s(\rho,\theta)\boldsymbol{u})-\mathrm{div}(\frac{\kappa\nabla\theta}{\theta})=\frac{\kappa|\nabla\theta|^2}{\theta^2}+\varepsilon\frac{\Delta\rho}{\theta}(\theta s(\rho,\theta)-e(\rho,\theta)-\frac{P(\rho,\theta)}{\rho})+$$
$$\frac{\varepsilon}{\theta^3}-\varepsilon\theta^4+\frac{\nu\rho|D(\boldsymbol{u})|^2+\lambda|\Delta^s\nabla(\rho\boldsymbol{u})|^2+\lambda\varepsilon|\Delta^{s+1}\rho|^2+2\varepsilon h^2\rho|\nabla^2\log\rho|^2}{\theta}, \tag{4.3.12}$$

这里

$$\theta s(\rho,\theta)-e(\rho,\theta)-\frac{P(\rho,\theta)}{\rho}=\theta s_m(\rho,\theta)-e_m(\rho,\theta)-\frac{P_m(\rho,\theta)}{\rho}, \tag{4.3.13}$$

将 (4.3.12) 乘以 $\overline{\theta}$，这里的 $\overline{\theta}$ 是任意正常数，再关于区域 Ω 积分，接着式 (4.3.11) 减去积分后的式子，得到

$$\int_\Omega (\frac{1}{2}\rho|\boldsymbol{u}|^2+\frac{\lambda}{2}|\nabla^{2s+1}\rho|^2+H_{\overline{\theta}}(\rho,\theta)+4h^2|\nabla\sqrt{\rho}|^2)(t)\mathrm{d}x+\overline{\theta}\int_0^t\int_\Omega \frac{\kappa|\nabla\theta|^2}{\theta^2}\mathrm{d}x\mathrm{d}t+$$
$$\overline{\theta}\int_0^t\int_\Omega \frac{\nu\rho|D(\boldsymbol{u})|^2+\lambda|\Delta^s\nabla(\rho\boldsymbol{u})|^2+\lambda\varepsilon|\Delta^{s+1}\rho|^2+2\varepsilon h^2\rho|\nabla^2\log\rho|^2}{\theta}\mathrm{d}x\mathrm{d}t+$$
$$\varepsilon\int_0^t\int_\Omega \theta^5\mathrm{d}x\mathrm{d}t+\overline{\theta}\int_0^t\int_\Omega \frac{\varepsilon}{\theta^3}\mathrm{d}x\mathrm{d}t=\overline{\theta}\varepsilon\int_0^t\int_\Omega \theta^4\mathrm{d}x\mathrm{d}t+\varepsilon\int_0^t\int_\Omega \frac{1}{\theta^2}\mathrm{d}x\mathrm{d}t+$$
$$\int_\Omega (\frac{1}{2}\rho_0|\boldsymbol{u}_0|^2+\frac{\lambda}{2}|\nabla^{2s+1}\rho_0|^2+H_{\overline{\theta}}(\rho_0,\theta_0)+4h^2|\nabla\sqrt{\rho_0}|^2)\mathrm{d}x-$$
$$\overline{\theta}\varepsilon\int_0^t\int_\Omega \frac{\Delta\rho}{\theta}(\theta s(\rho,\theta)-e(\rho,\theta)-\frac{P(\rho,\theta)}{\rho})\mathrm{d}x\mathrm{d}t, \tag{4.3.14}$$

其中

$$-\overline{\theta}\varepsilon\int_0^t\int_\Omega\frac{\Delta\rho}{\theta}\left(\theta s(\rho,\theta)-e(\rho,\theta)-\frac{P(\rho,\theta)}{\rho}\right)\mathrm{d}x\mathrm{d}t=$$
$$\varepsilon\int_0^t\int_\Omega\frac{\overline{\theta}}{\theta^2}\left(e_m+\rho\frac{\partial e_m}{\partial\rho}\right)\nabla\rho\nabla\theta\mathrm{d}x\mathrm{d}t,\tag{4.3.15}$$

$H_{\overline{\theta}}(\rho,\theta)=\rho e(\rho,\theta)-\overline{\theta}\rho s(\rho,\theta)$ 跟前面的定义类似。为了控制 (4.3.14) 的右边，观察到项 $\dfrac{\varepsilon}{\theta^2}$ 可被对应的左边项 $\dfrac{\varepsilon}{\theta^3}$ 控制，同理，项 $\varepsilon\theta^4$ 可被对应的左边项 $\varepsilon\theta^5$ 控制，因此只剩下一项，为此要利用到热传导系数的增长性假设。有

$$\left|\frac{1}{\theta^2}(e_m+\rho\frac{\partial e_m}{\partial\rho})\nabla\rho\nabla\theta\right|\leqslant C\left(\frac{\frac{P_c}{\rho}+\theta}{\theta^2}\right)|\nabla\rho||\nabla\theta|,\tag{4.3.16}$$

而且，有

$$\frac{|\nabla\rho||\nabla\theta|}{\theta}\leqslant\varepsilon\frac{|\nabla\rho|^2}{\theta}+C(\varepsilon)\frac{|\nabla\theta|^2}{\theta},\tag{4.3.17}$$

类似地，也有

$$\frac{\frac{P_c}{\rho}|\nabla\rho||\nabla\theta|}{\theta^2}\leqslant\varepsilon\frac{(\frac{P_c}{\rho})^2|\nabla\rho|^2}{\theta}+C(\varepsilon)\frac{|\nabla\theta|^2}{\theta^3},\tag{4.3.18}$$

因此当 $\varepsilon>0$ 取得很小时，有

$$\varepsilon\int_0^t\int_\Omega\frac{\overline{\theta}}{\theta^2}(e_m+\rho\frac{\partial e_m}{\partial\rho})\nabla\rho\nabla\theta\mathrm{d}x\mathrm{d}t\leqslant$$
$$\frac{1}{2}\overline{\theta}\int_0^t\int_\Omega\frac{\kappa|\nabla\theta|^2}{\theta^2}\mathrm{d}x\mathrm{d}t+\frac{1}{2}\overline{\theta}\varepsilon\int_0^t\int_\Omega\frac{\delta^2\rho|\nabla^2\log\rho|^2}{\theta}\mathrm{d}x\mathrm{d}t.\tag{4.3.19}$$

综上，有如下的估计

$$\sup_{\tau\in[0,t]}\int_\Omega(\frac{1}{2}\rho|\boldsymbol{u}|^2+\frac{\lambda}{2}|\nabla^{2s+1}\rho|^2+H_{\overline{\theta}}(\rho,\theta)+4h^2|\nabla\sqrt{\rho}|^2)(\tau)\mathrm{d}x+$$
$$\int_0^t\int_\Omega\frac{\nu\rho|D(\boldsymbol{u})|^2+\lambda|\Delta^s\nabla(\rho\boldsymbol{u})|^2+\lambda\varepsilon|\Delta^{s+1}\rho|^2+2\varepsilon h^2\rho|\nabla^2\log\rho|^2}{\theta}\mathrm{d}x\mathrm{d}t+$$
$$\int_0^t\int_\Omega\frac{\kappa(\rho,\theta)|\nabla\theta|^2}{\theta^2}\mathrm{d}x\mathrm{d}t+\varepsilon\int_0^t\int_\Omega\theta^5\mathrm{d}x\mathrm{d}t+\int_0^t\int_\Omega\frac{\varepsilon}{\theta^3}\mathrm{d}x\mathrm{d}t\leqslant C.\tag{4.3.20}$$

当选取的参数 s 充分大时，可推得密度关于逼近参数是一致正下有界的，除了参数 λ。事实上，由 Sobolev 嵌入不等式 $\|\rho^{-1}\|_{L^\infty(\Omega)}\leqslant C\|\rho^{-1}\|_{W^{3,2}(\Omega)}$ 和

$$\|\nabla^3\rho^{-1}\|_{L^2(\Omega)}\leqslant C(1+\|\nabla^3\rho\|_{L^2(\Omega)})^3(1+\|\rho^{-1}\|_{L^4(\Omega)})^4,\tag{4.3.21}$$

利用 (4.3.20) 和假设 $\gamma^- \geqslant 4$ 知，这里的最后一项是有界的。因此，取 $2s+1 \geqslant 3$，有

$$\|\rho^{-1}\|_{L^\infty((0,\tau)\times\Omega)} \leqslant C(\lambda) \text{ 在 } (0,\tau)\times\Omega \text{ 中几乎处处成立.} \tag{4.3.22}$$

4.3.6 第一层逼近解的整体存在性

上一节已推得密度是正下有界的，因而从 (4.3.20) 式很容易推得 $\boldsymbol{u}$ 的一致先验估计

$$\|\boldsymbol{u}\|_{L^\infty(0,\tau;L^2(\Omega))} + \sqrt{\lambda}\|\Delta^s \nabla \boldsymbol{u}\|_{L^2(0,\tau;L^2(\Omega))} \leqslant C. \tag{4.3.23}$$

由于在有限维空间中范数是等价的，所以知 $\boldsymbol{u}$ 在空间 $C([0,\tau);X_N)$ 中是一致有界的。因此，由延拓法得到了第一层逼近系统整体解的存在性。

4.4 Faedo-Galerkin 极限

本节的目的是证明定理 4.2.1，也就是对逼近系统取极限 $N\to\infty$。首先利用 (4.3.20) 推得关于参数 N 一致的先验估计以及推出新的估计，这些具体的估计将在 4.4.1 节中展示。接着在 4.4.2 节中利用这些一致的先验估计，对逼近系统取极限 $N\to\infty$ 得到定理 4.2.1。

4.4.1 关于参数 N 一致的先验估计

注意到上面得到的估计不仅关于参数 N 一致有界，而且关于时间一致有界。从 (4.3.20) 和 Helmholtz 函数的性质，得到 $\rho_N e_N \in L^\infty(0,T;L^1(\Omega))$，具体如下

$$\|\rho_N e_c(\rho_N)\|_{L^\infty(0,T;L^1(\Omega))} + \|\rho_N \theta_N\|_{L^\infty(0,T;L^1(\Omega))} + \|a\rho_N^4\|_{L^\infty(0,T;L^1(\Omega))} \leqslant C, \tag{4.4.1}$$

另外，从 (4.3.20) 也可推得以下一些估计。

(1) 密度估计。

$$\begin{aligned}&4h^2\|\nabla\sqrt{\rho_N}\|_{L^\infty(0,T;L^2(\Omega))} + \|\sqrt{\lambda\varepsilon}\frac{\Delta^{s+1}\rho_N}{\sqrt{\theta_N}}\|_{L^2(0,T;L^2(\Omega))}+\\&\|\sqrt{2\varepsilon h^2}\frac{\rho|\nabla^2\log\rho|}{\sqrt{\theta_N}}\|_{L^2(0,T;L^2(\Omega))} \leqslant C.\end{aligned} \tag{4.4.2}$$

(2) 速度估计。

$$\|\sqrt{\frac{\nu\rho_N}{\theta_N}}D(\boldsymbol{u}_N)\|_{L^2(0,T;L^2(\Omega))} + \|\sqrt{\frac{\lambda}{\theta_N}}\Delta^s\nabla(\rho_N\boldsymbol{u}_N)\|_{L^2(0,T;L^2(\Omega))} \leqslant C. \tag{4.4.3}$$

(3) 温度估计。

$$\|\frac{\sqrt{\kappa(\rho,\theta)}\nabla\theta_N}{\theta_N}\|_{L^2(0,T;L^2(\Omega))}+\|\frac{\varepsilon}{\theta_N^3}\|_{L^1(0,T;L^1(\Omega))}+\|\varepsilon\theta_N^5\|_{L^1(0,T;L^1(\Omega))}\leqslant C. \tag{4.4.4}$$

(4) 温度的进一步估计。式 (4.3.20) 的一个主要结果是 (4.4.4)，对 $\kappa(\rho,\theta)$ 满足增长性条件 (4.1.9)，可推得如下的温度估计

$$\|(1+\sqrt{\rho_N})\nabla\log\theta_N\|_{L^2(0,T;L^2(\Omega))}+\|\sqrt{\rho_N}\nabla\theta_N\|_{L^2(0,T;L^2(\Omega))}+\|\sqrt{\beta}\nabla\theta_N^a\|_{L^2(0,T;L^2(\Omega))}\leqslant C. \tag{4.4.5}$$

这里 $a\in[0,\frac{B}{2}]$，$B\geqslant 8$。为控制 θ_N^a 在空间 $L^2(0,T;W^{1,2}(\Omega))$ 中的范数有界性，结合 (4.4.2) 和 (4.4.5) 以及 Sobolev 嵌入定理，可给出

$$\|\sqrt{\beta}\nabla\theta_N\|_{L^B(0,T;L^{3B}(\Omega))}\leqslant C. \tag{4.4.6}$$

(5) 动能估计。现在对 (4.3.10) 关于时间积分，得

$$\begin{aligned}&\int_\Omega(\frac{1}{2}\rho|\boldsymbol{u}|^2+\frac{\lambda}{2}|\nabla^{2s+1}\rho|^2+\rho e(\rho,\theta)+4h^2|\nabla\sqrt{\rho}|^2)(T)\mathrm{d}x+\int_0^T\int_\Omega(\nu\rho|D(\boldsymbol{u})|^2+\\&\lambda|\Delta^s\nabla(\rho\boldsymbol{u})|^2+\lambda\varepsilon|\Delta^{s+1}\rho|^2+2\varepsilon h^2\rho|\nabla^2\log\rho|^2)\mathrm{d}x\mathrm{d}t=\int_0^T\int_\Omega P\operatorname{div}\boldsymbol{u}\mathrm{d}x\mathrm{d}t+\\&\int_\Omega(\frac{1}{2}\rho|\boldsymbol{u}|^2+\frac{\lambda}{2}|\nabla^{2s+1}\rho|^2+\rho e(\rho,\theta)+4h^2|\nabla\sqrt{\rho}|^2)(0)\mathrm{d}x.\end{aligned} \tag{4.4.7}$$

下面推导式 (4.4.7) 的右边是有界的：

$$\begin{aligned}&\int_0^T\int_\Omega R\rho_N\theta_N\operatorname{div}\boldsymbol{u}_N\mathrm{d}x\leqslant C\|\sqrt{\rho_N}D(\boldsymbol{u}_N)\|_{L^2(0,T;L^2(\Omega))}\\&\|\sqrt{\rho_N}\|_{L^\infty(0,T;L^6(\Omega))}\|\theta_N\|_{L^2(0,T;L^3(\Omega))}\leqslant C,\end{aligned} \tag{4.4.8}$$

和

$$\int_0^T\int_\Omega\frac{\beta}{3}\theta_N^4\operatorname{div}\boldsymbol{u}_N\mathrm{d}x\mathrm{d}t\leqslant C\|\theta_N\|^4_{L^\infty(0,T;L^4(\Omega))}\|\nabla\boldsymbol{u}_N\|_{L^2(0,T;L^\infty(\Omega))}, \tag{4.4.9}$$

$$\|\nabla\boldsymbol{u}_N\|_{L^2(0,T;L^\infty(\Omega))}\leqslant\|\nabla\boldsymbol{u}_N\|_{L^2(0,T;W^{3,2}(\Omega))}, \tag{4.4.10}$$

要使式 (4.4.7) 的右边是有界的，只需 $2s+1\geqslant 3$。事实上，可写为

$$\nabla^3\boldsymbol{u}_N=\nabla^3(\rho_N^{-1}\rho_N\boldsymbol{u}_N)=\left(\frac{\nabla^3\rho_N}{\rho_N^2}+\frac{(\nabla\rho_N)^3}{\rho_N^4}\right)\rho_N\boldsymbol{u}_N+\rho_N^{-1}\nabla^3(\rho_N\boldsymbol{u}_N), \tag{4.4.11}$$

上面的有界性可由 (4.3.20) 和 Cauchy 不等式推得。

4.4.2 对参数 N 取极限

这一节的目标是令参数 $N\to\infty$。利用上一节得到的先验估计，以及熟知的在自反的 Banach 空间中有界序列必有弱收敛的子序列的结论，可取子序列，其极限逼近系统。然而，注意到在这一层逼近中替换内能方程为总能量方程。

4.4.2.1 密度的强收敛和连续性方程取极限

选取适当的子序列，仍保留其记号，从 (4.4.7)–(4.4.11) 推得

$$\boldsymbol{u}_N\to\boldsymbol{u}\ \text{在}\ L^2(0,T;W^{2s+1,2}(\Omega))\ \text{中弱收敛,}\tag{4.4.12}$$

和

$$\rho_N\to\rho\ \text{在}\ L^2(0,T;W^{2s+2,2}(\Omega))\ \text{中弱收敛。}\tag{4.4.13}$$

另外，线性抛物问题

$$\begin{aligned}&\partial_t\rho-\varepsilon\Delta\rho=\operatorname{div}(\rho\boldsymbol{u}),\\&\rho(0,x)=\rho_\lambda^0(x)\end{aligned}\tag{4.4.14}$$

的右边在空间 $L^2(0,T;W^{2s,2}(\Omega))$ 中一致有界，初值又是充分光滑的，那么，可以利用抛物的 L^p-L^q 理论推得 $\{\partial_t\rho_N\}_{n=1}^{\infty}$ 在空间 $L^2(0,T;W^{2s,2}(\Omega))$ 中一致有界。因此，由 Lion-Aubin 紧性引理和 Sobolev 嵌入定理知，$\rho_N\to\rho$ 在区域 $(0,T)\times\Omega$ 上几乎处处成立，所以对逼近的连续性方程可直接做到取参数 $N\to\infty$。

4.4.2.2 温度的强收敛

由温度的一致估计有

$$\theta_N\to\theta\ \text{在}\ L^2(0,T;W^{1,2}(\Omega))\ \text{中弱收敛,}\tag{4.4.15}$$

注意到，温度的时间紧性可直接由内能方程推得。事实上，根据内能方程 (4.2.11)，有

$$\begin{aligned}&\partial_t(\rho_N\theta_N+a\theta_N^4)=-\operatorname{div}(\boldsymbol{u}_N\rho_N\theta_N+\beta\boldsymbol{u}_N\theta_N^4)+\operatorname{div}(\kappa\boldsymbol{\nabla}\theta_N)+\\&\frac{\varepsilon}{\theta^2}-\varepsilon\theta^5-(P_m+\frac{a}{3})\operatorname{div}\boldsymbol{u}_N+\frac{1}{\rho_N}\frac{\partial P_c}{\partial\rho_N}|\boldsymbol{\nabla}\rho_N|^2+\frac{4\varepsilon}{\gamma}|\boldsymbol{\nabla}\rho^{\frac{\gamma}{2}}|^2+\end{aligned}$$

$$\nu\rho_N|D(\boldsymbol{u}_N)|^2+\lambda|\Delta^s\nabla(\rho_N\boldsymbol{u}_N)|^2+\lambda\varepsilon|\Delta^{s+1}\rho_N|^2+2h^2\rho_N|\nabla^2\log\rho_N|^2, \tag{4.4.16}$$

考虑到 (4.4.5) 和 (4.4.7)，那么 (4.4.16) 右边的最后九项都在空间 $L^1((0,T)\times\Omega)$ 中一致有界。接着，利用式 (4.4.2), (4.4.7) 和 (4.4.9) 知 (4.4.16) 右端的第一项可被估计如下

$$\|\boldsymbol{u}_N\rho_N\theta_N\|_{L^2((0,T)\times\Omega)}\leqslant C\|\sqrt{\rho_N}\boldsymbol{u}_N\|_{L^\infty(0,T;L^2(\Omega))}\|\sqrt{\rho_N}\|_{L^\infty(0,T;L^6(\Omega))}\|\theta_N\|_{L^\infty(0,T;L^4(\Omega))}\leqslant C, \tag{4.4.17}$$

和

$$\|\boldsymbol{u}_N\theta_N^4\|_{L^2((0,T)\times\Omega)}\leqslant C\|\boldsymbol{u}_N\|_{L^2(0,T;L^\infty(\Omega))}\|\theta_N^4\|_{L^{\frac{8}{3}}((0,T)\times\Omega)}, \tag{4.4.18}$$

这里用到插值不等式：

$$\|\theta_N\|_{L^{\frac{32}{3}}((0,T)\times\Omega)}\leqslant\|\theta_N\|^{\frac14}_{L^\infty(0,T;L^4(\Omega))}\|\theta_N\|^{\frac34}_{L^8(0,T;L^{24}(\Omega))}, \tag{4.4.19}$$

式 (4.4.19) 右边的最后一项是有界的，只要 $B\geqslant 8$。

回忆前面热传导系数的增长性假设有 $\kappa_\varepsilon\nabla\theta_N=(\kappa_0+\rho_N+\rho_N\theta_N^2+\beta\theta_N^B)\nabla\theta_N$，因此利用一致估计 (4.4.5) 和 (4.4.2) 验证最难的一项是有界的。事实上，

$$\begin{aligned}&\|\rho_N\nabla\theta_N\|_{L^p((0,T)\times\Omega)}\leqslant\\&\|\sqrt{\rho_N}\nabla\log\theta_N\|_{L^2(0,T;L^2(\Omega))}\|\sqrt{\rho_N}\|_{L^\infty((0,T)\times\Omega)}\|\theta_N\|_{L^{\frac{32}{3}}((0,T)\times\Omega)},\end{aligned} \tag{4.4.20}$$

对某个 $p>1$ 成立，而且，有

$$\begin{aligned}&\|\rho_N\theta_N^2\nabla\theta_N\|_{L^{\frac{2B}{B+4}}(0,T;L^{\frac{3B}{B+2}}(\Omega))}\leqslant\\&\|\sqrt{\rho_N}\|_{L^\infty((0,T)\times\Omega)}\|\sqrt{\rho_N}\nabla\theta_N\|_{L^2(0,T;L^{\frac32}(\Omega))}\|\theta_N\|^2_{L^B(0,T;L^{3B}(\Omega))},\end{aligned} \tag{4.4.21}$$

最后，因为 $B\geqslant 8$，θ^{B+1} 可被 (4.4.19) 式控制。

总之，有

$$\partial_t(\rho_N\theta_N+\beta\theta_N^4)\in L^1(0,T;W^{-1,p}(\Omega))\cup L^p(0,T;W^{-2,q}(\Omega)) \tag{4.4.22}$$

对某个 $p,q>1$。另一方面，知 $\partial_t\rho$ 在空间 $L^2(0,T;W^{2s,2}(\Omega))$ 中一致有界，$\rho>C(\lambda)$ 和 $\theta>0$，有

$$\begin{aligned}&\|\partial_t\theta_N\|_{L^1(0,T;W^{-1,p}(\Omega))\cup L^p(0,T;W^{-2,q}(\Omega))}\leqslant C\partial_t(\rho_N\theta_N+a\theta_N^4),\\&\partial_t\theta_N\in L^1(0,T;W^{-1,p}(\Omega))\cup L^p(0,T;W^{-2,q}(\Omega)),\end{aligned} \tag{4.4.23}$$

因而可利用 Lion-Aubin 紧性引理，得到逼近温度序列的紧性：

$$\theta_N \to \theta \text{ 在 } L^{p'}((0,T)\times\Omega) \text{ 中强收敛，} \tag{4.4.24}$$

对任意的 $1 \leqslant p' < \dfrac{32}{3}$。

4.4.2.3 动量方程取极限

有了密度的强收敛性，当参数 $N\to\infty$ 时，我们进而对动量方程的非线性项取极限。

(1) 对流项。首先，根据估计 (4.4.13) 和密度的强收敛，推得

$$\rho_N \boldsymbol{u}_N \to \rho \boldsymbol{u} \text{ 在 } L^\infty(0,T;L^2(\Omega)) \text{ 中弱 * 收敛。}$$

其次，利用动量方程和估计 (4.4.13)–(4.4.14)，可推得对任意的 $\phi \in \cap_{n=1}^\infty X_N$，一列函数 $\int_\Omega \rho_N \boldsymbol{u}_N \boldsymbol{\phi} \mathrm{d}x$ 是一致有界的，且在空间 $C(0,T)$ 中等度连续，因而可利用 Arzela-Ascoli 定理，得到

$$\rho_N \boldsymbol{u}_N \to \rho \boldsymbol{u} \text{ 在 } C([0,T];L^2_{\text{弱}}(\Omega)) \text{ 中强收敛，} \tag{4.4.25}$$

最后，利用紧嵌入 $L^2(\Omega)\subset W^{-1,2}(\Omega)$ 和 $\boldsymbol{u}_N$ 的估计可验证有

$$\rho_N \boldsymbol{u}_N \otimes \boldsymbol{u}_N \to \rho \boldsymbol{u}\otimes \boldsymbol{u} \text{ 在 } L^2((0,T)\times\Omega) \text{ 中弱收敛。} \tag{4.4.26}$$

(2) 毛细血管项。利用分部积分可将这一项写为

$$\int_0^T\int_\Omega \rho_N \nabla\Delta^{2s+1}\rho_N\cdot\boldsymbol{\phi}\mathrm{d}x\mathrm{d}t = \int_0^T\int_\Omega \Delta^s \mathrm{div}(\rho_N\boldsymbol{\phi})\Delta^{s+1}\rho_N \mathrm{d}x\mathrm{d}t.$$

根据 (4.4.14) 和 ρ_N 关于时间变量的导数一致有界性，推得

$$\rho_N \to \rho \text{ 在 } L^2(0,T;W^{2s+1,2}(\Omega)) \text{ 中强收敛。} \tag{4.4.27}$$

因而，

$$\int_0^T\int_\Omega \Delta^s \mathrm{div}(\rho_N\boldsymbol{\phi})\Delta^{s+1}\rho_N \mathrm{d}x\mathrm{d}t \to \int_0^T\int_\Omega \Delta^s \mathrm{div}(\rho\boldsymbol{\phi})\Delta^{s+1}\rho \mathrm{d}x\mathrm{d}t$$

对任意的函数 $\boldsymbol{\phi}\in C^\infty((0,T)\times\overline{\Omega})$ 都成立。

(3) 动量项。利用分部积分可将这一项写为

$$-\lambda\int_0^T\int_\Omega \rho_N\Delta^{2s+1}(\rho_N\boldsymbol{u}_N)\cdot\boldsymbol{\phi}\mathrm{d}x\mathrm{d}t = -\lambda\int_0^T\int_\Omega \Delta^s\nabla(\rho_N\boldsymbol{u}_N):\Delta^s\nabla(\rho_N\boldsymbol{\phi})\mathrm{d}x\mathrm{d}t$$

因而 (4.4.13) 和 (4.4.25) 建立的收敛性足够取极限 $N \to \infty$。

总之，密度和温度的强收敛性以及动量方程中的非线性项的收敛性可使得动量方程取极限 $N \to \infty$，对任意函数 $\boldsymbol{\phi} \in C^1([0,T];(X_N))$ 满足 $\boldsymbol{\phi}(T)=0$ 都成立，特别地，经过论证知试验函数变为 $C^1([0,T];W^{2s+1}(\Omega))$ 也成立。

4.4.3 对内能方程取极限

对 $\nu\rho|D(\boldsymbol{u})|^2$，$\lambda|\Delta^s\nabla(\rho\boldsymbol{u})|^2$，$\lambda\varepsilon|\Delta^{s+1}\rho|^2$ 和 $2h^2\rho|\nabla^2\log\rho|^2$ 取极限需要某种强收敛性。这个主要由动能的估计推得，为此，把 $\boldsymbol{u}$ 作为极限后逼近的动量方程的试验函数，有

$$
\begin{aligned}
&\int_0^T\int_\Omega(\nu\rho|D(\boldsymbol{u})|^2+\lambda|\Delta^s\nabla(\rho\boldsymbol{u})|^2+\lambda\varepsilon|\Delta^{s+1}(\rho)|^2+2h^2\rho|\nabla^2\log\rho|^2)\mathrm{d}x\mathrm{d}t+\\
&\int_\Omega(\frac{1}{2}\rho|\boldsymbol{u}|^2+\frac{\lambda}{2}|\nabla^{2s+1}\rho|^2+4h^2|\nabla\sqrt{\rho}|^2)(t)\mathrm{d}x=\\
&\int_\Omega P\,\mathrm{div}\,\boldsymbol{u}\mathrm{d}x+\int_\Omega(\frac{1}{2}\rho|\boldsymbol{u}|^2+\frac{\lambda}{2}|\nabla^{2s+1}\rho|^2+4h^2|\nabla\sqrt{\rho}|^2)(0)\mathrm{d}x
\end{aligned}\tag{4.4.28}
$$

对任意的 $t\in[0,T]$ 都成立。另一方面，根据 (4.3.10)，有

$$
\begin{aligned}
&\lim_{N\to\infty}\int_0^T\int_\Omega(\nu\rho_N|D(\boldsymbol{u}_N)|^2+\lambda|\Delta^s\nabla(\rho_N\boldsymbol{u}_N)|^2+\lambda\varepsilon|\Delta^{s+1}(\rho_N)|^2+2h^2\rho_N|\nabla^2\log\rho_N|^2)\mathrm{d}x\mathrm{d}t+\\
&\int_\Omega(\frac{1}{2}\rho_N|\boldsymbol{u}_N|^2+\frac{\lambda}{2}|\nabla^{2s+1}\rho_N|^2+4h^2|\nabla\sqrt{\rho_N}|^2)(t)\mathrm{d}x=\int_0^T\int_\Omega P\,\mathrm{div}\,\boldsymbol{u}\mathrm{d}x\mathrm{d}t+\\
&\int_\Omega(\frac{1}{2}\rho|\boldsymbol{u}|^2+\frac{\lambda}{2}|\nabla^{2s+1}\rho|^2+4h^2|\nabla\sqrt{\rho}|^2)(0)\mathrm{d}x,
\end{aligned}\tag{4.4.29}
$$

比较 (4.4.28) 和 (4.4.29)，可得到

$$
\begin{aligned}
&\nu\|\sqrt{\rho_N}D(\boldsymbol{u}_N)\|^2_{L^2((0,T)\times\Omega)}\to\nu\|\sqrt{\rho}D(\boldsymbol{u})\|^2_{L^2((0,T)\times\Omega)},\\
&\lambda\|\Delta^s\nabla(\rho_N\boldsymbol{u}_N)\|^2_{L^2((0,T)\times\Omega)}\to\lambda\|\Delta^s\nabla(\rho\boldsymbol{u})\|^2_{L^2((0,T)\times\Omega)},\\
&\lambda\varepsilon\|\Delta^{s+1}\rho_N\|^2_{L^2((0,T)\times\Omega)}\to\lambda\varepsilon\|\Delta^{s+1}\rho\|^2_{L^2((0,T)\times\Omega)},\\
&2h^2\|\sqrt{\rho_N}|\nabla^2\log\rho_N|\|^2_{L^2((0,T)\times\Omega)}\to2h^2\|\sqrt{\rho}|\nabla^2\log\rho|\|^2_{L^2((0,T)\times\Omega)},
\end{aligned}\tag{4.4.30}
$$

且对所有的 $t\in[0,T]$ 有

$$
\begin{aligned}
&\|\rho_N|\boldsymbol{u}_N|^2(t)\|_{L^1(\Omega)}\to\|\rho|\boldsymbol{u}|^2(t)\|_{L^1(\Omega)},\\
&\lambda\|\nabla^{2s+1}\rho_N(t)\|^2_{L^2(\Omega)}\to\lambda\|\nabla^{2s+1}\rho(t)\|^2_{L^2(\Omega)},\\
&4h^2\|\nabla\sqrt{\rho_N}\|^2_{L^2(\Omega)}\to4h^2\|\nabla\sqrt{\rho}\|^2_{L^2(\Omega)}.
\end{aligned}\tag{4.4.31}
$$

有了这些量的范数收敛，再结合密度和温度的强收敛性，可推出这些量是强收敛的。所以，可对内能方程取极限，有

$$\int_0^T\int_\Omega(\rho\theta+\beta\theta^4)\partial_t\boldsymbol{\phi}\mathrm{d}x\mathrm{d}t+\int_0^T\int_\Omega\boldsymbol{u}(\rho\theta+\beta\theta^4)\cdot\nabla\boldsymbol{\phi}\mathrm{d}x\mathrm{d}t-\int_0^T\int_\Omega\kappa\nabla\theta\cdot\nabla\boldsymbol{\phi}\mathrm{d}x\mathrm{d}t=$$
$$-\int_0^T\int_\Omega(\frac{\varepsilon}{\theta^2}-\varepsilon\theta^5)\boldsymbol{\phi}\mathrm{d}x\mathrm{d}t+\int_0^T\int_\Omega(P_m+\frac{\beta}{3}\theta^4)\operatorname{div}\boldsymbol{u}\boldsymbol{\phi}\mathrm{d}x\mathrm{d}t-\int_\Omega(\rho\theta+\beta\theta^4)(0)\boldsymbol{\phi}(0)\mathrm{d}x-$$
$$\int_0^T\int_\Omega(\nu\rho|D(\boldsymbol{u})|^2+\lambda|\Delta^s\nabla(\rho\boldsymbol{u})|^2+\lambda\varepsilon|\Delta^{s+1}(\rho)|^2+2h^2\rho|\nabla^2\log\rho|^2+\varepsilon\frac{1}{\rho}\frac{\partial P_c}{\partial\rho}|\nabla\rho|^2)\mathrm{d}x\mathrm{d}t \tag{4.4.32}$$

对任意的试验函数 $\boldsymbol{\phi}$ 满足 $\boldsymbol{\phi}(T)=0$ 都成立。

对总能量方程取极限，此时取 $\boldsymbol{u}$ 作为极限动量方程 (4.2.4) 的试验函数，利用极限的连续性方程，以及一些分部积分的运算，可得到如下等式

$$\int_0^T\int_\Omega(\rho\frac{|\boldsymbol{u}|^2}{2}-h^2\rho\Delta\log\rho)\partial_t\boldsymbol{\phi}\mathrm{d}x\mathrm{d}t+\int_0^T\int_\Omega(\rho\frac{|\boldsymbol{u}|^2}{2}\boldsymbol{u}-h^2\rho\Delta\log\rho\boldsymbol{u})\cdot\nabla\boldsymbol{\phi}\mathrm{d}x\mathrm{d}t-$$
$$\int_0^T\int_\Omega(\nu\rho D(\boldsymbol{u})\boldsymbol{u}-P\boldsymbol{u})\cdot\nabla\boldsymbol{\phi}\mathrm{d}x\mathrm{d}t+2h^2\int_0^T\int_\Omega\rho\nabla^2\rho:\nabla\boldsymbol{u}\boldsymbol{\phi}\mathrm{d}x\mathrm{d}t=\int_0^T\int_\Omega\nu\rho|D(\boldsymbol{u})|^2\boldsymbol{\phi}\mathrm{d}x\mathrm{d}t+$$
$$\int_0^T\int_\Omega\lambda\Delta^s\nabla(\rho\boldsymbol{u}):\Delta^s\nabla(\rho\boldsymbol{u}\boldsymbol{\phi})\mathrm{d}x\mathrm{d}t-h^2\int_0^T\int_\Omega\operatorname{div}(\rho\Delta\boldsymbol{u})\boldsymbol{\phi}\mathrm{d}x\mathrm{d}t+\frac{\varepsilon}{2}\int_0^T\int_\Omega|\boldsymbol{u}|^2\nabla\rho:\nabla\boldsymbol{\phi}\mathrm{d}x\mathrm{d}t-$$
$$\int_0^T\int_\Omega P\operatorname{div}\boldsymbol{u}\boldsymbol{\phi}\mathrm{d}x\mathrm{d}t+\int_0^T\int_\Omega\lambda\Delta^s\operatorname{div}(\rho\boldsymbol{u}\boldsymbol{\phi}):\Delta^{s+1}\rho\mathrm{d}x\mathrm{d}t-h^2\varepsilon\int_0^T\int_\Omega\rho\Delta(\frac{\Delta\rho}{\rho})\mathrm{d}x\mathrm{d}t-$$
$$\int_0^T\int_\Omega\rho\frac{|\boldsymbol{u}|^2}{2}(0)\boldsymbol{\phi}(0)\mathrm{d}x\mathrm{d}t-\int_0^T\int_\Omega h^2\rho\Delta\log\rho(0)\boldsymbol{\phi}(0)\mathrm{d}x\mathrm{d}t, \tag{4.4.33}$$

再对极限的连续性方程作用算子 Δ^s，取试验函数为 $\lambda\operatorname{div}(\nabla\Delta^s\rho\boldsymbol{\phi})$，可推得

$$\int_0^T\int_\Omega\frac{\lambda}{2}|\nabla\Delta^s\rho|^2\partial_t\boldsymbol{\phi}\mathrm{d}x\mathrm{d}t+\lambda\int_0^T\int_\Omega\Delta^s\operatorname{div}(\rho\boldsymbol{u})\Delta^{s+1}\rho\boldsymbol{\phi}\mathrm{d}x\mathrm{d}t+$$
$$\lambda\int_0^T\int_\Omega\Delta^s\operatorname{div}(\rho\boldsymbol{u})\nabla\Delta^s\rho\cdot\nabla\boldsymbol{\phi}\mathrm{d}x\mathrm{d}t-\lambda\varepsilon\int_0^T\int_\Omega|\Delta^{s+1}\rho|^2\boldsymbol{\phi}\mathrm{d}x\mathrm{d}t-$$
$$\lambda\varepsilon\int_0^T\int_\Omega\Delta^{s+1}\rho\nabla\Delta^s\rho\cdot\nabla\boldsymbol{\phi}\mathrm{d}x\mathrm{d}t+\frac{\lambda}{2}\int_\Omega|\nabla\Delta^s\rho|^2(0)\boldsymbol{\phi}(0)\mathrm{d}x\mathrm{d}t=0, \tag{4.4.34}$$

把 (4.4.32)，(4.4.33) 和 (4.4.34) 加起来，利用极限的连续性方程重写压力项 $\int_0^T\int_\Omega P_c\operatorname{div}\boldsymbol{u}\,\mathrm{d}x\mathrm{d}t$，这样推得极限总能量方程的弱形式表达式

$$\int_0^T\int_\Omega(\rho\frac{|\boldsymbol{u}|^2}{2}+\rho e+\frac{\lambda}{2}|\nabla\Delta^s\rho|^2-h^2\rho\Delta\log\rho)\partial_t\boldsymbol{\phi}\mathrm{d}x\mathrm{d}t+2h^2\int_0^T\int_\Omega\rho\nabla^2\rho:\nabla\boldsymbol{u}\boldsymbol{\phi}\mathrm{d}x\mathrm{d}t+$$

$$\int_0^T\int_\Omega(\rho e+\rho\frac{|\boldsymbol{u}|^2}{2}\boldsymbol{u}-h^2\rho\Delta\log\rho\boldsymbol{u})\cdot\nabla\boldsymbol{\phi}\mathrm{d}x\mathrm{d}t-\int_0^T\int_\Omega\kappa\nabla\theta\cdot\nabla\boldsymbol{\phi}\mathrm{d}x\mathrm{d}t+$$
$$\int_0^T\int_\Omega P\boldsymbol{u}\cdot\nabla\boldsymbol{\phi}\mathrm{d}x\mathrm{d}t-\int_0^T\int_\Omega\nu\rho D(\boldsymbol{u})\boldsymbol{u}\cdot\nabla\boldsymbol{\phi}\mathrm{d}x\mathrm{d}t=$$
$$-\int_0^T\int_\Omega(\frac{\varepsilon}{\theta^2}-\varepsilon\theta^5)\boldsymbol{\phi}\mathrm{d}x-h^2\int_0^T\int_\Omega\mathrm{div}(\rho\Delta\boldsymbol{u})\boldsymbol{\phi}\mathrm{d}x\mathrm{d}t-h^2\varepsilon\int_0^T\int_\Omega\rho\Delta(\frac{\Delta\rho}{\rho})\mathrm{d}x\mathrm{d}t+$$
$$\int_0^T\int_\Omega R_{\varepsilon,\lambda}\mathrm{d}x\mathrm{d}t-\int_0^T\int_\Omega(\rho\frac{|\boldsymbol{u}|^2}{2}+\rho e+\frac{\lambda}{2}|\nabla\Delta^s\rho|^2)(0)\boldsymbol{\phi}(0)\mathrm{d}x\mathrm{d}t,\tag{4.4.35}$$

和

$$R_{\varepsilon,\lambda}(\rho,\theta,\boldsymbol{u},\boldsymbol{\phi})=\lambda[\Delta(\mathrm{div}(\rho\boldsymbol{u}\boldsymbol{\phi}))\Delta^{s+1}\rho-\Delta\,\mathrm{div}(\rho\boldsymbol{u})\Delta^{s+1}\rho\boldsymbol{\phi}]-$$
$$\lambda\Delta^s\mathrm{div}(\rho\boldsymbol{u})\nabla\Delta^{s+1}\rho\cdot\nabla\boldsymbol{\phi}-\lambda[|\Delta^s\nabla(\rho\boldsymbol{u})|^2\boldsymbol{\phi}-\Delta^s\nabla(\rho\boldsymbol{u}):\Delta^s\nabla(\rho\boldsymbol{u}\boldsymbol{\phi})]+$$
$$\lambda\varepsilon\Delta^{s+1}\rho\nabla\Delta^{s+1}\rho\cdot\nabla\boldsymbol{\phi}+\frac{\varepsilon}{2}|\boldsymbol{u}|^2\nabla\rho\cdot\nabla\boldsymbol{\phi}+\varepsilon\nabla\rho\cdot\nabla\boldsymbol{\phi}\left(e_c(\rho)+\frac{P_c(\rho)}{\rho}\right).\tag{4.4.36}$$

4.5 B-D 熵不等式的推导

在这一层逼近，只剩下参数 ε 和 λ。目前得到的估计 (4.3.11) 和 (4.3.20) 都与这些参数无关。然而，这些一致的先验估计，在后面的参数取极限过程中是不够的。因而，接下来，推导 B-D 熵不等式，这个不等式最大的好处是给出了关于密度的空间紧性，不依赖于这些参数。下面证明如下的引理。

引理 4.5.1 对正常数 $r>1$，有

$$\frac{\mathrm{d}}{\mathrm{d}t}\int_\Omega(\frac{1}{2}\rho|\boldsymbol{u}+\nabla\boldsymbol{\phi}(\rho)|^2+\frac{r-1}{2}\rho|\boldsymbol{u}|^2+\frac{r\lambda}{2}|\nabla\Delta^s\rho|^2+r\rho e_c(\rho))\mathrm{d}x+\int_\Omega\nabla\boldsymbol{\phi}(\rho)\cdot\nabla P\mathrm{d}x+$$
$$\frac{1}{2}\int_\Omega\rho|\nabla\boldsymbol{u}-\nabla^{\mathrm{T}}\boldsymbol{u}|^2\mathrm{d}x+2\lambda\int_\Omega|\Delta^{s+1}\rho|^2\mathrm{d}x+2(r-1)\int_\Omega\rho|D(\boldsymbol{u})|^2\mathrm{d}x+$$
$$r\int_\Omega(\lambda\varepsilon|\Delta^{s+1}\rho|^2+\lambda|\Delta^s\nabla(\rho\boldsymbol{u})|^2)\mathrm{d}x+\int_\Omega 4h^2\rho|\nabla^2\log\rho|^2\mathrm{d}x+\frac{4\varepsilon}{\gamma}\int_0^t\int_\Omega|\nabla\rho^{\frac{\gamma}{2}}|^2\mathrm{d}x\mathrm{d}t=$$
$$-\varepsilon\int_\Omega(\nabla\rho\cdot\nabla)\boldsymbol{u}\mathrm{d}x+\varepsilon\int_\Omega\Delta\rho\frac{|\nabla\boldsymbol{\phi}|^2}{2}\mathrm{d}x+\varepsilon\int_\Omega\rho\nabla\boldsymbol{\phi}(\rho)\cdot\nabla(\boldsymbol{\phi}'(\rho)\Delta\rho)\mathrm{d}x-$$
$$\varepsilon\int_\Omega\mathrm{div}(\rho\boldsymbol{u})\boldsymbol{\phi}'(\rho)\Delta\rho\mathrm{d}x+r\int_\Omega(R\rho\theta+\frac{\beta}{3}\theta^4)\,\mathrm{div}\,\boldsymbol{u}\mathrm{d}x-2\lambda\int_\Omega\Delta^s\nabla(\rho\boldsymbol{u}):\Delta^s\nabla^2\rho\mathrm{d}x\tag{4.5.1}$$

在 $\mathcal{D}'(0,T)$ 分布意义下成立，其中 $\nabla\boldsymbol{\phi}(\rho)=2\nabla\log\rho$，$e_c(\rho)=\int_0^\rho y^{-2}P_c(\rho)\mathrm{d}y\geqslant 0$。

引理 4.5.1 的证明 证明的基本思路是找出如下项的表达式:

$$\frac{\mathrm{d}}{\mathrm{d}t}\int_\Omega(\frac{1}{2}\rho|\boldsymbol{u}|^2+\rho\boldsymbol{u}\cdot\nabla\boldsymbol{\phi}(\rho)+\frac{1}{2}\rho|\nabla\boldsymbol{\phi}(\rho)|^2)\mathrm{d}x. \tag{4.5.2}$$

对于 (4.5.2) 的第一项，可利用基本能量不等式推得

$$\begin{aligned}&\int_\Omega(\frac{1}{2}\rho|\boldsymbol{u}|^2(t)+\frac{\rho^\gamma}{\gamma-1}(t)+\frac{\lambda}{2}|\nabla^{2s+1}\rho|^2(t)+\rho e(\rho)(t)+4h^2|\nabla\sqrt{\rho}|^2(t))\mathrm{d}x+\\&\varepsilon\int_0^t\int_\Omega\theta^5\mathrm{d}x\mathrm{d}t=\varepsilon\int_0^t\int_\Omega\frac{1}{\theta^2}\mathrm{d}x\mathrm{d}t+\int_\Omega(\frac{1}{2}\rho|\boldsymbol{u}|^2(0)+\frac{\lambda}{2}|\nabla^{2s+1}\rho|^2(0)+\\&\rho e(\rho)(0)+\frac{\rho^\gamma}{\gamma-1}(0)+4h^2|\nabla\sqrt{\rho}|^2(0))\mathrm{d}x,\end{aligned} \tag{4.5.3}$$

为得到 (4.5.2) 的第三项，对逼近的连续性方程两边乘以 $\frac{|\nabla\boldsymbol{\phi}(\rho)|^2}{2}$，推得

$$\begin{aligned}&\frac{\mathrm{d}}{\mathrm{d}t}\int_\Omega\frac{1}{2}\rho|\nabla\boldsymbol{\phi}(\rho)|^2\mathrm{d}x=\\&\int_\Omega(\rho\partial_t\frac{|\nabla\boldsymbol{\phi}(\rho)|^2}{2}-\frac{|\nabla\boldsymbol{\phi}(\rho)|^2}{2}\mathrm{div}(\rho\boldsymbol{u})+\varepsilon\frac{|\nabla\boldsymbol{\phi}(\rho)|^2}{2}\Delta\rho)\mathrm{d}x=\\&\int_\Omega(\rho\nabla\boldsymbol{\phi}(\rho)\cdot\nabla(\boldsymbol{\phi}'(\rho)\partial_t\rho)-\frac{|\nabla\boldsymbol{\phi}(\rho)|^2}{2}\mathrm{div}(\rho\boldsymbol{u})+\varepsilon\frac{|\nabla\boldsymbol{\phi}(\rho)|^2}{2}\Delta\rho)\mathrm{d}x,\end{aligned} \tag{4.5.4}$$

利用逼近的连续性方程，(4.5.4) 右端的第一项可写为

$$\begin{aligned}&\int_\Omega\rho\nabla\boldsymbol{\phi}(\rho)\cdot\nabla(\boldsymbol{\phi}'(\rho)\partial_t\rho)\mathrm{d}x=\\&\int_\Omega\varepsilon\rho\nabla\boldsymbol{\phi}(\rho)\cdot\nabla(\boldsymbol{\phi}'(\rho)\Delta\rho)\mathrm{d}x-\int_\Omega\rho\nabla\boldsymbol{u}:\nabla\boldsymbol{\phi}(\rho)\otimes\nabla\boldsymbol{\phi}(\rho)\mathrm{d}x-\\&\int_\Omega\rho\nabla\boldsymbol{\phi}(\rho)\cdot\nabla(\boldsymbol{\phi}'(\rho)\rho\,\mathrm{div}\,\boldsymbol{u})\mathrm{d}x-\int_\Omega\rho\boldsymbol{u}\otimes\nabla\boldsymbol{\phi}(\rho):\nabla^2\boldsymbol{\phi}(\rho)\mathrm{d}x,\end{aligned} \tag{4.5.5}$$

对 (4.5.5) 右端的最后两项分部积分，有

$$\begin{aligned}&\int_\Omega\rho\nabla\boldsymbol{\phi}(\rho)\cdot\nabla(\boldsymbol{\phi}'(\rho)\partial_t\rho)\mathrm{d}x=\\&\int_\Omega\varepsilon\rho\nabla\boldsymbol{\phi}(\rho)\cdot\nabla(\boldsymbol{\phi}'(\rho)\Delta\rho)\mathrm{d}x-\int_\Omega\rho\nabla\boldsymbol{u}:\nabla\boldsymbol{\phi}(\rho)\otimes\nabla\boldsymbol{\phi}(\rho)\mathrm{d}x+\\&\int_\Omega\rho|\nabla\boldsymbol{\phi}(\rho)|^2\,\mathrm{div}\,\boldsymbol{u}\mathrm{d}x+\int_\Omega\rho^2\boldsymbol{\phi}'(\rho)\Delta\boldsymbol{\phi}(\rho)\,\mathrm{div}\,\boldsymbol{u}\mathrm{d}x+\\&\int_\Omega|\nabla\boldsymbol{\phi}(\rho)|^2\,\mathrm{div}(\rho\boldsymbol{u})\mathrm{d}x+\int_\Omega\rho\boldsymbol{u}\cdot\nabla(\nabla\boldsymbol{\phi}(\rho))\cdot\nabla(\boldsymbol{\phi}(\rho))\mathrm{d}x.\end{aligned} \tag{4.5.6}$$

结合上面三个等式，得到

$$\frac{\mathrm{d}}{\mathrm{d}t}\int_{\Omega}\frac{1}{2}\rho|\nabla\boldsymbol{\phi}(\rho)|^2\mathrm{d}x=$$
$$\int_{\Omega}\varepsilon\rho\nabla\boldsymbol{\phi}(\rho)\cdot\nabla(\boldsymbol{\phi}'(\rho)\Delta\rho)\mathrm{d}x-\int_{\Omega}\rho\nabla\boldsymbol{u}:\nabla\boldsymbol{\phi}(\rho)\otimes\nabla\boldsymbol{\phi}(\rho)\mathrm{d}x+$$
$$\int_{\Omega}\rho|\nabla\boldsymbol{\phi}(\rho)|^2\operatorname{div}\boldsymbol{u}\mathrm{d}x+\int_{\Omega}\rho^2\boldsymbol{\phi}'(\rho)\Delta\boldsymbol{\phi}(\rho)\operatorname{div}\boldsymbol{u}\mathrm{d}x+\int_{\Omega}\varepsilon\frac{|\nabla\boldsymbol{\phi}(\rho)|^2}{2}\Delta\rho\mathrm{d}x,\tag{4.5.7}$$

在上面的等式中，根据 ρ 和 $\nabla\boldsymbol{\phi}$ 的正则性，每一项关于时间是逐点成立。然而，对于 (4.5.2) 中的第二项，就不成立了，所以将用到动量方程关于时间的弱形式。定义

$$V=W^{2s+1,2}(\Omega),\boldsymbol{v}=\rho\boldsymbol{u},\delta=\nabla\boldsymbol{\phi}.\tag{4.5.8}$$

知 $\boldsymbol{v}\in L^2(0,T;V)$，其关于时间的弱导数为 $\boldsymbol{v}'\in L^2(0,T;V^*)$，这里 V^* 表示 V 的对偶空间。另外，也知 $\delta\in L^2(0,T;V)$，$\delta'\in L^2(0,T;W^{2s-1,2}(\Omega))$。现在，令 $\boldsymbol{v}_m$，δ_m 分别表示 $\boldsymbol{v}$，δ 关于时间的磨光。利用磨光子的性质，有

$$\boldsymbol{v}_m,\boldsymbol{v}_m'\in C^\infty(0,T;V),\delta_m,\delta_m'\in C^\infty(0,T;V)\tag{4.5.9}$$

和

$$\begin{aligned}&\boldsymbol{v}_m\to\boldsymbol{v}L^2(0,T;V),\delta_m\to\delta L^2(0,T;V),\\&\boldsymbol{v}_m'\to\boldsymbol{v}'L^2(0,T;V^*),\delta_m'\to\delta'L^2(0,T;V^*),\end{aligned}\tag{4.5.10}$$

对于这些正则化的序列，可写为

$$\frac{\mathrm{d}}{\mathrm{d}t}\int_{\Omega}\boldsymbol{v}_m\cdot\delta_m\mathrm{d}x=\frac{\mathrm{d}}{\mathrm{d}t}(\boldsymbol{v}_m,\delta_m)_V=(\boldsymbol{v}_m',\delta_m)_V+(\boldsymbol{v}_m,\delta_m')_V,\forall\psi\in\mathcal{D}(0,T).\tag{4.5.11}$$

利用 Riesz 表示定理，验证对函数 $\boldsymbol{v}_m'\in C^\infty(0,T;V)$ 唯一决定一泛函 $\Phi_{v_m'}\in V^*$ 使得满足 $(\boldsymbol{v}_m',\psi)_V=(\Phi_{v_m'},\psi)_{V^*,V}=\int_{\Omega}\boldsymbol{v}_m'\cdot\psi\mathrm{d}x$，$\forall\psi\in V$，对 (4.5.11) 右端的第二项，替换 $V=L^2(\Omega)$，因而有

$$-\int_0^T(\boldsymbol{v}_m,\delta_m)_V\psi'\mathrm{d}t=\int_0^T(\boldsymbol{v}_m',\delta_m)_{V^*,V}\psi\mathrm{d}t+\int_0^T(\boldsymbol{v}_m,\delta_m')_{L^2(\Omega)}\psi\mathrm{d}t,\ \forall\psi\in\mathcal{D}(0,T),\tag{4.5.12}$$

观察到上式右边的两项在空间 $L^1(0,T)$ 中一致有界，因而，利用 (4.5.10) 的性质，令 $m\to\infty$，得到

$$\frac{\mathrm{d}}{\mathrm{d}t}\int_{\Omega}\boldsymbol{v}\cdot\delta\mathrm{d}x=(\boldsymbol{v}',\delta)_V+(\boldsymbol{v},\delta')_V,\forall\psi\in\mathcal{D}(0,T),\tag{4.5.13}$$

回到原来的定义，这个意味着这样的运算

$$\frac{\mathrm{d}}{\mathrm{d}t}\int_{\Omega}\rho\boldsymbol{u}\cdot\nabla\boldsymbol{\phi}(\rho)\mathrm{d}x=<\partial_t(\rho\boldsymbol{u}),\nabla\boldsymbol{\phi}(\rho)>_{V^*,V}+\int_{\Omega}\rho\boldsymbol{u}\cdot\partial_t\nabla\boldsymbol{\phi}(\rho)\mathrm{d}x \tag{4.5.14}$$

是有定义的。利用事实，即 $\partial_t\nabla\boldsymbol{\phi}$ 在区域 $(0,T)\times\Omega$ 上几乎处处存在，(4.5.14) 右端的第二项可写为

$$\int_{\Omega}\rho\boldsymbol{u}\cdot\partial_t\nabla\boldsymbol{\phi}(\rho)\mathrm{d}x=\int_{\Omega}(\mathrm{div}(\rho\boldsymbol{u}))^2\boldsymbol{\phi}'(\rho)\mathrm{d}x-\varepsilon\int_{\Omega}\mathrm{div}(\rho\boldsymbol{u})\boldsymbol{\phi}'(\rho)\Delta\rho\mathrm{d}x, \tag{4.5.15}$$

与此同时，(4.5.14) 右端的第一项可利用逼近的动量方程来估计

$$\begin{aligned}&<\partial_t(\rho\boldsymbol{u}),\nabla\boldsymbol{\phi}(\rho)>_{V^*,V}=\\&-\int_{\Omega}2\rho\Delta\boldsymbol{\phi}(\rho)\,\mathrm{div}\,\boldsymbol{u}\mathrm{d}x+2\int_{\Omega}\nabla\boldsymbol{u}:\nabla\boldsymbol{\phi}(\rho)\otimes\nabla\boldsymbol{\phi}(\rho)\mathrm{d}x-2\int_{\Omega}\nabla\boldsymbol{\phi}(\rho)\cdot\nabla\rho\,\mathrm{div}\,\boldsymbol{u}\mathrm{d}x-\\&\int_{\Omega}\nabla\boldsymbol{\phi}(\rho)\cdot\nabla P\mathrm{d}x-\int_{\Omega}\Delta^{s+1}\rho\Delta^s\mathrm{div}(\rho\nabla\boldsymbol{\phi}(\rho))\mathrm{d}x-\lambda\int_{\Omega}\Delta^s\nabla(\rho\boldsymbol{u}):\Delta^s\nabla(\rho\nabla\boldsymbol{\phi}(\rho))\mathrm{d}x-\\&\int_{\Omega}\nabla\boldsymbol{\phi}(\rho)\cdot\mathrm{div}(\rho\boldsymbol{u}\otimes\boldsymbol{u})\mathrm{d}x-\varepsilon\int_{\Omega}(\nabla\rho\cdot\nabla)\boldsymbol{u}\cdot\nabla\boldsymbol{\phi}(\rho)\mathrm{d}x+\int_{\Omega}2h^2\mathrm{div}(\rho\nabla^2\log\rho)\cdot\nabla\boldsymbol{\phi}(\rho)\mathrm{d}x,\end{aligned} \tag{4.5.16}$$

回忆 $\boldsymbol{\phi}(\rho)$ 的定义，可推出

$$\begin{aligned}&\frac{\mathrm{d}}{\mathrm{d}t}\int_{\Omega}(\rho\boldsymbol{u}\cdot\nabla\boldsymbol{\phi}(\rho)+\frac{1}{2}\rho|\nabla\boldsymbol{\phi}(\rho)|^2)\mathrm{d}x+\int_{\Omega}\nabla\boldsymbol{\phi}(\rho)\cdot\nabla P\mathrm{d}x+2\lambda\int_{\Omega}|\Delta^{s+1}\rho|^2\mathrm{d}x=\\&-\int_{\Omega}\nabla\boldsymbol{\phi}(\rho)\cdot\mathrm{div}(\rho\boldsymbol{u}\otimes\boldsymbol{u})\mathrm{d}x+\int_{\Omega}(\mathrm{div}(\rho\boldsymbol{u}))^2\boldsymbol{\phi}'(\rho)\mathrm{d}x-2\lambda\int_{\Omega}\Delta^s\nabla(\rho\boldsymbol{u}):\Delta^s\nabla^2\rho\mathrm{d}x-\\&\varepsilon\int_{\Omega}\mathrm{div}(\rho\boldsymbol{u})\boldsymbol{\phi}'(\rho)\Delta\rho\mathrm{d}x+\int_{\Omega}\varepsilon\frac{|\nabla\boldsymbol{\phi}(\rho)|^2}{2}\Delta\rho\mathrm{d}x-\varepsilon\int_{\Omega}(\nabla\rho\cdot\nabla)\boldsymbol{u}\cdot\nabla\boldsymbol{\phi}(\rho)\mathrm{d}x+\\&\int_{\Omega}\varepsilon\rho\nabla\boldsymbol{\phi}(\rho)\cdot\nabla(\boldsymbol{\phi}'(\rho)\Delta\rho)\mathrm{d}x-\int_{\Omega}4h^2\rho|\nabla^2\log\boldsymbol{u}|^2\mathrm{d}x,\end{aligned} \tag{4.5.17}$$

这里 (4.5.17) 右端的前两项可转化为

$$\begin{aligned}&\int_{\Omega}((\mathrm{div}(\rho\boldsymbol{u}))^2\boldsymbol{\phi}'(\rho)-\nabla\boldsymbol{\phi}(\rho)\cdot\mathrm{div}(\rho\boldsymbol{u}\otimes\boldsymbol{u}))\mathrm{d}x=\\&\int_{\Omega}(\rho^2\boldsymbol{\phi}'(\rho)(\mathrm{div}\,\boldsymbol{u})^2+\rho\boldsymbol{\phi}'\cdot\nabla\rho\,\mathrm{div}\,\boldsymbol{u}-\rho\boldsymbol{\phi}'\nabla\rho(\boldsymbol{u}\cdot\nabla\boldsymbol{u}))\mathrm{d}x=\\&2\int_{\Omega}\rho\partial_i\boldsymbol{u}_j\partial_j\boldsymbol{u}_i\mathrm{d}x=2\int_{\Omega}\rho|D(\boldsymbol{u})|^2\mathrm{d}x-2\int_{\Omega}\rho\left(\frac{\partial_i\boldsymbol{u}_j-\partial_j\boldsymbol{u}_i}{2}\right)^2\mathrm{d}x.\end{aligned} \tag{4.5.18}$$

因此，引理 4.5.1 的结论可通过 (4.5.3) 两边同时乘以 r，再与 (4.5.17) 相加得到。 □

为了从 (4.5.1) 推得一致的先验估计，需控制式子左端的负项和右端的正项。这里依赖于 ε 的项比较容易处理，所以略过，下面主要集中于新的地方。

(1) $\nabla P\cdot\nabla\phi$ 的估计。根据压力 P 的假设和 $\nabla\phi=2\nabla\log\rho$，得到

$$\nabla P\nabla\log\rho=P_c'(\rho)\frac{|\nabla\rho|^2}{\rho}+\frac{\nabla(R\rho\theta)\nabla\rho}{\rho}+\frac{a}{3}\frac{\nabla\theta^4\cdot\nabla\rho}{\rho},\tag{4.5.19}$$

所以有

$$\begin{aligned}&\int_\Omega\nabla P\nabla\log\rho\mathrm{d}x=\\&\int_\Omega P_c'(\rho)\frac{|\nabla\rho|^2}{\rho}\mathrm{d}x+R\int_\Omega\frac{\theta|\nabla\rho|^2}{\rho}\mathrm{d}x+R\int_\Omega\nabla\rho\nabla\theta\mathrm{d}x+\int_\Omega\frac{a}{3}\frac{\nabla\theta^4\cdot\nabla\rho}{\rho}\mathrm{d}x.\end{aligned}\tag{4.5.20}$$

由 P_c 的定义知，上式右边的前两项是非负的，因此可作为 (4.5.1) 的左边，只需估计第三项和第四项，第三项可被估计为

$$\begin{aligned}&R\int_\Omega\nabla\rho\nabla\theta\mathrm{d}x\leqslant\frac{1}{2}R^2\int_\Omega\kappa(\rho,\theta)\frac{|\nabla\theta|^2}{\theta^2}\mathrm{d}x+\frac{1}{2}\int_\Omega\frac{\theta^2}{\kappa(\rho,\theta)}|\nabla\rho|^2\mathrm{d}x\leqslant\\&C\int_\Omega\kappa(\rho,\theta)\frac{|\nabla\theta|^2}{\theta^2}\mathrm{d}x+C\leqslant C,\end{aligned}\tag{4.5.21}$$

第四项的被积函数可被估计为

$$\frac{a}{3}\frac{\nabla\theta^4\cdot\nabla\rho}{\rho}\leqslant C(\varepsilon)\beta\|\nabla\theta^4\|^2_{L^2((0,T)\times\Omega)}+\varepsilon\|\nabla\log\rho\|^2_{L^2((0,T)\times\Omega)},\tag{4.5.22}$$

(4.5.22) 右端的第一项对 $B\geqslant 8$ 是有界的，而第二项的估计要分成两种情况：

1) $\rho\geqslant 1$，那么 $\rho^{-1}\leqslant 1$ 和 $\rho^{-2}|\nabla\rho|^2\leqslant\rho^{-1}|\nabla\rho|^2$，利用 Gronwall 不等式与 (4.5.1)，可得这一项是有界的。

2) $\rho<1$，那么 $\rho^{-\gamma}\geqslant 1$ 和 $\varepsilon\rho^{-2}|\nabla\rho|^2\leqslant\rho^{-2-\gamma}|\nabla\rho|^2\leqslant\varepsilon P_c'(\rho)\rho^{-1}|\nabla\rho|^2$ 可被 (4.5.1) 的左端吸收掉 (即 (4.5.20) 的第一项)。

(2) $(R\rho\theta+\frac{a}{3}\theta^4)\mathrm{div}\boldsymbol{u}$ 的估计。由 Young 不等式，有

$$\left|\int_\Omega R\rho\theta\mathrm{div}\boldsymbol{u}\,\mathrm{d}x\right|\leqslant\varepsilon\|\sqrt{\rho}\mathrm{div}\boldsymbol{u}\|^2_{L^2(\Omega)}+C(\varepsilon)\|\sqrt{\rho}\theta\|^2_{L^2(\Omega)},\tag{4.5.23}$$

上式右端的最后一项可被估计如下：

$$\|\sqrt{\rho}\theta\|_{L^2(\Omega)}\leqslant\|\rho\theta^2\|^{\frac{1}{2}}_{L^1(\Omega)}\leqslant C\|\rho\|^{\frac{1}{2}}_{L^{\frac{3}{2}}(\Omega)}\|\theta\|_{L^6(\Omega)}\leqslant C,$$

考虑到 (4.4.6)，$\theta \in L^2(0,T;L^6(\Omega))$，以及由 Sobolev 嵌入定理推得对于 $1 \leqslant p \leqslant 6$，$\|\rho\|_{L^{\frac{p}{2}}(\Omega)} \leqslant c\|\nabla\sqrt{\rho}\|_{L^2(\Omega)}$，因此，(4.5.23) 右端最后一项是有界的，而 (4.5.23) 的右端第一项可被 (4.5.1) 的左端吸收掉。

辐射项估计起来比较困难，可拆成如下的形式做估计

$$\int_0^T\int_\Omega \theta^4|\operatorname{div}\boldsymbol{u}|\mathrm{d}x\mathrm{d}t = \int_0^T\int_\Omega \theta^4\rho^{-\frac{1}{2}}|\sqrt{\rho}\operatorname{div}\boldsymbol{u}|\mathrm{d}x\mathrm{d}t \leqslant$$
$$\|\theta\|^4_{L^p(0,T;L^q(\Omega))}\|\rho^{-\frac{1}{2}}\|_{L^{2\gamma^-}(0,T;L^{6\gamma^+}(\Omega))}\|\sqrt{\rho}\operatorname{div}\boldsymbol{u}\|_{L^2((0,T)\times\Omega)}, \tag{4.5.24}$$

这里 $p=\dfrac{8\gamma^-}{\gamma^- -1}$，$q=\dfrac{24\gamma^-}{3\gamma^- -1}$。

利用插值，有 $\|\theta\|_{L^p(0,T;L^q(\Omega))} \leqslant \|\theta\|^{1-a}_{L^\infty(0,T;L^4(\Omega))}\|\theta\|^a_{L^G(0,T;L^{3G}(\Omega))}$，$a=\dfrac{2}{3}$ 和 $G=\dfrac{16\gamma^-}{3(\gamma^- -1)}$，这里只要 $\gamma^- \geqslant 3$，则 $G\leqslant B$。因而，可以估计如下

$$\int_0^T\int_\Omega \theta^4|\operatorname{div}\boldsymbol{u}|\mathrm{d}x\mathrm{d}t \leqslant C(\varepsilon)(\|\theta\|^{\frac{1}{3}}_{L^\infty(0,T;L^4(\Omega))}\|\theta\|^{\frac{2}{3}}_{L^B(0,T;L^{3B}(\Omega))})^{\frac{2(\gamma^- -1)}{\gamma^-}} +$$
$$\varepsilon\|\rho^{-\frac{\gamma^-}{2}}\|_{L^2((0,T)\times\Omega)} + \varepsilon\|\sqrt{\rho}\operatorname{div}\boldsymbol{u}\|^2_{L^2((0,T)\times\Omega)}, \tag{4.5.25}$$

上式右端的第一项的有界性由 (4.4.1) 和 (4.4.8) 推得，第二项和第三项由 (4.5.1) 和 (4.5.3) 的左端控制。

(3) $\lambda\Delta^s\nabla(\rho\boldsymbol{u}):\Delta^s\nabla^2\rho$ 的估计。有

$$2\lambda\int_\Omega|\Delta^s\nabla(\rho\boldsymbol{u}):\Delta^s\nabla^2\rho|\mathrm{d}x \leqslant C\lambda\|\Delta^s\nabla(\rho\boldsymbol{u})\|^2_{L^2((0,T)\times\Omega)} + \lambda\|\Delta^{s+1}\rho\|^2_{L^2((0,T)\times\Omega)}, \tag{4.5.26}$$

因而对充分大的 r，使得 $r\lambda^{-1}>c$，这样 (4.5.26) 的右端这两项可被 (4.5.1) 的左端吸收掉。

4.6 人工粘性极限 $\boldsymbol{\varepsilon}\to 0$，$\boldsymbol{\lambda}\to 0$

这一节首先给出由 B-D 熵不等式推得的新的一致先验估计，接下来，令参数趋于 0。在这里，注意到，取极限过程 $\lambda\to 0$，$\varepsilon\to 0$ 可以一步完成，为了使证明过程更加清楚，我们分开进行。

有如下的一致先验估计：

$$\|\sqrt{\lambda}\Delta^{s+1}\rho\|_{L^2((0,T)\times\Omega)} + \|\sqrt{\theta\rho^{-1}}\nabla\rho\|_{L^2((0,T)\times\Omega)} + \|\sqrt{P_c'(\rho)\rho^{-1}}\nabla\rho\|_{L^2((0,T)\times\Omega)} \leqslant C, \tag{4.6.1}$$

和

$$\|\sqrt{\lambda}\nabla^{2s+1}\rho\|_{L^\infty(0,T;L^2(\Omega))}+\|\nabla\sqrt{\rho}\|_{L^\infty(0,T;L^2(\Omega))}+4h^2\|\sqrt{\rho}\nabla^2\log\rho\|_{L^2((0,T)\times\Omega)}\leqslant C, \tag{4.6.2}$$

速度场的一致先验估计如下：

$$\|\sqrt{\lambda}\Delta^s\nabla(\rho\boldsymbol{u})\|_{L^2((0,T)\times\Omega)}+\|\sqrt{\rho}\nabla\boldsymbol{u}\|_{L^2((0,T)\times\Omega)}+\|\sqrt{\theta^{-1}\rho}\nabla\boldsymbol{u}\|_{L^2((0,T)\times\Omega)}\leqslant C, \tag{4.6.3}$$

上面三个式子的常数 C 与参数 ε 和 λ 无关。

现在有了这些一致的先验估计，下面通过嵌入定理和插值不等式得到 ρ 和 $\boldsymbol{u}$ 的一些额外的估计。

(1) ρ 的进一步估计。从 (4.5.1) 可推出存在一函数 ξ_1，对 $\rho<(1-\delta)$，$\xi_1(\rho)=\rho$，对 $\rho>1$，$\xi_1(\rho)=0$。存在另一函数 ξ_2，对 $\rho<1$，$\xi_2(\rho)=0$，对 $\rho>(1+\delta)$，$\delta>0$，$\xi_2(\rho)=\rho$。存在小参数 $\delta>0$ 使得

$$\|\nabla\xi_1^{-\frac{\gamma^-}{2}}\|_{L^2((0,T)\times\Omega)}\leqslant C,\quad \|\nabla\xi_2^{\frac{\gamma^+}{2}}\|_{L^2((0,T)\times\Omega)}\leqslant C, \tag{4.6.4}$$

另外根据 (4.5.3) 和上面的估计，可以利用 Sobolev 嵌入定理，得

$$\|\xi_1^{-\frac{\gamma^-}{2}}\|_{L^2(0,T;L^6(\Omega))}\leqslant C,\quad \|\xi_2^{\frac{\gamma^+}{2}}\|_{L^2(0,T;L^6(\Omega))}\leqslant C, \tag{4.6.5}$$

从 (4.5.1) 也可得到如下的估计：

$$\|\xi_1\|_{L^\infty(0,T;L^{\gamma^-}(\Omega))}\leqslant C,\quad \|\xi_2\|_{L^\infty(0,T;L^{\gamma^+}(\Omega))}\leqslant C, \tag{4.6.6}$$

和

$$\|\sqrt{\rho}\|_{L^2(0,T;H^2(\Omega))}\leqslant C. \tag{4.6.7}$$

从 (4.6.7) 可进一步推出在紧性分析中用到的一个估计：

$$\|\rho\|_{L^2(0,T;W^{2,\frac{2\gamma^+}{\gamma^++1}}(\Omega))}\leqslant C, \tag{4.6.8}$$

由 (4.5.1) 和 Sobolev 嵌入定理，也有

$$\rho\in L^\infty(0,T;L^3(\Omega)). \tag{4.6.9}$$

注 4.6.1 特别地，由 (4.6.4) 的第一项可推出

$\rho>0$ 在 $(0,T)\times\Omega$ 上几乎处处满足。

(2) 速度场的估计。利用 Hölder 不等式，有

$$\|\nabla \boldsymbol{u}\|_{L^p(0,T;L^q(\Omega))} \leqslant c(1+\|\xi_1(\rho)^{-1/2}\|_{L^{2\gamma^-}(0,T;L^{6\gamma^-}(\Omega))})\|\sqrt{\rho}\nabla \boldsymbol{u}\|_{L^2((0,T)\times\Omega)}. \tag{4.6.10}$$

这里 $p=\dfrac{2\gamma^-}{\gamma^-+1}$，$q=\dfrac{6\gamma^-}{3\gamma^-+1}$。因此，由 Korn 不等式结合 Sobolev 嵌入定理可推出

$$\boldsymbol{u} \in L^{\frac{2\gamma^-}{\gamma^-+1}}(0,T;L^{\frac{6\gamma^-}{\gamma^-+1}}(\Omega)). \tag{4.6.11}$$

用类似的方法也可推出

$$\|\boldsymbol{u}\|_{L^{p'}(0,T;L^{q'}(\Omega))} \leqslant c(1+\|\xi_1(\rho)^{-\frac{1}{2}}\|_{L^{2\gamma^-}(0,T;L^{6\gamma^-}(\Omega))})\|\sqrt{\rho}\boldsymbol{u}\|_{L^2((0,T)\times\Omega)}, \tag{4.6.12}$$

这里 $p'=2\gamma^-$，$q'=\dfrac{6\gamma^-}{3\gamma^-+1}$。插值 (4.6.11) 和 (4.6.12)，得到

$$\boldsymbol{u} \in L^{\frac{10\gamma^-}{3\gamma^-+3}}(0,T;L^{\frac{10\gamma^-}{3\gamma^-+3}}(\Omega)). \tag{4.6.13}$$

当 $\gamma^->3$，看出 $\boldsymbol{u}\in L^{\frac{5}{2}}(0,T;L^{\frac{5}{2}}(\Omega))$ 相对参数 ε 和 λ 是一致的。

(3) 绝热温度的严格正性。

引理 4.6.1 有如下结论成立：

$$\theta_\varepsilon > 0 \text{ 在 } (0,T)\times\Omega \text{ 上几乎处处成立。} \tag{4.6.14}$$

引理 4.6.1 的证明 上面的结论是如下估计的结果

$$\int_0^T\int_\Omega (|\log\theta_\varepsilon|^2+|\nabla\log\theta_\varepsilon|^2)\mathrm{d}x\mathrm{d}t \leqslant C, \tag{4.6.15}$$

这里的估计可利用广义的 Korn 不等式得到，只需控制 $\rho|\log\theta|$ 的 $L^1(\Omega)$ 范数。由 (4.3.18) 有

$$\int_\Omega (\rho_\varepsilon s_\varepsilon)^0\mathrm{d}x \leqslant \int_\Omega \rho_\varepsilon s_\varepsilon(T)\mathrm{d}x. \tag{4.6.16}$$

把熵的形式 ρs 代入上式，有

$$-\int_\Omega \rho_\varepsilon\log\theta_\varepsilon(T)\mathrm{d}x \leqslant \int_\Omega \rho_\varepsilon\log\rho_\varepsilon(T)\mathrm{d}x - \int_\Omega (\rho_\varepsilon s_\varepsilon)^0\mathrm{d}x, \tag{4.6.17}$$

右端的有界性由 (4.5.1) 和初值易知。另一方面，积分 $\rho_\varepsilon\log\theta_\varepsilon$ 的正部上界可被 $\rho_\varepsilon\theta_\varepsilon$ 所控制，其中 $\rho_\varepsilon\theta_\varepsilon$ 属于 $L^\infty(0,T;L^1(\Omega))$，最后，有

$$\operatorname*{ess\,sup}_{t\in(0,T)}\int_\Omega |\rho_\varepsilon\log\theta_\varepsilon(t)|\mathrm{d}x \leqslant C, \tag{4.6.18}$$

引理得证。 □

4.6.1 取极限 $\varepsilon \to 0$

已经证明 B-D 熵估计，特别地，关于 $\Delta^{s+1}\rho_\varepsilon$ 在空间 $L^2((0,T)\times\Omega)$ 中的一致有界，与参数 ε 无关，所以可以采用类似前面小节中的方法，选取子序列，有

$$\varepsilon\Delta^s\nabla\boldsymbol{u}_\varepsilon, \varepsilon\nabla\rho_\varepsilon, \varepsilon\Delta^{s+1}\rho_\varepsilon \to 0 \text{ 在 } L^2((0,T)\times\Omega) \text{ 中强收敛，} \tag{4.6.19}$$

因此

$$\varepsilon\nabla\rho_\varepsilon\nabla\boldsymbol{u}_\varepsilon \to 0 \text{ 在 } L^1((0,T)\times\Omega) \text{ 中强收敛。} \tag{4.6.20}$$

密度和速度的强收敛性跟前面小节处理的过程一样，这里省略证明，主要集中在温度的强收敛和能量方程的取极限方面。

回忆 (4.3.18)，(4.4.7) 可推得

$$\theta_\varepsilon \to \theta \text{ 在 } L^2(0,T;W^{1,2}(\Omega)) \text{ 中弱收敛，} \tag{4.6.21}$$

和

$$\varepsilon\theta_\varepsilon^{-2}, \varepsilon\theta_\varepsilon^5 \to 0 \text{ 在 } L^1((0,T)\times\Omega) \text{ 中强收敛。} \tag{4.6.22}$$

温度的点点收敛可由 Aubin-Lions 来推得：

引理 4.6.2 令 $\{v_\varepsilon\}$ 是空间 $L^2(0,T;L^q(\Omega))$ 和 $L^\infty(0,T;L^1(\Omega))$ 中的有界序列，这里 $q>\dfrac{6}{5}$。而且，假设

$$\partial_t v_\varepsilon \geqslant g_\varepsilon \text{ 在 } \mathcal{D}'((0,T)\times\Omega) \text{ 上，} \tag{4.6.23}$$

这里 $\{g_\varepsilon\}$ 在空间 $L^1(0,T;W^{-m,r}(\Omega))$ 中一致有界，对某些 $m\geqslant 0, r>1$ 与参数 ε 无关。那么存在子序列 $\{v_\varepsilon\}$ 在 $L^2(0,T;W^{-1,2}(\Omega))$ 中强收敛到 v。

将这个引理应用到 $v_\varepsilon=\rho_\varepsilon\theta_\varepsilon+\beta\theta_\varepsilon^4$。接着，考虑到方程 (4.4.33)，类似地，跟 (4.4.17) 到 (4.4.23) 的推导过程一样，可以推得

$$\begin{aligned}
&\partial_t v_\varepsilon \geqslant g_\varepsilon = -\operatorname{div}(\boldsymbol{u}_\varepsilon\rho_\varepsilon\theta_\varepsilon+\beta\boldsymbol{u}_\varepsilon\theta_\varepsilon^4)+\operatorname{div}(\kappa\nabla\theta_\varepsilon)+\\
&\frac{\varepsilon}{\theta^2}-\varepsilon\theta^5-(P_m+\frac{\beta}{3})\operatorname{div}\boldsymbol{u}_\varepsilon+\frac{1}{\rho_\varepsilon}\frac{\partial P_c}{\partial\rho_\varepsilon}|\nabla\rho_\varepsilon|^2+\\
&\nu\rho_\varepsilon|D(\boldsymbol{u}_\varepsilon)|^2+\lambda|\Delta^s\nabla(\rho_\varepsilon\boldsymbol{u}_\varepsilon)|^2+\lambda\varepsilon|\Delta^{s+1}\rho_\varepsilon|^2+2h^2\rho_\varepsilon|\nabla^2\log\rho_\varepsilon|^2,
\end{aligned} \tag{4.6.24}$$

另外，上式右端在空间 $L^1(0,T;W^{-1,p}(\Omega))\cup L^1(0,T;W^{-2,q}(\Omega))$ 对某个 $p>1,q>1$ 一致有界。因此上面的引理再结合 ρ_ε 的强收敛性可推出

$$\theta_\varepsilon^4\to\overline{\theta_\varepsilon^4}\ \text{在}\ L^2(0,T;W^{-1,2}(\Omega))\ \text{中强收敛。}$$

另一方面，也知道 $\theta_\varepsilon\to\theta$ 在空间 $L^2(0,T;W^{1,2}(\Omega))$ 中弱收敛，因而由 $f(x)=x^4$ 的单调性，可利用单调性方法推得 θ_ε 在空间 $L^q(0,T;L^{3q}(\Omega))$ 中对任意的 $q<B$ 强收敛。

最后，给出取极限 $\varepsilon\to0$ 的极限方程。

(1) 连续性方程

$$\partial_t\rho+\operatorname{div}(\rho\boldsymbol{u})=0$$

在区间 $[0,T]\times\Omega$ 上几乎处处满足。

(2) 动量方程

$$-\int_0^T\int_\Omega\rho\boldsymbol{u}\cdot\partial_t\boldsymbol{\phi}\mathrm{d}x\mathrm{d}t-\int_\Omega m^0\cdot\boldsymbol{\phi}(0)\mathrm{d}x+\int_0^T\int_\Omega\lambda\Delta^s\boldsymbol{\nabla}(\rho\boldsymbol{u}):\Delta^s\boldsymbol{\nabla}(\rho\boldsymbol{\phi})\mathrm{d}x\mathrm{d}t-$$
$$\int_0^T\int_\Omega(\rho\boldsymbol{u}\otimes\boldsymbol{u})\boldsymbol{\nabla\phi}\mathrm{d}x\mathrm{d}t+\int_0^T\int_\Omega\nu\rho D(\boldsymbol{u}):D(\boldsymbol{\phi})\mathrm{d}x\mathrm{d}t-\int_0^T\int_\Omega P\operatorname{div}\boldsymbol{\phi}\mathrm{d}x\mathrm{d}t+$$
$$\int_0^T\int_\Omega\lambda\Delta^s\operatorname{div}(\rho\boldsymbol{\phi}):\Delta^{s+1}(\rho)\mathrm{d}x\mathrm{d}t+2h^2\int_0^T\int_\Omega\rho\boldsymbol{\nabla}^2\log\rho\cdot\boldsymbol{\nabla\phi}\mathrm{d}x\mathrm{d}t=0 \tag{4.6.25}$$

对任意的试验函数 $\boldsymbol{\phi}\in L^2(0,T;W^{2s+1}(\Omega))\cap W^{1,2}(0,T;W^{1,2}(\Omega))$ 使得 $\boldsymbol{\phi}(\cdot,T)=0$ 都成立。

(3) 总能量方程

$$\int_0^T\int_\Omega(\rho\frac{|\boldsymbol{u}|^2}{2}+\rho e+\frac{\lambda}{2}|\boldsymbol{\nabla}\Delta^s\rho|^2-h^2\rho\Delta\log\rho)\partial_t\boldsymbol{\phi}\mathrm{d}x\mathrm{d}t-\int_0^T\int_\Omega\kappa\boldsymbol{\nabla}\theta\cdot\boldsymbol{\nabla\phi}\mathrm{d}x\mathrm{d}t+$$
$$\int_0^T\int_\Omega(\rho e+\rho\frac{|\boldsymbol{u}|^2}{2}\boldsymbol{u}-h^2\rho\Delta\log\rho\boldsymbol{u})\cdot\boldsymbol{\nabla\phi}\mathrm{d}x\mathrm{d}t+\int_0^T\int_\Omega P\boldsymbol{u}\cdot\boldsymbol{\nabla\phi}\mathrm{d}x\mathrm{d}t-$$
$$\int_0^T\int_\Omega\nu\rho D(\boldsymbol{u})\boldsymbol{u}\cdot\boldsymbol{\nabla\phi}\mathrm{d}x\mathrm{d}t=-\int_0^T\int_\Omega(\frac{\varepsilon}{\theta^2}-\varepsilon\theta^5)\boldsymbol{\phi}\mathrm{d}x\mathrm{d}t+\int_0^T\int_\Omega R_{\varepsilon,\lambda}\mathrm{d}x\mathrm{d}t-$$
$$\int_0^T\int_\Omega(\rho\frac{|\boldsymbol{u}|^2}{2}+\rho e+\frac{\lambda}{2}|\boldsymbol{\nabla}\Delta^s\rho|^2)(0)\boldsymbol{\phi}(0)\mathrm{d}x\mathrm{d}t \tag{4.6.26}$$

对任意的试验函数 $\boldsymbol{\phi}\in L^2(0,T;W^{2s+1}(\Omega))\cap W^{1,2}(0,T;W^{1,2}(\Omega))$ 使得 $\boldsymbol{\phi}(\cdot,T)=0$ 都成立，而且

$$R_{\varepsilon,\lambda}(\rho,\theta,\boldsymbol{u},\boldsymbol{\phi})=\lambda[\Delta(\operatorname{div}(\rho\boldsymbol{u\phi}))\Delta^{s+1}\rho-\Delta\operatorname{div}(\rho\boldsymbol{u})\Delta^{s+1}\rho\boldsymbol{\phi}]-$$

$$\lambda\Delta^s \operatorname{div}(\rho\boldsymbol{u})\nabla\Delta^{s+1}\rho\cdot\nabla\boldsymbol{\phi}-\lambda[|\Delta^s\nabla(\rho\boldsymbol{u})|^2\boldsymbol{\phi}-\Delta^s\nabla(\rho\boldsymbol{u}):\Delta^s\nabla(\rho\boldsymbol{u}\boldsymbol{\phi})]. \tag{4.6.27}$$

另外，由范数的下半连续性，取极限，有

$$\begin{aligned}&\partial_t(\rho\theta+\beta\theta^4)+\operatorname{div}(\boldsymbol{u}\rho\theta+\beta\boldsymbol{u}\theta^4)+\operatorname{div}(\kappa\nabla\theta)\geqslant\\&-(P_m+\frac{\beta}{3})\operatorname{div}\boldsymbol{u}+\nu\rho|D(\boldsymbol{u})|^2+\lambda|\Delta^s\nabla(\rho\boldsymbol{u})|^2+2h^2\rho|\nabla^2\log\rho|^2\end{aligned} \tag{4.6.28}$$

在区间 $(0,T)\times\Omega$ 分布意义下满足。

4.6.2 取极限 $\lambda\to 0$

在这一节中给出一些方法使得序列 $(\rho_\lambda,\boldsymbol{u}_\lambda,\theta_\lambda)$ 收敛到最开始方程的解 $(\rho,\boldsymbol{u},\theta)$。

4.6.2.1 密度的强收敛性

给出如下的引理，证明密度的强收敛性。

引理 4.6.3 存在一子序列 ρ_λ 使得

$$\begin{aligned}&\sqrt{\rho_\lambda}\to\sqrt{\rho}\ \text{在空间}\ L^2(0,T;H^1(\Omega))\ \text{中强收敛},\\&P_c(\rho_\lambda)\to P_c(\rho)\ \text{在空间}\ L^1(0,T;L^1(\Omega))\ \text{中强收敛},\\&1/\sqrt{\rho_\lambda}\to 1/\sqrt{\rho}\ \text{在空间}\ L^2(0,T;L^2(\Omega))\ \text{中强收敛。}\end{aligned}$$

引理 4.6.3 的证明 由能量估计 (4.3.20) 知估计 $\|\nabla\sqrt{\rho_\lambda}\|_{L^\infty(0,T;L^2(\Omega))}\leqslant C$，再结合质量守恒估计 $\|\rho_\lambda(t)\|_{L^1(\Omega)}=\|\rho_{\lambda,0}(t)\|_{L^1(\Omega)}$，可推得 $\sqrt{\rho_\lambda}$ 在空间 $L^\infty(0,T;H^1(\Omega))$ 中有界，同样从 B-D 能量估计，可推出 $\sqrt{\rho_\lambda}$ 在空间 $L^2(0,T;H^2(\Omega))$ 中有界。

接着，注意到 $\sqrt{\rho_\lambda}$ 满足如下方程

$$\partial_t\sqrt{\rho_\lambda}=-\frac{1}{2}\sqrt{\rho_\lambda}\operatorname{div}\boldsymbol{u}_\lambda-\boldsymbol{u}_\lambda\cdot\nabla\sqrt{\rho_\lambda}=\frac{1}{2}\sqrt{\rho_\lambda}\operatorname{div}\boldsymbol{u}_\lambda-\operatorname{div}(\boldsymbol{u}_\lambda\sqrt{\rho_\lambda}).$$

易证明

$$\|\sqrt{\rho_\lambda}\|_{L^2(0,T;H^{-1}(\Omega))}\leqslant C.$$

这样就可利用 Lion-Aubin 得到 $\sqrt{\rho_\lambda}$ 在空间 $L^2(0,T;H^1(\Omega))$ 中强收敛到 $\sqrt{\rho}$，也知 $\sqrt{\rho_\lambda}$ 在区域 Ω 上几乎处处收敛到 ρ。

下一步推出冷压的强收敛性，由上一节知 $\nabla\rho_\lambda^{\gamma^+/2}\in L^2(0,T;H^1(\Omega))$，再根据 Sobolev 嵌入定理，有 $\rho_\lambda^{\gamma^+/2}\in L^2(0,T;L^6(\Omega))$，或者 $\rho_\lambda^{\gamma^+}\in L^1(0,T;L^3(\Omega))$。又知道 $\rho_\lambda^{\gamma^+}$ 在空间

$L^\infty(0,T;L^1(\Omega))$ 中一致有界，那么再利用 Hölder 不等式，可得

$$\|\rho_\lambda^{\gamma^+}\|_{L^{5/3}((0,T)\times\Omega)} \leqslant \|\rho_\lambda^{\gamma^+}\|_{L^\infty(0,T;L^1(\Omega))}^{2/5}\|\rho_\lambda^{\gamma^+}\|_{L^1(0,T;L^3(\Omega))}^{3/5} \leqslant C.$$

所以可看出 $\rho_\lambda^{\gamma^+}$ 在空间 $L^{5/3}((0,T)\times\Omega)$ 中一致有界。也知 $\rho_\lambda^{\gamma^+}$ 几乎处处收敛到 ρ^{γ^+}，这样就知道 $\rho_\lambda^{\gamma^+}$ 在空间 $L^1((0,T)\times\Omega)$ 中强收敛到 ρ^{γ^+}。

另外，由估计 (4.6.1)，$\|\sqrt{P_c'(\rho_\lambda)\rho_\lambda^{-1}}\nabla\rho_\lambda\|_{L^2((0,T)\times\Omega)} \leqslant C$ 和 P_c' 的假设，可推出 $\nabla\rho_\lambda^{-1/2} \in L^2(0,T;L^2(\Omega))$，接着可推出 $\dfrac{1}{\sqrt{\rho_\lambda}}$ 满足如下方程

$$\partial_t\left(\frac{1}{\sqrt{\rho_\lambda}}\right) + \nabla\cdot\left(\frac{\boldsymbol{u}_\lambda}{\sqrt{\rho_\lambda}}\right) = -\frac{3}{2\sqrt{\rho_\lambda}}\operatorname{div}\boldsymbol{u}_\lambda,$$

利用前面的估计，易推出

$$\left\|\partial_t\left(\frac{1}{\sqrt{\rho_\lambda}}\right)\right\|_{L^\infty(0,T;W^{-1,1}(\Omega))} \leqslant C,$$

由上面估计再结合估计 $\nabla\rho_\lambda^{-1/2} \in L^2(0,T;L^2(\Omega))$，利用 Lion-Aubin 引理可推出 $\dfrac{1}{\sqrt{\rho_\lambda}}$ 在空间 $L^2(0,T;L^2(\Omega))$ 中强收敛于 $\dfrac{1}{\sqrt{\rho}}$。 □

4.6.2.2 速度的强收敛

引理 4.6.4 存在子序列，有

$$\sqrt{\rho_\lambda}\boldsymbol{u}_\lambda \to \sqrt{\rho}\boldsymbol{u} \text{ 在空间 } L^2(0,T;L^2(\Omega)) \text{ 中强收敛，}$$
$$\boldsymbol{u}_\lambda \to \boldsymbol{u} \text{ 在空间 } L^p(0,T;L^p(\Omega)) \text{ 中对任意的 } p<5/3 \text{ 强收敛。}$$

引理 4.6.4 的证明 首先有

$$\nabla\cdot(\rho_\lambda\boldsymbol{u}_\lambda) = \rho_\lambda\nabla\cdot\boldsymbol{u}_\lambda + \boldsymbol{u}_\lambda\nabla\rho_\lambda = \sqrt{\rho_\lambda}\sqrt{\rho_\lambda}\nabla\cdot\boldsymbol{u}_\lambda + 2\sqrt{\rho_\lambda}\boldsymbol{u}_\lambda\nabla\sqrt{\rho_\lambda} \in L^2(0,T;L^2(\Omega)).$$

其次利用动量方程 (4.6.25) 可推得 $\partial_t(\rho\boldsymbol{u}) \in L^2(0,T;H^{-p}(\Omega))$，这里的 p 充分大，因而能够利用 Lion-Aubin 引理得到 $\rho_\lambda\boldsymbol{u}_\lambda$ 在空间 $L^2(0,T;L^2(\Omega))$ 中强收敛于 $\rho\boldsymbol{u}$，接着通过拆分 $\sqrt{\rho}\boldsymbol{u} = (\sqrt{\rho}\boldsymbol{u})^{2r}\boldsymbol{u}^{1-2r}\rho^{1/2-r}$，再结合 $\boldsymbol{u}_\lambda \in L^{\frac{5}{2}}(0,T;L^{\frac{5}{2}}(\Omega))$，$\rho_\lambda \in L^\infty(0,T;L^{-\gamma^-})$，$\sqrt{\rho}\boldsymbol{u} \in L^\infty(0,T;L^2(\Omega))$，可推出 $\sqrt{\rho}\boldsymbol{u} \in L^p(0,T;L^q(\Omega))$，这里的 $p,q>2$。由前面知 $\sqrt{\rho_\lambda}\boldsymbol{u}_\lambda$ 几乎处处收敛，因此有 $\sqrt{\rho_\lambda}\boldsymbol{u}_\lambda$ 在空间 $L^2(0,T;L^2(\Omega))$ 中强收敛。

根据 $\rho_\lambda^{-1/2}$ 在空间 $C([0,T];L^p(\Omega))$ 中对任意的 $p<6$ 强收敛，再结合 $\sqrt{\rho_\lambda}\boldsymbol{u}_\lambda$ 在空间 $L^2(0,T;L^2(\Omega))$ 中强收敛于 $\sqrt{\rho}\boldsymbol{u}$，可推出 $\boldsymbol{u}_\lambda$ 在空间 $L^2(0,T;L^p(\Omega))$ 中对任意的 $p<3/2$ 强收敛于 $\boldsymbol{u}$。由前面知 $\boldsymbol{u}_\lambda\in L^{\frac{5}{3}}(0,T;L^{\frac{5}{3}}(\Omega))$，从而可知 $\boldsymbol{u}_\lambda$ 在空间 $L^p((0,T)\times\Omega)$ 中对任意的 $p<5/3$ 强收敛于 $\boldsymbol{u}$。 □

4.6.2.3 温度的强收敛

跟前一节相比，不能使用速度或者密度的高阶强收敛性来推出温度关于时间导数的一致估计。然而，可以用引理 4.6.2 的结论证明温度的强收敛，只是这时需注意引理的条件的一致性要与参数 λ 无关。

首先注意到 $v_\lambda=\rho_\lambda\theta_\lambda+a\theta_\lambda^4$ 在空间 $L^2(0,T;L^q(\Omega))$ 和 $L^\infty(0,T;L^1(\Omega))$ 中相对参数 λ 一致有界，其中 $q>6/5$。确实，可由 (4.4.2) 和 (4.4.6) 推得。进一步，从 (4.6.28) 可得 $\partial_t v_\lambda\geqslant g_\lambda$，这里 g_λ 是如下的形式

$$\begin{aligned}&g_\lambda=-\operatorname{div}(\boldsymbol{u}_\lambda\rho_\lambda\theta_\lambda+a\boldsymbol{u}_\lambda\theta_\varepsilon^4)+\operatorname{div}(\kappa\nabla\theta_\lambda)-\\&(P_m+\frac{a}{3}\theta_\lambda^4)\operatorname{div}\boldsymbol{u}_\lambda+\nu\rho_\lambda|D(\boldsymbol{u}_\lambda)|^2+\lambda|\Delta^s\nabla(\rho_\lambda\boldsymbol{u}_\lambda)|^2+2h^2\rho_\lambda|\nabla^2\log\rho_\lambda|^2,\end{aligned}\tag{4.6.29}$$

且 g_λ 在空间 $L^1(0,T;W^{-m,r}(\Omega))$ 对某个 $m\geqslant0,r>1$ 一致有界，与参数 λ 无关。对于不含速度的项很容易证明其有界性。而对这些含有速度的项，有

$$\|\boldsymbol{u}_\lambda\rho_\lambda\theta_\lambda\|_{L^{12/11}((0,T)\times\Omega)}\leqslant C\|\sqrt{\rho_\lambda}\boldsymbol{u}_\lambda\|_{L^2((0,T)\times\Omega)}\|\sqrt{\rho_\lambda}\|_{L^\infty(0,T;L^6(\Omega))}\|\theta_\lambda\|_{L^\infty(0,T;L^4(\Omega))}\leqslant C,\tag{4.6.30}$$

考虑到 (4.4.20) 和 (4.6.10)，而且，有

$$\|\boldsymbol{u}_\lambda\theta_\varepsilon^4\|_{L^{40/31}((0,T)\times\Omega)}\leqslant C\|\boldsymbol{u}_\lambda\|_{L^{5/2}((0,T)\times\Omega)}\|\theta_\varepsilon^4\|_{L^{8/3}((0,T)\times\Omega)}\leqslant C,\tag{4.6.31}$$

对绝热气体压强，有

$$\|\rho_\lambda\theta_\lambda\operatorname{div}\boldsymbol{u}_\lambda\|_{L^{12/11}((0,T)\times\Omega)}\leqslant C\|\sqrt{\rho_\lambda}\operatorname{div}\boldsymbol{u}_\lambda\|_{L^2((0,T)\times\Omega)}\|\sqrt{\rho_\lambda}\|_{L^\infty(0,T;L^6(\Omega))}\|\theta_\lambda\|_{L^\infty(0,T;L^4(\Omega))}\leqslant C,\tag{4.6.32}$$

和项 $\theta_\lambda^4\operatorname{div}\boldsymbol{u}_\lambda$ 在空间 $L^1((0,T)\times\Omega)$ 中的一致有界性，这在 (4.5.24) 已经给出。(4.6.29) 最后两项在空间 $L^1((0,T)\times\Omega)$ 中一致有界，因而满足引理的条件 $m=1,r>1$，所以存在子序列，有 v_λ 在空间 $L^2(0,T;W^{-1,2}(\Omega))$ 中强收敛到 v。那么，也跟上一节类似，可得到 θ_λ 的强收敛。

4.6.2.4 能量通量的一致有界性

首先给出在 γ^- 满足什么条件的情况下，能量通量项 $\rho_\lambda|\boldsymbol{u}_\lambda|^3$ 在某个 $L^p((0,T)\times\Omega)$ 中，这里要求 $p>1$。做法是把这一项拆成三项，对这三项可估得在某个 $L^p(0,T;L^q(\Omega))$ 中，再利用插值不等式可计算出能量通量项的指标，具体如下：

$$\rho_\lambda^{1/3}|\boldsymbol{u}_\lambda| = \rho_\lambda^{1/3-\alpha}\rho_\lambda^{\alpha}|\boldsymbol{u}_\lambda|^{2\alpha}|\boldsymbol{u}_\lambda|^{1-2\alpha}.$$

根据 $\rho_\lambda\in L^\infty(0,T;L^{\gamma^+}(\Omega))$，$\rho_\lambda|\boldsymbol{u}_\lambda|^2\in L^\infty(0,T;L^1(\Omega))$ 和 $\boldsymbol{u}_\lambda\in L^{\frac{2\gamma^-}{\gamma^-+1}}(0,T;L^{\frac{6\gamma^-}{\gamma^-+1}})$，对这三项使用插值不等式。所以，有 $\rho_\lambda^{1/3}|\boldsymbol{u}_\lambda|\in L^p(0,T;L^q(\Omega))$，要求 $p>3,q>3$，当且仅当满足条件 $(1-2\alpha)\dfrac{\gamma^-+1}{2\gamma^-}<\dfrac{1}{3}$，$(\dfrac{1}{3}-\alpha)\dfrac{1}{\gamma^+}+(1-2\alpha)\dfrac{\gamma^-+1}{6\gamma^-}<\dfrac{1}{3}$，意味着 γ^- 和 γ^+ 必须满足如下的关系

$$\gamma^->\frac{5\gamma^+-3}{\gamma^+-3}.$$

当 γ^-，γ^+ 满足上面的条件，由得到的估计可知对流项 $\rho_\lambda\boldsymbol{u}_\lambda^3$ 在空间 $L^r((0,T)\times\Omega)$ 中对某个 $r>1$ 弱收敛到 $\overline{\rho\boldsymbol{u}^3}$。

和上面的分析类似，也可得到能量通量项 $\rho_\lambda^{-\gamma^-}\boldsymbol{u}_\lambda$ 在某个 $L^p((0,T)\times\Omega)$ 中，这里要求 $p>1$。具体如下

$$\|\rho_\lambda^{-\gamma^-}\boldsymbol{u}_\lambda\|_{L^{\frac{15}{11}}(0,T;L^{\frac{45}{43}}(\Omega))}\leqslant C\|\rho_\lambda^{-\gamma^-}\|_{L^\infty(0,T;L^1(\Omega))}^{2/3}\|\rho_\lambda^{-\gamma^-}\|_{L^1(0,T;L^3(\Omega))}^{1/3}\|\boldsymbol{u}_\lambda\|_{L^{5/2}(0,T;L^{5/2}(\Omega))},$$

能量通量项 $\Delta\rho_\lambda\boldsymbol{u}_\lambda$ 在某个 $L^p((0,T)\times\Omega)$ 中，这里要求 $p>1$。具体如下：

$$\|\Delta\rho_\lambda\boldsymbol{u}_\lambda\|_{L^{\frac{10}{9}}(0,T;L^{\frac{10\gamma^+}{9\gamma^++5}}(\Omega))}\leqslant C\|\Delta\rho_\lambda\|_{L^2(0,T;L^{\frac{2\gamma^+}{\gamma^++1}}(\Omega))}\|\boldsymbol{u}_\lambda\|_{L^{5/2}(0,T;L^{5/2}(\Omega))},$$

这里可以看出当 $\gamma^+>5$ 时，指标 $\dfrac{10\gamma^+}{9\gamma^++5}>1$。

能量通量项 $\dfrac{|\nabla\rho_\lambda|^2}{\rho_\lambda}\boldsymbol{u}_\lambda$ 在某个 $L^p((0,T)\times\Omega)$ 中，这里要求 $p>1$。具体如下

$$\||\nabla\sqrt{\rho_\lambda}|^2\boldsymbol{u}_\lambda\|_{L^{\frac{5}{2}}(0,T;L^{\frac{15}{11}}(\Omega))}\leqslant C\|\nabla\sqrt{\rho_\lambda}\|_{L^\infty(0,T;L^6(\Omega))}^2\|\boldsymbol{u}_\lambda\|_{L^{5/2}(0,T;L^{5/2}(\Omega))}.$$

4.6.2.5 对非线性项取极限

取极限 $\lambda\to 0$ 的最后一步是对系统的非线性项取极限，其中最难处理的部分是能量通量部分。

由引理 4.6.3 知，ρ_λ 在空间 $L^2(0,T;H^1(\Omega))$ 中强收敛到 ρ，又根据引理 4.6.4 知，$\sqrt{\rho_\lambda}\boldsymbol{u}_\lambda$ 在空间 $L^2(0,T;L^2(\Omega))$ 中强收敛到 $\sqrt{\rho}\boldsymbol{u}$，由此可知极限质量方程在几乎处处意义下成立。

对于动量方程，项 $\rho_\lambda\boldsymbol{u}_\lambda$ 和 $\rho_\lambda\boldsymbol{u}_\lambda\otimes\boldsymbol{u}_\lambda$ 在空间 $L^1((0,T)\times\Omega)$ 中强收敛于 $\rho\boldsymbol{u}$ 和 $\rho\boldsymbol{u}\otimes\boldsymbol{u}$，使得对前两项可以在分布意义下取极限。根据 ρ_λ 和 $\boldsymbol{u}_\lambda$ 分别在空间 $L^2(0,T;H^1(\Omega))$ 和 $L^2(0,T;L^2(\Omega))$ 中强收敛，压强项 $\nabla(R\rho_\lambda\theta_\lambda)$ 收敛到 $\nabla(R\rho\theta)$。压力项 ∇p_c 前面已经处理过。而粘性项可作如下转变取极限

$$
\begin{aligned}
&<\rho_\lambda D(\boldsymbol{u}_\lambda),\nabla\phi>=<D(\rho_\lambda\boldsymbol{u}_\lambda),\nabla\phi>-<(\boldsymbol{u}_\lambda)_j\partial_i\rho_\lambda,\partial_i\phi_j>-<(\boldsymbol{u}_\lambda)_i\partial_j\rho_\lambda,\partial_i\phi_j>=\\
&-<\sqrt{\rho_\lambda}\sqrt{\rho_\lambda}\boldsymbol{u}_\lambda,D\nabla\phi>-<\sqrt{\rho_\lambda}(\boldsymbol{u}_\lambda)_j\partial_i\sqrt{\rho_\lambda},\partial_i\phi_j>-<\sqrt{\rho_\lambda}(\boldsymbol{u}_\lambda)_i\partial_j\sqrt{\rho_\lambda},\partial_i\phi_j>.
\end{aligned}
$$

由 ρ_λ 在空间 $L^2(0,T;H^1(\Omega))$ 中强收敛到 ρ 和 $\sqrt{\rho_\lambda}\boldsymbol{u}_\lambda$ 在空间 $L^2(0,T;L^2(\Omega))$ 中强收敛到 $\sqrt{\rho}\boldsymbol{u}$ 知，粘性项可取得极限。

最难处理的是对能量方程 (4.6.26) 和 (4.6.27) 取极限。首先根据 $\lambda\nabla^{2s+1}\rho_\lambda\to 0$ 在空间 $L^2((0,T)\times\Omega)$ 中强收敛，以及 $\rho_\lambda,\boldsymbol{u}_\lambda,\theta_\lambda$ 的强收敛性，可以推出总能量 $E_\lambda=\rho_\lambda e_c(\rho_\lambda)+\rho_\lambda\theta_\lambda+\beta\theta_\lambda^4+\frac{1}{2}\rho_\lambda|\boldsymbol{u}_\lambda|^2+\frac{\lambda}{2}|\nabla^{2s+1}\rho_\lambda|^2-h^2\rho_\lambda\Delta\log\rho_\lambda$ 收敛到 E。同样的，根据能量通量 $\boldsymbol{u}_\lambda p_\lambda\theta_\lambda,\rho_\lambda\boldsymbol{u}_\lambda^3$ 和 $p\boldsymbol{u}_\lambda$ 在某个 $L^p((0,T)\times\Omega)(p>1)$ 空间中的一致有界性，以及 ρ_λ，$\boldsymbol{u}_\lambda$，θ_λ 的强收敛性，可以推出 $\boldsymbol{u}_\lambda p_\lambda\theta_\lambda$，$\rho_\lambda\boldsymbol{u}_\lambda^3$ 和 $p\boldsymbol{u}_\lambda$ 分别收敛于 $\boldsymbol{u}p\theta$，$\rho\boldsymbol{u}^3$ 和 $p\boldsymbol{u}$。

热通量 $\kappa\nabla\theta_\lambda$ 的取极限过程可直接进行，因为序列 $\rho_\lambda,\theta_\lambda$ 具有强收敛性，而 $\nabla\theta_\lambda$ 在空间 $L^2((0,T)\times\Omega)$ 中弱收敛于 $\nabla\theta$。

现在证明当参数 $\lambda\to 0$ 时，R_λ 在空间 $L^1((0,T)\times\Omega)$ 中强收敛到 0。观察到

$$
\begin{aligned}
&\int_0^T\int_\Omega|R_\lambda(\rho_\lambda,\theta_\lambda)|\mathrm{d}x\mathrm{d}t=\\
&\lambda\int_0^T\int_\Omega|(\Delta^s\nabla(\rho_\lambda\boldsymbol{u}_\lambda)\Delta^s(\rho_\lambda\boldsymbol{u}_\lambda)+\Delta^s(\rho_\lambda\boldsymbol{u}_\lambda)\Delta^{s+1}\rho_\lambda+\Delta^s\operatorname{div}(\rho_\lambda\boldsymbol{u}_\lambda)\nabla\Delta^s\rho_\lambda)\cdot\nabla\phi|\mathrm{d}x\mathrm{d}t\leqslant\\
&\|\nabla\phi\|_{L^\infty((0,T)\times\Omega)}\lambda\|\rho_\lambda\boldsymbol{u}_\lambda\|_{L^2(0,T;W^{2s,2}(\Omega))}\|\rho_\lambda\boldsymbol{u}_\lambda\|_{L^2(0,T;W^{2s+1,2}(\Omega))},
\end{aligned}
\tag{4.6.33}
$$

利用 $\rho_\lambda\boldsymbol{u}_\lambda\in L^\infty(0,T;L^{3/2}(\Omega))$，$\rho_\lambda\in L^\infty(0,T;L^3(\Omega))$，$\sqrt{\lambda}\rho_\lambda\boldsymbol{u}_\lambda\in L^2(0,T;W^{2s+1,2}(\Omega))$ 和 $\sqrt{\lambda}\rho_\lambda\in L^2(0,T;W^{2s+2,2}(\Omega))$，可推得这一项趋向于 0，主要定理得证。

5. 可压缩量子欧拉–泊松方程的边值问题

5.1 可压缩稳态量子欧拉–泊松方程的边值问题

这一节主要考虑如下一维可压缩量子欧拉–泊松方程：

$$\left(\frac{j^2}{\rho}+Tp(\rho)\right)_x-h^2\rho\left(\frac{(\sqrt{\rho})_{xx}}{\sqrt{\rho}}\right)_x=\rho\phi_x-\frac{j}{\tau(x)}-\nu\rho(\beta(\rho))_{xx}, \tag{5.1.1}$$

$$\lambda^2\phi_{xx}=\rho-D, \tag{5.1.2}$$

其边界条件为

$$\rho(0)=\rho_0>0,\rho(1)=\rho_1>0,\phi(0)=\phi_0,\phi_x(0)=-E_0, \tag{5.1.3}$$

$$h^2\frac{(\sqrt{\rho})_{xx}(0)}{\sqrt{\rho_0}}-\nu\beta'(\rho_0)\rho_x(0)=\frac{j^2}{2\rho_0^2}+T\varepsilon(\rho_0)-V_0+K. \tag{5.1.4}$$

这里 $x\in\Omega:=(0,1)$，函数 ρ,j,ϕ 分别表示电子密度、电流、静电势。正常数 h 是普朗克常量，ν 是粘性系数，K 是待定常数。函数 $\varepsilon(s)$ 表示熵函数，定义为 $\varepsilon'(s)=p'(s)/s$，$s>0$，$\varepsilon(1)=0$。在等温情形下，$\varepsilon(s)=\log s\ (s\geqslant 0)$；在等熵情形下，$\varepsilon(s)=\dfrac{\alpha}{\alpha-1}(s^{\alpha-1}-1)$ $(s>0)$，其中 $\alpha>1$。本节假设

$$\beta(\rho)=-\frac{1}{\gamma-1}\frac{1}{\rho^{(\gamma-1)/2}}, \tag{5.1.5}$$

其中，$\gamma>4$。这个条件保证了密度的正性。众所周知，最大值原理对于高阶方程组不再适用，所以证明高阶方程组解的正性是很困难的问题 [89]–[95]。

为了研究二阶方程组，我们将 (5.1.1) 变形为

$$\rho\left[\frac{j^2}{2\rho^2}+T\varepsilon(\rho)-\phi-h^2\frac{(\sqrt{\rho})_{xx}}{\sqrt{\rho}}+j\int_0^x\frac{\mathrm{d}s}{\tau\rho}+\nu\beta(\rho)_x\right]_x=0. \tag{5.1.6}$$

当 $\rho>0$ 时，进一步可得

$$\frac{j^2}{2\rho^2}+T\varepsilon(\rho)-\phi-h^2\frac{(\sqrt{\rho})_{xx}}{\sqrt{\rho}}+j\int_0^x\frac{\mathrm{d}s}{\tau\rho}+\nu\beta(\rho)_x=-K, \tag{5.1.7}$$

其中 K 是常数，由 (5.1.4) 确定。由 $\beta(\rho)$ 的定义，令 $w=\sqrt{\rho}$，可得

$$h^2w_{xx}=\frac{j^2}{2w^3}+Tw\varepsilon(w^2)-\phi w+Kw+jw\int_0^x\frac{\mathrm{d}s}{\tau w^2}+\nu\frac{w_x}{w^\gamma}, \tag{5.1.8}$$

$$\lambda^2\phi_{xx}=w^2-D. \tag{5.1.9}$$

相应的边界条件为

$$w(0)=w_0>0,w(1)=w_1>0,\phi(0)=\phi_0,\phi_x(0)=-E_0, \tag{5.1.10}$$

其中，$w_0=\sqrt{\rho_0}$，$w_1=\sqrt{\rho_1}$。选取

$$K\triangleq\phi_0+\max(-E_0,0)+\lambda^{-2}M^2,$$

其中

$$M\triangleq\max(w_0,w_1,M_0), \tag{5.1.11}$$

M_0 满足 $\varepsilon(M_0^2)\geqslant 0$，使得 $-\phi(x)+K\geqslant 0$。本节我们假设以下三个条件：

(H1) $\varepsilon\in C^1(0,\infty),p'$ 是非减函数，满足 $p'(s)=s\varepsilon'(s),s>0$ 且 $\lim\limits_{s\to\infty}\varepsilon(s)>0,\lim\limits_{s\to 0^+}\varepsilon(s)<0$，$\lim\limits_{s\to 0^+}\sqrt{s}\varepsilon(s)>-\infty$。粘性项 β 的定义同 (5.1.5)。

(H2) $D\in L^2(\Omega)$，$D\geqslant 0$，$\tau\in L^\infty(\Omega)$，$\tau(x)\geqslant\tau_0>0$。

(H3) $j,w_0,w_1,\varepsilon,\lambda,T>0$，$\nu\geqslant 0$，$\phi_0,E_0\in\mathbf{R}$。

5.1.1 当 $h>0$，$\nu>0$ 时解的存在性

定理 5.1.1 假设条件 (H1)–(H3) 成立，$\nu>0$。则对于任意 $j>0$，(5.1.8)–(5.1.10) 存在一个经典解 $(w,\phi)\in(C^2(\Omega))^2$ 满足

$$0<m(\nu)\leqslant w(x)\leqslant M,\forall x\in\Omega.$$

注 5.1.1 常数 $m(\nu)$ 定义为 $m(\nu)=\min(w_0,w_1,m_1,m_2)$，其中 $\varepsilon(4m_1^2)\leqslant 0$，$m_2\leqslant\left(\frac{1}{2^{\gamma+1}}\frac{\nu}{j^2/2+j/\tau_0+\max(0,K-k)}\right)^{1/(\gamma-4)}$，$k=\phi_0-\max(E_0,0)-\lambda^{-2}\|D\|_{L^1(\Omega)}$。$M$ 的定义同 (5.1.11)。

为了证明定理 5.1.1，我们引入如下函数：

$$r(x) = \delta(2-x), x \in [0,1], 0 < \delta < \min(1, M/2). \tag{5.1.12}$$

考虑如下问题：

$$\begin{aligned} h^2 w_{xx} = & \frac{j^2 w}{2(t_\delta(w))^4} + Tw\varepsilon(w^2) - \phi w + Kw + \\ & jw\int_0^x \frac{\mathrm{d}s}{\tau(t_\delta(w))^2} + \nu\frac{(t_r(w_M))_x w}{(t_r(w_M))^{\gamma+1}}, \end{aligned} \tag{5.1.13}$$

$$\lambda^2 \phi_{xx} = w^2 - D(x), \tag{5.1.14}$$

其中 $t_\delta(w) = \max(\delta, w)$，$t_r(w_M) = \max(r(\cdot), \min(M, w(\cdot)))$。我们可得到如下结论：

命题 5.1.1 假设条件 (H1)–(H3) 成立，$\nu > 0$，$\varepsilon > 0$。则对于任意 $j > 0$，(5.1.13)，(5.1.14)，(5.1.10) 存在一个经典解 $(w, \phi) \in (H^2(\Omega))^2$ 满足

$$0 \leqslant w(x) \leqslant M, \forall x \in \Omega.$$

在证明命题 5.1.1 之前，我们研究逼近系统：

$$\begin{aligned} h^2 w_{xx} = & \frac{j^2 w^+}{2(t_\delta(w))^4} + Tw^+\varepsilon(w^2) - \phi w^+ + Kw^+ + \\ & jw^+\int_0^x \frac{\mathrm{d}s}{\tau(t_\delta(w))^2} + \nu\frac{(t_r(w_M))_x w^+}{(t_r(w_M))^{\gamma+1}}, \end{aligned} \tag{5.1.15}$$

$$\lambda^2 \phi_{xx} = w_M^2 - D(x), \tag{5.1.16}$$

其中 $w^+ = \max(0, w)$，$w_M = \min(M, w)$。令 (w, ϕ) 是 (5.1.13)，(5.1.14)，(5.1.10) 的一个弱解，我们可推得如下先验估计。

引理 5.1.1 $\forall x \in \Omega$，如下不等式成立

$$0 \leqslant w(x) \leqslant M, k \leqslant \phi(x) \leqslant K,$$

其中 $k = \phi_0 - \max(E_0, 0) - \lambda^{-2}\|C\|_{L^1(\Omega)}$。

引理 5.1.1 的证明 由 (5.1.16) 和 (5.1.10) 可得

$$\phi(x) = \phi_0 - E_0 x + \lambda^{-2}\int_0^x\int_0^y (w(z)_M^2 - D(z))\mathrm{d}z\mathrm{d}y, x \in [0,1]. \tag{5.1.17}$$

因此，$\phi_0 - \max(E_0, 0) - \lambda^{-2}\|C\|_{L^1(\Omega)} \leqslant \phi(x) \leqslant \phi_0 + \max(-E_0, 0) + \lambda^{-2}M^2$。引理 5.1.1 的第二个不等式成立。

另一方面，首先用 $w^{-}=\min(0,w)$ 作为 (5.1.15) 的试验函数，可推出 $w\geqslant 0$ 在空间 Ω 中。再用 $(w-M)^{+}=\max(0,w-M)$ 作为 (5.1.15) 的试验函数，可得

$$\int_{\Omega}((w-M)_x^{+})^2\mathrm{d}x=\int_{\Omega}((w-M)^{+})w\left[-\frac{j^2}{2(t_\delta(w))^4}-T\varepsilon(M^2)+(\phi-K)-\right.$$
$$\left.j\int_0^x\frac{\mathrm{d}s}{\tau(t_\delta(w))^2}\right]\mathrm{d}x-\nu\int_{\Omega}\frac{(t_r(w_M))_x w(w-M)^{+}}{(t_r(w_M))^{\gamma+1}}\mathrm{d}x.$$

由于 ε 是单调的，$\phi\leqslant K$ 和 $\varepsilon(M^2)\geqslant\varepsilon(M_0^2)\geqslant 0$，因此上式右边的第一个积分是非正的。由此可得，

$$\int_{\Omega}((w-M)_x^{+})^2\mathrm{d}x\leqslant-\nu\int_{\Omega}\frac{(t_r(w_M))_x w(w-M)^{+}}{(t_r(w_M))^{\gamma+1}}\mathrm{d}x\leqslant 0.$$

进而，对任意 $x\in\Omega$ 有 $w\leqslant M$。 □

引理 5.1.2 存在两个正的常数 c_1 和 c_2 仅依赖于 h，δ 和 M，但不依赖于 w 和 ϕ 使得

$$\|w\|_{H^1(\Omega)}\leqslant c_1,\|\phi\|_{H^1(\Omega)}\leqslant c_2.$$

引理 5.1.2 的证明 由引理 5.1.1 和 $\phi_x(x)=-E_0+\lambda^{-2}\int_0^x(w(y)_M^2-D(y))\mathrm{d}y,x\in[0,1]$ 即得上述引理中的第二个估计式。下面我们来推导第一个估计式。利用引理 5.1.1，将试验函数 $w-w_D$ 作用于 (5.1.15)，其中 $w_D(x)=(1-x)w_0+xw_1$，我们可得

$$h^2\int_{\Omega}(w_x)^2\mathrm{d}x=h^2\int_{\Omega}w_x w_D\mathrm{d}x-\nu\int_{\Omega}\frac{(t_r(w_M))_x w(w-w_D)}{(t_r(w_M))^{\gamma+1}}\mathrm{d}x-$$
$$\int_{\Omega}\left[(w-w_D)w\left(\frac{j^2}{2(t_\delta(w))^4}+T\varepsilon(w^2)-\phi+K+j\int_0^x\frac{\mathrm{d}s}{\tau(t_\delta(w))^2}\right)\right]\mathrm{d}x.$$

对于上式右边的前两项利用 Young 不等式，最后一项利用引理 5.1.1，推出

$$h^2\int_{\Omega}(w_x)^2\mathrm{d}x\leqslant c.$$ □

引理 5.1.3 存在正的常数 c_3，不依赖于 w，使得

$$\|w\|_{H^2(\Omega)}\leqslant c_3.$$

引理 5.1.3 的证明 由引理 5.1.2 和 (5.1.15)，以及嵌入 $H^1(\Omega)\hookrightarrow L^\infty(\Omega)$，即证得引理 5.1.3。 □

命题 5.1.1 的证明 我们主要利用不动点原理证明。设 $u\in H^1(\Omega)$，$\phi\in H^2(\Omega)$ 是

$$\lambda^2\phi_{xx}=u_M^2-D(x),\phi(0)=\phi_0,\phi_x(0)=-E_0$$

的唯一解，$w\in H^2(\Omega)$ 是

$$\begin{aligned}h^2w_{xx}=\sigma\Bigg[&\frac{j^2u^+}{2(t_\delta(u))^4}+Tu^+\varepsilon(u^2)-\phi u^++Ku^++\\&ju^+\int_0^x\frac{\mathrm{d}s}{\tau(t_\delta(u))^2}\Bigg]+\sigma\nu\frac{(t_r(u_M))_xu^+}{(t_r(u_M))^{\gamma+1}},\\w(0)=\sigma w_0,&\ w(1)=\sigma w_1,\sigma\in[0,1]\end{aligned}$$

的唯一解。这样就定义固定点算子 $S:H^1(\Omega)\times[0,1]\to H^1(\Omega)$，$(u,\sigma)\mapsto w$，满足对任意 $u\in H^1(\Omega)$ 有 $S(u,0)=0$。类似于引理 5.1.1–5.1.3 的证明，可证得存在一个常数 $c>0$ 不依赖于 w 和 σ 使得对任意 $w\in H^1(\Omega)$ 有

$$\|w\|_{H^2(\Omega)}\leqslant c,$$

其中 $w=S(w,\sigma)$。由于 $H^2(\Omega)\hookrightarrow H^1(\Omega)$ 是紧的，标准的讨论可得 S 是连续的紧算子，再利用不动点原理即可证得命题 5.1.1。 □

定理 5.1.1 的证明 我们只需要证明 w 有严格的正下界即可。为此，将试验函数 $(w-r)^-\in H_0^1(\Omega)$ 作用于 (5.1.15)，其中 r 定义同 (5.1.12)，我们可得

$$\begin{aligned}h^2\int_\Omega((w-r)_x^-)^2\mathrm{d}x=\int_\Omega&(-(w-r)^-)w\Bigg[\frac{j^2}{2(t_\delta(w))^4}+T\varepsilon(w^2)-(\phi-K)+\\&j\int_0^x\frac{\mathrm{d}s}{\tau(t_\delta(w))^2}\Bigg]\mathrm{d}x+\nu\int_\Omega\frac{(t_r(w))_xw}{t_r(w)^{\gamma+1}}\mathrm{d}x\leqslant\\&\int_\Omega(-(w-r)^-)w\left[\frac{j^2}{2\delta^4}+T\varepsilon(r^2)-k+K+\frac{j}{\tau_0\delta^2}+\frac{\nu r_x}{r^{\gamma+1}}\right]\mathrm{d}x\leqslant\\&\int_\Omega(-(w-r)^-)w\left[\frac{j^2}{2\delta^4}+T\varepsilon(r^2)-k+K+\frac{j}{\tau_0\delta^2}-\frac{\nu\delta}{(2\delta)^{\gamma+1}}\right]\mathrm{d}x.\end{aligned}$$

由 ε 的单调性和引理 5.1.1，可得

$$\begin{aligned}&h^2\int_\Omega((w-r)_x^-)^2\mathrm{d}x\leqslant\\&\int_\Omega(-(w-r)^-)w\left[\frac{j^2}{2\delta^4}+T\varepsilon(4\delta^4)-k+K+\frac{j}{\tau_0\delta^2}-\frac{\nu}{2^{\gamma+1}\delta^\gamma}\right]\mathrm{d}x.\end{aligned}\tag{5.1.18}$$

选取 $\delta \in (0,1)$ (参见 (H1)) 使得

$$\varepsilon(4\delta^2) \leqslant 0, \delta \leqslant \left(\frac{1}{2^{\gamma+1}} \frac{\nu}{j^2/2 + j/\tau_0 + \max(0, K-k)}\right)^{1/(\gamma-4)}.$$

由于 $\gamma > 4$，$\delta \leqslant 1$，推出

$$\frac{j^2}{2\delta^4} + T\varepsilon(4\delta^4) - k + K + \frac{j}{\tau_0 \delta^2} - \frac{\nu}{2^{\gamma+1}\delta^\gamma} \leqslant$$
$$\frac{1}{\delta^4}\left(\frac{j^2}{2} + \max(0, K-k) + \frac{j}{\tau_0} - \frac{\nu}{2^{\gamma+1}\delta^{\gamma-4}}\right) \leqslant 0.$$

因此由 (5.1.18)，即得对任意 $x \in \Omega$ 有 $w(x) \geqslant r(x) \geqslant \delta > 0$。令 $m(\nu) = \delta$，即证得我们的结论。 □

5.1.2 当 $h > 0$，$\nu = 0$ 时等温方程组小解的存在性

本小节证明对于足够小的 $j > 0$，等温方程组解的存在性。假设存在 $m_0 > 0$ 使得

$$\frac{1}{2} T p'(m_0^2) + T\varepsilon(m_0^2) + \frac{1}{\tau_0}\sqrt{T p'(m_0^2)} + K - k \leqslant 0. \tag{5.1.19}$$

由于 $K - k = -E_0 + \lambda^{-2}(M^2 + \|D\|_{L^1(\Omega)})$，上述假设是满足的。例如，满足以下两个条件之一：

(1) $\lim_{s\to 0^+} \varepsilon(s) = -\infty$。

(2) $E_0 > 0$ 足够大。

定义

$$m = \min(w_0, w_1, m_0). \tag{5.1.20}$$

我们有如下结论成立：

定理 5.1.2 假设条件 (H1)–(H3) 和 (5.1.19) 成立，$\nu = 0$。则对于 $j > 0$，满足

$$j \leqslant j_0 = m^2 \sqrt{T p'(m_2)}, \tag{5.1.21}$$

方程组 (5.1.8)–(5.1.10) 存在一个经典解 $(w, \phi) \in (C^2(\overline{\Omega}))^2$ 满足

$$0 < m \leqslant w(x) \leqslant M, \forall x \in \Omega,$$

其中 m 和 M 的定义同 (5.1.20) 和 (5.1.11) 一样。

注 5.1.2 条件 (5.1.21) 可以看作是亚音速条件，因为满足

$$\frac{j}{n}=\frac{j}{w^2}\leqslant\frac{j}{m^2}\leqslant\sqrt{Tp'(m^2)}\leqslant\sqrt{Tp'(n)}.$$

定理 5.1.2 的证明 由命题 5.1.1可得，当 $\delta=m>0$，$\nu=0$ 时，(5.1.15)，(5.1.16)，(5.1.10) 存在一个解 (w,ϕ)。接下来，我们只需要证明在 Ω 中，有 $w\geqslant m$。将 $(w-m)^-$ 作为试验函数，利用 m_0 的定义 (5.1.19)，可得

$$\begin{aligned}
&h^2\int_\Omega((w-m)_x^-)^2\mathrm{d}x=\\
&\int_\Omega(-(w-m)^-)w\left[\frac{j^2}{2(t_m(w))^4}+T\varepsilon(w^2)-\phi+K+j\int_0^x\frac{\mathrm{d}s}{\tau(t_m(w))^2}\right]\mathrm{d}x\leqslant\\
&\int_\Omega(-(w-m)^-)w\left[\frac{j_0^2}{2m^4}+T\varepsilon(m^2)-k+K+\frac{j}{\tau_0m^2}\right]\mathrm{d}x\leqslant\\
&\int_\Omega(-(w-r)^-)w\left[\frac{1}{2}Tp'(m^2)+T\varepsilon(m^2)-k+K+\frac{1}{\tau_0}\sqrt{Tp'(m^2)}\right]\mathrm{d}x\leqslant\\
&\int_\Omega(-(w-r)^-)w\left[\frac{1}{2}Tp'(m_0^2)+T\varepsilon(m_0^2)-k+K+\frac{1}{\tau_0}\sqrt{Tp'(m_0^2)}\right]\mathrm{d}x\leqslant 0.
\end{aligned}$$

这就证明了对任意 $x\in\Omega$，有 $w(x)\geqslant m$。 □

最后，我们来推导每一个弱解都有一个正的下界。

命题 5.1.2 设 (w,ϕ) 是方程组 (5.1.8)–(5.1.10) 的弱解，$\nu\geqslant 0$，则存在 $m>0$ 使得

$$w(x)\geqslant m>0,\forall x\in\Omega.$$

命题 5.1.2 的证明 由弱解的定义我们知道，当 $\nu=0$ 时，等式 (5.1.8) 右边的每一项都属于空间 $L^1(\Omega)$。特别地，$\frac{1}{w^3}\in L^1(\Omega)$，意味着 $w_{xx}\in L^1(\Omega)$，进而有 $w\in W^{2,1}(\Omega)\hookrightarrow W^{1,\infty}(\Omega)$。假设存在 $x_0\in\Omega$ 使得 $w(x_0)=0$，那么我们有

$$w(x)=(x-x_0)\int_0^1 w_x[\theta x+(1-\theta)x_0]\mathrm{d}\theta,x\in\Omega,$$

$$\int_0^1\frac{\mathrm{d}x}{|w(x)|^3}\geqslant\int_0^1\left(\int_0^1|w_x(s)|\mathrm{d}s\right)^{-3}|x-x_0|^{-3}\mathrm{d}x=\infty,$$

这与 $\frac{1}{w^3}$ 的可积性矛盾。因此，对 $\forall x\in\Omega$，有 $w>0$。又因为在 $\overline{\Omega}$ 中 w 是连续的，所以存在 $m>0$ 使得 $w(x)\geqslant m,\forall x\in\Omega$。 □

5.1.3 当 $h>0$，$\nu=0$ 时等熵方程组大解的不存在性

我们在本小节证明对于足够大的 $j>0$，当 ε 满足一定的条件时，方程组 (5.1.8)–(5.1.10) 的弱解是不存在的。为此，我们需要证明 w 有一个不依赖于 j 的上界。

引理 5.1.4 设 (w,ϕ) 是方程组 (5.1.8)–(5.1.10) 的弱解，$\nu\geqslant 0$，$K\in\mathbf{R}$，$j>0$。另外假设

$$\varepsilon(s)\geqslant c_0(s^{\alpha-1}-1), s\geqslant 0, \alpha>2, \tag{5.1.22}$$

则存在 $M_1>0$ 不依赖于 j 使得

$$w(x)\leqslant M_1, \forall x\in\Omega.$$

注 5.1.3 上界 M_1 不依赖于 K，其中 $K>0$。

引理 5.1.4 的证明 用 $(w-\Lambda)^+$，$\Lambda\geqslant\max(w_0,w_1)$ 作为试验函数，可得

$$\begin{aligned}&h^2\int_\Omega((w-\Lambda)_x^+)^2\mathrm{d}x=\int_\Omega(w-\Lambda)^+w\phi\mathrm{d}x+\\&\int_\Omega(w-\Lambda)^+w\left[-\frac{j^2}{2w^4}-\varepsilon(w^2)-K-j\int_0^x\frac{\mathrm{d}s}{\tau w^2}\right]\mathrm{d}x.\end{aligned}\tag{5.1.23}$$

证明的主要困难是估计上式右端的第一个积分项。由 (5.1.17)，可得

$$\phi(x)\leqslant\phi_0+\max(-E_0,0)+\lambda^{-2}\int_\Omega w^2\mathrm{d}x.$$

因为

$$\begin{aligned}w^2&=(w+\Lambda)(w-\Lambda)+\Lambda^2\leqslant(w+\Lambda)(w-\Lambda)^++\Lambda^2\leqslant\\&2w(w-\Lambda)^++\Lambda^2,\end{aligned}$$

所以

$$\phi(x)\leqslant\phi_0+\max(-E_0,0)+2\lambda^{-2}\int_\Omega w(w-\Lambda)^+\mathrm{d}x+\lambda^{-2}\Lambda^2.$$

令 $\phi_1=\phi_0+\max(-E_0,0)$，有

$$\begin{aligned}&\int_\Omega(w-\Lambda)^+w\phi\mathrm{d}x\leqslant\\&\int_\Omega(w-\Lambda)^+w(\phi_1+\lambda^{-2}\Lambda^2)\mathrm{d}x+2\lambda^{-2}\left(\int_\Omega(w-\Lambda)^+w\mathrm{d}x\right)^2\leqslant\end{aligned}$$

$$\phi_1\int_\Omega (w-\Lambda)^+ w\mathrm{d}x+\lambda^{-2}\int_\Omega (w-\Lambda)^+ w^3\mathrm{d}x+2\lambda^{-2}\int_\Omega ((w-\Lambda)^+)^2 w^2\mathrm{d}x\leqslant$$
$$\phi_1\int_\Omega (w-\Lambda)^+ w\mathrm{d}x+3\lambda^{-2}\int_\Omega (w-\Lambda)^+ w^3\mathrm{d}x.$$

又因为在 $\{x: w(x)\geqslant\Lambda\}$ 上有 $\Lambda\leqslant w$，$(w-\Lambda)^+\leqslant w$，因此 (5.1.23) 可估计为

$$h^2\int_\Omega ((w-\Lambda)_x^+)^2\mathrm{d}x\leqslant\int_\Omega (w-\Lambda)^+ w\Big[\phi_1+3\lambda^{-2}w^2-K-c_0(w^{2\alpha-2}-1)\Big]\mathrm{d}x.$$

由于 $2\alpha-2>2$，因此存在 $M_1>0$ 使得

$$-\phi_1-3\lambda^{-2}M_1^2+K+c_0M_1^{2\alpha-2}-c_0\geqslant 0. \tag{5.1.24}$$

选取 $\Lambda=M_1$，即有 $w(x)\leqslant M_1,\forall x\in\Omega$。 □

定理 5.1.3 假设条件 (H1)–(H3) 和 (5.1.22) 成立，$\nu=0$，任意给定的 $K\in\mathbf{R}$。则存在 $j_1>0$，使得对任意 $j\geqslant j_1$，方程组 (5.1.8)–(5.1.10) 的弱解是不存在的。

注 5.1.4 常数 $j_1>0$ 可定义为

$$\frac{j_1^2}{2M_1^3}=8\varepsilon^2(\max(w_0,w_1)+1)-T\varepsilon_0+M_1(|\phi_0|+$$
$$|E_0|+\lambda^{-2}M_1^2-\min(0,K)), \tag{5.1.25}$$

其中 $h_0=\inf\{s\varepsilon(s^2): 0<s\leqslant M_1\}>-\infty$，$M_1>0$ 的定义如同式 (5.1.24)。

定理 5.1.3 的证明 假设对于 $\nu\geqslant 0,K\in\mathbf{R}$ 和某个给定的 $j>0$，方程组 (5.1.8)–(5.1.10) 存在一个弱解 (w,ϕ)。由引理 5.1.4 推出

$$w(x)\leqslant M_1,\forall x\in\Omega.$$

另一方面，由命题 5.1.2 得到 $w\in H^1(\Omega)\hookrightarrow C^0(\overline{\Omega})$，$w>0$，$\forall x\in\Omega$。因此，$w_{xx}\in C^0(\overline{\Omega})$。也就是说 w 是一个经典解。令 $j\geqslant j_1$，其中 j_1 的定义同 (5.1.25)，我们可推出

$$h^2w_{xx}\geqslant\frac{j_1^2}{2M_1^3}+T\varepsilon_0-w(\sup_\Omega\phi-\min(0,K))\geqslant$$
$$\frac{j_1^2}{2M_1^3}+T\varepsilon_0-M_1(|\phi_0|+|E_0|+\lambda^{-2}M_1^2-\min(0,K))=$$
$$8\varepsilon^2(\max(w_0,w_1)+1).$$

引入 $q(x)=4(\max(w_0,w_1)+1)(x-\frac{1}{2})^2-1$，$x\in[0,1]$，可得对任意 $x\in\Omega$，

$$q(0)=q(1)=\max(w_0,w_1),$$
$$q_{xx}(x)=8(\max(w_0,w_1)+1).$$

这就意味着

$$w-q\leqslant 0,x\in\partial\Omega,$$
$$(w-q)_{xx}\geqslant 0,x\in\Omega.$$

最大值原理保证了 $w-q\leqslant 0,x\in\overline{\Omega}$，特别地，$w\left(\frac{1}{2}\right)\leqslant q\left(\frac{1}{2}\right)=-1<0$，这与 w 的正性矛盾。 □

推论 5.1.1 假设条件 (H1)–(H3) 成立，$\nu=0$。

(i) 如果 (5.1.19) 成立，那么存在 $j_0>0$，使得对任意 $j\leqslant j_0$，方程组 (5.1.1)–(5.1.4) 存在一个解 $(w,\phi)\in(C^3(\overline{\Omega}))^2$，其中 $n>0$。

(ii) 如果 (5.1.22) 成立，那么存在 $j_1>0$，使得对任意 $j\geqslant j_1$，方程组 (5.1.1)–(5.1.4) 的弱解不存在。

推论 5.1.1 的证明 由定理 5.1.2，令 $n=w^2$，即得结论 (i)。由于 (5.1.4) 中的 $K\in\mathbf{R}$ 是固定的，定理 5.1.3 意味着结论 (ii) 成立。又因为方程组 (5.1.1)–(5.1.4) 与方程组 (5.1.8)–(5.1.10) 等价，方程组 (5.1.8)–(5.1.10) 弱解的不存在性意味着方程组 (5.1.1)–(5.1.4) 的弱解不存在。 □

5.1.4 当 $h>0$，$\nu=0$ 时等熵方程组解的唯一性

本小节致力于证明方程组 (5.1.1)–(5.1.4) 的亚音速解的唯一性。

定理 5.1.4 假设条件 (H1)–(H3) 成立，$\nu=0$，$\frac{1}{\tau}=0$，任意给定的 $K\in\mathbf{R}$，且假设 h' 是非减函数，$\delta>0$，则存在 $E_0>0$，$T_0>0$，使得对任意 $T\geqslant T_0$，在密度是正的且满足

$$\frac{j}{w(x)^2}\leqslant\sqrt{(1-\delta)Tp'(w(x)^2)},\forall x\in\Omega.\tag{5.1.26}$$

的亚音速条件下，方程组 (5.1.8)–(5.1.10) 存在唯一的弱解。

定理 5.1.4 的证明 设 $m_0>0$ 满足 $\varepsilon(m_0^2)\leqslant 0$。选取 $T\geqslant T_0$，其中 $T_0>0$ 待定，则如果选取 E_0 使得不等式 (5.1.19) 成立，那么定理 5.1.2 的假设条件有意义。设 (w_1,ϕ_1)

是方程组 (5.1.8)–(5.1.10) 构造的一个解，也就是说，$w(x) \geqslant m, \forall x \in \Omega$, 其中 $m>0$ 不依赖于 T，且存在 $\delta>0$ 使得 (5.1.26) 成立。另设 (w_2, ϕ_2) 是方程组 (5.1.8)–(5.1.10) 构造的另一个解，满足 (5.1.26)。因此，$w(x)>0, \forall x \in \Omega$。命题 5.1.2 保证了这两个解是经典解。引入函数 $\chi(w)=\dfrac{j^2}{2w^4}+(1-\delta)T\varepsilon(w^2)$，类似于参考文献 [92]，

$$-\varepsilon^2\frac{w_{1,xx}}{w_1}+\varepsilon^2\frac{w_{2,xx}}{w_2}=-\frac{\chi(w_1)}{w_1}+\frac{\chi(w_2)}{w_2}-\delta T(\varepsilon(w_1^2)-\varepsilon(w_2^2))+\phi_1-\phi_2.$$

上式两边同时乘以 $(w_1^2-w_2^2)$，然后在 Ω 上积分，经过简单的计算可得

$$\begin{aligned}
&\int_\Omega (w_1^2+w_2^2)(\ln w_1-\ln w_2)_x^2\mathrm{d}x=\\
&\int_\Omega\left[\left(w_{1,x}-\frac{w_1}{w_2}w_{2,x}\right)^2+\left(w_{2,x}-\frac{w_2}{w_1}w_{1,x}\right)^2\right]\mathrm{d}x=\\
&-\int_\Omega (w_1^2-w_2^2)\left(\frac{\chi(w_1)}{w_1}-\frac{\chi(w_2)}{w_2}\right)\mathrm{d}x-\\
&\delta T\int_\Omega (w_1^2-w_2^2)(\varepsilon(w_1^2)-\varepsilon(w_2^2))\mathrm{d}x+\\
&\int_\Omega (w_1^2-w_2^2)(\phi_1-\phi_2)\mathrm{d}x.
\end{aligned}\tag{5.1.27}$$

利用 ε' 是非减函数，(5.1.27) 右边的第二个积分可估计为

$$\begin{aligned}
&-\delta T\int_\Omega (w_1^2-w_2^2)(\varepsilon(w_1^2)-\varepsilon(w_2^2))\mathrm{d}x=\\
&-\delta T\int_\Omega\int_0^1 (w_1^2-w_2^2)^2\varepsilon'[\theta w_1^2+(1-\theta)w_2^2]\mathrm{d}\theta\mathrm{d}x\leqslant\\
&-c\delta T\int_\Omega (w_1^2-w_2^2)^2\mathrm{d}x,
\end{aligned}$$

其中

$$c=\int_0^1\varepsilon'(\theta m^2)\mathrm{d}\theta>0$$

不依赖于 $T>0$。

对于 (5.1.27) 右边的第二个积分，将 (5.1.9) 关于 ϕ_1 的项与 (5.1.9) 关于 ϕ_2 的项作差，然后两边同时乘以 $(\phi_1-\phi_2)$，最后关于空间 Ω 进行分部积分，由 Jensen 不等式，可得

$$\int_\Omega (w_1^2-w_2^2)(\phi_1-\phi_2)\mathrm{d}x=$$

$$-\lambda^2\int_\Omega(\phi_1-\phi_2)_x^2\mathrm{d}x+\lambda^2(\phi_1-\phi_2)(0,1)(\phi_1-\phi_2)_x(0,1)\leqslant$$
$$-\lambda^2\int_\Omega(\phi_1-\phi_2)_x^2\mathrm{d}x+\lambda^{-2}\left(\int_0^1(w_1^2-w_2^2)\mathrm{d}x\right)^2\leqslant$$
$$-\lambda^2\int_\Omega(\phi_1-\phi_2)_x^2\mathrm{d}x+\lambda^{-2}\int_0^1(w_1^2-w_2^2)^2\mathrm{d}x.$$

最后，我们估计 (5.1.27) 右边的第一个积分。函数 $s\mapsto\chi(s)/s$ 是非减的，当且仅当

$$\frac{\mathrm{d}}{\mathrm{d}s}\frac{\chi(s)}{s}=-\frac{2j^2}{s^5}+2(1-\delta)Ts\varepsilon'(s^2)=\frac{2}{s}\left(-\frac{j^2}{s^4}+T(1-\delta)p'(s^2)\right)\geqslant 0.$$

条件 (5.1.26) 意味着

$$-\int_\Omega(w_1^2-w_2^2)\left(\frac{\chi(w_1)}{w_1}-\frac{\chi(w_2)}{w_2}\right)\mathrm{d}x\leqslant 0.$$

因此由 (5.1.27) 以及选取 $T\geqslant T_0$，其中 $T_0=1/\lambda^2\delta c$，可得

$$\int_\Omega(w_1^2+w_2^2)(\ln w_1-\ln w_2)_x^2\mathrm{d}x\leqslant$$
$$-\lambda^2\int_\Omega(\phi_1-\phi_2)_x^2\mathrm{d}x+(\lambda^{-2}-c\delta T)\int_0^1(w_1^2-w_2^2)^2\mathrm{d}x\leqslant 0.$$

这就证明了 $w_1=w_2$，$\phi_1=\phi_2$，$\forall x\in\Omega$。 □

5.1.5 高维三阶方程组

本小节主要介绍两个定理，通过这两个定理可以将前面章节的结果推广到有界域 $\Omega\subset\mathbf{R}^d$，$d\geqslant 1$ 中的三阶方程组

$$\nabla(A(u)\Delta u)=\mu\nabla(F(u))+\nabla(G(u))+\nu(B(u)(1\cdot\nabla)u),\forall x\in\partial\Omega,\tag{5.1.28}$$
$$Bu=u_D,\forall x\in\partial\Omega,\tag{5.1.29}$$

其中 $\nu\geqslant 0$，$\mu>0$，$(1\cdot\nabla)u=\sum_i\partial_i u$。

将 (5.1.28) 沿着积分曲线进行积分可得

$$\Delta u=\mu f(u)+g(u)+Ka(u)+\nu b(u)(1\cdot\nabla)u,\tag{5.1.30}$$

其中，$K\in\mathbf{R}$ 是常数，满足

$$f(u)=\frac{F(u)}{A(u)},\ g(u)=\frac{G(u)}{A(u)},\ a(u)=\frac{1}{A(u)},\ b(u)=\frac{B(u)}{A(u)}.$$

如果方程组 (5.1.30)、(5.1.29) 存在一个解 $u \in H^2(\Omega)$，则这个解也是方程组 (5.1.28)、(5.1.29) 的解。假设如下条件成立：

(i) $\partial\Omega \in C^{1,1}$，$u_D \in H^2(\Omega) \cap L^\infty(\Omega)$；$u_D \geqslant u_0 > 0$，$\forall x \in \partial\Omega$。

(ii) $a, b, f, g \in C(0, \infty)$，$a, g$ 是非减函数，a, b 是非负函数。

(iii) $g(0_+) \leqslant 0$，$g(+\infty) > 0$，$\lim\limits_{s \to 0_+} a(s)/sb(s) = 0$。

(iv) $\lim\limits_{0<s<M} f(s) > 0$，$\forall M > 0$，$\lim\limits_{s \to 0_+} f(s)/sb(s) = 0$。

事实上，我们可以选取

$$f(u) = u^{-\alpha}, g(u) = u^\beta - 1, a(u) = u^\gamma, b(u) = u^{-\varepsilon},$$

其中 $\alpha > 0, \beta > 0, \gamma > 0, \gamma > \varepsilon - 1, \varepsilon > 1 + \alpha$。

定理 5.1.5 设 $\nu > 0$，$K > 0$，则对于任意 $\mu > 0$，方程组 (5.1.28)、(5.1.29) 存在一个解 $u \in H^2(\Omega)$。

注 5.1.5 选择合适的 a, f, g，关于 $K > 0$ 的条件可以减弱。

定理 5.1.5 的证明 因为区域 Ω 是有界的，所以存在 $R > 0$，使得 Ω 包含在以原点为球心，以 R 为半径的球内。引入比较函数 $\psi(x) = \psi(x_1, \cdots, x_d) = \dfrac{\delta}{R}(2R - x_1)$，$0 < \delta \leqslant \min(u_0, M/3)$。令 $t_\psi(u_M) = \max(\psi(\cdot), \min(M, u(\cdot)))$，考虑如下系统：

$$\begin{aligned}\Delta u = {}& \mu \frac{f(t_\psi(u_M))}{t_\psi(u_M)} u^+ + \frac{g(t_\psi(u_M))}{t_\psi(u_M)} u^+ + K \frac{a(t_\psi(u_M))}{t_\psi(u_M)} u^+ + \\ & \nu \frac{b(t_\psi(u_M))}{t_\psi(u_M)} u^+ (1 \cdot \nabla)(t_\psi(u_M)), \forall x \in \Omega,\end{aligned} \tag{5.1.31}$$

$$u = u_D, \forall x \in \partial\Omega, \tag{5.1.32}$$

其中 $u^+ = \max(0, u)$。利用 $Ka(s) \geqslant 0$ 和命题 5.1.1 的证明方法，易得对任意 $\nu \geqslant 0$，方程组 (5.1.31)、(5.1.32) 存在一个解 $u \in H^2(\Omega)$。接下来，我们只需要证明 $\delta \leqslant u(x) \leqslant M$，$\forall x \in \Omega$。首先，用 u^- 作为方程 (5.1.31) 的试验函数，即得 $u(x) \geqslant 0$，$\forall x \in \Omega$。为了证明对于某个 $M > 0$，$u(x) \leqslant M$，$\forall x \in \Omega$，我们用 $(u - M)^+$ 作为方程 (5.1.31) 的试验函数，其中 $M \geqslant \|u_D\|_{L^\infty(\Omega)}$。由于存在一个常数 $M > 0$，使得 $g(M) \geqslant 0$，类似于引理 5.1.1 的证明，我们可推出 $(u - M)^+ = 0$，$\forall x \in \Omega$。另一方面，为了证明下界估计，我们用 $(u - \psi)^-$ 作为方程 (5.1.31) 的试验函数，注意到 $\delta \leqslant \psi(x) \leqslant 3\delta$，$\forall x \in \Omega$。由假设条件 (iii) 和 (iv) 知，可以选取 δ 足够小使得对任意 $x \in \Omega$，不等式 $g(\psi) \leqslant 0$，$f(\psi)/\psi b(\psi) \leqslant \nu/6\mu R$，$a(\psi)/\psi b(\psi) \leqslant \nu/6KR$ 成立，则有

$$\int_\Omega |\nabla(u - \psi)^-|^2 \mathrm{d}x =$$

$$\int_\Omega (-(u-\psi)^-)u\left[\mu\frac{f(t_\psi(u))}{t_\psi(u)}+\frac{g(t_\psi(u))}{t_\psi(u)}+K\frac{a(t_\psi(u))}{t_\psi(u)}+\right.$$
$$\left.\nu\frac{b(t_\psi(u))}{t_\psi(u)}(1\cdot\nabla)(t_\psi(u))\right]\mathrm{d}x=$$
$$\int_\Omega (-(u-\psi)^-)u\left[\mu\frac{f(\psi)}{\psi}+\frac{g(\psi)}{\psi}+K\frac{a(\psi)}{\psi}+\nu\frac{b(\psi)}{\psi}(1\cdot\nabla)\psi\right]\mathrm{d}x\leqslant$$
$$\int_\Omega (-(u-\psi)^-)ub(\psi)\left[\mu\frac{f(\psi)}{\psi b(\psi)}+\frac{g(\psi)}{\psi b(\psi)}+K\frac{a(\psi)}{\psi b(\psi)}-\frac{\nu}{3R}\right]\mathrm{d}x\leqslant 0.$$

这样我们就证明了 $u\geqslant\psi\geqslant\delta$，$\forall x\in\Omega$。 □

定理 5.1.6 设 $\nu=0$。

1) 设 $g(0_+)<0$，$K>0$，$\lim\limits_{s\to 0_+}a(s)/s=0$，则存在 $\mu_0>0$，使得对任意 $0<\mu\leqslant\mu_0$，方程组 (5.1.28)、(5.1.29) 存在一个解 $u\in H^2(\Omega)$ 满足

$$\Delta u=\mu f(u_D)+g(u_D)+Ka(u_D),\forall x\in\partial\Omega. \tag{5.1.33}$$

2) 设 $g(0_+)>-\infty$，则存在 $\mu_1>0$，使得对任意 $\mu\geqslant\mu_1$，方程组 (5.1.28)、(5.1.29)、(5.1.33) 的弱解不存在。

定理 5.1.6 的证明 对于定理的第一部分，我们只需要证明对于足够小的 $\mu>0$，方程组 (5.1.31)、(5.1.32) 的解 u 是严格正的。选取 $\delta=m>0$，$\varepsilon>0$ 使得 $m\leqslant u_0$，$g(\phi)/\phi\leqslant-\varepsilon<0$，且当 $K>0$ 时，$a(\phi)/\phi\leqslant\varepsilon/2K$，$\forall x\in\Omega$。假设条件 (iii) 和 a 的假设保证了 m 和 ε 的存在性，令 $f_m=\sup\limits_{m<s<3m}f(s)/s$，由假设条件 (iv)，可得 $f_m>0$。选取 $0<\mu_0\leqslant\varepsilon/2f_m$，令 $0<\mu\leqslant\mu_0$，用 $(u-m)^-$ 作为试验函数，即得

$$\int_\Omega|\nabla(u-m)^-|^2\mathrm{d}x=$$
$$\int_\Omega(-(u-m)^-)u\left(\mu\frac{f(t_\psi(u))}{t_\psi(u)}+\frac{g(t_\psi(u))}{t_\psi(u)}+K\frac{a(t_\psi(u))}{t_\psi(u)}\right)\mathrm{d}x\leqslant$$
$$\int_\Omega(-(u-m)^-)u\left(\mu_0\frac{f(\psi)}{\psi}+\frac{g(\psi)}{\psi}+K\frac{a(\psi)}{\psi}\right)\mathrm{d}x\leqslant$$
$$\int_\Omega(-(u-m)^-)u\left(\mu_0 f_m-\frac{\varepsilon}{2}\right)\mathrm{d}x\leqslant 0.$$

这样我们就证明了 $u\geqslant m>0$，$\forall x\in\Omega$。

为了证明定理的第二部分。设 $u\in H^1(\Omega)$ 是方程组 (5.1.29)、(5.1.30) 的一个解，其中 $u\leqslant M$，$\forall x\in\Omega$，$K\in\mathbf{R}$。由 f 的正性，易得常数 M 不依赖于 μ。设 $X_0\in$

Ω，因为 Ω 是开的，在 Ω 中存在一个以 x_0 为圆心，以 r 为半径的球 $B_r(x_0)$。设 $f_0=\inf\{f(s):0<s<M\}>0$，$a_0=\inf\{a(s):0<s<M\}\geqslant 0$，选择 $\mu_1>0$，使得 $L\triangleq \mu_1 f_0+g(0_+)+\max(0,Ka_0)\geqslant 2d(M+1)/r^2$，$L\geqslant M$。由 $g(0_+)>-\infty$，可得 $u(x_0)<0$，这与 u 的非负性矛盾。在广义分布意义下，下列式子成立：

$$\Delta u\geqslant \mu f_0+g(0_+)+\max(0,Ka_0)\geqslant \mu_1 f_0+g(0_+)+\max(0,Ka_0)=L,\forall x\in\partial\Omega.$$

定义

$$q(x)=\frac{L}{2d}|x-x_0|^2-1,\forall x\in B_r(x_0).$$

由此可得

$$\Delta q=L,\forall x\in B_r(x_0);q=r^2L/2d-1>0,\forall x\in\partial B_r(x_0).$$

这就意味着

$$\Delta(u-q)\geqslant 0,\forall x\in B_r(x_0);u-q\leqslant M-r^2L/2d+1\leqslant 0,\forall x\in\partial B_r(x_0).$$

由最大值原理可得，$u-q\geqslant 0,\forall x\in B_r(x_0)$。特别地，$u(x_0)\leqslant q(x_0)=-1<0$，这就推出了矛盾。 □

5.2 可压缩非稳态量子欧拉–泊松方程的初边值问题

这一节考虑以下一维可压缩量子欧拉–泊松方程的渐近稳定性和半经典极限：

$$\rho_t+j_x=0, \tag{5.2.1}$$

$$j_t+\left(\frac{j^2}{\rho}+P(\rho)\right)_x-h^2\rho\left(\frac{(\sqrt{\rho})_{xx}}{\sqrt{\rho}}\right)_x=\rho\phi_x-j, \tag{5.2.2}$$

$$\phi_{xx}=\rho-D, \tag{5.2.3}$$

这里 $x\in\Omega:=(0,1)$，函数 ρ、j、ϕ 分别表示电子密度、电流、静电势。h 是普朗克常量，本节参考文献见 [96]–[106]。本节研究等温情形，即

$$P=P(\rho)=K\rho, \tag{5.2.4}$$

这里 K 是一个正常数，掺杂轮廓 $D\in\mathcal{B}(\overline{\Omega}),x\in\overline{\Omega}:=[0,1]$，满足

$$\inf_{x\in\bar{\Omega}}D(x)>0. \tag{5.2.5}$$

上述方程的初边值条件为

$$(\rho, j)(0, x) = (\rho_0, j_0)(x), \tag{5.2.6}$$

$$\rho(t, 0) = \rho_l > 0, \rho(t, 1) = \rho_r > 0, \tag{5.2.7}$$

$$(\sqrt{\rho})_{xx}(t, 0) = (\sqrt{\rho})_{xx}(t, 1) = 0, \tag{5.2.8}$$

$$\phi(t, 0) = 0, \phi(t, 1) = \phi_r = 0, \tag{5.2.9}$$

初值条件 (5.2.6) 和边界值条件 (5.2.7)–(5.2.9) 满足兼容性条件

$$\begin{aligned} &\rho_0(0) = \rho_l, \rho_0(1) = \rho_r, j_{0x}(0) = j_{0x}(1) = 0, \\ &(\sqrt{\rho_0})_{xx}(0) = (\sqrt{\rho_0})_{xx}(1) = 0, \end{aligned} \tag{5.2.10}$$

利用边界条件 (5.2.9)，对 (5.2.3) 求积分，可以得到静电势的显式表达式

$$\begin{aligned} &\phi(t, x) = \Phi[\rho](t, x) := \\ &\int_0^x \int_0^y (\rho - D)(t, z)\mathrm{d}z\mathrm{d}y + \left[\phi_r - \int_0^1 \int_0^y (\rho - D)(t, z)\mathrm{d}z\mathrm{d}y\right]x. \end{aligned} \tag{5.2.11}$$

以下性质在证明方程组 (5.2.1)–(5.2.3) 的解的存在性中起到关键性作用

$$\inf_{x\in\Omega} S[\rho, j] > 0, \quad S[\rho, j] := P'(\rho) - \frac{j^2}{\rho^2}, \tag{5.2.12}$$

$$\inf_{x\in\Omega} \rho > 0, \tag{5.2.13}$$

其中 (5.2.12) 称为亚音速条件。在 5.2.2 节中，如果初值满足

$$\inf_{x\in\Omega} S[\rho_0, j_0] > 0, \quad \inf_{x\in\Omega} \rho_0 > 0, \tag{5.2.14}$$

则条件 (5.2.12)–(5.2.13) 成立。

为了方便起见，作变换 $\omega := \sqrt{\rho}$，则初边值问题 (5.2.1)–(5.2.3)、(5.2.6)–(5.2.9) 可转化为

$$2\omega\omega_t + j_x = 0, \tag{5.2.15}$$

$$j_t + 2S[\omega^2, j]\omega\omega_x + 2\frac{j}{\omega^2}j_x - h^2\omega^2\left(\frac{\omega_{xx}}{\omega}\right)_x = \omega^2\phi_x - j, \tag{5.2.16}$$

$$\phi_{xx} = \omega^2 - D. \tag{5.2.17}$$

初边值条件为

$$(\omega, j)(0, x) = (\omega_0, j_0)(x) := (\sqrt{\rho_0}, j_0)(x), \tag{5.2.18}$$

$$\omega(t,0)=\omega_l:=\sqrt{\rho_l}>0,\quad \omega(t,1)=\omega_r:=\sqrt{\rho_r}>0, \tag{5.2.19}$$

$$\omega_{xx}(t,0)=\omega_{xx}(t,1)=0, \tag{5.2.20}$$

$$\phi(t,0)=0,\quad \phi(t,1)=\phi_r. \tag{5.2.21}$$

明显地，如果密度 ρ 为正，问题 (5.2.1)–(5.2.3) 等价于问题 (5.2.15)–(5.2.17)，因此，如果初边值问题 (5.2.15)–(5.2.21) 的解 $(\omega,j,\phi),\omega>0$ 存在，则初边值问题 (5.2.1)–(5.2.3)，(5.2.6)–(5.2.9) 的解存在。

接着，考虑问题 (5.2.1)–(5.2.3) 的解的渐近性行为，即问题 (5.2.1)–(5.2.3) 的解收敛于稳态解 $(\tilde\omega,\tilde j,\tilde\phi)$，满足

$$\tilde j_x=0, \tag{5.2.22}$$

$$S[\tilde\rho,\tilde j]\tilde\rho_x-h^2\tilde\rho\left(\frac{(\sqrt{\tilde\rho})_{xx}}{\sqrt{\tilde\rho}}\right)_x=\tilde\rho\tilde\phi_x-\tilde j, \tag{5.2.23}$$

$$\tilde\phi_{xx}=\tilde\rho-D, \tag{5.2.24}$$

边值条件为

$$\tilde\rho(0)=\rho_l>0,\quad \tilde\rho(1)=\rho_r>0, \tag{5.2.25}$$

$$(\sqrt{\tilde\rho})_{xx}(0)=(\sqrt{\tilde\rho})_{xx}(1)=0, \tag{5.2.26}$$

$$\tilde\phi(0)=0,\quad \tilde\phi(1)=\phi_r>0, \tag{5.2.27}$$

令 $\tilde\omega:=\sqrt{\tilde\rho}$，则由 (5.2.22)–(5.2.27) 可知，$(\tilde\omega,\tilde j,\tilde\phi)$ 满足

$$2S[\tilde\omega^2,\tilde j]\tilde\omega\tilde\omega_x-h^2\tilde\omega^2\left(\frac{\tilde\omega_{xx}}{\tilde\omega}\right)_x=\tilde\omega^2\tilde\phi_x-\tilde j, \tag{5.2.28}$$

$$\tilde\phi_{xx}=\tilde\omega^2-D \tag{5.2.29}$$

和 (5.2.22)，边值条件为

$$\tilde\omega(0)=\omega_l>0,\quad \tilde\omega(1)=\omega_r>0, \tag{5.2.30}$$

$$\tilde\omega_{xx}(0)=\tilde\omega_{xx}(1)=0 \tag{5.2.31}$$

和 (5.2.27)。(5.2.28) 两边同时除以 $\tilde\omega^2$，然后在 $(0,x)$ 上积分并利用边界条件 (5.2.27)，(5.2.30) 和 (5.2.31)。再者，对 (5.2.29) 利用 Green 公式和边界条件 (5.2.27)，可以得到

$$h^2\frac{\tilde\omega_{xx}}{\tilde\omega}=F(\tilde\omega^2,\tilde j)-F(\rho_l,\tilde j)-\tilde\phi+\int_0^x\frac{\tilde j}{\tilde\omega^2}(y)\mathrm{d}y, \tag{5.2.32}$$

$$\tilde{\phi} = \mathcal{G}[\tilde{\omega}^2] := \int_0^1 G(x,\xi)(\tilde{\omega}^2 - D)(\xi)\mathrm{d}\xi + \phi_r x, \tag{5.2.33}$$

$$F(\xi,\zeta) := \frac{\zeta^2}{2\xi^2} + K\log\xi, \quad G(x,\xi) := \begin{cases} x(\xi-1), & x<\xi, \\ \xi(x-1), & x>\xi. \end{cases} \tag{5.2.34}$$

在 (5.2.32) 中代入 $x=1$，由 (5.2.30) 和 (5.2.31)，得到电流电压关系式

$$\phi_r = F(\rho_r,\tilde{j}) - F(\rho_l,\tilde{j}) + \tilde{j}\int_0^1 \frac{1}{\tilde{\rho}}\mathrm{d}x. \tag{5.2.35}$$

接着引入证明主要结果过程中的关键量:

$$\delta := |\rho_l - \rho_r| + |\phi_r|, \tag{5.2.36}$$

给出稳态解 $(\tilde{\rho},\tilde{j},\tilde{\phi})$ 的存在性引理。

引理 5.2.1 假设掺杂轮廓和边界值满足条件 (5.2.5)，(5.2.7)，(5.2.9)。对于任意的 ρ_l，存在正常数 δ_1 和 h_1，使得当 $\delta \leqslant \delta_1$，$h \leqslant h_1$ 时，定常问题 (5.2.22)–(5.2.27) 存在唯一解 $(\tilde{\rho},\tilde{j},\tilde{\phi}) \in \mathcal{B}^4(\overline{\Omega}) \times \mathcal{B}^4(\overline{\Omega}) \times \mathcal{B}^2(\overline{\Omega})$ 并满足条件 (5.2.12)–(5.2.13)。

引理 5.2.1 的证明 该引理可以从引理 5.2.5 和引理 5.2.7 得到。 □

引理 5.2.1 中的电流 $\tilde{j}$ 具有以下表达式

$$\tilde{j} = \mathcal{J}[\tilde{\rho}] := 2B_b\left[\int_0^1 \tilde{\rho}^{-1}\mathrm{d}x + \sqrt{\left(\int_0^1 \tilde{\rho}^{-1}\mathrm{d}x\right)^2 + 2B_b(\rho_r^{-2} - \rho_l^{-2})}\right]^{-1},$$
$$B_b := \phi_r - K\{\log\rho_r - \log\rho_l\}. \tag{5.2.37}$$

引入泛函空间

$$\mathfrak{X}_i^l([0,T]) := \bigcap_{k=0}^{[i/2]} C^k([0,T]; H^{l+i-2k}(\Omega)), i,l = 0,1,2,\cdots, \tag{5.2.38}$$

$$\mathfrak{X}_i([0,T]) := \mathfrak{X}_i^0([0,T]), i = 0,1,2,\cdots, \tag{5.2.39}$$

$$\mathfrak{Y} := C^2([0,T]; H^2(\Omega)), \tag{5.2.40}$$

其中 $[\tilde{\rho}]$ 表示小于或等于 $\tilde{\rho}$ 的最大整数，以下给出解的渐近稳定性定理。

定理 5.2.1 假设 $(\tilde{\rho},\tilde{j},\tilde{\phi})$ 是定常方程 (5.2.22)–(5.2.27) 的解。假定初值 $(\rho_0, j_0) \in H^4(\Omega) \times H^3(\Omega)$，边界值 ρ_l，ρ_r，ϕ_r 满足条件 (5.2.7)，(5.2.9)，(5.2.10) 和 (5.2.14)。则存

在正常数 δ_2，使得当 $\delta+h+\|(\rho_0-\tilde{\rho}, j_0-\tilde{j})\|_2+\|(h\partial_x^3\{\rho_0-\tilde{\rho}\}, h\partial_x^3\{j_0-\tilde{j}\}, h^2\partial_x^4\{\rho_0-\tilde{\rho}\})\|\leqslant\delta_2$ 时，初边值问题 (5.2.1)–(5.2.3) 和 (5.2.6)–(5.2.9) 存在唯一解 $(\rho, j, \phi)\in\bar{\mathfrak{X}}_4([0,\infty))\times\bar{\mathfrak{X}}_3([0,\infty))\times\mathfrak{Y}([0,\infty))$。再者，$(\rho, j, \phi)$ 满足 $\phi-\tilde{\phi}\in\bar{\mathfrak{X}}_4^2([0,\infty))$ 和衰减估计

$$
\begin{aligned}
&\|(\rho-\tilde{\rho}, j-\tilde{j})(t)\|_2+\|(h\partial_x^3\{\rho-\tilde{\rho}\}, h\partial_x^3\{j-\tilde{j}\}, h^2\partial_x^4\{\rho-\tilde{\rho}\})(t)\|+\|(\phi-\tilde{\phi})(t)\|_4\leqslant\\
&C(\|(\rho_0-\tilde{\rho}, j_0-\tilde{j})\|_2+\|(h\partial_x^3\{\rho_0-\tilde{\rho}\}, h\partial_x^3\{j_0-\tilde{j}\}, h^2\partial_x^4\{\rho_0-\tilde{\rho}\})\|)\mathrm{e}^{-\alpha_1 t},
\end{aligned}
\tag{5.2.41}
$$

其中 C 和 α_1 是不依赖于 t 和 h 的正常数。

现在考虑初边值问题 (5.2.1)–(5.2.3) 和 (5.2.6)–(5.2.9) 的解的奇异极限 $(h\to 0)$。假设 (ρ^0, j^0, ϕ^0) 是经典动力学方程 (5.2.1)–(5.2.3) $(h=0)$ 的解。为了避免混淆，方程 (5.2.1)–(5.2.3) 的解记为 (ρ^h, j^h, ϕ^h)。(ρ^0, j^0, ϕ^0) 满足

$$\rho_t^0+j_x^0=0, \tag{5.2.42}$$

$$j_t^0+\left(\frac{(j^0)^2}{\rho^0}+P(\rho^0)\right)_x=\rho^0\phi_x^0-j^0, \tag{5.2.43}$$

$$\phi_{xx}^0=\rho^0-D, \tag{5.2.44}$$

初值满足 (5.2.6)、(5.2.7)、(5.2.9)。方程 (5.2.42)–(5.2.44) 的稳态解 $(\tilde{\rho}^0, \tilde{j}^0, \tilde{\phi}^0)$ 不依赖于时间 t，并且满足方程

$$\tilde{j}_x^0=0, \tag{5.2.45}$$

$$S[\tilde{\rho}^0, \tilde{j}^0]\tilde{\rho}_x^0=\tilde{\rho}^0\tilde{\phi}_x^0-\tilde{j}^0, \tag{5.2.46}$$

$$\tilde{\phi}_{xx}^0=\tilde{\rho}^0-D, \tag{5.2.47}$$

和边界条件 (5.2.25) 和 (5.2.27)。

接着给出经典动力学方程稳态解的存在性引理。

引理 5.2.2 假设掺杂轮廓和边界值满足条件 (5.2.5)，(5.2.7)，(5.2.9)。对于任意的 ρ_l，存在正常数 δ_3，使得当 $\delta\leqslant\delta_3$ 时，定常问题 (5.2.25)，(5.2.27) 和 (5.2.45)–(5.2.47) 在空间 $\mathcal{B}^2(\overline{\Omega})$ 上存在唯一解 $(\tilde{\rho}^0, \tilde{j}^0, \tilde{\phi}^0)$ 并满足条件 (5.2.12)–(5.2.13)。再者，稳态解满足估计

$$0<c\leqslant\tilde{\rho}^0\leqslant C, |\tilde{j}^0|_0\leqslant C\delta, |\tilde{\rho}^0|_2+|\tilde{\phi}^0|_2\leqslant C, \tag{5.2.48}$$

这里 c 和 C 是不依赖于 ρ_r 和 ϕ_r 的正常数。

下面给出稳态解 $(\tilde{\rho}^0, \tilde{j}^0, \tilde{\phi}^0)$ 的渐近稳定性引理。

引理 5.2.3 假设 $(\tilde{\rho}^0, \tilde{j}^0, \tilde{\phi}^0)$ 是方程 (5.2.25)，(5.2.27) 和 (5.2.45)–(5.2.47) 的稳态解。假设边界值 ρ_l，ρ_r，ϕ_r 满足条件 (5.2.7)，(5.2.9)。另外，假设初值 $(\rho_0, j_0) \in H^2(\Omega)$，并且满足 (5.2.12)–(5.2.13) 和兼容性条件 $\rho_0(0) = \rho_l, \rho_0(1) = \rho_r, j_{0x}(0) = j_{0x}(1) = 0$。则存在正常数 δ_4，使得当 $\delta + \|(\rho_0 - \tilde{\rho}^0, j_0 - \tilde{j}^0)\|_2 \leqslant \delta_4$ 时，初边值问题 (5.2.6)，(5.2.7)，(5.2.9) 和 (5.2.42)–(5.2.44) 存在唯一解 $(\rho^0, j^0, \phi^0) \in \bar{\mathfrak{X}}_2([0,\infty))$。再者，解 (ρ^0, j^0, ϕ^0) 满足正则性 $\phi - \tilde{\phi} \in \bar{\mathfrak{X}}_2([0,\infty))$ 和衰减估计

$$\begin{aligned}
&\|(\rho^0 - \tilde{\rho}^0, j^0 - \tilde{j}^0)(t)\|_2 + \|(\phi^0 - \tilde{\phi}^0)(t)\|_4 \leqslant \\
&C\|(\rho_0 - \tilde{\rho}^0, j_0 - \tilde{j}^0)\|_2 \mathrm{e}^{-\alpha_2 t},
\end{aligned} \tag{5.2.49}$$

这里 α_2 和 C 是不依赖于 t 的正常数。

在上述引理中出现的空间 $\bar{\mathfrak{X}}_2$ 和 $\bar{\mathfrak{X}}_2^2$ 的定义为

$$\overline{\mathfrak{X}}_2([0,T]) := \bigcap_{k=0}^{2} C^k([0,T]; H^{2-k}(\Omega)), \overline{\mathfrak{X}}_2^2([0,T]) := \bigcap_{k=0}^{2} C^k([0,T]; H^{4-k}(\Omega)).$$

自然地，当 $h \to 0$ 时，期望问题 (5.2.1)–(5.2.3) 的解收敛于问题 (5.2.42)–(5.2.44) 的解。首先，当 $h \to 0$ 时，给出问题 (5.2.22)–(5.2.27) 的解 $(\tilde{\rho}^h, \tilde{j}^h, \tilde{\phi}^h)$ 收敛到问题 (5.2.25)，(5.2.27) 和 (5.2.45)–(5.2.47) 的稳态解 $(\tilde{\rho}^0, \tilde{j}^0, \tilde{\phi}^0)$ 的引理。

引理 5.2.4 假设引理 5.2.1 和引理 5.2.2 中的条件成立，$(\tilde{\rho}^0, \tilde{j}^0, \tilde{\phi}^0)$ 是问题 (5.2.25)，(5.2.27) 和 (5.2.45)–(5.2.47) 的稳态解，$(\tilde{\rho}^h, \tilde{j}^h, \tilde{\phi}^h)$ 是问题 (5.2.22)–(5.2.27) 的稳态解。对于任意的 ρ_l，存在正常数 δ_5，使得当 $\delta + h \leqslant \delta_5$ 时，问题 (5.2.22)–(5.2.27) 的解 $(\tilde{\rho}^h, \tilde{j}^h, \tilde{\phi}^h)$ 收敛到问题 (5.2.25)，(5.2.27) 和 (5.2.45)–(5.2.47) 的稳态解 $(\tilde{\rho}^0, \tilde{j}^0, \tilde{\phi}^0)$。准确地说

$$\|\tilde{\rho}^h - \tilde{\rho}^0\|_1 + |\tilde{j}^h - \tilde{j}^0| + \|\tilde{\phi}^h - \tilde{\phi}^0\|_3 \leqslant Ch, \tag{5.2.50}$$

$$\|(\partial_x^2\{\tilde{\rho}^h - \tilde{\rho}^0\}, \partial_x^4\{\tilde{\phi}^h - \tilde{\phi}^0\}, h\partial_x^3\tilde{\rho}^h, h^2\partial_x^4\tilde{\rho}^h)\| \to 0, h \to 0, \tag{5.2.51}$$

这里 C 是不依赖于 h 的正常数。

其次，给出非定常问题的经典极限的定理。

定理 5.2.2 假设定理 5.2.1 和引理 5.2.3 中的条件成立。则存在正常数 δ_6，使得如果

$$\begin{aligned}
&\delta + h + \|(\rho_0 - \tilde{\rho}^0, j_0 - \tilde{j}^0)\|_2 + \|(\rho_0 - \tilde{\rho}^h, j_0 - \tilde{j}^h)\|_2 + \\
&\|(h\partial_x^3\{\rho_0 - \tilde{\rho}^h\}, h\partial_x^3\{j_0 - \tilde{j}^h\}, h^2\partial_x^4\{\rho_0 - \tilde{\rho}^h\})\| \leqslant \delta_6,
\end{aligned} \tag{5.2.52}$$

那么当 $h \to 0$ 时，问题 (5.2.1)–(5.2.3)，(5.2.6)–(5.2.9) 的整体解 (ρ^h, j^h, ϕ^h) 收敛到问题 (5.2.6)，(5.2.7)，(5.2.9) 和 (5.2.42)–(5.2.44) 的解 (ρ^0, j^0, ϕ^0)，准确地说

$$\|(\rho^h - \rho^0, j^h - j^0)(t)\|_1 + \|(\phi^h - \phi^0)(t)\|_3 \leqslant \sqrt{h}C\mathrm{e}^{\beta t}, t \in [0,\infty), \tag{5.2.53}$$

$$\sup_{t\in[0,\infty)}\{\|(\rho^h-\rho^0, j^h-j^0)(t)\|_1+\|(\phi^h-\phi^0)(t)\|_3\}\to 0, h\to 0, \tag{5.2.54}$$

这里 β 和 C 是不依赖于 h 和 t 的正常数。

对于任意非负整数 $k\geqslant 0$，空间 $\mathcal{B}^k(\overline{\Omega})$ 中的函数的 k 阶导数在 $\overline{\Omega}$ 上连续有界，并有以下范数

$$|f|_k := \sum_{i=0}^{k}\sup_{x\in\bar{\Omega}}|\partial_x^i f(x)|.$$

5.2.1 稳态解的存在唯一性

本节考虑稳态解的存在唯一性。首先，由 Leray-Schauder 不动点定理得到稳态解的存在性，其次，得到稳态解的估计。最后，利用推出的估计和能量方法，得到稳态解的唯一性。

5.2.1.1 存在性

显然地，如果密度 $\tilde{\omega}$ 为正，则问题 (5.2.22)–(5.2.24) 和问题 (5.2.22)、(5.2.32)–(5.2.34) 等价。因此，如果定常问题 (5.2.30)、(5.2.32)–(5.2.34) 和电流电压关系式 (5.2.35) 存在解 $(\tilde{\omega},\tilde{j},\tilde{\phi})$ $(\tilde{\omega}>0)$，则问题 (5.2.22)–(5.2.24)、(5.2.25)–(5.2.27) 的解存在。事实上，在 (5.2.32) 中代入 $x=0, x=1$，可知 $(\tilde{\omega},\tilde{j},\tilde{\phi})$ 满足边界条件 (5.2.26)。(5.2.23) 可以由对 (5.2.32) 求微分然后乘以 $\tilde{\omega}^2$ 得到。另外，方程 (5.2.29) 和边界条件 (5.2.27) 可以由 (5.2.33) 直接得到。

证明之前先介绍经常用到的常数和函数：

$$B_0 := |D|_0+\phi_r+\sqrt{K}+\frac{K}{2}+K\left|\log\frac{\rho_r}{\rho_l}\right|,$$
$$B_M := \max\{\omega_l,\omega_r\}e^{\frac{B_0}{2K}}, B_m := \min\{\omega_l,\omega_r\}e^{\frac{-1}{2K}\left(B_M^2+B_0+\frac{K}{2}\right)},$$
$$A(x) := \omega_l(1-x)+\omega_r x.$$

引理 5.2.5 假设掺杂轮廓和边界值满足条件 (5.2.5)，(5.2.7) 和 (5.2.9)。另外，假设下列不等式成立：

$$B_M^{-4}+2B_b(\rho_r^{-2}-\rho_l^{-2})>0, \tag{5.2.55}$$
$$S[B_m^2,\mathcal{J}[B_M^2]]>0. \tag{5.2.56}$$

则定常问题 (5.2.30)、(5.2.32)–(5.2.34) 和电流电压关系式 (5.2.35) 存在解 $(\tilde{\rho},\tilde{j},\tilde{\phi})\in\mathcal{B}^4(\overline{\Omega})\times\mathcal{B}^4(\overline{\Omega})\times\mathcal{B}^2(\overline{\Omega})$ 满足条件 (5.2.12)–(5.2.13)。而且，当且仅当 $B_b\lesseqgtr 0$ 时，$\tilde{j}\lesseqgtr 0$ 成立。

引理 5.2.5 的证明　根据条件 (5.2.55)–(5.2.56)，可知存在正常数 μ 使得

$$(B_M+\mu)^{-4}+2B_b(\rho_r^{-2}-\rho_l^{-2})\geqslant 0,\tag{5.2.57}$$

$$S\{(B_m-\mu)^2,\mathcal{J}[(B_M+\mu)^2]\}>0.\tag{5.2.58}$$

现在通过求解以下线性问题定义映射 $T:v\mapsto V$，

$$\begin{aligned}&h^2V_{xx}=g(v_{\alpha,\beta}),\\&g(v_{\alpha,\beta}):=v_{\alpha,\beta}\left(F(v_{\alpha,\beta}^2,\mathcal{J}[v_{\alpha,\beta}^2])-F(\rho_l,\mathcal{J}[v_{\alpha,\beta}^2])-\mathcal{G}[v_{\alpha,\beta}^2]+\mathcal{J}[v_{\alpha,\beta}^2]\int_0^x\frac{1}{v_{\alpha,\beta}^2}(y)\mathrm{d}y\right),\\&v_{\alpha,\beta}:=\max\{\beta,\min\{\alpha,v\}\},\alpha:=B_M+\mu,\beta:=B_m-\mu,\end{aligned}\tag{5.2.59}$$

其边界条件为 (5.2.30)，这里的 F，$\mathcal{J}$ 和 $\mathcal{G}$ 分别由 (5.2.34)，(5.2.37) 和 (5.2.33) 定义。

根据 (5.2.57)，可知 $\mathcal{J}[v_{\alpha,\beta}^2]$ 满足关系式 (5.2.35)，其中 $(\tilde{\omega}^2,j)$ 用 $(v_{\alpha,\beta}^2,\mathcal{J}[v_{\alpha,\beta}^2])$ 代替。显然地，根据椭圆方程的基本理论可知 T 是良定的。事实上，由于 $v_{\alpha,\beta}\in H^1$，则 $g(v_{\alpha,\beta})\in H^1$。因此，问题 (5.2.59) 和 (5.2.30) 的解 $T(v)=V\in H^3$。另外，T 是从 H^1 到 H^1 的连续紧致的映射。接着，为了利用 Leray-Schauder 不动点定理，这里证明对于任意的 $u\in\{f\in H^1;f=\lambda T(f),\lambda\in[0,1]\}$，存在正常数 M，使得 $\|u\|_1\leqslant M$。由于 $\lambda=0$ 是平凡的，只需考虑 $\lambda>0$ 的情况。这里只需验证 $\|\tilde{\omega}\|_1\leqslant M$，$\tilde{\omega}$ 满足以下方程和边界条件

$$h^2\tilde{\omega}_{xx}=\lambda g(\tilde{\omega}_{\alpha,\beta}),\tag{5.2.60}$$

$$\tilde{\omega}(0)=\lambda\omega_l,\tilde{\omega}(1)=\lambda\omega_r.\tag{5.2.61}$$

方程 (5.2.60) 两边同时乘以 $(\tilde{\omega}-\lambda A)$，然后在区域 Ω 上积分并利用估计 $|g(v_{\alpha,\beta})|\leqslant C$，这里 C 是一个依赖于 α、β、ρ_l、ρ_r、ϕ_r、$|D|_0$ 的正常数，可以得到估计 $\|\tilde{\omega}\|_1\leqslant M$。因此，根据 Leray-Schauder 不动点定理，可知映射 T 有一个不动点 $\tilde{\omega}=T(\tilde{\omega})\in H^3$，即

$$h^2\tilde{\omega}_{xx}=g(\tilde{\omega}_{\alpha,\beta}).\tag{5.2.62}$$

接下来只需验证 $\tilde{\omega}=\tilde{\omega}_{\alpha,\beta}$。根据 (5.2.58)，$(\tilde{\omega}_{\alpha,\beta}^2,\mathcal{J}[\tilde{\omega}_{\alpha,\beta}^2])$ 满足亚音速条件 $S[(\tilde{\omega}_{\alpha,\beta}^2,\mathcal{J}[\tilde{\omega}_{\alpha,\beta}^2])]>0$。对于 $\rho_l\geqslant\rho_r$ 的情况，方程 (5.2.62) 两边加上 $-K\tilde{\omega}_{\alpha,\beta}\log\rho_l$，接着两边同时乘以 $(\log\tilde{\omega}_{\alpha,\beta}^2-\log\rho_l)_+^n$，$n=1,2,3,\cdots$。对于 $\rho_l<\rho_r$ 的情况，在方程 (5.2.62) 两

边同时加上 $-K\tilde{\omega}_{\alpha,\beta}\log\rho_r$，接着两边同时乘以 $(\log\tilde{\omega}^2_{\alpha,\beta}-\log\rho_r)^n_+$，$n=1,2,3,\cdots$。这里 $(\cdot)_+:=\max\{0,\cdot\}$。因为 $\rho_l\geqslant\rho_r$ 的情况很容易处理，接下来考虑 $\rho_l<\rho_r$ 的情况，由上述计算可得

$$
\begin{aligned}
&-h^2\tilde{\omega}_{xx}\left(\log\frac{\tilde{\omega}^2_{\alpha,\beta}}{\rho_r}\right)^n_+ + K\tilde{\omega}_{\alpha,\beta}\left(\log\frac{\tilde{\omega}^2_{\alpha,\beta}}{\rho_r}\right)^{n+1}_+ =\\
&\left(\phi_r x-\int_0^1 GD\mathrm{d}\xi-\int_0^x\frac{\mathcal{J}[\tilde{\omega}^2_{\alpha,\beta}]}{\tilde{\omega}^2_{\alpha,\beta}}\mathrm{d}y+\frac{\mathcal{J}^2[\tilde{\omega}^2_{\alpha,\beta}]}{2\rho_l^2}+K\log\frac{\rho_l}{\rho_r}\right)\tilde{\omega}_{\alpha,\beta}\left(\log\frac{\tilde{\omega}^2_{\alpha,\beta}}{\rho_r}\right)^n_+-\\
&\left(-\int_0^1 G\tilde{\omega}^2_{\alpha,\beta}\mathrm{d}\xi+\frac{\mathcal{J}^2[\tilde{\omega}^2_{\alpha,\beta}]}{2\tilde{\omega}^4_{\alpha,\beta}}\right)\tilde{\omega}_{\alpha,\beta}\left(\log\frac{\tilde{\omega}^2_{\alpha,\beta}}{\rho_r}\right)^n_+\leqslant B_0\tilde{\omega}_{\alpha,\beta}\left(\log\frac{\tilde{\omega}^2_{\alpha,\beta}}{\rho_r}\right)^n_+.
\end{aligned}
\tag{5.2.63}
$$

在上述不等式的推导过程中，等式右端第一项用到了亚音速条件 (5.2.12) 和 $|G|\leqslant 1$，第二项用到了 G 是非负的。当 $\rho_l\geqslant\rho_r$ 时，项 $K\log\dfrac{\rho_l}{\rho_r}$ 消失，(5.2.63) 的第一项可以写成

$$
(\text{第一项})=2h^2n\frac{(\tilde{\omega}_{\alpha,\beta_x})^2}{\tilde{\omega}^2_{\alpha,\beta}}[2(2n-1)]\left(\log\frac{\tilde{\omega}^2_{\alpha,\beta}}{\rho_r}\right)^{n-1}_+-\left[h^2\tilde{\omega}_x\left(\log\frac{\tilde{\omega}^2_{\alpha,\beta}}{\rho_r}\right)^n_+\right]_x. \tag{5.2.64}
$$

根据 Young 不等式，(5.2.63) 的最后一项有以下估计

$$
(\text{最后一项})\leqslant\frac{n}{n+1}K\tilde{\omega}_{\alpha,\beta}\left(\log\frac{\tilde{\omega}^2_{\alpha,\beta}}{\rho_r}\right)^{n+1}_+ +\frac{|K\tilde{\omega}_{\alpha,\beta}|_0}{n+1}\left(\frac{B_0}{K}\right)^{n+1}. \tag{5.2.65}
$$

注意到 (5.2.63) 右端的第一项是非负的，由于 $(\log\tilde{\omega}^2_{\alpha,\beta}-\log\rho_r)_+(0)=(\log\tilde{\omega}^2_{\alpha,\beta}-\log\rho_r)_+(1)$，第二项积分后消失。把 (5.2.64)，(5.2.65) 代入 (5.2.63)，积分后可得到

$$
\int_0^1 K\sqrt{\rho_r}\left(\log\frac{\tilde{\omega}^2_{\alpha,\beta}}{\rho_r}\right)^{n+1}_+\mathrm{d}x\leqslant|K\tilde{\omega}_{\alpha,\beta}|_0\left(\frac{B_0}{K}\right)^{n+1}. \tag{5.2.66}
$$

这里用到了 $\tilde{\omega}_{\alpha,\beta}\geqslant\sqrt{\rho_r}$。对 (5.2.66) 取 $(n+1)$ 次根得到

$$
\left(\int_0^1\left(\log\frac{\tilde{\omega}^2_{\alpha,\beta}}{\rho_r}\right)^{n+1}_+\mathrm{d}x\right)^{1/(n+1)}\leqslant\left(\frac{|\tilde{\omega}_{\alpha,\beta}|_0}{\sqrt{\rho_r}}\right)^{1/(n+1)}\frac{B_0}{K}. \tag{5.2.67}
$$

在 (5.2.67) 中令 $n\to\infty$，得到 $\tilde{\omega}^2_{\alpha,\beta}\leqslant B_M^2$。

接着证明 $\tilde{\omega}^2_{\alpha,\beta}$ 有下界。对于 $\rho_l\geqslant\rho_r$ 的情况，方程 (5.2.62) 加上 $-K\tilde{\omega}_{\alpha,\beta}\log\rho_r$，接着两边同时乘以 $(\log\tilde{\omega}^2_{\alpha,\beta}-\log\rho_r)^{2n-1}_-$，$n=1,2,3,\cdots$。对于 $\rho_l<\rho_r$ 的情况，两边加上 $-K\tilde{\omega}_{\alpha,\beta}\log\rho_l$，接着两边同时乘以 $(\log\tilde{\omega}^2_{\alpha,\beta}-\log\rho_l)^{2n-1}_-$，$n=1,2,3,\cdots$。这里 $(\cdot)_-:=\min\{0,\cdot\}$，因为 $\rho_l<\rho_r$ 的情况处理起来比较容易，所以这里只验证 $\rho_l\geqslant\rho_r$ 的情况，由上述计算得到

$$
-h^2\frac{\tilde{\omega}_{xx}}{\tilde{\omega}_{\alpha,\beta}}\left(\log\frac{\tilde{\omega}^2_{\alpha,\beta}}{\rho_r}\right)^{2n-1}_- + K\left(\log\frac{\tilde{\omega}^2_{\alpha,\beta}}{\rho_r}\right)^{2n}_- =
$$

$$\left(\mathcal{G}[\tilde{\omega}_{\alpha,\beta}^2]-\int_0^x \frac{\mathcal{J}[\tilde{\omega}_{\alpha,\beta}^2]}{2\tilde{\omega}_{\alpha,\beta}^2}\mathrm{d}y+\frac{\mathcal{J}^2[\tilde{\omega}_{\alpha,\beta}^2]}{2\rho_l^2}-\frac{\mathcal{J}^2[\tilde{\omega}_{\alpha,\beta}^2]}{2\tilde{\omega}_{\alpha,\beta}^4}+K\log\frac{\rho_l}{\rho_r}\right)\left(\log\frac{\tilde{\omega}_{\alpha,\beta}^2}{\rho_r}\right)_-^{2n-1}\leqslant$$

$$\frac{2n-1}{2n}K\left(\log\frac{\tilde{\omega}_{\alpha,\beta}^2}{\rho_r}\right)_-^{2n}+\frac{K}{2n}\left(\frac{B_M^2}{K}+\frac{B_0}{K}+\frac{1}{2}\right)^{2n}. \tag{5.2.68}$$

在上述不等式的推导过程中，不等式右端第一项用到了亚音速条件 (5.2.12)，$|G|\leqslant 1$ 和 Young 不等式，(5.2.68) 的第一项可以写成

$$(\text{第一项})=h^2\frac{(\tilde{\omega}_{\alpha,\beta_x})^2}{\tilde{\omega}_{\alpha,\beta}^2}\left[2(2n-1)\left(\log\frac{\tilde{\omega}_{\alpha,\beta}^2}{\rho_r}\right)_-^{2n-2}-\left(\log\frac{\tilde{\omega}_{\alpha,\beta}^2}{\rho_r}\right)_-^{2n-1}\right]-$$

$$\left[h^2\frac{\tilde{\omega}_x}{\tilde{\omega}_{\alpha,\beta}}\left(\log\frac{\tilde{\omega}_{\alpha,\beta}^2}{\rho_r}\right)_-^{2n-1}\right]_x. \tag{5.2.69}$$

注意到 (5.2.69) 右端的第一项是非负的，由于 $(\log\tilde{\omega}_{\alpha,\beta}^2-\log\rho_r)_+(0)=(\log\tilde{\omega}_{\alpha,\beta}^2-\log\rho_r)_+(1)$，(5.2.69) 的最后一项积分后消失。把 (5.2.69) 代入 (5.2.68)，在 Ω 上积分后取 $(2n)$ 次根可得到

$$\left(\int_0^1\left(\log\frac{\tilde{\omega}_{\alpha,\beta}^2}{\rho_r}\right)_-^{2n}\mathrm{d}x\right)^{1/2n}\leqslant\frac{1}{K}\left(B_M^2+B_0+\frac{K}{2}\right). \tag{5.2.70}$$

在 (5.2.70)中令 $n\to\infty$，得到 $B_m^2\leqslant\tilde{\omega}_{\alpha,\beta}^2$。

综上，可以得到 $B_m\leqslant\tilde{\omega}_{\alpha,\beta}\leqslant B_M$，意味着 $\tilde{\omega}=\tilde{\omega}_{\alpha,\beta}$。因此，$(\tilde{\omega},\mathcal{J}[\tilde{\omega}^2],\mathcal{G}[\tilde{\omega}^2])$ 是问题 (5.2.30)，(5.2.32)–(5.2.34)，(5.2.80) 的解。对 (5.2.32) 求微分并利用 $\tilde{\omega}\in H^3$，可以得到稳态解的正则性。进一步，由 (5.2.37) 可知，当且仅当 $B_b\lesseqgtr 0$，$\mathcal{J}[\tilde{\omega}^2]\lesseqgtr 0$ 成立。 □

5.2.1.2 唯一性

引理 5.2.5 证明了稳态解的存在性。为了证明稳态解的唯一性，需要额外的假设 (见引理 5.2.7)，先给出稳态解的估计 (见引理 5.2.6)，下列不等式在证明引理 5.2.6 时频繁被用到：

$$|f|_0^2\leqslant\|f\|^2+2\|f\|\|f_x\|,\ f\in H^1(\Omega), \tag{5.2.71}$$

$$\|f\|^2\leqslant\frac{1}{4}\|f_x\|^2,\ f\in H_0^1(\Omega), \tag{5.2.72}$$

$$\|f_x\|^2\leqslant\frac{1}{2}\|f_{xx}\|^2,\ f\in\{f\in H^2(\Omega);f(0)=f(1)\}. \tag{5.2.73}$$

引理 5.2.6 假设 $(\tilde{\omega},\tilde{j},\tilde{\phi})\in\mathcal{B}^4(\overline{\Omega})\times\mathcal{B}^4(\overline{\Omega})\times\mathcal{B}^2(\overline{\Omega})$ 是问题 (5.2.22)、(5.2.27)、(5.2.28)–(5.2.31) 的稳态解，且满足条件 (5.2.12)–(5.2.13)，假设条件 (5.2.55)–(5.2.56) 和不等式

$$\sqrt{K}<|2B_b\mathcal{J}[B_M^2]^{-1}(\rho_r^{-2}-\rho_l^{-2})^{-1}B_M^{-2}| \tag{5.2.74}$$

成立。则解 $(\tilde{\omega},\tilde{j},\tilde{\phi})$ 满足 (5.2.37) 和

$$B_m\leqslant\tilde{\omega}\leqslant B_M, \tag{5.2.75}$$

$$|\tilde{\phi}|_2\leqslant C, \tag{5.2.76}$$

$$\|\tilde{\omega}\|_2\leqslant C,\|\partial_x^3\tilde{\omega}\|\leqslant Ch^{-1}+C,\|\partial_x^4\tilde{\omega}\|\leqslant Ch^{-2}+C, \tag{5.2.77}$$

这里 C 是一个仅依赖于 ρ_l，ρ_r，ϕ_r，$|D|_0$，不依赖于 h 的正常数。

引理 5.2.6 的证明 估计 (5.2.75) 的证明和引理 5.2.5 中得到 $\tilde{\omega}_{\alpha,\beta}=\tilde{\omega}$ 的证明相似。利用估计 (5.2.75)，由公式 (5.2.33) 可得到 (5.2.76)，关于 $\tilde{j}$ 求解电流电压关系式 (5.2.35)，可知 $\tilde{j}$ 由 (5.2.37) 表示，因为根据 (5.2.74)，二次方程 (5.2.35) 的另一个解违背了亚音速条件 (5.2.12)。

接下来，只需证明 (5.2.77)。在 (5.2.28) 两边同时乘以 $\tilde{\omega}_x/\tilde{\omega}^2$，在 Ω 上分部积分后利用边界条件 (5.2.30)、(5.2.31) 和等式 (5.2.29)，得到

$$\begin{aligned}&\int_0^1\left(2S[\tilde{\omega}^2,\tilde{j}]\frac{\tilde{\omega}_x^2}{\tilde{\omega}}+h^2\frac{\tilde{\omega}_{xx}^2}{\tilde{\omega}}\right)\mathrm{d}x=\\&\int_0^1\left[-(\tilde{\omega}^2-D)(\tilde{\omega}-A)+\tilde{\phi}_xA_x\right]\mathrm{d}x+\tilde{j}\left(\frac{1}{\tilde{\omega}_r}-\frac{1}{\tilde{\omega}_l}\right)\leqslant C,\end{aligned} \tag{5.2.78}$$

在上述不等式的推导过程中，用到了估计 (5.2.75) 和 (5.2.76)。因为不等式 (5.2.78) 的左端有下界估计 $2S[B_m^2,\mathcal{J}[B_M^2]]\|\tilde{\omega}_x\|^2/B_M$，因此 $\|\tilde{\omega}_x\|\leqslant C$。

在 (5.2.28) 两边同时乘以 $(\tilde{\omega}_{xx}/\tilde{\omega})_x/\tilde{\omega}^2$，在 Ω 上分部积分后利用 (5.2.31) 和 (5.2.29)，得到

$$\begin{aligned}&\int_0^1\left(h^2\left(\frac{\tilde{\omega}_{xx}}{\tilde{\omega}}\right)_x^2+S[\tilde{\omega}^2,\tilde{j}]\left(\frac{\tilde{\omega}_{xx}}{\tilde{\omega}}\right)^2\right)\mathrm{d}x=\\&\int_0^1\left[-2\left(S[\tilde{\omega}^2,\tilde{j}]\frac{1}{\tilde{\omega}}\right)_x\frac{\tilde{\omega}_x\tilde{\omega}_{xx}}{\tilde{\omega}}\right]\mathrm{d}x+\int_0^1\left[(\tilde{\omega}^2-D)-\left(\frac{\tilde{j}}{\tilde{\omega}^2}\right)_x\right]\frac{\tilde{\omega}_{xx}}{\tilde{\omega}}\mathrm{d}x.\end{aligned} \tag{5.2.79}$$

利用 Hölder 不等式，Schwarz 不等式和 (5.2.71)，估计 (5.2.79) 右端第一项为

$$|(\text{右端第一项})|\leqslant C|\tilde{\omega}_x|_0\|\tilde{\omega}_x\|\|\tilde{\omega}_{xx}\|\leqslant$$

$$C\sqrt{\|\tilde{\omega}_x\|^2+2\|\tilde{\omega}_x\|\|\tilde{\omega}_{xx}\|}\|\tilde{\omega}_x\|\|\tilde{\omega}_{xx}\| \leqslant$$
$$C(1+\|\tilde{\omega}_{xx}\|)+\frac{S[B_m^2,\mathcal{J}[B_M^2]]}{B_M^2}\|\tilde{\omega}_{xx}\|^2.$$

利用 (5.2.72)、(5.2.75)和 Hölder 不等式，可以推出 $|(\text{右端第二项})| \leqslant C(1+\|\tilde{\omega}_{xx}\|)$。注意到 (5.2.79) 的左端有下界估计 $2S[B_m^2,\mathcal{J}[B_M^2]]\|\tilde{\omega}_{xx}\|^2/B_M^2$。把这些估计代入 (5.2.79)，可得到 $\|\tilde{\omega}_{xx}\| \leqslant C$。因此，(5.2.77) 的第一个不等式得证。

接着证明 (5.2.77) 的第二个不等式。把这三个不等式代入 (5.2.79) 得到估计 $h^2\|(\tilde{\omega}_{xx}/\tilde{\omega})_x\|^2 \leqslant C$。利用估计 (5.2.71) 和 (5.2.75)，可以得到 $\|(\tilde{\omega}_{xx}/\tilde{\omega})_x\| \geqslant \|\tilde{\omega}_{xxx}\|/B_M - C$。利用这两个不等式，有 $\|\tilde{\omega}_{xxx}\| \leqslant C+C/h$。另外，对 (5.2.28) 求微分后乘以 $1/\tilde{\omega}$，得到

$$h^2\tilde{\omega}_{xxxx}=h^2\frac{\tilde{\omega}_{xx}^2}{\tilde{\omega}}+\frac{2}{\tilde{\omega}}(S[\tilde{\omega}^2,\tilde{j}]\tilde{\omega}\tilde{\omega}_x)_x-2\tilde{\omega}_x\tilde{\phi}_x-\tilde{\omega}\tilde{\phi}_{xx}. \tag{5.2.80}$$

利用 (5.2.71) 和 (5.2.75) 估计 (5.2.80) 的右端，可以得到 $\|\tilde{\omega}_{xxxx}\| \leqslant C+C/h^2$。因此引理 5.2.6 得到证明。 □

显然地，由引理 5.2.6 可以得到以下推论。

推论 5.2.1 假设引理 5.2.6 中的条件成立。对于任意的 ρ_l，存在正常数 δ_1，使得当 $\delta+h \leqslant \delta_1$ 时，稳态解满足估计 (5.2.76) 和 (5.2.77)，这里 C 仅依赖于 ρ_l，$|D|_0$ 不依赖于 δ 和 h。

接着证明稳态解的唯一性。令 $\tilde{\omega} := \log\tilde{\rho} = \log\tilde{\omega}^2$，(5.2.22)–(5.2.27) 变为

$$\tilde{j}_x=0, \tag{5.2.81}$$

$$S[\mathrm{e}^{\tilde{\omega}},\tilde{j}]\tilde{\omega}_x-\tilde{\phi}_x-\frac{h^2}{2}\left(\tilde{\omega}_{xx}+\frac{\tilde{\omega}_x^2}{2}\right)_x=-\frac{\tilde{j}}{\mathrm{e}^{\tilde{\omega}}}, \tag{5.2.82}$$

$$\tilde{\phi}_{xx}=\mathrm{e}^{\tilde{\omega}}-D, \tag{5.2.83}$$

$$\tilde{\omega}(0)=\log\rho_l, \tilde{\omega}(1)=\log\rho_r, \tag{5.2.84}$$

$$\left(\tilde{\omega}_{xx}+\frac{\tilde{\omega}_x^2}{2}\right)(0)=\left(\tilde{\omega}_{xx}+\frac{\tilde{\omega}_x^2}{2}\right)(1)=0, \tag{5.2.85}$$

$$\tilde{\phi}(0)=0, \tilde{\phi}(1)=\phi_r>0. \tag{5.2.86}$$

注意到方程 (5.2.81)–(5.2.86) 稳态解的唯一性意味着方程 (5.2.22)–(5.2.27) 稳态解的唯一性。

引理 5.2.7 假设引理 5.2.6 中的条件成立。对于任意的 ρ_l，存在正常数 δ_1，使得当 $\delta+h \leqslant \delta_1$ 时，存在唯一解 $(\tilde{\omega},\tilde{j},\tilde{\phi}) \in \mathcal{B}^4(\overline{\Omega})\times\mathcal{B}^4(\overline{\Omega})\times\mathcal{B}^2(\overline{\Omega})$，满足条件 (5.2.12)–(5.2.13)。

引理 5.2.7 的证明 根据引理 5.2.6，$\tilde{j}$ 有显式形式 (5.2.37)，即 $\tilde{j}=\mathcal{J}[\mathrm{e}^{\tilde{\omega}}]$。假设 $(\tilde{\omega}_1,\tilde{j}_1,\tilde{\phi}_1)$，$(\tilde{\omega}_2,\tilde{j}_2,\tilde{\phi}_2)$ 是定常问题的两个解，记 $\tilde{j}_1=\mathcal{J}[\mathrm{e}^{\tilde{\omega}_1}]$，$\tilde{j}_2=\mathcal{J}[\mathrm{e}^{\tilde{\omega}_2}]$，利用中值定理和 (5.2.75)，有

$$|\tilde{j}_1-\tilde{j}_2|\leqslant C\delta\|\tilde{\omega}_1-\tilde{\omega}_2\|, \tag{5.2.87}$$

这里 C 是一个不依赖于 δ 和 h 的正常数。根据 (5.2.82)，记 $\tilde{\omega}:=\tilde{\omega}_1-\tilde{\omega}_2$，满足

$$\begin{aligned}&-\frac{h^2}{2}\left(\tilde{\omega}_{xx}+\frac{\tilde{\omega}_{1x}^2}{2}-\frac{\tilde{\omega}_{2x}^2}{2}\right)_x+S[\mathrm{e}^{\tilde{\omega}_1},\tilde{j}_1]\tilde{\omega}_x-(\phi_1-\phi_2)_x=\\&\left(\frac{\tilde{j}_1^2}{\mathrm{e}^{2\tilde{\omega}_1}}-\frac{\tilde{j}_2^2}{\mathrm{e}^{2\tilde{\omega}_2}}\right)\tilde{\omega}_{2x}-\left(\frac{\tilde{j}_1}{\mathrm{e}^{\tilde{\omega}_1}}-\frac{\tilde{j}_2}{\mathrm{e}^{\tilde{\omega}_2}}\right).\end{aligned} \tag{5.2.88}$$

(5.2.88) 两边同时乘以 $\tilde{\omega}_x$，然后积分并利用边界条件 (5.2.85)，(5.2.86) 和 (5.2.83)，得到

$$\begin{aligned}&\int_0^1\left[\frac{h^2}{2}\tilde{\omega}_{xx}^2+S[\mathrm{e}^{\tilde{\omega}_1},\tilde{j}_1]\tilde{\omega}_x^2+(\mathrm{e}^{\tilde{\omega}_1}-\mathrm{e}^{\tilde{\omega}_2})\right]\tilde{\omega}\mathrm{d}x=\\&\int_0^1\left[\left(\frac{\tilde{j}_1}{\mathrm{e}^{\tilde{\omega}_1}}+\frac{\tilde{j}_2}{\mathrm{e}^{\tilde{\omega}_2}}\right)\tilde{\omega}_{2x}-1\right]\left(\frac{\tilde{j}_1}{\mathrm{e}^{\tilde{\omega}_1}}-\frac{\tilde{j}_2}{\mathrm{e}^{\tilde{\omega}_2}}\right)\tilde{\omega}_x\mathrm{d}x-\\&\int_0^1\frac{h^2}{4}(\tilde{\omega}_1+\tilde{\omega}_2)_x\tilde{\omega}_x\tilde{\omega}_{xx}\mathrm{d}x.\end{aligned} \tag{5.2.89}$$

利用估计 (5.2.71)、(5.2.72)、(5.2.75) 和 (5.2.87)，可以处理 (5.2.89) 右端的第一项

$$|(\text{右端第一项})|\leqslant C\Big[\|\tilde{j}_1(\mathrm{e}^{-\tilde{\omega}_1}-\mathrm{e}^{-\tilde{\omega}_2})\|+\|\mathrm{e}^{-\tilde{\omega}_2}(\tilde{j}_1-\tilde{j}_2)\|\Big]\|\tilde{\omega}_x\|\leqslant C\delta\|\tilde{\omega}_x\|^2. \tag{5.2.90}$$

根据 Hölder 不等式和 Schwarz 不等式，(5.2.89) 右端的第二项可估计为

$$|(\text{右端第二项})|\leqslant h^2C\|\tilde{\omega}_x\|\|\tilde{\omega}_{xx}\|\leqslant\frac{h^2}{2}\|\tilde{\omega}_{xx}\|^2+Ch^2\|\tilde{\omega}_x\|^2, \tag{5.2.91}$$

以上估计用到了 (5.2.71) 和推论 5.2.1，把 (5.2.90) 和 (5.2.91) 代入 (5.2.89)，根据 $(\mathrm{e}^{\tilde{\omega}_1}-\mathrm{e}^{\tilde{\omega}_2})\tilde{\omega}\geqslant 0$ 和 $S[\mathrm{e}^{\tilde{\omega}_1},\tilde{j}_1]\geqslant S[B_m^2,\mathcal{J}[B_M^2]]>0$，令 δ 和 h 足够小，使得 $\|\tilde{\omega}_x\|^2\leqslant 0$。因此 $\tilde{\omega}_1=\tilde{\omega}_2$。等式 $\tilde{j}_1=\tilde{j}_2$ 和 $\tilde{\phi}_1=\tilde{\phi}_2$ 可以直接由 (5.2.83)、(5.2.86) 和 (5.2.87) 得到。引理 5.2.7 得证。 □

综上，由于 $\delta+h$ 的小性意味着引理 5.2.5 和引理 5.2.7 中的假设成立，则引理 5.2.1 可直接由引理 5.2.5 和引理 5.2.7 推出。

5.2.2 非稳态解的局部存在唯一性

这一小节将证明初边值问题 (5.2.15)–(5.2.21) 非稳态解的局部存在唯一性，即证明其等价问题 (5.2.1)–(5.2.3) 和 (5.2.6)–(5.2.9) 非稳态解 ($\rho > 0$) 的局部存在唯一性。

引理 5.2.8 假设初值 $(\omega_0, j_0) \in H^4(\Omega)\times H^3(\Omega)$，边界值 ρ_l，ρ_r，ϕ_r 满足 (5.2.7) 和 (5.2.9) 且 $\omega_0 > 0$。则存在常数 $T_1 > 0$，使得初边值问题 (5.2.15)–(5.2.21) 存在唯一解 $(\omega, j, \phi) \in \overline{\mathfrak{X}}_4([0, T_1])\times\overline{\mathfrak{X}}_3([0, T_1])\times\mathfrak{Y}([0, T_1])$ 满足 $\omega > 0$。

由此可得以下推论：

推论 5.2.2 假设初值 $(\rho_0, j_0) \in H^4(\Omega)\times H^3(\Omega)$，边界值 ρ_l，ρ_r，ϕ_r 满足 (5.2.7)，(5.2.9)，(5.2.10) 和 (5.2.14)，则存在常数 $T_2 > 0$，使得初边值问题 (5.2.1)–(5.2.3) 和 (5.2.6)–(5.2.9) 存在唯一解 $(\rho, j, \phi) \in \overline{\mathfrak{X}}_4([0, T_2]) \times \overline{\mathfrak{X}}_3([0, T_2]) \times \mathfrak{Y}([0, T_2])$ 满足条件 (5.2.12)–(5.2.13)。

为了求解问题 (5.2.15)–(5.2.21)，定义逐次逼近序列。对于未知量 $(\hat{\omega}, \hat{j})$，考虑线性问题

$$2\omega\hat{\omega}_t + \hat{j}_x = 0, \tag{5.2.92}$$

$$\hat{j}_t + 2S[\omega^2, j]\omega\hat{\omega}_x + 2\frac{j}{\omega^2}\hat{j}_x - h^2\omega^2\left(\frac{\hat{\omega}_{xx}}{\omega}\right)_x = \omega^2\phi_x - j, \tag{5.2.93}$$

具有初值 (5.2.18) 和边界值 (5.2.19)，(5.2.20)。函数 ϕ 由 (5.2.11) 定义，即 $\phi = \Phi[\omega^2]$。假设 (5.2.92)–(5.2.93) 中的系数 (ω, j) 满足

$$(\omega, j) \in \overline{\mathfrak{X}}_4([0, T])\times\overline{\mathfrak{X}}_3([0, T]), (\omega, j)(0, x) = (\omega_0, j_0), \tag{5.2.94}$$

$$\omega(t, x) \geqslant m, (t, x) \in [0, T]\times\Omega, \tag{5.2.95}$$

$$\|\omega(t)\|_4 + \|\omega_t(t)\|_2 + \|\omega_{tt}(t)\| + \|j(t)\|_3 + \|j_t(t)\|_1 \leqslant M, t \in [0, T], \tag{5.2.96}$$

这里 T，m，M 是正常数。$X(T; m, M)$ 表示满足 (5.2.94)–(5.2.96) 的函数的集合，简记为 $X(\cdot)$。ϕ 满足

$$\phi \in \mathfrak{Y}([0, T]), \|\partial_t^i\phi(t)\|_2 \leqslant M, i = 0, 1, 2, t \in [0, T].$$

接着，给出线性问题 (5.2.11)，(5.2.18)–(5.2.20)，(5.2.92)–(5.2.93) 解的存在性的证明，考虑一般的标量方程

$$u_{tt} + L_1u_t + b_1u_t + b_2u_x + b_3u_{xx} + L_2u = f, \tag{5.2.97}$$

$$L_1 := b\partial_3, b \in \mathcal{B}^1([0, 1]\times[0, T]), L_2 := a\partial_x^4, a > 0, \tag{5.2.98}$$

$$b_1, b_2, b_3 \in \mathcal{B}^0([0,1]\times[0,T])\cap C^1([0,T];L^2), f \in C^1([0,T];L^2), \tag{5.2.99}$$

初边值条件为

$$u(0,x) = u_1(x) \in \mathcal{H}, u_t(0,x) = u_2(x) \in H_0^1 \cap H^2, \tag{5.2.100}$$

$$u(t,0) = u(t,1) = 0, u_{xx}(t,0) = u_{xx}(t,1) = 0, \tag{5.2.101}$$

这里 $\mathcal{H} := \{g \in H_0^1 \cap H^4; g_{xx}(0) = g_{xx}(1) = 0\}$。

引理 5.2.9 初边值问题 (5.2.97)–(5.2.101) 存在唯一解 $u \in \overline{\mathfrak{X}}_4([0,T])$。

引理 5.2.9 的证明 利用 Galerkin 方法证明引理 5.2.9。首先，考虑初值为 $u(0,x) = u_t(0,x) = 0$ 的问题 (5.2.97)–(5.2.101)。定义序列 $\{\boldsymbol{v}_l(x) := \sqrt{2}\sin l\pi x\}_{l=1}^{\infty}$，它是 L^2 的完全正交基，构造逼近序列 $\left\{\sum\limits_{l=1}^{n} a_l^n(t)\boldsymbol{v}_l(x)\right\}_{n=1}^{\infty}$，其中 $a_l^n(t)$ 满足常微分方程

$$(u_{tt}^n, \boldsymbol{v}_l) + (L_1 u_t^n, \boldsymbol{v}_l) + (b_1 u_t^n, \boldsymbol{v}_l) + (b_2 u_x^n + b_3 u_{xx}^n, \boldsymbol{v}_l) + (L_2 u^n, \boldsymbol{v}_l) = (f, \boldsymbol{v}_l), \tag{5.2.102}$$

$$a_l^n(0) = a_{lt}^n(0) = 0. \tag{5.2.103}$$

这里 $l = 1, 2, \cdots, n; (\cdot,\cdot)$ 表示 L^2 的内积。根据常微分方程的标准理论,(5.2.102)–(5.2.103) 存在唯一解 $a_l^n \in \mathcal{B}([0,T])$。因此，$u^n \in C^3([0,T];\mathcal{H})$。(5.2.102) 乘以 $a_l^n(t)$，然后关于 l 从 1 到 n 求和，得到

$$(u_{tt}^n, u_t^n) + (bu_{xt}^n, u_t^n) + (b_1 u_t^n, u_t^n) + (b_2 u_x^n + b_3 u_{xx}^n, u_t^n) + a(u_{xxxx}^n, u_t^n) = (f, u_t^n). \tag{5.2.104}$$

对 (5.2.104) 进行分部积分，利用边界条件 $\boldsymbol{v}_l(0) = \boldsymbol{v}_l(1) = \boldsymbol{v}_{lxx}(0) = \boldsymbol{v}_{lxx}(1) = 0$，以及 (5.2.72)，(5.2.73) 和 Schwarz 不等式，有

$$\frac{\mathrm{d}}{\mathrm{d}t}(\|u_t^n(t)\|^2 + \|u_{xx}^n(t)\|^2) \leqslant C\|(u_t^n, u_{xx}^n, f)(t)\|^2. \tag{5.2.105}$$

求 (5.2.102) 关于 t 的微分，乘以 a_{ltt}^n，然后关于 l 从 1 到 n 求和，得到

$$(u_{ttt}^n, u_{tt}^n) + (bu_{xtt}^n, u_{tt}^n) + (b_1 u_{tt}^n, u_{tt}^n) + (b_2 u_{xt}^n + b_3 u_{xxt}^n, u_{tt}^n) + a(u_{xxxxt}^n, u_{tt}^n) +$$
$$(b_t u_{xt}^n, u_{tt}^n) + (b_{1t} u_t^n, u_{tt}^n) + (b_{2t} u_x^n + b_{3t} u_{xx}^n, u_{tt}^n) = (f_t, u_{tt}^n). \tag{5.2.106}$$

根据 (5.2.71)，类似于得到 (5.2.105) 的方法，可以得到

$$\frac{\mathrm{d}}{\mathrm{d}t}(\|u_{tt}^n(t)\|^2 + \|u_{xxt}^n(t)\|^2) \leqslant C\|(u_{tt}^n, u_{xx}^n, u_{xxt}^n, u_{xxxx}^n, f_t)(t)\|^2. \tag{5.2.107}$$

(5.2.102) 乘以 $(l\pi)^4 a_l^n$，$l=1,2,\cdots,n$，对应于 $a_l^n\partial_x^4$，然后关于 l 从 1 到 n 求和，并利用 Schwarz 不等式，得到

$$\|u_{xxxx}^n(t)\|^2 \leqslant C\|(u_{tt}^n, u_{xxt}^n, u_{xx}^n)(t)\|^2. \tag{5.2.108}$$

这里用到了 (5.2.72) 和 (5.2.73)，另一方面，$\{\boldsymbol{v}_l\}_{l=1}^{\infty}$ 是 L^2 的完全正交基，在方程 (5.2.97)中令 $t=0$，利用 Bessel 不等式，得到

$$\|u_{tt}^n(0)\| \leqslant \|f(0)\|. \tag{5.2.109}$$

(5.2.105)加上 (5.2.107)，联合 (5.2.108)。再者，利用 Gronwall 不等式，$u^n(t)=0$，$u_t^n(t)=0$，代入 (5.2.109)，得到

$$\|(u_t^n, u_{xx}^n, u_{tt}^n, u_{xxt}^n, u_{xxxx}^n)(t)\| \leqslant C, \tag{5.2.110}$$

这里 C 是一个依赖于 T 不依赖于 t 的常数。综上，可知序列 $\{(u_t^n, u_{xx}^n, u_{tt}^n, u_{xxt}^n)\}_{n=1}^{\infty}$ 在 L^2 中有界。不等式 (5.2.72)，(5.2.73) 和 (5.2.110) 表明 $\{u^n\}_{n=1}^{\infty}$ 在 $C([0,T];\mathcal{H})\cap C^1([0,T];H_0^1\cap H^2)\cap C^2([0,T];L^2)$ 中有界。因此，由于 $\mathcal{H}$ 和 $H_0^1\cap H^2$ 是 Hilbert 空间，存在函数 u 和 $\{u^n\}_{n=1}^{\infty}$ 的子序列，仍然记为 $\{u^n\}_{n=1}^{\infty}$，当 $n\to\infty$ 时，使得

$u^n \to u$ 在 $C([0,T];H_0^1\cap H^2)\cap C^1([0,T];L^2)$ 中强收敛，

$u^n \rightharpoonup u$ 在 $L^\infty(0,T;\mathcal{H})$ 中弱 * 收敛，

$u_t^n \rightharpoonup u_t$ 在 $L^\infty(0,T;H_0^1\cap H^2)$ 中弱 * 收敛，

$u_{lt}^n \rightharpoonup u_{lt}$ 在 $L^\infty(0,T;L^2)$ 中弱 * 收敛，

在 (5.2.102) 中取极限，可知 u 是问题 (5.2.97) 和 (5.2.101) 的解，在分布意义下满足初值 $u(0,x)=u(1,x)=0$。事实上，由于 $u\in C([0,T];H_0^1\cap H^2)\cap L^\infty(0,T;\mathcal{H})$，边界条件 (5.2.101)成立。根据标准理论，可知 $(u_{tt}, u_{xxt}, u_{xxxx})(t)$ 在空间 L^2 中和 $t=0$ 处连续。对时间 t 磨光，可以得到 $u\in\overline{\mathfrak{X}}_4([0,T])$。综上，对于初值 $u(0,x)=u(1,x)=0$，引理 5.2.9 得证。

最后，考虑具有一般初值条件 (5.2.100) 的初边值问题 (5.2.97)–(5.2.101)。由于 $\left\{\boldsymbol{v}_l(x)/\sqrt{1+(l\pi)^2+(l\pi)^4}\right\}_{l=1}^{\infty}\subset\mathcal{H}$ 是 $H_0^1\cap H^2$ 中的完全正交基，选取逼近序列 $\{u_2^k\}_{k=0}^{\infty}\subset\mathcal{H}$，使得当 $k\to\infty$ 时，$u_2^k\to u_2$ 在 $H_0^1\cap H^2$ 中强收敛。定义函数 u^k，满足初边值问题 (5.2.97)–(5.2.101) 和初值条件 $u(0,x)=u_1(x)$，$u_t(0,x)=u_2^k(x)$。为此，令 $\bar{u}^k := u^k-u_1-u_2^k t$，把问题重写为

$$\bar{u}_{tt}^k + L_1\bar{u}_t^k + b_1\bar{u}_t^k + b_2\bar{u}_x^k + b_3\bar{u}_{xx}^k + L_2\bar{u}^k =$$

$$f - bu_{2x}^k - b_1 u_2^k - b_2(u_2^k t + u_1)_x - b_3\partial_x^2(u_2^k t + u_1) - a\partial_x^4(u_2^k t + u_1), \tag{5.2.111}$$

$$\bar{u}^k(0,x) = \bar{u}_t^k(0,x) = 0, \tag{5.2.112}$$

$$\bar{u}^k(t,0) = \bar{u}^k(t,1) = 0, \bar{u}_{xx}^k(t,0) = \bar{u}_{xx}^k(t,1) = 0, \tag{5.2.113}$$

注意到由于 $u_1 \in \mathcal{H}, u_2^k \in \mathcal{H}$，可知 (5.2.111) 的右端属于 $C([0,T];L^2)$。综上，初边值问题 (5.2.111)–(5.2.113) 存在一个解 $\bar{u}^k \in \overline{\mathfrak{X}}_4([0,T])$。因此，可知 $u^k = \bar{u}^k + u_1 + u_2^k t$ 是初边值问题 (5.2.97)–(5.2.101) 的解，满足初值条件 $u(0,x) = u_1(x)$，$u_t(0,x) = u_2^k(x)$。对 $u_k - u_l$，$k,l = 0,1,2,\cdots$，利用能量方法，可知序列 $\{u^k\}_{k=0}^{\infty}$ 是 $\overline{\mathfrak{X}}_4([0,T])$ 中的 Cauchy 列。因此，存在某个函数 $u \in \overline{\mathfrak{X}}_4([0,T])$，使得当 $k \to \infty$ 时，$u^k \to u$ 在 $\overline{\mathfrak{X}}_4([0,T])$ 中强收敛。显然，函数 u 是问题 (5.2.97)–(5.2.101) 的解，解的唯一性由标准的能量方法得到。引理 5.2.9 得证。 □

利用引理 5.2.9，构造线性问题 (5.2.11)，(5.2.18)–(5.2.20)，(5.2.92)–(5.2.93) 的解。求 (5.2.93) 关于 x 的微分，然后除以 2ω，利用方程 (5.2.92)，令 $U := \hat{\omega}$，得到以下标量方程

$$\begin{aligned}
&U_{tt} + \bar{b}\partial_x U_t + \bar{b}_1 U_t + \bar{b}_2 U_x + \bar{b}_3 U_{xx} + \bar{a}\partial_x^4 U = \bar{f},\\
&\bar{a} := \frac{h^2}{2}, \bar{b} := \frac{2j}{\omega^2}, \bar{b}_1 := \frac{1}{\omega}\left[\left(\frac{2j}{\omega}\right)_x + \omega_t\right], \bar{b}_2 := -\frac{1}{\omega}(S[\omega^2,j]\omega)_x,\\
&\bar{b}_3 := -S[\omega^2,j] - \frac{h^2}{2}\frac{\omega_{xx}}{\omega}, \bar{f} := -(\omega^2\phi_x - j)_x\frac{1}{2\omega}.
\end{aligned} \tag{5.2.114}$$

初边值条件为

$$U(0,x) = \omega_0, U_t(0,x) = \frac{-j_{0x}}{2\omega_0}, \tag{5.2.115}$$

$$U(t,0) = \omega_l, U(t,1) = \omega_r, U_{xx}(t,0) = U_{xx}(t,1) = 0. \tag{5.2.116}$$

这里，初值 (5.2.115) 由 (5.2.92) 得到，注意到 $(\hat{\omega},\hat{j}) \in \overline{\mathfrak{X}}_4([0,T]) \times \overline{\mathfrak{X}}_3([0,T])$ 是问题 (5.2.11)，(5.2.18)–(5.2.20)，(5.2.92)–(5.2.93) 的一个解，则 $U = \hat{\omega} \in \overline{\mathfrak{X}}_4([0,T])$，满足问题 (5.2.114)–(5.2.116)。

由引理 5.2.9，可知问题 (5.2.114)–(5.2.116) 的解的存在性。定义 $\overline{U} := U - A$，这里 $A(x) = \omega_l(1-x) + \omega_r x$，由问题 (5.2.114)–(5.2.116) 得到

$$\overline{U}_{tt} + \bar{b}\partial_x\overline{U}_t + \bar{b}_1\overline{U}_t + \bar{b}_2\overline{U}_x + \bar{b}_3\overline{U}_{xx} + \bar{a}\partial_x^4\overline{U} = \bar{f} + \frac{1}{\omega}(S[\omega^2,j]\omega)_x A_x, \tag{5.2.117}$$

$$\overline{U}(0,x) = \omega_0 - A, \overline{U}_t(0,x) = \frac{-j_{0x}}{2\omega_0}, \tag{5.2.118}$$

$$\overline{U}(t,0)=\overline{U}(t,1)=0, \overline{U}_{xx}(t,0)=\overline{U}_{xx}(t,1)=0. \tag{5.2.119}$$

注意到 (5.2.117) 的左端和系数满足条件 (5.2.98) 和 (5.2.99)。由于 $(\omega,j)\in\overline{\mathfrak{X}}_4([0,T])\times\overline{\mathfrak{X}}_3([0,T])$，另外，根据兼容性条件 (5.2.10)，初值 (5.2.118) 满足初边值条件 (5.2.100)。因此，根据引理 5.2.9，可知问题 (5.2.114)–(5.2.116) 有唯一解。

接着，根据已构造的 U，建立初边值问题 (5.2.11)，(5.2.18)–(5.2.20)，(5.2.92)–(5.2.93) 的解 $(\hat{\omega},\hat{j})$。定义 $(\hat{\omega},\hat{j})$，

$$\hat{\omega}(t,x):=U(t,x), \tag{5.2.120}$$

$$\hat{j}(t,x):=\int_0^x -2\omega U_t(t,x)\mathrm{d}x+\hat{j}(t,0), \tag{5.2.121}$$

$$\hat{j}(t,0):=\int_0^t\left\{\frac{4j}{\omega}U_t-2S[\omega^2,j]\omega U_x+h^2\omega^2\left(\frac{U_{xx}}{\omega}\right)_x+\phi_x\omega^2-j\right\}(t,0)\mathrm{d}t+j_0(0).$$

只需证明 $(\hat{\omega},\hat{j})\in\overline{\mathfrak{X}}_4([0,T])\times\overline{\mathfrak{X}}_3([0,T])$ 是线性问题 (5.2.11)、(5.2.18)–(5.2.20)、(5.2.92)–(5.2.93) 的一个解。显然，由 (5.2.121) 得到等式 $\hat{j}_x=-2\omega\hat{\omega}_t$。另外，(5.2.121) 关于 t 的微分，利用 (5.2.114) 得到等式

$$\begin{aligned}\hat{j}_t(t,x)=&\int_0^x\left\{\frac{4j}{\omega}U_t-2S[\omega^2,j]\omega U_x+h^2\omega^2\left(\frac{U_{xx}}{\omega}\right)_x+\phi_x\omega^2-j\right\}_x(t,x)\mathrm{d}x+\\&\left\{\frac{4j}{\omega}U_t-2S[\omega^2,j]\omega U_x+h^2\omega^2\left(\frac{U_{xx}}{\omega}\right)_x+\phi_x\omega^2-j\right\}(t,0)=\\&\left\{-\frac{2j}{\omega^2}\hat{j}_x-2S[\omega^2,j]\omega\hat{\omega}_x+h^2\omega^2\left(\frac{\hat{\omega}_{xx}}{\omega}\right)_x+\phi_x\omega^2-j\right\}(t,x),\end{aligned}$$

这里用到了 $2\omega U_t=-\hat{j}_x$ 和 $U=\hat{\omega}$。因此，$(\hat{\omega},\hat{j})$ 满足 (5.2.92)–(5.2.93)。接着，验证 (5.2.92)–(5.2.93) 满足初值条件 (5.2.6)。事实上，由 (5.2.121) 和初边值条件 (5.2.115)，可推出等式 $\hat{\omega}(0,x)=U(0,x)=\omega_0(x)$ 和 $\hat{j}(0,x)=\int_0^x j_{0x}\mathrm{d}x+j_0(0)=j_0(x)$ 成立。再者，由初边值条件 (5.2.116) 可推出边界条件 (5.2.19) 和 (5.2.20)。综上，$(\hat{\omega},\hat{j})$ 是线性问题 (5.2.11)、(5.2.18)–(5.2.20)、(5.2.92)–(5.2.93) 的解。

以下引理意味着选取适当的常数 T、m、M，在求解问题 (5.2.92)–(5.2.93)、(5.2.18)–(5.2.20) 所定义的映射 $(\omega,j)\to(\hat{\omega},\hat{j})$ 下，集合 $X(\cdot)$ 是不变集。

引理 5.2.10 假设初值 $(\omega_0,j_0)\in H^4(\Omega)\times H^3(\Omega)$，边界值 ρ_l，ρ_r 满足初边值条件 (5.2.7) 和 $\omega_0>0$，兼容性条件 (5.2.10) 成立，则存在常数 T，m，M 满足若 $(\omega,j)\in X(\cdot)$，问题 (5.2.11)、(5.2.18)–(5.2.20) 和 (5.2.92)–(5.2.93) 存在唯一解 $(\hat{\omega},\hat{j})\in X(\cdot)$。

引理 5.2.10 的证明利用了标准的能量方法，利用引理 5.2.10 可以证明引理 5.2.8。

引理 5.2.8 的证明 定义逐次逼近序列 $\{(\omega^n, j^n)\}_{n=0}^{\infty}$，求解 $(\omega^0, j^0) = (\omega_0, j_0)$ 和

$$2\omega^n \omega_t^{n+1} + j_x^{n+1} = 0, \tag{5.2.122}$$

$$j_t^{n+1} + 2S[(\omega^n)^2, j^n]\omega^n \omega_x^{n+1} + 2\frac{j^n}{(\omega^n)^2} j_x^{n+1} - h^2(\omega^n)^2\left(\frac{\omega_{xx}^{n+1}}{\omega^n}\right)_x = (\omega^n)^2\phi_x^n - j^n, \tag{5.2.123}$$

$$\phi^n = \Phi[(\omega^n)^2], \tag{5.2.124}$$

初边值条件为

$$(\omega^{n+1}, j^{n+1})(0, x) = (\omega_0, j_0)(x), \tag{5.2.125}$$

$$\omega^{n+1}(t, 0) = \omega_l, \omega^{n+1}(t, 1) = \omega_r, \tag{5.2.126}$$

$$\omega_{xx}^{n+1}(t, 0) = \omega_{xx}^{n+1}(t, 1) = 0, \tag{5.2.127}$$

这里 $n = 0, 1, \cdots$，Φ 由 (5.2.11) 定义。引理 5.2.10 意味着序列 $\{(\omega^n, j^n)\}$ 是良定的，满足 $\{(\omega^n, j^n)\} \in X(\cdot)$。而且，估计

$$\|\omega^n(t)\|_4 + \|\omega_t^n(t)\|_2 + \|\omega_{tt}^n(t)\| + \|j^n(t)\|_3 + \|j_t^n(t)\|_1 \leqslant M$$

成立。因此，对于 $\{(\omega^{n+1} - \omega^n, j^{n+1} - j^n)\}$ 所满足的线性方程，利用标准能量方法可知 $\{(\omega^n, j^n)\}$ 是在 $\overline{\mathfrak{X}}_2([0, T_2]) \times \overline{\mathfrak{X}}_1([0, T_2])$ 上的 Cauchy 列，从而可以得到更高正则性估计。综上，可知存在函数 $(\omega, j) \in \overline{\mathfrak{X}}_2([0, T_2]) \times \overline{\mathfrak{X}}_1([0, T_2])$，使得当 $n \to \infty$ 时，(ω^n, j^n) 在 $\overline{\mathfrak{X}}_2([0, T_2]) \times \overline{\mathfrak{X}}_1([0, T_2])$ 中强收敛到 (ω, j)。更进一步，可知 $(\omega, j) \in \overline{\mathfrak{X}}_4([0, T_2]) \times \overline{\mathfrak{X}}_3([0, T_2])$。由定义 $\phi = \Phi[\omega^2]$ 可知 (ω, j, ϕ) 是问题 (5.2.15)–(5.2.21) 的解。引理 5.2.8 得证。 □

5.2.3 先验估计

在证明解的稳定性之前，引入稳态解 $(\tilde{\omega}, \tilde{j}, \tilde{\phi})$ 的扰动

$$\psi(t, x) := \omega(t, x) - \tilde{\omega}(x), \eta(t, x) := j(t, x) - \tilde{j}(x), \sigma(t, x) := \phi(t, x) - \tilde{\phi}(x).$$

方程 (5.2.2) 除以 ω^2，得到

$$\left(\frac{j}{\omega^2}\right)_t + \frac{j}{\omega^2}\left(\frac{j}{\omega^2}\right)_x + K(\log \omega^2)_x - h^2\left(\frac{\omega_{xx}}{\omega}\right)_x = \phi_x - \frac{j}{\omega^2}. \tag{5.2.128}$$

类似地，由 (5.2.23) 得到

$$\frac{\tilde{j}}{\tilde{\omega}^2}\left(\frac{\tilde{j}}{\tilde{\omega}^2}\right)_x + K(\log \tilde{\omega}^2)_x - h^2\left(\frac{\tilde{\omega}_{xx}}{\tilde{\omega}}\right)_x = \tilde{\phi}_x - \frac{\tilde{j}}{\tilde{\omega}^2}. \tag{5.2.129}$$

(5.2.15) 减去 (5.2.22)，(5.2.128) 减去 (5.2.129)，(5.2.17) 减去 (5.2.24)，则对于 (ψ,η,σ)，有

$$2(\psi+\tilde{\omega})\psi_t+\eta_x=0, \tag{5.2.130}$$

$$\left(\frac{\eta+\tilde{j}}{(\psi+\tilde{\omega})^2}\right)_t+\frac{1}{2}\left[\left(\frac{\eta+\tilde{j}}{(\psi+\tilde{\omega})^2}\right)^2-\left(\frac{\tilde{j}}{\tilde{\omega}^2}\right)^2\right]_x+K[\log(\psi+\tilde{\omega})^2-\log\tilde{\omega}^2]_x-$$
$$h^2\left(\frac{(\psi+\tilde{\omega})_{xx}}{\psi+\tilde{\omega}}-\frac{\tilde{\omega}_{xx}}{\tilde{\omega}}\right)_x-\sigma_x+\frac{\eta+\tilde{j}}{(\psi+\tilde{\omega})^2}-\frac{\tilde{j}}{\tilde{\omega}^2}=0, \tag{5.2.131}$$

$$\sigma_{xx}=(\psi+2\tilde{\omega})\psi. \tag{5.2.132}$$

由初边值条件 (5.2.18)–(5.2.21) 和边值条件 (5.2.25)–(5.2.27)，可以推出系统 (5.2.130)–(5.2.132) 的初边值条件为

$$\psi(x,0)=\psi_0(x):=\omega_0(x)-\tilde{\omega}(x),\eta(x,0)=\eta_0(x):=j_0(x)-\tilde{j}(x), \tag{5.2.133}$$

$$\psi(t,0)=\psi(t,1)=0, \tag{5.2.134}$$

$$\psi_{xx}(t,0)=\psi_{xx}(t,1)=0, \tag{5.2.135}$$

$$\sigma(t,0)=\sigma(t,1)=0, \tag{5.2.136}$$

由于 $(\tilde{\omega},\tilde{j},\tilde{\phi})\in\overline{\mathfrak{X}}_4([0,T])\times\overline{\mathfrak{X}}_3([0,T])\times\mathfrak{Y}([0,T])$，$\sigma$ 满足 (5.2.132)，初边值问题 (5.2.130)–(5.2.136) 的解 (ψ,η,σ) 的局部存在性可由引理 5.2.1 和推论 5.2.2 得到。

推论 5.2.3 假设初值 $(\psi_0,\eta_0)\in H^4(\Omega)\times H^3(\Omega)$，$((\tilde{\omega}+\psi_0)^2,\tilde{j}+\eta_0)$ 满足条件 (5.2.12)–(5.2.13)，则存在常数 $T_3>0$，使得初边值问题 (5.2.130)–(5.2.136) 存在唯一局部解 $(\psi,\eta,\sigma)\in\overline{\mathfrak{X}}_4([0,T_3])\times\overline{\mathfrak{X}}_3([0,T_3])\times\overline{\mathfrak{X}}_4^2([0,T_3])$，且 $((\tilde{\omega}+\psi)^2,\tilde{j}+\eta)$ 满足条件 (5.2.12)–(5.2.13)。

根据推论 5.2.3，只需得到先验估计 (5.2.137)，就可以得到解的整体存在性。先引入以下符号

$$N_h(t):=\sup_{0\leqslant\tau\leqslant t}n_h(\tau),n_h^2(\tau):=\|(\psi,\eta)(\tau)\|_2^2+\|(h\partial_x^3\psi,h\partial_x^3\eta,h^2\partial_x^4\psi)(\tau)\|^2,$$

$$M^2(t):=\int_0^t(\|(\psi,\eta)(\tau)\|_1^2+\|\sigma_x(\tau)\|^2)\mathrm{d}\tau.$$

命题 5.2.1 假设 $(\psi,\eta,\sigma)(t,x)\in\overline{\mathfrak{X}}_4([0,T])\times\overline{\mathfrak{X}}_3([0,T])\times\overline{\mathfrak{X}}_4^2([0,T])$ 是问题 (5.2.130)–(5.2.136) 的解，则存在一个正常数 δ_0，使得如果 $N_h(T)+\delta+h\leqslant\delta_0$，对于 $t\in[0,T]$，估计

$$n_h^2(t)+\|\sigma(t)\|_4^2+\int_0^t(n_h^2(\tau)+\|\sigma(\tau)\|_4^2)\mathrm{d}\tau\leqslant Cn_h^2(0) \tag{5.2.137}$$

成立，这里 C 是一个不依赖于 T 和 h 的正常数。

5.2.3.1 基本估计

下面给出基本估计，定义能量形式 $\mathcal{E}$

$$\begin{aligned}\mathcal{E} &:= \frac{1}{2\omega^2}(j-\tilde{j})^2+\psi(\omega^2,\tilde{\omega}^2)+\frac{1}{2}[(\phi-\tilde{\phi})_x]^2+h^2(\omega-\tilde{\omega})_x^2,\\ \psi(\omega^2,\tilde{\omega}^2) &:= K\int_{\tilde{\omega}^2}^{\omega^2}(\log\xi-\log\tilde{\omega}^2)\mathrm{d}\xi,\end{aligned} \tag{5.2.138}$$

注意到，如果 $\|(\psi,\eta,\sigma,h\psi_x)\|<c$，$\mathcal{E}$ 等价于 $\|(\psi,\eta,\sigma,h\psi_x)\|^2$，即存在正常数 c_1 和 C_1，使得

$$c_1\|(\psi,\eta,\sigma,h\psi_x)\|^2\leqslant\mathcal{E}\leqslant C_1\|(\psi,\eta,\sigma,h\psi_x)\|^2. \tag{5.2.139}$$

方程 (5.2.131) 两边同时乘以 η，分部积分后得到

$$\begin{aligned}&\mathcal{E}_t+\frac{1}{\tilde{\omega}^2}\eta^2=R_{1x}+R_2,\\ &R_{1x}:=\sigma\sigma_{xt}+\sigma\eta-K(\log\omega^2-\log\tilde{\omega}^2)\eta+h^2\left(\frac{\omega_{xx}}{\omega}-\frac{\tilde{\omega}_{xx}}{\tilde{\omega}}\right)\eta+h^2\psi_x\psi_t,\\ &R_2:=\left(\frac{\eta}{2\omega^4}-\frac{j}{\omega^4}\right)\eta\eta_x-\frac{1}{2}\left[\left(\frac{j}{\omega^2}\right)^2-\left(\frac{\tilde{j}}{\tilde{\omega}^2}\right)^2\right]_x\eta+\frac{j(\omega+\tilde{\omega})}{\omega^2\tilde{\omega}^2}\psi\eta+\frac{h^2\tilde{\omega}_{xx}}{\tilde{\omega}\omega}\psi\eta_x,\end{aligned} \tag{5.2.140}$$

这里用到了估计 (5.2.130) 和 (5.2.132)。对 R_2 利用不等式 (5.2.71)，根据 (5.2.37)、(5.2.75) 和推论 5.2.1，得到估计

$$|R_2|\leqslant C(N_h(T)+\delta+h^{\frac{3}{2}})\|(\psi,\eta,\psi_x,\eta_x,\sigma_x)\|^2. \tag{5.2.141}$$

类似于引理 5.2.10 的证明，可以得到以下引理：

引理 5.2.11 假设命题 5.2.1 中的假设成立，对于 $t\in[0,T]$，估计

$$\|\partial_t^i\sigma(t)\|_2^2\leqslant C\|\partial_t^i\psi(t)\|^2, i=0,1,2, \tag{5.2.142}$$

$$\|\sigma_{xt}(t)\|^2\leqslant C(N_h(T)+\delta)\|\psi(t)\|^2+C\|\eta(t)\|^2 \tag{5.2.143}$$

成立，这里 C 是一个不依赖于 T 和 h 的正常数。

引理 5.2.12 假设命题 5.2.1 中的假设成立，则存在一个正常数 δ_0，使得如果 $N_h(T)+\delta+h\leqslant\delta_0$，对于 $t\in[0,T]$，估计

$$\begin{aligned}&\|(\psi,\eta,\sigma_x,h\psi_x)(t)\|^2+\int_0^t\|(\psi,\eta,\sigma_x,h\psi_x)(\tau)\|^2\mathrm{d}\tau\leqslant\\ &C\|(\psi,\eta,\sigma_x,h\psi_x)(0)\|^2+C(N_h(T)+\delta+h)M^2(t)\end{aligned} \tag{5.2.144}$$

成立，这里 C 是一个不依赖于 T 和 h 的正常数。

引理 5.2.12 的证明　首先，在 $[0,t]\times\Omega$ 上对 (5.2.140) 求积分，利用估计 (5.2.141) 处理 R_2 的积分，根据边界条件 (5.2.134)–(5.2.136)，有 $\int_0^1 R_{1x}\mathrm{d}x=0$，则

$$\int_0^1\mathcal{E}(t,x)\mathrm{d}x+\int_0^t\int_0^1\frac{1}{\tilde{\omega}^2}\eta^2\mathrm{d}x\mathrm{d}\tau=\int_0^1\mathcal{E}(0,x)\mathrm{d}x+\int_0^t\int_0^1 R_2\mathrm{d}x\mathrm{d}\tau\leqslant \tag{5.2.145}$$

$$\int_0^1\mathcal{E}(0,x)\mathrm{d}x+C(N_h(T)+\delta+h^{\frac{3}{2}})M^2(t). \tag{5.2.146}$$

方程 (5.2.131) 两边同时乘以 $-\sigma_x$，在 $[0,t]\times\Omega$ 上积分，分部积分后利用方程 (5.2.132) 和边界条件 (5.2.134)，(5.2.135)，有

$$\begin{aligned}&\int_0^t\int_0^1\Big\{K[\log(\psi+\tilde{\omega})^2-\log\tilde{\omega}^2](\psi+2\tilde{\omega})\psi+\sigma_x^2-\\&h^2\left[\frac{(\psi+\tilde{\omega})_{xx}}{\psi+\tilde{\omega}}-\frac{\tilde{\omega}_{xx}}{\tilde{\omega}}\right](\psi+2\tilde{\omega})\psi\Big\}\mathrm{d}x\mathrm{d}\tau=\\&\int_0^1\left\{\left[\frac{\eta+\tilde{j}}{(\psi+\tilde{\omega})^2}-\frac{\tilde{j}}{\tilde{\omega}^2}\right]\sigma_x(t,x)-\left[\frac{\eta+\tilde{j}}{(\psi+\tilde{\omega})^2}-\frac{\tilde{j}}{\tilde{\omega}^2}\right]\sigma_x(0,x)\right\}\mathrm{d}x+\\&\int_0^t\int_0^1\Big\{\frac{1}{2}\left[\left(\frac{\eta+\tilde{j}}{(\psi+\tilde{\omega})^2}\right)^2-\left(\frac{\tilde{j}}{\tilde{\omega}^2}\right)^2\right]_x\sigma_x+\\&\left[\frac{\eta+\tilde{j}}{(\psi+\tilde{\omega})^2}-\frac{\tilde{j}}{\tilde{\omega}^2}\right](\sigma_x-\sigma_{xt})\Big\}\mathrm{d}x\mathrm{d}\tau\leqslant\end{aligned} \tag{5.2.147}$$

$$\begin{aligned}&C(\|(\psi,\eta,\sigma_x)(0)\|^2+\|(\psi,\eta,\sigma_x)(t)\|^2)+\\&\int_0^t\left(C\|\eta(\tau)\|^2+\frac{1}{2}\|\sigma_x(\tau)\|^2\right)\mathrm{d}\tau+C(N_h(T)+\delta)M^2(t).\end{aligned} \tag{5.2.148}$$

在得到上述不等式的过程中利用了 Schwarz 不等式和 Sobolev 不等式以及估计 (5.2.37)、(5.2.75)、(5.2.142)、(5.2.143)。现在估计 (5.2.147) 左端的每一项，第一项有下界估计 $c\|\psi(t)\|^2$，分部积分后利用初边值条件 (5.2.134)，(5.2.147)左端的第三项可重新写为

$$\begin{aligned}(\text{左端第三项})=&-h^2\int_0^t\int_0^1\left[\frac{\psi+2\tilde{\omega}}{\psi+\tilde{\omega}}\psi_{xx}\psi-\frac{\psi+2\tilde{\omega}}{\tilde{\omega}(\psi+\tilde{\omega})}\tilde{\omega}_{xx}\psi^2\right]\mathrm{d}x\mathrm{d}\tau=\\&h^2\int_0^t\int_0^1\left[\left(1+\frac{\tilde{\omega}}{\psi+\tilde{\omega}}\right)\psi_x^2+\left(\frac{\tilde{\omega}}{\psi+\tilde{\omega}}\right)_x\psi_x\psi+\frac{\psi+2\tilde{\omega}}{\tilde{\omega}(\psi+\tilde{\omega})}\tilde{\omega}_{xx}\psi^2\right]\mathrm{d}x\mathrm{d}\tau\geqslant\end{aligned} \tag{5.2.149}$$

$$\int_0^t ch^2\|\psi_x(\tau)\|^2\mathrm{d}\tau-Ch^{\frac{3}{2}}M^2(t), \tag{5.2.150}$$

这里利用了 Schwarz 不等式和推论 5.2.1。c 是一个正常数。把这些估计代入 (5.2.147)–(5.2.148)，接着两边同时乘以 μ，μ 是一个待定的常数。得到的不等式再加上 (5.2.145)–(5.2.146)，取 $N_h(T)+\delta+h$ 足够小，则可以得到估计 (5.2.144)。 □

5.2.3.2 高阶正则性估计

接着进行解的更高正则性估计，由于推论 5.2.3 中构造的解 (ψ,η) 正则性不够，需要对时间 t 进行磨光，这里省略这一讨论。利用标识

$$A_i^2(t):=\|(\psi,\eta)(t)\|^2+\sum_{k=0}^{i}\|(\partial_t^k\psi_t,\partial_t^k\psi_x,h\partial_t^k\psi_{xx})(t)\|^2, i\geqslant 0,$$

$$A_{-1}^2(t):=\|(\psi,\eta)(t)\|^2.$$

对 (5.2.16) 关于 x 求微分，然后除以 ω，并利用方程 (5.2.15) 重写等式。对 (5.2.28) 关于 x 求微分，然后除以 $\tilde{\omega}$，得到的两个等式做差，然后对 t 求微分，有

$$2\partial_t^i\psi_{tt}-2K\partial_t^i\psi_{xx}+h^2\partial_t^i\psi_{xxxx}+2\partial_t^i\psi_t=2\frac{\eta+\tilde{j}}{(\psi+\tilde{\omega})^3}\partial_t^i\eta_{xx}-2\frac{(\eta+\tilde{j})^2}{(\psi+\tilde{\omega})^4}\partial_t^i\psi_{xx}+$$

$$h^2\frac{(i+1)\psi_{xx}+2\tilde{\omega}_{xx}}{\psi+\tilde{\omega}}\partial_t^i\psi_{xx}+\sum_{i=1}^{4}\partial_t^iF_i+G_i, i=0,1,$$

$$F_1=-2\frac{\eta+2\tilde{j}}{(\psi+\tilde{\omega})^4}\tilde{\omega}_{xx}\eta+2\tilde{j}\tilde{\omega}_{xx}\frac{(\psi+\tilde{\omega})^4-\tilde{\omega}^4}{(\psi+\tilde{\omega})^4\tilde{\omega}^4},\ F_2=\left(\frac{4K}{\tilde{\omega}}\tilde{\omega}_x-2\tilde{\phi}_x\right)\psi_x,$$

$$F_3=\frac{2\eta_x^2}{(\psi+\tilde{\omega})^3}-\frac{8(\eta+\tilde{j})(\psi+\tilde{\omega})_x}{(\psi+\tilde{\omega})}\eta_x+2K\frac{\psi_x^2}{\tilde{\omega}}+\frac{6(\eta+\tilde{j})^2(\psi+2\tilde{\omega})_x}{(\psi+\tilde{\omega})^5}\psi_x-\frac{2\psi_t^2}{\psi+\tilde{\omega}},$$

$$F_4=6\frac{\eta+2\tilde{j}}{(\psi+\tilde{\omega})^5}\tilde{\omega}_x^2\eta-2K\frac{(\psi+\tilde{\omega})_x^2}{(\psi+\tilde{\omega})\tilde{\omega}}\psi-[(\psi+\tilde{\omega})(\psi+2\tilde{\omega})+(\tilde{\omega}^2-D)]\psi-$$

$$6\tilde{j}^2\tilde{\omega}_x^2\frac{(\psi+\tilde{\omega})^5-\tilde{\omega}^5}{(\psi+\tilde{\omega})^5\tilde{\omega}^5}-2(\psi+\tilde{\omega})_x\sigma_x-\frac{h^2\tilde{\omega}_{xx}^2}{2\tilde{\omega}(\psi+\tilde{\omega})}\psi,$$

$$G_0=0,\ G_1=2\left(\frac{\eta+\tilde{j}}{(\psi+\tilde{\omega})^3}\right)_t\eta_{xx}-2\left(\frac{\eta+\tilde{j}}{(\psi+\tilde{\omega})^2}\right)_t\psi_{xx}-h^2\frac{\psi_{xx}+2\tilde{\omega}_{xx}}{(\psi+\tilde{\omega})^2}\psi_t\psi_{xx}. \tag{5.2.151}$$

F_1、F_2、F_3、F_4 的 L^2 范数可估计为

$$\|F_1\|\leqslant C(N_h(T)+\delta)\|\tilde{\omega}_{xx}\|(|\eta|_0+|\psi|_0)\leqslant C(N_h(T)+\delta)(\|\eta\|_1+\|\psi_x\|),$$

$$\|F_2\|\leqslant C(h^{\frac{1}{2}}+\delta)\|\psi_x\|, \|F_3\|\leqslant C(N_h(T)+\delta)\|(\eta_x,\psi_x,\psi_t)\|,$$

$$\|F_4\|\leqslant C\|(\eta,\psi)\|, \tag{5.2.152}$$

其中 C 是一个不依赖于 T 和 h 的正常数。在估计 $\|F_2\|$ 的过程中，用到了方程 (5.2.28) 和不等式

$$\left|\frac{4K}{\tilde{\omega}}\tilde{\omega}_x - 2\tilde{\phi}_x\right| = \left| -\frac{2\tilde{j}^2\tilde{\omega}_x}{\tilde{\omega}^5} + 2h^2\left(\frac{\tilde{\omega}_{xx}}{\tilde{\omega}}\right)_x - \frac{2\tilde{j}}{\tilde{\omega}^2}\right| \leqslant C(h^{\frac{1}{2}} + \delta),$$

这个不等式由 (5.2.37)，(5.2.71)，(5.2.75) 和推论 5.2.1 得到。(5.2.152) 中的其他估计用到了 (5.2.37)，(5.2.71)，(5.2.75)，(5.2.142) 和推论 5.2.1。类似地，可以得到

$$\begin{aligned}
&\|F_{1t}\| \leqslant C(N_h(T)+\delta)(\|\eta_t\|_1 + \|\psi_{xt}\|),\\
&\|F_{2t}\| \leqslant C(h^{1/2}+\delta)\|\psi_{xt}\|, \|F_{3t}\| \leqslant C(N_h(T)+\delta)\|(\eta_x, \psi_x, \psi_t, \eta_{xt}, \psi_{xt}, \psi_{tt})\|,\\
&\|F_{4t}\| \leqslant C\|\psi_t\| + C(N_h(T)+\delta)\|(\eta_t, \psi_{xt})\|,\\
&\|G_1\| \leqslant C(N_h(T)+\delta)\|(\eta_{xx}, \psi_{xx})\|,
\end{aligned} \tag{5.2.153}$$

这里用到了估计

$$|(\psi_t, \eta_t)(t)|_0 \leqslant CN_h(T), \tag{5.2.154}$$

其中 C 是一个不依赖于 T 和 h 的正常数。对 (5.2.130) 和 (5.2.131) 利用不等式 (5.2.71)，可知 (5.2.154) 成立。

对 (5.2.130) 关于 x 求微分，得到

$$\begin{aligned}
&\partial_t^i \eta_{xx} = -2(\psi+\tilde{\omega})\partial_t^i \psi_{xt} + H_i, \qquad (5.2.155)\\
&H_0 = -2(\psi+\tilde{\omega})_x \psi_t, H_1 = -4(\psi+\tilde{\omega})_x \psi_{xt} - 2\psi_t \psi_{xt},
\end{aligned}$$

其中 $i = 0, 1$。根据方程 (5.2.130) 和 (5.2.155)，可得到估计

$$\|\partial_t^i \eta_x(t)\| \leqslant CA_i(t), \|(\eta_{xx}, h\partial_x^3\eta)(t)\| \leqslant CA_1(t). \tag{5.2.156}$$

另外，根据 (5.2.132) 和 (5.2.156)，估计

$$M^2(t) \leqslant C\int_0^t A_0^2(\tau)\mathrm{d}\tau, \|\omega(t)\|_4 \leqslant \|\psi(t)\|_2 \tag{5.2.157}$$

成立。

引理 5.2.13 假设命题 5.2.1 中的假设成立，估计

$$cA_1(t) \leqslant n_h(t) \leqslant CA_1(t) \tag{5.2.158}$$

成立，这里 C 和 c 是不依赖于 T 和 h 的正常数。

引理 5.2.13 的证明 在 (5.2.151) 中令 $i=0$，两边同时乘以 ψ_{xx}，利用分部积分和边界条件 (5.2.135)，得到

$$2K\|\psi_{xx}\|^2+h^2\|\psi_{xxx}\|^2=\int_0^1\left[2\psi_{tt}+2\psi_t-2\frac{\eta+\tilde{j}}{(\psi+\tilde{\omega})^3}\eta_{xx}+2\frac{\eta+\tilde{j}}{(\psi+\tilde{\omega})^4}\psi_{xx}\right]\psi_{xx}\mathrm{d}x-$$
$$\int_0^1\left(h^2\frac{\psi_{xx}+2\tilde{\omega}_{xx}}{\psi+\tilde{\omega}}\psi_{xx}+\sum_{l=1}^4F_l\right)\psi_{xx}\mathrm{d}x, \tag{5.2.159}$$

对 (5.2.159) 的左端利用 Schwarz 不等式，结合 (5.2.37)，(5.2.71)，(5.2.75)，(5.2.152)，(5.2.156) 和推论 5.2.1，得到估计

$$\|(\psi_{xx},h\partial_x^3\psi)(t)\|\leqslant CA_1(t), \tag{5.2.160}$$

关于 $h^2\psi_{xxxx}$ 求解方程 (5.2.151)，取 L^2 范数，利用估计 (5.2.152)，(5.2.156) 和 (5.2.160)，得到 $h^2\|\partial_x^4\psi(t)\|\leqslant CA_1(t)$。类似地，估计 $\|\psi_{tt}(t)\|\leqslant C(\|(\eta,\psi)(t)\|_2+h^2\|\partial_x^4\psi(t)\|)$ 成立。根据 (5.2.130) 和 (5.2.155)，$\|\psi_t(t)\|_l\leqslant C(\|\eta(t)\|_{l+1}+\|\psi(t)\|_l), l=0,1,2$ 成立。(5.2.16) 减去 (5.2.28)，然后取 L^2 范数并利用 (5.2.152)，(5.2.156) 和 (5.2.160)，得到

$$\|\eta_t(t)\|\leqslant CA_1(t). \tag{5.2.161}$$

综上，估计 (5.2.158) 成立。 □

为了得到先验估计需要更高正则性的估计。

引理 5.2.14 假设命题 5.2.1 中的假设成立，则存在一个正常数 ε_0，使得如果 $N_h(T)+\delta+h\leqslant\varepsilon_0$，对于 $t\in[0,T]$，$i=0,1$，估计

$$\|(\partial_t^i\psi_t,\partial_t^i\psi_x,h\partial_t^i\psi_{xx})(t)\|^2+\int_0^1\|(\partial_t^i\psi_t,\partial_t^i\psi_x,h\partial_t^i\psi_{xx})(\tau)\|^2\mathrm{d}\tau\leqslant$$
$$C\left(A_i^2(0)+\int_0^1A_{i-1}^2(\tau)\mathrm{d}\tau\right) \tag{5.2.162}$$

成立。

引理 5.2.14 的证明 方程 (5.2.151) 两边同时乘以 $\partial_t^i\psi$，在 Ω 上分部积分并利用边界条件 $(\psi,\partial_t^i\psi_t,\partial_t^i\psi_{xx})(t,0)=(\psi,\partial_t^i\psi_t,\partial_t^i\psi_{xx})(t,1)=0$，得到

$$I_1^{(i)}(t)+\int_0^t\int_0^1(2K(\partial_t^i\psi_x)^2+h^2(\partial_t^i\psi_{xx})^2)\mathrm{d}x\mathrm{d}\tau=$$
$$I_1^{(i)}(0)+\int_0^tJ_1^{(i)}(\tau)\mathrm{d}\tau+\int_0^t\int_0^1 2(\partial_t^i\psi_t)^2\mathrm{d}x\mathrm{d}\tau,$$

$$I_1^{(i)}(t)=\int_0^1(2\partial_t^i\psi_t\partial_t^i\psi+(\partial_t^i\psi)^2)\mathrm{d}x,$$

$$J_1^{(i)}(t)=\int_0^1\left[-2\left(\frac{\eta+\tilde{j}}{(\psi+\tilde{\omega})^3}\partial_t^i\psi\right)_x\partial_t^i\eta_x+2\left(\frac{(\eta+\tilde{j})^2}{(\psi+\tilde{\omega})^4}\partial_t^i\psi\right)_x\partial_t^i\psi_x\right]\mathrm{d}x+$$
$$\int_0^1\left[h^2\frac{(i+1)\psi_{xx}+2\tilde{\omega}_{xx}}{\psi+\tilde{\omega}}\partial_t^i\psi_{xx}\partial_t^i\psi+\left(\sum_{l=1}^4\partial_t^iF_l\right)\partial_t^i\psi+G_i\partial_t^i\psi\right]\mathrm{d}x. \tag{5.2.163}$$

利用 Schwarz 不等式，有

$$|I_1^{(i)}(t)|\leqslant CA_i^2(t). \tag{5.2.164}$$

根据 (5.2.71)，推论 5.2.1 和 Schwarz 不等式，$J_1^{(i)}(t)$ 的第三项有估计

$$|\text{第三项}|\leqslant\int_0^1\frac{h^2}{4}(\partial_t^i\psi_{xx})^2\mathrm{d}x+C(N_h(T)+h)A_i^2(t).$$

由于 (5.2.37) 和 (5.2.71)，得到 $|\eta+\tilde{j}|_1\leqslant C(N_h(T)+\delta)$，再利用 (5.2.152)，(5.2.153)，(5.2.156)，(5.2.160)，(5.2.161)，可以估计 $J_1^{(i)}(t)$ 的其他项

$$|J_1^{(i)}(t)|\leqslant CA_{i-1}^2(t)+\int_0^1\frac{h^2}{4}(\partial_t^i\psi_{xx})^2\mathrm{d}x+C(N_h(T)+\delta+h^{\frac{1}{2}})A_i^2(t). \tag{5.2.165}$$

把估计 (5.2.164) 和 (5.2.165) 代入 (5.2.163)，得到

$$I_1^{(i)}(t)+\int_0^t\int_0^1\left(2K(\partial_t^i\psi_x)^2+\frac{3h^2}{4}(\partial_t^i\psi_{xx})^2\right)\mathrm{d}x\mathrm{d}\tau-\int_0^t\int_0^1 2(\partial_t^i\eta_t)^2\mathrm{d}x\mathrm{d}\tau\leqslant$$
$$C\left(A_i^2(0)+\int_0^tA_{i-1}^2(\tau)\mathrm{d}\tau+(N_h(T)+\delta+h^{\frac{1}{2}})\int_0^tA_i^2(\tau)\mathrm{d}\tau\right). \tag{5.2.166}$$

接着，(5.2.151) 两边同时乘以 $\partial_t^i\psi_t$，在 Ω 上积分后得到

$$\int_0^t(2\partial_t^i\psi_{tt}-2K\partial_t^i\psi_{xx}+h^2\partial_t^i\psi_{xxxx}+2\partial_t^i\psi_t)\partial_t^i\psi_t\mathrm{d}x=$$
$$\int_0^1 2\frac{\eta+\tilde{j}}{(\psi+\tilde{\omega})^3}\partial_t^i\eta_{xx}\partial_t^i\psi_t\mathrm{d}x-\int_0^1 2\frac{(\eta+\tilde{j})^2}{(\psi+\tilde{\omega})^4}\partial_t^i\psi_{xx}\partial_t^i\psi_t\mathrm{d}x+$$
$$\int_0^1 h^2\frac{(i+1)\psi_{xx}+2\tilde{\omega}_{xx}}{\psi+\tilde{\omega}}\partial_t^i\psi_{xx}\partial_t^i\psi_t\mathrm{d}x+\int_0^1\left[\left(\sum_{l=1}^4\partial_t^iF_l\right)\partial_t^i\psi_t+G_i\partial_t^i\psi_t\right]\mathrm{d}x. \tag{5.2.167}$$

分部积分后利用边界条件

$$(\partial_t^i\psi_t,\partial_t^i\psi_{xx})(t,0)=(\partial_t^i\psi_t,\partial_t^i\psi_t)(t,1)=0,$$

等式 (5.2.167) 的左端重新写为

$$
(\text{左端}) = \frac{\mathrm{d}}{\mathrm{d}t}\int_0^1 \left[(\partial_t^i\psi_t)^2 + K(\partial_t^i\psi_x)^2 + \frac{h^2}{2}(\partial_t^i\psi_{xx})^2\right]\mathrm{d}x + \int_0^1 2(\partial_t^i\psi_t)^2\mathrm{d}x. \tag{5.2.168}
$$

把 (5.2.155) 代入 (5.2.167)，分部积分并利用 $\partial_t^i\psi_t(t,0) = \partial_t^i\psi_t(t,1) = 0$，等式 (5.2.167) 右端的第一项重新写为

$$
\begin{aligned}
(\text{右端第一项}) &= \int_0^1 -2\frac{\eta+\tilde{j}}{(\psi+\tilde{\omega})^3}[-2(\psi+\tilde{\omega})\partial_t^i\psi_{xt} + H_i]\partial_t^i\psi_t\mathrm{d}x \\
&= -\int_0^1 \left[2\left(\frac{\eta+\tilde{j}}{(\psi+\tilde{\omega})^2}\right)_x(\partial_t^i\psi_t)^2 + 2\frac{\eta+\tilde{j}}{(\psi+\tilde{\omega})^3}H_i\partial_t^i\psi_t\right]\mathrm{d}x.
\end{aligned} \tag{5.2.169}
$$

类似地，有

$$
\begin{aligned}
(\text{右端第二项}) &= \int_0^1 \left[2\frac{(\eta+\tilde{j})^2}{(\psi+\tilde{\omega})^4}\partial_t^i\psi_x\partial_t^i\psi_{xt} + 2\left(\frac{(\eta+\tilde{j})^2}{(\psi+\tilde{\omega})^4}\right)_x\partial_t^i\psi_x\partial_t^i\psi_t\right]\mathrm{d}x \\
&= \frac{\mathrm{d}}{\mathrm{d}t}\int_0^1 \frac{(\eta+\tilde{j})^2}{(\psi+\tilde{\omega})^4}(\partial_t^i\psi_x)^2\mathrm{d}x - \int_0^1\left(\frac{(\eta+\tilde{j})^2}{(\psi+\tilde{\omega})^4}\right)_t(\partial_t^i\psi_x)^2\mathrm{d}x + \\
&\quad \int_0^1 2\left(\frac{(\eta+\tilde{j})^2}{(\psi+\tilde{\omega})^4}\right)_x\partial_t^i\psi_x\partial_t^i\psi_t\mathrm{d}x.
\end{aligned} \tag{5.2.170}
$$

把等式 (5.2.168)–(5.2.170) 代入 (5.2.167)，在 $(0,t)$ 上积分，得到

$$
\begin{aligned}
& I_2^{(i)}(t) + \int_0^t\int_0^1 2(\partial_t^i\psi_t)^2\mathrm{d}x\mathrm{d}\tau = I_2^{(i)}(0) + \int_0^t J_2^{(i)}(\tau)\mathrm{d}\tau, \\
& I_2^{(i)}(t) = \int_0^1\left[(\partial_t^i\psi_t)^2 + K(\partial_t^i\psi_x)^2 + \frac{h^2}{2}(\partial_t^i\psi_{xx})^2 - \frac{(\eta+\tilde{j})^2}{(\psi+\tilde{\omega})^4}(\partial_t^i\psi_x)^2\right]\mathrm{d}x, \\
& J_2^{(i)}(t) = -\int_0^1\left[2\left(\frac{\eta+\tilde{j}}{(\psi+\tilde{\omega})^2}\right)_x(\partial_t^i\psi_t)^2 + 2\frac{\eta+\tilde{j}}{(\psi+\tilde{\omega})^3}H_i\partial_t^i\psi_t + \left(\frac{(\eta+\tilde{j})^2}{(\psi+\tilde{\omega})^4}\right)_t(\partial_t^i\psi_x)^2\right]\mathrm{d}x + \\
& \qquad \int_0^1 2\left[\left(\frac{(\eta+\tilde{j})^2}{(\psi+\tilde{\omega})^4}\right)_x\partial_t^i\psi_x\partial_t^i\psi_t + h^2\frac{(i+1)\psi_{xx}+2\tilde{\omega}_{xx}}{\psi+\tilde{\omega}}\partial_t^i\psi_{xx}\partial_t^i\psi_t\right]\mathrm{d}x + \\
& \qquad \int_0^1\left[\left(\sum_{l=1}^4\partial_t^iF_l\right)\partial_t^i\psi_t + G_i\partial_t^i\psi_t\right]\mathrm{d}x.
\end{aligned} \tag{5.2.171}
$$

利用 (5.2.37)，(5.2.75) 和 Sobolev 不等式，$I_2^{(i)}(t)$ 右端的第四项可估计为

$$
\left|\int_0^1 -\frac{(\eta+\tilde{j})^2}{(\psi+\tilde{\omega})^4}(\partial_t^i\psi_x)^2\mathrm{d}x\right| \leqslant C(N_h(T)+\delta)\|\partial_t^i\psi_x(t)\|^2. \tag{5.2.172}
$$

另外，有

$$\left|\int_0^1 \partial_t^i F_4 \partial_t^i \psi_t \mathrm{d}x\right| \leqslant C_\nu A_{i-1}^2(t) + C(\nu + N_h(T) + \delta) A_i^2(t), \tag{5.2.173}$$

ν 是一个正常数，C_ν 是一个只依赖于 ν 的正常数。用类似于得到 $I_1^{(i)}(t)$ 和 $J_1^{(i)}(t)$ 的估计的方法，$I_2^{(i)}(t)$ 和 $J_2^{(i)}(t)$ 中的其余项有估计

$$|I_2^{(i)}(t)| \leqslant CA_i^2(t), \tag{5.2.174}$$

$$|J_2^{(i)}(t)| \leqslant C_\nu A_{i-1}^2(t) + \int_0^1 \frac{h^2}{4}(\partial_t^i \psi_{xx})^2 \mathrm{d}x + C(N_h(T) + \delta + h^{\frac{1}{2}} + \nu) A_i^2(t). \tag{5.2.175}$$

这里用到了估计 (5.2.154)。最后，把 (5.2.172)–(5.2.175) 代入 (5.2.171)，得到不等式

$$\begin{aligned}
&\int_0^1 \left[(\partial_t^i \psi_t)^2 + K(\partial_t^i \psi_x)^2 + \frac{h^2}{2}(\partial_t^i \psi_{xx})^2\right] \mathrm{d}x + \int_0^t \int_0^1 2(\partial_t^i \psi_t)^2 \mathrm{d}x \mathrm{d}\tau \leqslant \\
&CA_i^2(0) + C_\nu \int_0^t A_{i-1}^2(\tau) \mathrm{d}\tau + C(N_h(T) + \delta) \|\partial_t^i \psi_x(t)\|^2 + \int_0^t \int_0^1 \frac{h^2}{4}(\partial_t^i \psi_{xx})^2 \mathrm{d}x \mathrm{d}\tau + \\
&C(N_h(T) + \delta + h^{\frac{1}{2}} + \nu) \int_0^t A_i^2(\tau) \mathrm{d}\tau.
\end{aligned} \tag{5.2.176}$$

(5.2.176) 乘以 2，加上 (5.2.166)，令 $N_h(T)+\delta+h^{\frac{1}{2}}$ 和 ν 充分小，可得到估计 (5.2.162)。 □

命题 5.2.1 的证明 联合 (5.2.144) 和 (5.2.162)，令 $N_h(T) + \delta + h$ 充分小，可以得到估计 (5.2.137)，在计算过程中，用到了估计 (5.2.157) 和 (5.2.158)。 □

5.2.3.3 衰减估计

问题 (5.2.1)–(5.2.3)，(5.2.6)–(5.2.9) 的解的整体存在性由推论 5.2.3 和命题 5.2.1 得到，为了完成定理 5.2.1 的证明，只需验证衰减估计 (5.2.41)。

定理 5.2.1 的证明 把 (5.2.149)代入 (5.2.147)，然后乘以 β，β 是一个待定的常数。另外，当 $i = 0$ 时，(5.2.163) 乘以 β^2，当 $i = 0$ 时，(5.2.171) 乘以 $2\beta^2$，当 $i = 1$ 时，(5.2.153) 乘以 β^3，当 $i = 1$ 时，(5.2.171) 乘以 $2\beta^3$。得到的等式相加再加上 (5.2.145)，有

$$\hat{E}(t) + \int_0^t \hat{F}(\tau) \mathrm{d}\tau = \hat{E}(0), t \in [0, \infty),$$

$$\hat{E}(t) = \int_0^1 \left[\mathcal{E} - \beta\left(\frac{\eta + \tilde{j}}{(\psi + \tilde{\omega})^2} - \frac{\tilde{j}}{\tilde{\omega}^2}\right)\sigma_x\right] \mathrm{d}x + \sum_{i=0}^1 \beta^{i+2}(I_1^{(i)} + 2I_2^{(i)})(t),$$

$$\hat{F}(t)=\int_0^1\left\{\frac{\eta^2}{\tilde{\omega}^2}+\beta\left[K(\log(\psi+\tilde{\omega})^2-\log\tilde{\omega}^2)(\psi+2\tilde{\omega})\psi+\sigma_x^2+h^2\left(1+\frac{\tilde{\omega}}{\psi+\tilde{\omega}}\right)\psi_x^2\right]\right\}\mathrm{d}x+$$
$$\sum_{i=0}^{1}\beta^{i+2}\int_0^1[(2\partial_t^i\psi_t)^2+2K(\partial_t^i\psi_x)^2+h^2(\partial_t^i\psi_{xx})^2]\mathrm{d}x-\int_0^1 R_2\mathrm{d}x-$$
$$\beta\int_0^1\left\{\frac{1}{2}\left[\left(\frac{\eta+\tilde{j}}{(\psi+\tilde{\omega})^2}\right)^2-\left(\frac{\tilde{j}}{\tilde{\omega}^2}\right)^2\right]_x\sigma_x+\left(\frac{\eta+\tilde{j}}{(\psi+\tilde{\omega})^2}-\frac{\tilde{j}}{\tilde{\omega}^2}\right)(\sigma_x-\sigma_{xt})\right\}\mathrm{d}x+$$
$$\beta\int_0^1 h^2\left[\left(\frac{\tilde{\omega}}{\psi+\tilde{\omega}}\right)_x\psi_x\psi+\frac{\psi+2\tilde{\omega}}{\tilde{\omega}(\psi+\tilde{\omega})}\tilde{\omega}_{xx}\psi^2\right]\mathrm{d}x-\sum_{i=0}^{1}\beta^{i+2}(J_1^{(i)}+2J_2^{(i)})(t). \tag{5.2.177}$$

令 β 和 $N_h(T)+\delta+h$ 充分小，使得 $0<N_h(T)+\delta+h\ll\beta^3\ll\beta^2\ll\beta\ll 1$，则可以断言 $\hat{E}(t)$ 和 $\hat{F}(t)$ 都和 $A_1^2(t)$ 等价。因此，根据 (5.2.158)，$\hat{E}(t)$ 和 $\hat{F}(t)$ 也都和 $n_h^2(t)$ 等价。事实上，这一断言的验证用到了 Schwarz 不等式，(5.2.71) 和估计 (5.2.141)、(5.2.152)–(5.2.154)、(5.2.156)–(5.2.161)。

由于 $\hat{E}(t)$ 和 $\hat{F}(t)$ 是等价的，则存在一个正常数 α，使得 $\alpha\hat{E}(t)\leqslant\hat{F}(t)$。结合这个不等式，对 (5.2.177) 求微分后，得到常微分方程

$$\frac{\mathrm{d}}{\mathrm{d}t}\hat{E}(t)+\alpha\hat{E}(t)\leqslant 0,\ t\in[0,\infty). \tag{5.2.178}$$

由于 $\hat{E}(t)$ 也和 $n_h^2(t)$ 等价，由 (5.2.178) 得到

$$n_h^2(t)\leqslant Cn_h^2(0)\mathrm{e}^{-\alpha t}, \tag{5.2.179}$$

这里 C 是一个不依赖于 t 和 h 的正常数。由不等式 (5.2.179) 和椭圆估计 (5.2.157) 可以得到衰减估计 (5.2.41)。 □

5.2.4 半经典极限

这一节考虑量子流体力学方程的半经典极限。令 (ρ^h,j^h,ϕ^h) 表示问题 (5.2.1)–(5.2.3) 和 (5.2.6)–(5.2.9) 的解，$(\tilde{\rho}^h,\tilde{j}^h,\tilde{\phi}^h)$ 表示问题 (5.2.22)–(5.2.27) 的解，(ρ^0,j^0,ϕ^0) 表示问题 (5.2.6)、(5.2.7)、(5.2.9) 的解，$(\tilde{\rho}^0,\tilde{j}^0,\tilde{\phi}^0)$ 表示问题 (5.2.27)、(5.2.25)、(5.2.45)–(5.2.47) 的解，$(\tilde{\omega}^h,\tilde{j}^h,\tilde{\phi}^h)$ 表示问题 (5.2.81)–(5.2.86) 的解。

首先，证明稳态解的半经典极限。假设 $\tilde{\omega}^0:=\log\rho^0$，可知 $(\tilde{\omega}^0,\tilde{j}^0,\tilde{\phi}^0)$ 满足

$$S[\mathrm{e}^{\tilde{\omega}^0},\tilde{j}^0]\tilde{\omega}_x^0-\phi_x^0=-\tilde{j}^0\mathrm{e}^{-\tilde{\omega}^0}, \tag{5.2.180}$$
$$\tilde{\phi}_{xx}^0=\mathrm{e}^{\tilde{\omega}^0}-D. \tag{5.2.181}$$

引入函数

$$\tilde{W}^h := \tilde{\omega}^h - \tilde{\omega}^0, \tilde{J}^h := \tilde{j}^h - \tilde{j}^0.$$

引理 5.2.4 的证明 首先，利用 (5.2.82) 和 (5.2.180) 证明 (5.2.50)。注意到 δ 足够小，根据推导公式 (5.2.37) 的方法，$\tilde{j}^0$ 表示为 $\tilde{j}^0 := \mathcal{J}[\mathrm{e}^{\tilde{\omega}^0}]$。以下估计可由公式 (5.2.37)、估计 (5.2.48) 和 (5.2.75) 直接计算得到：

$$|\tilde{J}^h| \leqslant C|B_b|\|\tilde{W}^h\| \leqslant C\delta\|\tilde{W}^h\|. \tag{5.2.182}$$

(5.2.180) 减去 (5.2.82)，然后乘以 $\tilde{W}^h_x$，在区域 Ω 上分部积分并利用 $\tilde{W}^h(0) = \tilde{W}^h(1) = 0$、$(\tilde{\omega}^h_{xx} + (\tilde{\omega}^h_x)^2/2)(0) = (\tilde{\omega}^h_{xx} + (\tilde{\omega}^h_x)^2/2)(1) = 0$、(5.2.83) 和 (5.2.181)，可以得到

$$\begin{aligned}&\int_0^1 [S[\mathrm{e}^{\tilde{\omega}}, \tilde{j}](\tilde{W}^h_x)^2 + (\mathrm{e}^{\tilde{\omega}^h} - \mathrm{e}^{\tilde{\omega}^0})\tilde{W}^h]\mathrm{d}x = \\ &\int_0^1 \left\{\left[\left(\frac{\tilde{j}^h}{\mathrm{e}^{\tilde{\omega}^h}} + \frac{\tilde{j}^0}{\mathrm{e}^{\tilde{\omega}^0}}\right)\tilde{\omega}^h_x - 1\right]\left(\frac{\tilde{j}^h}{\mathrm{e}^{\tilde{\omega}^h}} - \frac{\tilde{j}^0}{\mathrm{e}^{\tilde{\omega}^0}}\right)\tilde{W}^h_x + \frac{h^2}{2}\left(\tilde{\omega}^h_{xx} + \frac{(\tilde{\omega}^h_x)^2}{2}\right)\tilde{W}^h_{xx}\right\}\mathrm{d}x.\end{aligned} \tag{5.2.183}$$

根据 Hölder 不等式、Poincaré 不等式、(5.2.48)、(5.2.182) 和推论 5.2.1，(5.2.183) 的右端有估计 $C\delta\|\tilde{W}^h_x\|^2 + Ch^2$。注意到等式左端第二项是正的。由于 δ 足够小时，$K - (\tilde{j}^0\mathrm{e}^{-\tilde{\omega}^0})^2 - C\delta > 0$ 成立，有 $\|\tilde{W}^h_x\| \leqslant Ch$。根据 Poincaré 不等式，$\|\tilde{W}^h\|_1 \leqslant Ch$ 成立，则有 $\|(\tilde{\rho}^h - \tilde{\rho}^0)\|_1 \leqslant Ch$。(5.2.50) 的其他估计由 (5.2.182)，(5.2.83)，(5.2.181) 得到。

接着证明 (5.2.51)。为此，证明当 $h \to 0$ 时，$\|\tilde{W}^h_{xx}\|$ 收敛到 0，即可得出 $\|(\partial_x^2\{\tilde{\rho}^h - \tilde{\rho}^0\}, \partial_x^4\{\tilde{\phi}^h - \tilde{\phi}^0\})\|$ 的收敛性。由 $\|\tilde{\omega}^h\|_2$ 的有界性和收敛性 (5.2.50)，可得

$$\tilde{\omega}^h_{xx} \rightharpoonup \tilde{\omega}^0_{xx} \text{ 在 } L^2 \text{ 中弱收敛，当 } h \to 0 \text{ 时。} \tag{5.2.184}$$

(5.2.82) 求微分，然后乘以 $\tilde{\omega}^h_{xx} + (\tilde{\omega}^h_x)^2/2$，在区域 Ω 上分部积分后，得到

$$\begin{aligned}&\int_0^1 \left\{S[\mathrm{e}^{\tilde{\omega}^h}, \tilde{j}^h](\tilde{\omega}^h_{xx})^2 + \frac{h^2}{2}\left[\left(\tilde{\omega}^h_{xx} + \frac{(\tilde{\omega}^h_x)^2}{2}\right)_x\right]^2\right\}\mathrm{d}x = Q[\tilde{\omega}^h, \tilde{j}^h, \tilde{\phi}^h], \\ &Q[\tilde{\omega}^h, \tilde{j}^h, \tilde{\phi}^h] := -\int_0^1 \left\{S[\mathrm{e}^{\tilde{\omega}^h}, \tilde{j}^h]\frac{(\tilde{\omega}^h_x)^2}{2}\tilde{\omega}^h_{xx} + \right. \\ &\left.\left[S[\mathrm{e}^{\tilde{\omega}^h}, \tilde{j}^h]_x\tilde{\omega}^h_x - \tilde{\phi}^h_{xx} + \left(\frac{\tilde{j}^h}{\mathrm{e}^{\tilde{\omega}^h}}\right)_x\right]\left(\tilde{\omega}^h_{xx} + \frac{(\tilde{\omega}^h_x)^2}{2}\right)\right\}\mathrm{d}x.\end{aligned} \tag{5.2.185}$$

由 (5.2.50)，(5.2.184)，推论 5.2.1 和估计 $\|\tilde{W}^h\|_1 \leqslant Ch$ 得，当 $h \to 0$ 时，$Q[\tilde{\omega}^h, \tilde{j}^h, \tilde{\phi}^h]$ 收敛到

$$Q[\tilde{\omega}^0, \tilde{j}^0, \tilde{\phi}^0] = \int_0^1 S[\mathrm{e}^{\tilde{\omega}^0}, \tilde{j}^0](\tilde{\omega}^0_{xx})^2\mathrm{d}x. \tag{5.2.186}$$

对方程 (5.2.180) 求微分，然后乘以 $\tilde{\omega}_{xx}^0+(\tilde{\omega}_x^0)^2/2$，积分后可得等式 (5.2.186)。另一方面，由于 (5.2.186) 和估计 $\|\tilde{W}^h\|_1\leqslant Ch$，可得，

$$\limsup_{h\to 0}\int_0^1 S[e^{\tilde{\omega}^h},\tilde{j}^h](\tilde{\omega}_{xx}^h)^2\mathrm{d}x=\limsup_{h\to 0}\int_0^1 S[e^{\tilde{\omega}^0},\tilde{j}^0](\tilde{\omega}_{xx}^0)^2\mathrm{d}x \tag{5.2.187}$$

成立。综上，由 (5.2.185)–(5.2.187)，可得

$$\limsup_{h\to 0}\int_0^1 S[e^{\tilde{\omega}^0},\tilde{j}^0](\tilde{\omega}_{xx}^h)^2\mathrm{d}x\leqslant\int_0^1 S[e^{\tilde{\omega}^0},\tilde{j}^0](\tilde{\omega}_{xx}^0)^2\mathrm{d}x, \tag{5.2.188}$$

由于 $S[e^{\tilde{\omega}^0},\tilde{j}^0]>c>0$，(5.2.184) 和 (5.2.188)，可知 $\|\tilde{W}_{xx}^h\|$ 收敛到 0。

接着证明 $\|(h\partial_x^3\tilde{\omega}^h,h^2\partial_x^4\tilde{\omega}^h)\|\to 0$，又根据 (5.2.75) 和推论 5.2.1，可得到 $\|(h\partial_x^3\tilde{\rho}^h, h^2\partial_x^4\tilde{\rho}^h)\|\to 0$。在 (5.2.185) 中，令 $h\to 0$，$h\|(\tilde{\omega}_{xx}^h+(\tilde{\omega}_x^h)^2/2)_x\|\to 0$ 成立。联合推论 5.2.1，当 $h\to 0$ 时，可得 $h\|\partial_x^3\tilde{\omega}^h\|\to 0$。对方程 (5.2.82) 求微分后，取 L^2 范数，得到

$$\begin{aligned}\frac{h^2}{2}\left\|\left(\tilde{\omega}_{xx}^h+\frac{(\tilde{\omega}_x^h)^2}{2}\right)_{xx}\right\|=\hat{n}_1[\tilde{\omega}^h,\tilde{j}^h,\tilde{\phi}^h]:=&\\ \|(S[e^{\tilde{\omega}^h},\tilde{j}^h]\tilde{\omega}_x^h)_x-\tilde{\phi}_{xx}^h+(\tilde{j}^h e^{-\tilde{\omega}^h})_x\|.&\end{aligned} \tag{5.2.189}$$

注意，当 $h\to 0$ 时，根据推论 5.2.1，$h^2\|\{(\tilde{\omega}_x^h)^2\}_{xx}\|$ 收敛到 0。另外，当 $h\to 0$ 时，$\hat{n}_1[\tilde{\omega}^h,\tilde{j}^h,\tilde{\phi}^h]$ 收敛到 $\hat{n}_1[\tilde{\omega}^0,\tilde{j}^0,\tilde{\phi}^0]$。另一方面，对 (5.2.180) 关于 x 求微分，可得等式 $\hat{n}_1[\tilde{\omega}^0,\tilde{j}^0,\tilde{\phi}^0]=0$。综上，当 $h\to 0$ 时，$h^2\|\partial_x^4\tilde{\omega}^h\|\to 0$。

为了研究非定常问题的解的半经典极限，引入函数

$$R^h:=\rho^h-\rho^0, J^h:=j^h-j^0, \Phi^h:=\phi^h-\phi^0.$$

(5.2.42)–(5.2.44) 减去 (5.2.1)–(5.2.3)，有

$$R_t^h+J_x^h=0, \tag{5.2.190}$$

$$\begin{aligned}&J_t^h+KR_x^h-\left[\left(\frac{j^h}{\rho^h}\right)^2\rho_x^h-\left(\frac{j^0}{\rho^0}\right)^2\rho_x^0\right]+\left(\frac{2j^h}{\rho^h}j_x^h-\frac{2j^0}{\rho^0}j_x^0\right)-\\&(R^h\phi_x^h+\rho^0\Phi_x^h)+J^h=h^2\rho^h\left(\frac{(\sqrt{\rho^h})_{xx}}{\sqrt{\rho^h}}\right)_x,\end{aligned} \tag{5.2.191}$$

$$\phi_{xx}^h=R^h. \tag{5.2.192}$$

由初边值条件 (5.2.7) 和 (5.2.9)，可推出边界条件

$$R^h(t,0)=R^h(t,1)=R_t^h(t,0)=R_t^h(t,1)=\Phi^h(t,0)=\Phi^h(t,1)=0. \tag{5.2.193}$$

对 (5.2.191) 关于 x 求微分，利用 (5.2.190)，得到

$$R_{tt}^h - KR_{xx}^h + \left[\left(\frac{j^h}{\rho^h}\right)^2 \rho_x^h - \left(\frac{j^0}{\rho^0}\right)^2 \rho_x^0\right]_x + \left(\frac{2j^h}{\rho^h} j_x^h - \frac{2j^0}{\rho^0} j_x^0\right)_x -$$
$$(R^h \phi_x^h + \rho^0 \Phi_x^h)_x + R_t^h = -\left[h^2 \rho^h \left(\frac{(\sqrt{\rho^h})_{xx}}{\sqrt{\rho^h}}\right)_x\right]_x. \tag{5.2.194}$$

下面给出文献 [103] 中已有的估计

$$\|(\rho^0, j^0, \phi^0)(t)\|_2 + \|(\rho_t^0, j_t^0)(t)\|_1 \leqslant C, \tag{5.2.195}$$
$$\rho^0, S[\rho^0, j^0] > c > 0, \tag{5.2.196}$$

这里 C 和 c 是不依赖于 t 的正常数。 □

定理 5.2.2 的证明 方程 (5.2.191) 两边同时乘以 J^h，在区域 Ω 上分部积分，并利用边界条件 (5.2.8)，得到

$$\frac{\mathrm{d}}{\mathrm{d}t}\int_0^1 \frac{1}{2}(J^h)^2 \mathrm{d}x + \int_0^1 (J^h)^2 \mathrm{d}x =$$
$$\int_0^1 \left\{-KR_x^h J^h + \left[\left(\frac{j^h}{\rho^h}\right)^2 \rho_x^h - \left(\frac{j^0}{\rho^0}\right)^2 \rho_x^0\right] J^h\right\} \mathrm{d}x +$$
$$\int_0^1 \left[-\left(\frac{2j^h}{\rho^h} j_x^h - \frac{2j^0}{\rho^0} j_x^0\right) J^h + (R^h \phi_x^h + \rho^0 \Phi_x^h) J^h - h^2 \frac{(\sqrt{\rho^h})_{xx}}{\sqrt{\rho^h}} (\rho^h J^h)_x\right] \mathrm{d}x \leqslant$$
$$C\|(R^h, R_x^h, J^h, J_x^h)(t)\|^2 + Ch^2. \tag{5.2.197}$$

不等式 (5.2.197) 右端最后一项用到了以下估计

$$\left|h^2 \int_0^1 \frac{(\sqrt{\rho^h})_{xx}}{\sqrt{\rho^h}} (\rho^h J^h)_x \mathrm{d}x\right| \leqslant$$
$$h^2 \left|\frac{1}{\sqrt{\rho^h}}\right|_0 \|(\sqrt{\rho^h})_{xx}\| \{|\rho_x^h|_0 \|J^h\| + |\rho^h|_0 \|J_x^h\|\} \leqslant Ch^2, \tag{5.2.198}$$

其他项的估计由 (5.2.37)、(5.2.75)、(5.2.137)、(5.2.195)–(5.2.196)、推论 5.2.1 和 $\|\Phi_x^h(t)\|_1 \leqslant C\|R^h(t)\|$ 得到。

方程 (5.2.194) 两边同时乘以 R_t^h，在区域 Ω 上分部积分并利用边界条件 (5.2.8)，可得

$$\frac{\mathrm{d}}{\mathrm{d}t}\int_0^1 \left[\frac{1}{2}(R_t^h)^2 + \frac{1}{2} S[\rho^0, j^0](R_x^h)^2\right] \mathrm{d}x + \int_0^1 (R_t^h)^2 \mathrm{d}x = Q_3(t),$$

$$Q_3(t) := -\int_0^1 \left\{ \frac{1}{2}\left[\left(\frac{j^0}{\rho^0}\right)^2\right]_x (R_x^h)^2 - \left\{\left[\left(\frac{j^0}{\rho^0}\right)^2 - \left(\frac{j^h}{\rho^h}\right)^2\right]\rho_x^h\right\}_x R_t^h - \left(\frac{j^0}{\rho^0}\right)_x (R_t^h)^2 \right\} \mathrm{d}x +$$
$$\int_0^1 \left\{ \left[\left(\frac{2j^h}{\rho^h} - \frac{2j^0}{\rho^0}\right) j_x^h\right]_x R_t^h - (R^h \phi_x^h + \rho^0 \Phi_x^h) R_t^h + h^2 \rho^h \left(\frac{(\sqrt{\rho^h})_{xx}}{\sqrt{\rho^h}}\right)_x R_{xt}^h \right\} \mathrm{d}x. \quad (5.2.199)$$

根据 (5.2.137)，(5.2.158)，(5.2.195)–(5.2.196) 和推论 5.2.1，$Q_3(t)$ 的最后一项有以下估计

$$(\text{最后一项}) = h^2 \int_0^1 \left[\sqrt{\rho^h}(\sqrt{\rho^h})_{xxx} - (\sqrt{\rho^h})_{xx}(\sqrt{\rho^h})_x\right] R_{xt}^h \mathrm{d}x \leqslant$$
$$h^2 C(\|(\sqrt{\rho^h})_{xxx}(t)\| + \|(\sqrt{\rho^h})_{xx}(t)\|)\|R_{xt}^h(t)\| \leqslant Ch. \quad (5.2.200)$$

将 (5.2.200) 代入 (5.2.199)，$Q_3(t)$ 的其他项的估计由 Schwarz 不等式、Sobolev 不等式、(5.2.137)、(5.2.195)–(5.2.196)、推论 5.2.1 和 $\|\Phi^h(t)\|_3 \leqslant C\|R^h(t)\|_1$，得到

$$\frac{\mathrm{d}}{\mathrm{d}t}\int_0^1 \left[\frac{1}{2}(R_t^h)^2 + \frac{1}{2}S[\rho^0, j^0](R_x^h)^2\right]\mathrm{d}x + \int_0^1 (R_t^h)^2 \mathrm{d}x \leqslant$$
$$C\|(R_t^h, R_x^h, R^h, J^h, J_x^h)(t)\|^2 + Ch. \quad (5.2.201)$$

注意到由于 (5.2.190)，$R_t^h(0,x) = J_x^h(0,x) = 0$ 和 $\|R_t^h(t)\| = \|J_x^h(t)\|$ 成立。由于 (5.2.72)，$\|R^h(t)\| \leqslant C\|R_x^h(t)\|$ 成立。因此，(5.2.201) 加上 (5.2.197)，再利用 Gronwall 不等式，可得到估计 (5.2.53)。最后，证明估计 (5.2.54)，固定 $\gamma \in (0, 1/2)$ 和 $T_1 := (\log 1/h^\gamma)/\beta$。对于 $t \leqslant T_1$，由 (5.2.53) 得到

$$\|(R^h, J^h)(t)\|_1 \leqslant \sqrt{h} C \mathrm{e}^{\beta T_1} \leqslant C h^{(1/2)-\gamma}. \quad (5.2.202)$$

对于 $T_1 \leqslant t$，利用估计 (5.2.41)，(5.2.49)，(5.2.50)，有

$$\|(R^h, J^h)(t)\|_1 \leqslant C\|(\rho^h - \tilde{\rho}^h, j^h - \tilde{j}^h, \rho^0 - \tilde{\rho}^0, j^0 - \tilde{j}^0, \tilde{\rho}^h - \tilde{\rho}^0, \tilde{j}^h - \tilde{j}^0)(t)\|_1 \leqslant$$
$$C(\mathrm{e}^{-\alpha_1 T_1} + \mathrm{e}^{-\alpha_2 T_1} + h) \leqslant C(h^{\alpha_1 \gamma/\beta} + h^{\alpha_2 \gamma/\beta} + h). \quad (5.2.203)$$

根据 (5.2.202) 和 (5.2.203)，当 $h \to 0$ 时，$\|(R^h, J^h)(t)\|_1$ 收敛到 0。定理 5.2.2 中的其他断言可由 $\|\Phi^h(t)\|_3 \leqslant C\|R^h(t)\|_1$ 得到。 □

6. 双极量子流体方程组的渐近极限

6.1 半经典极限

这一节主要研究双极量子流体力学方程组 (Bipolar Quantum Hydrodynamic Model) 的半经典极限 (Semiclassical Limit)。主要考虑下面的方程组 [108], [110], [116]

$$\partial_t\rho_i + \nabla\cdot(\rho_i \boldsymbol{u}_i) = 0, \tag{6.1.1}$$

$$\partial_t(\rho_i \boldsymbol{u}_i) + \nabla\cdot(\rho_i \boldsymbol{u}_i \otimes \boldsymbol{u}_i) + \nabla P_i(\rho_i) = q_i\rho_i \boldsymbol{E} + \frac{h^2}{2}\rho_i\nabla\left(\frac{\Delta\sqrt{\rho_i}}{\sqrt{\rho_i}}\right) - \frac{\rho_i \boldsymbol{u}_i}{\tau_i}, \tag{6.1.2}$$

$$\lambda^2\nabla\cdot\boldsymbol{E} = \rho_a - \rho_b - \mathcal{C}, \nabla\times\boldsymbol{E} = 0, \boldsymbol{E}(x)\to 0, |x|\to+\infty, \tag{6.1.3}$$

其中 $(x,t)\in\mathbf{R}^3\times\mathbf{R}^+$，下标 $i=a,b$，常数 $q_a=1$，$q_b=-1$。未知函数 $\rho_a>0$，$\rho_b>0$，$\boldsymbol{u}_a$，$\boldsymbol{u}_b$ 以及 $\boldsymbol{E}$ 分别表示密度、速度、电场。$P_a(\cdot)$ 和 $P_b(\cdot)$ 表示压力密度函数。参数 $h>0$，$\tau_a=\tau_b=\tau>0$ 以及 $\lambda>0$ 分别表示普朗克常量、动量松弛时间以及 Debye 长度。$\mathcal{C}=\mathcal{C}(x)$ 表示掺杂轮廓。

对于方程组 (6.1.1)–(6.1.3)，令 $h\to0$，就会得到如下著名的双极流体方程 (Bipolar Hydrodynamic Model) [111], [114]

$$\partial_t\rho_i + \nabla\cdot(\rho_i \boldsymbol{u}_i) = 0, \tag{6.1.4}$$

$$\partial_t(\rho_i \boldsymbol{u}_i) + \nabla\cdot(\rho_i \boldsymbol{u}_i \otimes \boldsymbol{u}_i) + \nabla P_i(\rho_i) = q_i\rho_i \boldsymbol{E} - \frac{\rho_i \boldsymbol{u}_i}{\tau_i}, \tag{6.1.5}$$

$$\lambda^2\nabla\cdot\boldsymbol{E} = \rho_a - \rho_b - \mathcal{C}, \nabla\times\boldsymbol{E} = 0, \boldsymbol{E}(x)\to 0, |x|\to+\infty, \tag{6.1.6}$$

半经典极限过程描述了在普朗克常量趋近于 0 时，双极量子流体方程半经典逼近到双极流体模型，也即从量子力学变成经典的牛顿力学的过程。

下面先给出一些记号：C 和 c 为一般的常数。$L^2(\mathbf{R}^3)$ 表示在 $\mathbf{R}^3$ 中平方可积的函数

空间，它的范数记为 $\|\cdot\|$ 或 $\|\cdot\|_{L^2(\mathbf{R}^3)}$。$H^k(\mathbf{R}^3)$ $(k \geqslant 1)$ 表示满足 $\partial_x^i f \in L^2(\mathbf{R}^3)$ $(0 \leqslant i \leqslant k)$ 的 Sobolev 空间，其上的范数记为 $\|f\|_k = \sqrt{\sum\limits_{0\leqslant|\alpha|\leqslant k}\|D^\alpha f\|^2}$。其中 $\alpha \in \mathbf{N}^3$，$D^\alpha = \partial_{x_1}^{s_1}\partial_{x_2}^{s_2}\partial_{x_3}^{s_3}$(其中 $|\alpha| = s_1 + s_2 + s_3$)。特别地，$\|\cdot\|_0 = \|\cdot\|$。令 $\mathcal{B}$ 是一个 Banach 空间，$C^k([0,T];\mathcal{B})$ 表示空间变量属于空间 $\mathcal{B}$ 的且对于定义在 $[0,T]$ 上的时间变量 k 次连续可微的函数空间。对于向量值函数 $\boldsymbol{u} = (\boldsymbol{u}_1, \boldsymbol{u}_2, \boldsymbol{u}_3)$ 可以定义类似的空间：$|D^\alpha \boldsymbol{u}|^2 = \sum\limits_{r=1}^{3}|D^\alpha \boldsymbol{u}_r|^2$ 且 $\|D^k\boldsymbol{u}\|^2 = \int_{\mathbf{R}^3}\Big(\sum\limits_{r=1}^{3}\sum\limits_{|\alpha|=k}(D^\alpha \boldsymbol{u}_r)^2\Big)\mathrm{d}x$，其范数记为 $\|\boldsymbol{u}\|_k = \|\boldsymbol{u}\|_{H^k(\mathbf{R}^3)} = \sum\limits_{i=0}^{k}\|D^i\boldsymbol{u}\|$，$\|f\|_{L^\infty([0,T];\mathcal{B})} = \sup\limits_{0\leqslant t\leqslant T}\|f(t)\|_{\mathcal{B}}$。这里还引入一个特殊空间 $\mathcal{H}^k(\mathbf{R}^3) = \{f \in L^6(\mathbf{R}^3), Df \in H^{k-1}(\mathbf{R}^3)\}(k \geqslant 1)$。有时也将空间 $H^k(\mathbf{R}^3)\times H^k(\mathbf{R}^3)\times\cdots\times H^k(\mathbf{R}^3)$ 或者 $\mathcal{H}^k(\mathbf{R}^3)$ 的范数记为 $\|(\cdot,\cdot,\cdots)\|_{H^k(\mathbf{R}^3)}$ 或者 $\|(\cdot,\cdot,\cdots)\|_k$。同时在不至于混淆的情况下，本节中一般略去 $\mathbf{R}^3$。

6.1.1 主要结果

这一节考虑方程组 (6.1.1)–(6.1.3) 的初值问题。先给出其初值

$$(\rho_i, \boldsymbol{u}_i)(x,0) = (\rho_{i0}, \boldsymbol{u}_{i0})(x), \rho_{i0}(x) \to \rho_i^*, \boldsymbol{u}_{i0}(x) \to 0, |x| \to +\infty, i = a, b. \tag{6.1.7}$$

为简便起见，令标量的 Debye 长度 $\lambda = 1$。

下面给出方程组 (6.1.1)–(6.1.3) 的初值问题解的整体存在性定理。

定理 6.1.1 **(整体存在性)** 设参数 $\varepsilon > 0$，$\tau > 0$ 固定。假设 $P_a, P_b \in C^5(0,+\infty)$ 以及 $\mathcal{C} = c^*$ 为一常数，且满足

$$\rho_a^* - \rho_b^* - c^* = 0, P_a'(\rho_a^*) > 0, P_b'(\rho_b^*) > 0. \tag{6.1.8}$$

设 $\rho_{a0} > 0$，$\rho_{b0} > 0$ 以及 $(\sqrt{\rho_{a0}} - \sqrt{\rho_a^*}, \sqrt{\rho_{b0}} - \sqrt{\rho_b^*}, \boldsymbol{u}_{a0}, \boldsymbol{u}_{b0}) \in (H^6)^2\times(\mathcal{H}^5)^2$。若存在 $\Lambda_1 > 0$，满足 $\Lambda_0 := \|(\sqrt{\rho_{a0}} - \sqrt{\rho_a^*}, \sqrt{\rho_{b0}} - \sqrt{\rho_b^*}, \boldsymbol{u}_{a0}, \boldsymbol{u}_{b0})\|_{H^6\times\mathcal{H}^5} \leqslant \Lambda_1$，则方程组 (6.1.1)–(6.1.3) 以及 (6.1.7) 存在唯一的整体解 $(\rho_a^\varepsilon, \rho_b^\varepsilon, \boldsymbol{u}_a^\varepsilon, \boldsymbol{u}_b^\varepsilon, \boldsymbol{E}^\varepsilon)$ 满足 $\rho_a^\varepsilon, \rho_b^\varepsilon > 0$，

$$(\rho_i^\varepsilon - \rho_i^*, \boldsymbol{E}^\varepsilon) \in C^k(0,T; H^{6-2k}), \boldsymbol{u}_i^\varepsilon \in C^k(0,T;\mathcal{H}^{5-2k}), k = 0,1,2,$$

以及

$$\|(\rho_a^\varepsilon - \rho_a^*, \rho_b^\varepsilon - \rho_b^*)\|_{L^\infty} + \|\boldsymbol{E}^\varepsilon\|_{L^\infty} + \|(\boldsymbol{u}_a^\varepsilon, \boldsymbol{u}_b^\varepsilon)\|_{L^\infty} \to 0, t \to \infty.$$

下面给出定理 6.1.1 中的整体解的半经典极限，这里需要固定动量松弛时间 $\tau > 0$。

定理 6.1.2 **(半经典极限)** 设 $\tau = 1$。$(\rho_a^\varepsilon, \rho_b^\varepsilon, \boldsymbol{u}_a^\varepsilon, \boldsymbol{u}_b^\varepsilon, \boldsymbol{E}^\varepsilon)$ 为定理 6.1.1 给出的初值问题 (6.1.1)–(6.1.3) 及 (6.1.7) 的解，则当普朗克常量 $h \to 0$ 时，存在 $(\rho_a, \rho_b, \boldsymbol{u}_a, \boldsymbol{u}_b, \boldsymbol{E})$ 满足 $\rho_a > 0, \rho_b > 0$，对于任意的 $T > 0$，$i = a, b$ 有

$$\rho_i^\varepsilon \to \rho_i \text{ 在 } C(0,T;C_b^3 \cap H_{loc}^{5-s}) \text{ 中强收敛,}$$
$$\boldsymbol{u}_i^\varepsilon \to \boldsymbol{u}_i \text{ 在 } C(0,T;C_b^3 \cap \mathcal{H}_{loc}^{5-s}) \text{ 中强收敛,}$$
$$\boldsymbol{E}^\varepsilon \to \boldsymbol{E} \text{ 在 } C(0,T;C_b^4 \cap H_{loc}^{6-s}) \text{ 中强收敛, } s \in \left(0,\frac{1}{2}\right).$$

而且此处的 $(\rho_i,\boldsymbol{u}_i,\boldsymbol{E})(i=a,b)$ 为双极流体力学方程组 (6.1.4)–(6.1.7) 的初值问题的整体解。

6.1.2 预备知识

为了证明定理 6.1.1 及定理 6.1.2，需要引入以下几个引理：

引理 6.1.1 设 $\boldsymbol{f} \in H^s(\mathbf{R}^3)$，$s \geqslant \dfrac{3}{2}$。则如下散度方程

$$\nabla\cdot\boldsymbol{u}=\boldsymbol{f},\ \nabla\times\boldsymbol{u}=0,\ \boldsymbol{u}(x)\to 0,\ |x|\to+\infty,$$

存在唯一解，且满足

$$\|\boldsymbol{u}\|_{L^6}\leqslant C\|\boldsymbol{f}\|_{L^2},\|D\boldsymbol{u}\|_{H^s}\leqslant C\|\boldsymbol{f}\|_{H^s}.$$

引理 6.1.2 设 $\boldsymbol{f} \in H^s(\mathbf{R}^3)$，$s \geqslant \dfrac{3}{2}$，且 $\nabla\cdot\boldsymbol{f}=0$。则如下旋度方程

$$\nabla\times\boldsymbol{u}=\boldsymbol{f},\ \nabla\cdot\boldsymbol{u}=0,\ \boldsymbol{u}(x)\to 0,\ |x|\to+\infty,$$

存在唯一解，且满足

$$\|\boldsymbol{u}\|_{L^6}\leqslant C\|\boldsymbol{f}\|_{L^2},\|D\boldsymbol{u}\|_{H^s}\leqslant C\|\boldsymbol{f}\|_{H^s}.$$

引理 6.1.3 (Moser 引理) 设 $f,g\in H^s(\mathbf{R}^3)\cap L^\infty(\mathbf{R}^3)$，则对 $\alpha\in\mathbf{N}^3$，$1\leqslant|\alpha|\leqslant s$ (s 为非负整数) 有

$$\|D^\alpha(fg)\|\leqslant C\|g\|_{L^\infty}\cdot\|D^\alpha f\|+C\|f\|_{L^\infty}\cdot\|D^\alpha g\|,$$
$$\|D^\alpha(fg)-fD^\alpha g\|\leqslant C\|g\|_{L^\infty}\cdot\|D^\alpha f\|+C\|f\|_{L^\infty}\cdot\|D^{|\alpha|-1}g\|.$$

引理 6.1.4 设 $f\in H^s(\mathbf{R}^3)$ (s 为非负整数)，函数 $F(\rho)$ 足够光滑，且 $F(0)=0$，则 $F(f)(x)\in H^s(\mathbf{R}^3)$，且

$$\|F(f)\|_{H^s}\leqslant C\|f\|_{H^s}.$$

6.1.3 证明过程

参考文献 [109], [112] 给出了单极量子流体力学方程组的局部解的存在性，主要方法是利用迭代法构造了一个逼近解序列，然后再证明该逼近解序列存在子列收敛的方

程的解。对于双极量子流体力学方程组同样可以利用类似的方法证明局部解的存在性。这里仅仅给出局部解的存在性定理，省略详细的证明过程。

定理 6.1.3 **(局部解的存在性)** 固定参数 $\varepsilon>0$，$\tau>0$，$\lambda>0$，假设存在常数 $\rho_a^*,\rho_b^*>0$ 及 c^* 满足：$\rho_a^*-\rho_b^*-c^*=0$，并且 $\mathcal{C}(x)-c^*\in H^5(\mathbf{R}^3)$，$P_a,P_b\in C^5(0,\infty)$。若有 $(\sqrt{\rho_{i0}}-\sqrt{\rho_i^*},\boldsymbol{u}_{i0})\in H^6(\mathbf{R}^3)\times\mathcal{H}^5(\mathbf{R}^3)$ $(\rho_{i0}>0)$，则存在一个有限的 $T^*>0$，使得方程组 (6.1.1)–(6.1.3) 及 (6.1.7) 在 $[0,T^*]$ 中存在唯一解 $(\rho_a,\rho_b,\boldsymbol{u}_a,\boldsymbol{u}_b,E)$，且满足：$\rho_a>0$，$\rho_b>0$，$i=a,b$。

$$
\begin{aligned}
&\rho_i-\rho_i^*\in C^k([0,T^*];H^{6-2k}(\mathbf{R}^3)),\boldsymbol{u}_i\in C^k([0,T^*];\mathcal{H}^{5-2k}(\mathbf{R}^3)),k=0,1,2;\\
&\boldsymbol{E}\in C^k([0,T^*];\mathcal{H}^{6-k}(\mathbf{R}^3)),k=0,1.
\end{aligned}
$$

为了便于 6.2 节的叙述，这里我们对方程组 (6.1.1)–(6.1.3) 做尺度变换 [116]：

$$
x\to x,t\to\frac{t}{\tau},(\rho_i^\tau,\boldsymbol{u}_i^\tau,\boldsymbol{E}^\tau)(x,t)=(\rho_i,\frac{\boldsymbol{u}_i}{\tau},\boldsymbol{E})(x,\frac{t}{\tau}). \tag{6.1.9}
$$

从而方程组 (6.1.1)–(6.1.3) 可改写为

$$
\partial_t\rho_i^\tau+\mathrm{div}(\rho_i^\tau\boldsymbol{u}_i^\tau)=0, \tag{6.1.10}
$$

$$
\tau^2\partial_t(\rho_i^\tau\boldsymbol{u}_i^\tau)+\tau^2\,\mathrm{div}(\rho_i^\tau\boldsymbol{u}_i^\tau\otimes\boldsymbol{u}_i^\tau)+\nabla P_i(\rho_i^\tau)=q_i\rho_i^\tau\boldsymbol{E}^\tau+\frac{h^2}{2}\rho_i^\tau\nabla\left(\frac{\Delta\sqrt{\rho_i^\tau}}{\sqrt{\rho_i^\tau}}\right)-\rho_i^\tau\boldsymbol{u}_i^\tau, \tag{6.1.11}
$$

$$
\lambda^2\nabla\cdot\boldsymbol{E}^\tau=\rho_a^\tau-\rho_b^\tau-\mathcal{C}(x),\nabla\times\boldsymbol{E}^\tau=0,\boldsymbol{E}^\tau(x)\to0,|x|\to+\infty. \tag{6.1.12}
$$

为简便起见，设 $\lambda=1$，同时在之后的内容里常省略上标 τ。记 $\psi_i=\sqrt{\rho_i^\tau}$ 以及 $\boldsymbol{u}_i=\boldsymbol{u}_i^\tau$ $(i=a,b)$，从方程组 (6.1.10)–(6.1.12) 即可得到

$$
\begin{aligned}
&\tau^2\psi_{itt}+\psi_{it}+\frac{h^2\Delta^2\psi_i}{4}+\frac{q_i}{2\psi_i}\mathrm{div}(\psi_i^2\boldsymbol{E})-\frac{1}{2\psi_i}\nabla^2(\psi_i^2\boldsymbol{u}_i\otimes\boldsymbol{u}_i)-\\
&\frac{1}{2\psi_i}\Delta P_i(\psi_i^2)+\frac{\psi_{it}^2}{\psi_i}-\frac{h^2|\Delta\psi_i|^2}{4\psi_i}=0.
\end{aligned} \tag{6.1.13}
$$

初始条件为

$$
\begin{aligned}
&\psi_i(x,0)=\psi_{i0}(x)=\psi_{i0}^\tau(x)=\sqrt{\rho_{i0}(x)},\\
&\psi_{it}(x,0)=\psi_{i1}(x)=-\frac{1}{2}\psi_{i0}^\tau\nabla\cdot\boldsymbol{u}_{i0}^\tau-\boldsymbol{u}_{i0}^\tau\cdot\nabla\psi_{i0}^\tau.
\end{aligned}
$$

由于 $(\boldsymbol{u}_i\cdot\nabla)\boldsymbol{u}_i=\frac{1}{2}\nabla(|\boldsymbol{u}_i|^2)-\boldsymbol{u}_i\times(\nabla\times\boldsymbol{u}_i)$，从方程组 (6.1.10)–(6.1.12) 可得关于 $\boldsymbol{u}_i=\boldsymbol{u}_i^\tau(i=a,b)$ 的方程

$$
\tau^2\boldsymbol{u}_{it}+\boldsymbol{u}_i+\frac{\tau^2}{2}\nabla(|\boldsymbol{u}_i|^2)-\tau^2\boldsymbol{u}_i\times\boldsymbol{\phi}_i+\frac{\nabla(\psi_i^2)}{\psi_i^2}=q_i\boldsymbol{E}+\frac{\varepsilon^2}{2}\nabla\left(\frac{\Delta\psi_i}{\psi_i}\right), \tag{6.1.14}
$$

其中 $\boldsymbol{\phi}_i = \nabla \times \boldsymbol{u}_i$ 表示 $\boldsymbol{u}_i$ 的旋度。对方程 (6.1.14) 两边同时求旋度可得

$$\tau^2 \boldsymbol{\phi}_{it} + \boldsymbol{\phi}_i + \tau^2 (\boldsymbol{u}_i \cdot \nabla) \boldsymbol{\phi}_i + \tau^2 \boldsymbol{\phi}_i \nabla \cdot \boldsymbol{u}_i - \tau^2 (\boldsymbol{\phi}_i \cdot \nabla) \boldsymbol{u}_i = 0. \tag{6.1.15}$$

引入新变量 $\omega_i = \psi_i - \sqrt{\rho_i^*} (i = a, b)$，进而可得关于 $(\omega_a, \omega_b, \boldsymbol{\phi}_a, \boldsymbol{\phi}_b, \boldsymbol{E})$ 的方程组

$$\tau^2 \omega_{att} + \omega_{at} + \frac{h^2 \Delta^2 \omega_a}{4} + \frac{1}{2}(\omega_a + \sqrt{\rho_a^*}) \nabla \cdot \boldsymbol{E} - P_a'(\rho_a^*) \Delta \omega_a = f_{a1}, \tag{6.1.16}$$

$$\tau^2 \omega_{btt} + \omega_{bt} + \frac{h^2 \Delta^2 \omega_b}{4} - \frac{1}{2}(\omega_b + \sqrt{\rho_b^*}) \nabla \cdot \boldsymbol{E} - P_b'(\rho_b^*) \Delta \omega_b = f_{b1}, \tag{6.1.17}$$

$$\tau^2 \boldsymbol{\phi}_{at} + \boldsymbol{\phi}_a = f_{a2}, \tag{6.1.18}$$

$$\tau^2 \boldsymbol{\phi}_{bt} + \boldsymbol{\phi}_b = f_{b2}, \tag{6.1.19}$$

$$\nabla \cdot \boldsymbol{E} = \omega_a^2 - \omega_b^2 + 2\sqrt{\rho_a^*} \omega_a - 2\sqrt{\rho_b^*} \omega_b, \nabla \times \boldsymbol{E} = 0, \tag{6.1.20}$$

其中

$$\begin{aligned} f_{i1} := f_{i1}(x,t) = & \frac{-\tau^2 \omega_{it}^2}{\omega_i + \sqrt{\rho_i^*}} - q_i \nabla \omega_i \boldsymbol{E} + (P_i'((\omega + \sqrt{\rho_i^*})^2) - P_i'(\rho_i^*)) \Delta \omega_i + \\ & 2(\omega_i + \sqrt{\rho_i^*}) P_i''((\omega_i + \sqrt{\rho_i^*})^2) |\nabla \omega_i|^2 + P_i'((\omega_i + \sqrt{\rho_i^*})^2) \frac{|\nabla \omega_i|^2}{\omega_i + \sqrt{\rho_i^*}} + \\ & \frac{h^2 (\Delta \omega_i)^2}{4(\omega_i + \sqrt{\rho_i^*})} + \frac{\tau^2 \nabla^2 ((\omega_i + \sqrt{\rho_i^*})^2 \boldsymbol{u}_i \otimes \boldsymbol{u}_i)}{2(\omega_i + \sqrt{\rho_i^*})}, \end{aligned} \tag{6.1.21}$$

$$f_{i2} := f_{i2}(x,t) = \tau^2 \Big((\boldsymbol{\phi}_i \cdot \nabla) \boldsymbol{u}_i - (\boldsymbol{u}_i \cdot \nabla) \boldsymbol{\phi}_i - \boldsymbol{\phi}_i \nabla \cdot \boldsymbol{u}_i \Big), i = a, b. \tag{6.1.22}$$

利用 (6.1.10) 还可以将 (6.1.21) 的最后一项改写为

$$\begin{aligned} & \frac{\tau^2 \nabla^2 ((\omega_i + \sqrt{\rho_i^*})^2 \boldsymbol{u}_i \otimes \boldsymbol{u}_i)}{2(\omega_i + \sqrt{\rho_i^*})} = \\ & \tau^2 \Big\{ -\omega_{it} \nabla \cdot \boldsymbol{u}_i - 2\boldsymbol{u}_i \cdot \nabla \omega_{it} - \frac{\omega_{it} \boldsymbol{u}_i \cdot \nabla \omega_i}{2(\omega_i + \sqrt{\rho_i^*})} + \\ & \nabla \omega_i \cdot ((\boldsymbol{u}_i \cdot \nabla) \boldsymbol{u}_i) \frac{\omega_i + \sqrt{\rho_i^*}}{2} \sum_{k,l=1}^{3} |\partial_k \boldsymbol{u}_i^l|^2 - \frac{\omega_i + \sqrt{\rho_i^*}}{2} |\boldsymbol{\phi}_i|^2 - \\ & \boldsymbol{u}_i \cdot \nabla (\boldsymbol{u}_i \cdot \nabla \omega_i) + \frac{1}{2(\omega_i + \sqrt{\rho_i^*})} (\omega_{it} + \boldsymbol{u}_i \cdot \nabla \omega_i)(\boldsymbol{u}_i \cdot \nabla \omega_i) \Big\}, i = a, b. \end{aligned} \tag{6.1.23}$$

相应的初始条件变为

$$\omega_i(x,0) := \omega_{i0} = \psi_{i0} - \sqrt{\rho_i^*}, \boldsymbol{\phi}_i(x,0) := \boldsymbol{\phi}_{i0}(x) = \frac{1}{\tau} \nabla \times \boldsymbol{u}_{i0}(x),$$

$$\omega_{it}(x,0):=\omega_{i1}(x)=\frac{1}{\tau}\Big(-\boldsymbol{u}_{i0}\cdot\nabla\omega_{i0}-\frac{1}{2}(\omega_{i0}+\sqrt{\rho_i^*})\nabla\cdot\boldsymbol{u}_{i0}(x)\Big),i=a,b.$$

同样可得 $\nabla\cdot\boldsymbol{u}_i$ 和 $\nabla\omega,\omega_{it}$ 的关系式

$$2\omega_{it}+2\boldsymbol{u}_i\cdot\nabla\omega_i+(\omega_i+\sqrt{\rho_i^*})\nabla\cdot\boldsymbol{u}_i=0,i=a,b. \tag{6.1.24}$$

下面来研究方程组 (6.1.16)–(6.1.20)，并得出关于 $\omega_a,\omega_b,\boldsymbol{\phi}_a,\boldsymbol{\phi}_b,\boldsymbol{E}$ 的先验估计。考虑工作空间

$$X(T)=\{(\omega_a,\omega_b,\boldsymbol{u}_a,\boldsymbol{u}_b)\in L^\infty([0,T];(H^6(\mathbf{R}^3))^2\times(\mathcal{H}^5(\mathbf{R}^3))^2)\}$$

以及充分小的

$$\begin{aligned}\delta_T=&\max_{0\leqslant t\leqslant T}\{\|(\omega_a,\omega_b)(\cdot,t)\|_4^2+\|\tau(\partial_t\omega_a,\partial_t\omega_b)(\cdot,t)\|_3^2+\|\tau(\boldsymbol{u}_a,\boldsymbol{u}_b)(\cdot,t)\|_{\mathcal{H}^4}^2\}+\\&\int_0^T(\|(\boldsymbol{u}_a,\boldsymbol{u}_b)(\cdot,t)\|_{\mathcal{H}^3}^2+\|(\omega_a,\omega_b)(\cdot,t)\|_5^2+\|\boldsymbol{E}(\cdot,t)\|_{\mathcal{H}^2}^2)\mathrm{d}t.\end{aligned} \tag{6.1.25}$$

由 Sobolev 嵌入定理知，对充分小的 δ_T 可以保证 ψ_a,ψ_b 的正性，即

$$\frac{\sqrt{\rho_a^*}}{2}\leqslant\omega_a+\sqrt{\rho_a^*}\leqslant\frac{3}{2}\sqrt{\rho_a^*},\frac{\sqrt{\rho_b^*}}{2}\leqslant\omega_b+\sqrt{\rho_b^*}\leqslant\frac{3}{2}\sqrt{\rho_b^*}.$$

同时对于充分小的 δ_T，由 Sobolev 嵌入定理还可得到

$$\|(D^\alpha\omega_a,D^\alpha\omega_b,\tau D^\beta\omega_{at},\tau D^\beta\omega_{bt})\|_{L^\infty(\mathbf{R}^3\times[0,T])}\leqslant c\delta_T,|\alpha|\leqslant2,|\beta|\leqslant1, \tag{6.1.26}$$

$$\|(\tau D^\alpha\boldsymbol{u}_a,\tau D^\alpha\boldsymbol{u}_b)\|_{L^\infty(\mathbf{R}^3\times[0,T])}\leqslant c\delta_T,|\alpha|\leqslant2, \tag{6.1.27}$$

$$\int_0^T\|(D^\alpha\boldsymbol{u}_a,D^\alpha\boldsymbol{u}_b,\tau^2\boldsymbol{u}_{at},\tau^2\boldsymbol{u}_{bt})(\cdot,t)\|_{L^\infty(\mathbf{R}^3\times[0,T])}^2\mathrm{d}t\leqslant c\delta_T,|\alpha|\leqslant1. \tag{6.1.28}$$

利用引理 6.1.1 以及 Poisson 方程 (6.1.20) 可知

$$\|\boldsymbol{E}\|_{L^\infty([0,T];\mathcal{H}^5(\mathbf{R}^3))}\leqslant c\delta_T,\|D^\alpha\boldsymbol{E}\|_{L^\infty(\mathbf{R}^3\times[0,T])}\leqslant c\delta_T. \tag{6.1.29}$$

下面给出一个先验估计引理。

引理 6.1.5 假设 $(\omega_a,\omega_b,\boldsymbol{u}_a,\boldsymbol{u}_b,\boldsymbol{E})$ 是局部解，且 $\delta_T\ll1$，则有

$$E_1(t)+\int_0^t E_2(s)\mathrm{d}s\leqslant c\Lambda_0,t\in(0,T), \tag{6.1.30}$$

其中 c 是常数，不依赖于 ε 和 τ，Λ_0 由定理 6.1.1 给出，且

$$E_1(t):=\{\|(\omega_a,\omega_b)(\cdot,t)\|_4^2+(\tau+\varepsilon^2)\|(D^5\omega_a,D^5\omega_b)(\cdot,t)\|^2+$$

$$\tau h^2\|(D^6\omega_a, D^6\omega_b)(\cdot,t)\|^2+\tau^2\|(\omega_{at},\omega_{bt})(\cdot,t)\|_3^2+$$
$$\tau^3\|(D^4\omega_{at}, D^4\omega_{bt})\|^2+\tau^2\|(\boldsymbol{u}_a,\boldsymbol{u}_b)(\cdot,t)\|_{\mathcal{H}^4}^2+$$
$$\|(D^5\boldsymbol{u}_a, D^5\boldsymbol{u}_b)(\cdot,t)\|^2+\|\boldsymbol{E}(\cdot,t)\|_{\mathcal{H}^5}^2\},$$
$$E_2(t):=\{\|(\nabla\omega_a,\nabla\omega_b)(\cdot,t)\|_4^2+\varepsilon^2\|(D^6\omega_a, D^6\omega_b)(\cdot,t)\|^2+$$
$$\|(\omega_{at},\omega_{bt})(\cdot,t)\|_3^2+\tau\|(D^4\omega_{at}, D^4\omega_{bt})(\cdot,t)\|^2+$$
$$\|(\boldsymbol{u}_a,\boldsymbol{u}_b)(\cdot,t)\|_{\mathcal{H}^4}^2+\tau\|(D^5\boldsymbol{u}_a, D^5\boldsymbol{u}_b)(\cdot,t)\|^2+\|\boldsymbol{E}(\cdot,t)\|_{\mathcal{H}^5}^2\}.$$

引理 6.1.5 的证明 (1) 估计 ω_a,ω_b。为了简单起见，设 $\tau<1$。在 (6.1.16) 两边同时乘以 $(\omega_a+2\omega_{at})$，在 (6.1.17) 两边同时乘以 $(\omega_b+2\omega_{bt})$，在 $\mathbf{R}^3$ 中分部积分，并将两式相加可得：

$$\frac{\mathrm{d}}{\mathrm{d}t}\int_{\mathbf{R}^3}\left[\tau^2\omega_{at}^2+\tau^2\omega_a\omega_{at}+\frac{\omega_a^2}{2}+\tau^2\omega_{bt}^2+\tau^2\omega_b\omega_{bt}+\frac{\omega_b^2}{2}+P_a'(\rho_a^*)|\nabla\omega_a|^2+\right.$$
$$\left.P_b'(\rho_b^*)|\nabla\omega_b|^2+\frac{h^2}{4}(|\Delta\omega_a|^2+|\Delta\omega_b|^2)+\frac{1}{4}|\nabla\cdot\boldsymbol{E}|^2\right]\mathrm{d}x+$$
$$\int_{\mathbf{R}^3}\left[(2-\tau^2)(\omega_{at}^2+\omega_{bt}^2)+P_a'(\rho_a^*)|\nabla\omega_a|^2+P_b'(\rho_b^*)|\nabla\omega_b|^2+\right.$$
$$\left.\frac{h^2}{4}(|\Delta\omega_a|^2+|\Delta\omega_b|^2)+\frac{1}{4}|\nabla\cdot\boldsymbol{E}|^2\right]\mathrm{d}x=$$
$$\frac{1}{2}\int_{\mathbf{R}^3}(\omega_a\nabla\omega_a-\omega_b\nabla\omega_b)\cdot\boldsymbol{E}\mathrm{d}x+\int_{\mathbf{R}^3}f_{a1}(x,t)(\omega_a+2\omega_{at})\mathrm{d}x+$$
$$\int_{\mathbf{R}^3}f_{b1}(x,t)(\omega_b+2\omega_{bt})\mathrm{d}x. \tag{6.1.31}$$

计算过程中用到了以下结果：

$$\int_{\mathbf{R}^3}\left\{\left[\frac{1}{2}(\omega_a+\sqrt{\rho_a^*})\nabla\cdot\boldsymbol{E}\right]\omega_a-\left[\frac{1}{2}(\omega_b+\sqrt{\rho_b^*})\nabla\cdot\boldsymbol{E}\right]\omega_b\right\}\mathrm{d}x=$$
$$\frac{1}{4}\int_{\mathbf{R}^3}|\nabla\cdot\boldsymbol{E}|^2\mathrm{d}x-\frac{1}{4}\int_{\mathbf{R}^3}\nabla(\omega_a^2-\omega_b^2)\cdot\boldsymbol{E}\mathrm{d}x,$$

以及

$$\int_{\mathbf{R}^3}\left\{\left[\frac{1}{2}(\omega_a+\sqrt{\rho_a^*})\nabla\cdot\boldsymbol{E}\right]2\omega_{at}-\left[\frac{1}{2}(\omega_b+\sqrt{\rho_b^*})\nabla\cdot\boldsymbol{E}\right]2\omega_{bt}\right\}\mathrm{d}x=\frac{1}{4}\frac{\mathrm{d}}{\mathrm{d}t}\int_{\mathbf{R}^3}|\nabla\cdot\boldsymbol{E}|^2\mathrm{d}x.$$

下面来估计 (6.1.31) 的右边。由 Sobolev 嵌入定理、Hölder 不等式以及 Young 不等式可得

$$\int_{\mathbf{R}^3}\omega_i\nabla\omega_i\cdot\boldsymbol{E}\mathrm{d}x\leqslant\|\omega_i\|_{L^3}\|\nabla\omega_i\|_{L^2}\cdot\|\boldsymbol{E}\|_{L^6}\leqslant$$

$$c(\|\omega_i\|_{L^2}+\|\nabla\omega_i\|_{L^2})(\|\nabla\omega_i\|_{L^2}\cdot\|\boldsymbol{E}\|_{L^6})\leqslant$$
$$c(\delta_T)^{\frac{1}{2}}(\|\nabla\omega_i\|^2+\|\nabla\cdot\boldsymbol{E}\|^2),\ i=a,b. \tag{6.1.32}$$

此处用 $\|\nabla\cdot\boldsymbol{E}\|^2$ 来估计 $\|D\boldsymbol{E}\|^2$ 时用到了引理 6.1.1。(6.1.31) 的右边其他项估计如下：

$$\int_{\mathbf{R}^3}[P_i'((\omega_i+\sqrt{\rho_i^*})^2)-P_i'(\rho_i^*)]\Delta\omega_i\cdot(2\omega_{it})\mathrm{d}x\leqslant c(\delta_T)^{\frac{1}{2}}(\|\Delta\omega_i\|^2+\|\omega_{it}\|^2), \tag{6.1.33}$$

$$\int_{\mathbf{R}^3}\tau^2\boldsymbol{u}_i\cdot\nabla\omega_{it}(2\omega_{it})\mathrm{d}x=-\int_{\mathbf{R}^3}\tau^2\nabla\cdot\boldsymbol{u}_i(\omega_{it})^2\mathrm{d}x\leqslant c(\delta_T)^{\frac{1}{2}}\|\omega_{it}\|^2, \tag{6.1.34}$$

$$\int_{\mathbf{R}^3}\tau^2\boldsymbol{u}_i\nabla(\boldsymbol{u}_i\cdot\nabla\omega_i)(2\omega_{it})\mathrm{d}x\leqslant c(\delta_T)^{\frac{1}{2}}\|(\nabla\omega_i,\Delta\omega_i,\omega_{it},\boldsymbol{\phi}_i)^2\|. \tag{6.1.35}$$

这里 (6.1.35) 的估计中用到了 $\|D\boldsymbol{u}_i\|^2\leqslant c(\|\nabla\cdot\boldsymbol{u}_i\|^2+\|\nabla\times\boldsymbol{u}_i\|^2)$，以及通过 (6.1.24) 来估计 $\nabla\cdot\boldsymbol{u}$。利用分部积分、Hölder 不等式、Young 不等式、Moser 引理 6.1.3、引理 6.1.4 以及 (6.1.31)–(6.1.35) 可得

$$\begin{aligned}&\frac{\mathrm{d}}{\mathrm{d}t}\int_{\mathbf{R}^3}\bigg[\tau^2\omega_{at}^2+\tau^2\omega_a\omega_{at}+\frac{\omega_a^2}{2}+\tau^2\omega_{bt}^2+\tau^2\omega_b\omega_{bt}+\frac{\omega_b^2}{2}+P_a'(\rho_a^*)|\nabla\omega_a|^2+\\&P_b'(\rho_b^*)|\nabla\omega_b|^2+\frac{h^2}{4}(|\Delta\omega_a|^2+|\Delta\omega_b|^2)+\frac{1}{4}|\nabla\cdot\boldsymbol{E}|^2\bigg]\mathrm{d}x+\\&\int_{\mathbf{R}^3}\bigg[(2-\tau^2)(\omega_{at}^2+\omega_{bt}^2)+P_a'(\rho_a^*)|\nabla\omega_a|^2+P_b'(\rho_b^*)|\nabla\omega_b|^2+\\&\frac{h^2}{4}(|\Delta\omega_a|^2+|\Delta\omega_b|^2)+\frac{1}{4}|\nabla\cdot\boldsymbol{E}|^2\bigg]\mathrm{d}x\leqslant\\&c(\delta_T)^{\frac{1}{2}}\|(\nabla\omega_a,\nabla\omega_b,\omega_{at},\omega_{bt},\nabla\cdot\boldsymbol{E},\boldsymbol{\phi}_a,\boldsymbol{\phi}_b)\|^2+c(\delta_T)^{\frac{1}{2}}\|(\Delta\omega_a,\Delta\omega_b)\|^2.\end{aligned} \tag{6.1.36}$$

在之后的封闭性证明的过程中会用到 (6.1.36) 的估计。

下面估计 ω_a,ω_b 的高阶范数。在 (6.1.16) 和 (6.1.17) 两边对 x 求导，并记 $\tilde{\omega}_a:=D^\alpha\omega_a,\tilde{\omega}_b:=D^\alpha\omega_b$ 以及 $\tilde{\boldsymbol{E}}:=D^\alpha\boldsymbol{E}(1\leqslant|\alpha|\leqslant 3)$ 满足

$$\begin{aligned}&\tau^2\tilde{\omega}_{itt}+\tilde{\omega}_{it}+\frac{h^2}{4}\Delta^2\tilde{\omega}_i+\frac{q_i}{2}(\omega_i+\sqrt{\rho_i^*})\nabla\cdot\tilde{\boldsymbol{E}}-P_i'(\rho_i^*)\Delta\tilde{\omega}_i=\\&D^\alpha f_{i1}(x,t)-D^\alpha(\frac{q_i}{2}(\omega_i+\sqrt{\rho_i^*})\nabla\cdot\boldsymbol{E})+\frac{q_i}{2}(\omega_i+\sqrt{\rho_i^*})\nabla\cdot\boldsymbol{E}\overset{\text{def}}{=\!=}\\&F_i(x,t),(i=a,b;q_a=1,q_b=-1).\end{aligned} \tag{6.1.37}$$

在 (6.1.37) 两边，当 $i=a$ 时乘以 $(\tilde{\omega}_a+2\tilde{\omega}_{at})$，当 $i=b$ 时乘以 $(\tilde{\omega}_b+2\tilde{\omega}_{bt})$，再在 $\mathbf{R}^3$ 上分部积分，且注意到

$$\int_{\mathbf{R}^3}\left\{\left[\frac{1}{2}(\omega_a+\sqrt{\rho_a^*})\nabla\cdot\tilde{\boldsymbol{E}}\right](\tilde{\omega}_a+2\tilde{\omega}_{at})-\left[\frac{1}{2}(\tilde{\omega}_b+\sqrt{\rho_b^*})\nabla\cdot\tilde{\boldsymbol{E}}\right](\tilde{\omega}_b+2\tilde{\omega}_{bt})\right\}\mathrm{d}x=$$

$$
\begin{aligned}
&\frac{1}{4}\int_{\mathbf{R}^3}|\nabla\cdot\tilde{\boldsymbol{E}}|^2\mathrm{d}x+\frac{1}{4}\frac{\mathrm{d}}{\mathrm{d}t}\int_{\mathbf{R}^3}|\nabla\cdot\tilde{\boldsymbol{E}}|^2\mathrm{d}x-\frac{1}{4}\int_{\mathbf{R}^3}\nabla\cdot\tilde{\boldsymbol{E}}D^\alpha(\omega_a^2-\omega_b^2)\mathrm{d}x-\\
&\frac{1}{2}\int_{\mathbf{R}^3}\nabla\cdot\tilde{\boldsymbol{E}}D^\alpha(\omega_a^2-\omega_b^2)_t\mathrm{d}x+\frac{1}{2}\int_{\mathbf{R}^3}\omega_a\nabla\cdot\tilde{\boldsymbol{E}}(\tilde{\omega}_a+2\tilde{\omega}_{at})\mathrm{d}x-\\
&\frac{1}{2}\int_{\mathbf{R}^3}\omega_b\nabla\cdot\tilde{\boldsymbol{E}}(\tilde{\omega}_b+2\tilde{\omega}_{bt})\mathrm{d}x. \qquad (6.1.38)
\end{aligned}
$$

故而可得

$$
\begin{aligned}
&\frac{\mathrm{d}}{\mathrm{d}t}\int_{\mathbf{R}^3}\Big[\tau^2\tilde{\omega}_{at}^2+\tau^2\tilde{\omega}_a\tilde{\omega}_{at}+\frac{\tilde{\omega}_a^2}{2}+\tau^2\tilde{\omega}_{bt}^2+\tau^2\tilde{\omega}_b\tilde{\omega}_{bt}+\frac{\tilde{\omega}_b^2}{2}+P_a'(\rho_a^*)|\nabla\tilde{\omega}_a|^2+\\
&P_b'(\rho_b^*)|\nabla\tilde{\omega}_b|^2+\frac{h^2}{4}(|\Delta\tilde{\omega}_a|^2+|\Delta\tilde{\omega}_b|^2)+\frac{1}{4}|\nabla\cdot\tilde{\boldsymbol{E}}|^2\Big]\mathrm{d}x+\\
&\int_{\mathbf{R}^3}\Big[(2-\tau^2)(\tilde{\omega}_{at}^2+\tilde{\omega}_{bt}^2)+P_a'(\rho_a^*)|\nabla\tilde{\omega}_a|^2+P_b'(\rho_b^*)|\nabla\tilde{\omega}_b|^2+\\
&\frac{h^2}{4}(|\Delta\tilde{\omega}_a|^2+|\Delta\tilde{\omega}_b|^2)+\frac{1}{4}|\nabla\cdot\tilde{\boldsymbol{E}}|^2\Big]\mathrm{d}x=\\
&\int_{\mathbf{R}^3}[F_a\cdot(\tilde{\omega}_a+2\tilde{\omega}_{at})+F_b\cdot(\tilde{\omega}_b+2\tilde{\omega}_{bt})]\mathrm{d}x+\frac{1}{4}\int_{\mathbf{R}^3}\nabla\cdot\tilde{\boldsymbol{E}}D^\alpha(\omega_a^2-\omega_b^2)\mathrm{d}x+\\
&\frac{1}{2}\int_{\mathbf{R}^3}\nabla\cdot\tilde{\boldsymbol{E}}D^\alpha(\omega_a^2-\omega_b^2)_t\mathrm{d}x-\frac{1}{2}\int_{\mathbf{R}^3}\omega_a\nabla\cdot\tilde{\boldsymbol{E}}(\tilde{\omega}_a+2\tilde{\omega}_{at})\mathrm{d}x+\\
&\frac{1}{2}\int_{\mathbf{R}^3}\omega_b\nabla\cdot\tilde{\boldsymbol{E}}(\tilde{\omega}_b+2\tilde{\omega}_{bt})\mathrm{d}x. \qquad (6.1.39)
\end{aligned}
$$

利用分部积分、Hölder 不等式、Young 不等式、Moser 引理 6.1.3、引理 6.1.4 可得

$$
\begin{aligned}
&\frac{\mathrm{d}}{\mathrm{d}t}\int_{\mathbf{R}^3}\Big[\tau^2\tilde{\omega}_{at}^2+\tau^2\tilde{\omega}_a\tilde{\omega}_{at}+\frac{\tilde{\omega}_a^2}{2}+\tau^2\tilde{\omega}_{bt}^2+\tau^2\tilde{\omega}_b\tilde{\omega}_{bt}+\frac{\tilde{\omega}_b^2}{2}+P_a'(\rho_a^*)|\nabla\tilde{\omega}_a|^2+\\
&P_b'(\rho_b^*)|\nabla\tilde{\omega}_b|^2+\frac{h^2}{4}(|\Delta\tilde{\omega}_a|^2+|\Delta\tilde{\omega}_b|^2)+\frac{1}{4}|\nabla\cdot\tilde{\boldsymbol{E}}|^2\Big]\mathrm{d}x+\\
&\int_{\mathbf{R}^3}\Big[(2-\tau^2)(\tilde{\omega}_{at}^2+\tilde{\omega}_{bt}^2)+P_a'(\rho_a^*)|\nabla\tilde{\omega}_a|^2+P_b'(\rho_b^*)|\nabla\tilde{\omega}_b|^2+\\
&\frac{h^2}{4}(|\Delta\tilde{\omega}_a|^2+|\Delta\tilde{\omega}_b|^2)+\frac{1}{4}|\nabla\cdot\tilde{\boldsymbol{E}}|^2\Big]\mathrm{d}x\leqslant\\
&c(\delta_T)^{\frac{1}{2}}\|(\nabla\omega_a,\nabla\omega_b,\omega_{at},\omega_{bt},\nabla\cdot\boldsymbol{E},\boldsymbol{\phi}_a,\boldsymbol{\phi}_b)\|_3^2+c(\delta_T)^{\frac{1}{2}}\|(D^5\omega_a,D^5\omega_b)\|^2. \qquad (6.1.40)
\end{aligned}
$$

此时还需要对最高阶项进行估计，才能处理 (6.1.40) 的最后一项。

下面来估计 ω_a,ω_b 的最高阶导数。令 $|\alpha|=4$，为了简便起见，记 $\tilde{\omega}_a:=D^\alpha\omega_a$，$\tilde{\omega}_b:=D^\alpha\omega_b$ 以及 $\tilde{\boldsymbol{E}}:=D^\alpha\boldsymbol{E}$。在 (6.1.37) 两边，当 $i=a$ 时乘以 $(\tilde{\omega}_a+2\tau\tilde{\omega}_{at})$，当 $i=b$

时乘以 $(\tilde{\omega}_b + 2\tau\tilde{\omega}_{bt})$(此处 $|\alpha| = 4$)，同样可得

$$\frac{\mathrm{d}}{\mathrm{d}t}\int_{\mathbf{R}^3}\Big[\tau^3\tilde{\omega}_{at}^2 + \tau^2\tilde{\omega}_a\tilde{\omega}_{at} + \frac{\tilde{\omega}_a^2}{2} + \tau^3\tilde{\omega}_{bt}^2 + \tau^2\tilde{\omega}_b\tilde{\omega}_{bt} + \frac{\tilde{\omega}_b^2}{2} + \tau P_a'(\rho_a^*)|\nabla\tilde{\omega}_a|^2 +$$
$$\tau P_b'(\rho_b^*)|\nabla\tilde{\omega}_b|^2 + \frac{\tau h^2}{4}(|\Delta\tilde{\omega}_a|^2 + |\Delta\tilde{\omega}_b|^2) + \frac{\tau}{4}|\nabla\cdot\tilde{\boldsymbol{E}}|^2\Big]\mathrm{d}x +$$
$$\int_{\mathbf{R}^3}\Big[(2\tau - \tau^2)(\tilde{\omega}_{at}^2 + \tilde{\omega}_{bt}^2) + P_a'(\rho_a^*)|\nabla\tilde{\omega}_a|^2 + P_b'(\rho_b^*)|\nabla\tilde{\omega}_b|^2 +$$
$$\frac{h^2}{4}(|\Delta\tilde{\omega}_a|^2 + |\Delta\tilde{\omega}_b|^2) + \frac{1}{4}|\nabla\cdot\tilde{\boldsymbol{E}}|^2\Big]\mathrm{d}x =$$
$$\int_{\mathbf{R}^3}[F_a\cdot(\tilde{\omega}_a + 2\tau\tilde{\omega}_{at}) + F_b\cdot(\tilde{\omega}_b + 2\tau\tilde{\omega}_{bt})]\mathrm{d}x + \frac{1}{4}\int_{\mathbf{R}^3}\nabla\cdot\tilde{\boldsymbol{E}}D^\alpha(\omega_a^2 - \omega_b^2)\mathrm{d}x +$$
$$\frac{1}{2}\int_{\mathbf{R}^3}\tau\nabla\cdot\tilde{\boldsymbol{E}}D^\alpha(\omega_a^2 - \omega_b^2)_t\mathrm{d}x - \int_{\mathbf{R}^3}\frac{1}{2}\omega_a\nabla\cdot\tilde{\boldsymbol{E}}(\tilde{\omega}_a + 2\tau\tilde{\omega}_{at})\mathrm{d}x +$$
$$\int_{\mathbf{R}^3}\frac{1}{2}\omega_b\nabla\cdot\tilde{\boldsymbol{E}}(\tilde{\omega}_b + 2\tau\tilde{\omega}_{bt})\mathrm{d}x. \tag{6.1.41}$$

(6.1.41) 的右边含 $2\tau\tilde{\omega}_{at}$ 以及 $2\tau\tilde{\omega}_{bt}$ 的项需要特别分析。不妨设 $i = a$，关键的分析如下：

$$\int_{\mathbf{R}^3}[P_a'((\omega_a + \sqrt{\rho_a^*})^2) - P_a'(\rho_a^*)]\Delta\tilde{\omega}_a\cdot 2\tau\tilde{\omega}_{at}\mathrm{d}x \leqslant$$
$$-\frac{\mathrm{d}}{\mathrm{d}t}\int_{\mathbf{R}^3}\tau[P_a'((\omega_a + \sqrt{\rho_a^*})^2) - P_a'(\rho_a^*)]|\nabla\tilde{\omega}_a|^2\mathrm{d}x +$$
$$c\delta_T^{\frac{1}{2}}\|\nabla\tilde{\omega}_a\|^2 + c\delta_T^{\frac{1}{2}}\tau\|\tilde{\omega}_{at}\|^2, \tag{6.1.42}$$

$$\int_{\mathbf{R}^3}\tau^2\boldsymbol{u}_a\nabla\tilde{\omega}_{at}\cdot 2\tau\tilde{\omega}_{at}\mathrm{d}x = -\int_{\mathbf{R}^3}\nabla\cdot\boldsymbol{u}_a|\tilde{\omega}_{at}|^2\mathrm{d}x \leqslant c\delta_T^{\frac{1}{2}}\tau\|\tilde{\omega}_{at}\|^2, \tag{6.1.43}$$

$$\int_{\mathbf{R}^3}\tau^2\boldsymbol{u}_a\nabla(\boldsymbol{u}_a\cdot\nabla\tilde{\omega}_a)\cdot 2\tau\tilde{\omega}_{at}\mathrm{d}x \leqslant$$
$$-\frac{\mathrm{d}}{\mathrm{d}t}\int_{\mathbf{R}^3}\tau(\tau\boldsymbol{u}_a\cdot\nabla\tilde{\omega}_a)^2\mathrm{d}x + \int_{\mathbf{R}^3}2\tau^3(\boldsymbol{u}_a\cdot\nabla\tilde{\omega}_a)\boldsymbol{u}_{at}\nabla\tilde{\omega}_a\mathrm{d}x +$$
$$c\delta_T^{\frac{1}{2}}\|\nabla\tilde{\omega}_a\|^2 + c\delta_T^{\frac{1}{2}}\tau\|\tilde{\omega}_{at}\|^2. \tag{6.1.44}$$

其余的项可以利用 Hölder 不等式、Young 不等式、Moser 引理 6.1.3、引理 6.1.4 来分析，最终可得

$$\frac{\mathrm{d}}{\mathrm{d}t}\int_{\mathbf{R}^3}\Big[\tau^3\tilde{\omega}_{at}^2 + \tau^2\tilde{\omega}_a\tilde{\omega}_{at} + \frac{\tilde{\omega}_a^2}{2} + \tau^3\tilde{\omega}_{bt}^2 + \tau^2\tilde{\omega}_b\tilde{\omega}_{bt} + \frac{\tilde{\omega}_b^2}{2} + \tau P_a'(\rho_a^*)|\nabla\tilde{\omega}_a|^2 +$$
$$\tau P_b'(\rho_b^*)|\nabla\tilde{\omega}_b|^2 + \frac{\tau h^2}{4}(|\Delta\tilde{\omega}_a|^2 + |\Delta\tilde{\omega}_b|^2) + \frac{\tau}{4}|\nabla\cdot\tilde{\boldsymbol{E}}|^2\Big]\mathrm{d}x +$$

$$\frac{\mathrm{d}}{\mathrm{d}t}\int_{\mathbf{R}^3}\tau[P_a'((\omega_a+\sqrt{\rho_a^*})^2)-P_a'(\rho_a^*)]|\nabla\tilde{\omega}_a|^2\mathrm{d}x+\frac{\mathrm{d}}{\mathrm{d}t}\int_{\mathbf{R}^3}\tau(\tau\boldsymbol{u}_a\cdot\nabla\tilde{\omega}_a)^2\mathrm{d}x+$$
$$\frac{\mathrm{d}}{\mathrm{d}t}\int_{\mathbf{R}^3}\tau[P_b'((\omega_b+\sqrt{\rho_b^*})^2)-P_b'(\rho_b^*)]|\nabla\tilde{\omega}_b|^2\mathrm{d}x+\frac{\mathrm{d}}{\mathrm{d}t}\int_{\mathbf{R}^3}\tau(\tau\boldsymbol{u}_b\cdot\nabla\tilde{\omega}_b)^2\mathrm{d}x+$$
$$\int_{\mathbf{R}^3}\Big[(2\tau-\tau^2)(\tilde{\omega}_{at}^2+\tilde{\omega}_{bt}^2)+P_a'(\rho_a^*)|\nabla\tilde{\omega}_a|^2+P_b'(\rho_b^*)|\nabla\tilde{\omega}_b|^2+$$
$$\frac{h^2}{4}(|\Delta\tilde{\omega}_a|^2+|\Delta\tilde{\omega}_b|^2)+\frac{1}{4}|\nabla\cdot\tilde{\boldsymbol{E}}|^2+2\tau^3(\boldsymbol{u}_a\cdot\nabla\tilde{\omega}_a)\boldsymbol{u}_{at}\nabla\tilde{\omega}_a\Big]\mathrm{d}x\leqslant$$
$$c\delta_T^{\frac{1}{2}}\|(\nabla\omega_a,\nabla\omega_b)\|_4^2+c\delta_T^{\frac{1}{2}}h^2\|(D^6\omega_a,D^6\omega_b)\|^2+c\delta_T^{\frac{1}{2}}\|\nabla\cdot\boldsymbol{E}\|_4^2+$$
$$c\delta_T^{\frac{1}{2}}\tau\|(D^4\omega_{at},D^4\omega_{bt})\|^2+c\delta_T^{\frac{1}{2}}\|(\boldsymbol{\phi}_a,\boldsymbol{\phi}_b)\|_4^2. \tag{6.1.45}$$

(2) 估计 $\boldsymbol{\phi}_a,\boldsymbol{\phi}_b$。将 (6.1.18) 和 (6.1.19) 对变量 x 求导,并记 $\tilde{\boldsymbol{\phi}}_a:=D^\alpha\boldsymbol{\phi}_a,\tilde{\boldsymbol{\phi}}_b:=D^\alpha\boldsymbol{\phi}_b$,继而有

$$\tau^2\tilde{\boldsymbol{\phi}}_{at}+\tilde{\boldsymbol{\phi}}_a=D^\alpha f_{a2}. \tag{6.1.46}$$

将 (6.1.46) 两边同时乘以 $2\tilde{\boldsymbol{\phi}}_a$,并在 $\mathbf{R}^3$ 上积分得

$$\tau\frac{\mathrm{d}}{\mathrm{d}t}\int_{\mathbf{R}^3}|\tilde{\boldsymbol{\phi}}_a|^2\mathrm{d}x+2\int_{\mathbf{R}^3}|\tilde{\boldsymbol{\phi}}_a|^2\mathrm{d}x=\int_{\mathbf{R}^3}D^\alpha f_{a2}\cdot2\tilde{\boldsymbol{\phi}}_a\mathrm{d}x. \tag{6.1.47}$$

同样利用 Hölder 不等式、Young 不等式、Moser 引理 6.1.3、引理 6.1.4 可以估计 (6.1.47) 的右边,最终可得

$$\tau^2\frac{\mathrm{d}}{\mathrm{d}t}\int_{\mathbf{R}^3}|\tilde{\boldsymbol{\phi}}_a|^2\mathrm{d}x+2\int_{\mathbf{R}^3}|\tilde{\boldsymbol{\phi}}_a|^2\mathrm{d}x\leqslant c\delta_T^{\frac{1}{2}}\|\boldsymbol{\phi}_a\|_4^2+c\delta_T^{\frac{1}{2}}\tau\|\omega_{at}\|_4^2+c\delta_T^{\frac{1}{2}}\|\nabla\omega_a\|_4^2. \tag{6.1.48}$$

(3) 能量估计的闭性。由假定 $\delta_T\ll1$,以及估计 (6.1.36)、(6.1.40) ($|\alpha|\leqslant3$)、(6.1.45) ($|\alpha|=4$) 以及 (6.1.48) ($|\alpha|\leqslant4$) 可得

$$\frac{\mathrm{d}}{\mathrm{d}t}H_1(t)+H_2(t)\leqslant\sum_{i=a,b}\tau\|\boldsymbol{u}_i(\cdot,t)\|_{L^\infty}\cdot\|\tau^2\boldsymbol{u}_{it}(\cdot,t)\|_{L^\infty}\cdot\|D^5\omega_i\|^2, \tag{6.1.49}$$

其中 $H_1(t),H_2(t)$ 满足

$$0<c_1E_1(t)<H_1(t)<c_2E_1(t),0<c_3E_2(t)<H_2(t)<c_4E_2(t),t\in[0,T],$$

c_1,c_2,c_3,c_4 是不依赖于 h 和 τ 的正常数,$E_1(t),E_2(t)$ 由引理 6.1.5 给出。由 (6.1.49) 可得

$$\frac{\mathrm{d}}{\mathrm{d}t}H_1(t)+H_2(t)\leqslant cg(t)H_1(t),t\in[0,T], \tag{6.1.50}$$

其中

$$g(t)=\sum_{i=a,b}\|\boldsymbol{u}_i(\cdot,t)\|_{L^\infty}\cdot 2\|\tau^2\boldsymbol{u}_{it}(\cdot,t)\|_{L^\infty}.$$

利用 Gronwall 不等式可知，若 $\delta_T\ll 1$，则

$$H_1(t)\leqslant c\mathrm{e}^{\int_0^t g(s)\mathrm{d}s}H_1(0)\leqslant c\mathrm{e}^{c\delta_T}H_1(0)\leqslant cH_1(0),\ \ t\in[0,T]. \tag{6.1.51}$$

在 (6.1.50) 两边同时对 t 在 $[0,T]$ 上积分，并利用 (6.1.51) 可得

$$\int_0^T H_2(s)\mathrm{d}s\leqslant H_1(0)+H_1(t)+c\delta_T H_1(0)\leqslant C'H_1(0). \tag{6.1.52}$$

以上的常数 c, C' 不依赖于参数 $h>0$ 和 $\tau>0$。

利用 (6.1.51) 和 (6.1.52)，以及 $H_1(t)$ 与 $E_1(t)$、$H_2(t)$ 与 $E_2(t)$ 的等价性，可以得出引理 6.1.5 成立。 □

定理 6.1.1 的证明 由定理 6.1.3 的局部存在性和引理 6.1.5 的先验估计，易知 (6.1.10)–(6.1.12) 的整体解存在。此处略去证明过程。 □

定理 6.1.2 的证明 由引理 6.1.5 可知对于任意的 h 和 τ，以及充分小的 $\Lambda_0>0$，(6.1.10)–(6.1.12) 的整体解存在。

设 $(\psi_a^h,\psi_b^h,\boldsymbol{u}_a^h,\boldsymbol{u}_b^h,\boldsymbol{E}^h)$ 是 (6.1.10)–(6.1.12) 的解，那么由引理 6.1.5 以及 Poisson 方程 (6.1.20) 知

$$\begin{aligned}&\sum_{k=0}^{l}\|[\partial_t^k(\psi_a^h-\sqrt{\rho_a^*}),\partial_t^k(\psi_b^h-\sqrt{\rho_b^*})](\cdot,t)\|_{5-i}^2+\\&\sum_{k=0}^{1}\|(\partial_t^k\boldsymbol{u}_a^h,\partial_t^k\boldsymbol{u}_b^h)(\cdot,t)\|_{\mathcal{H}^{5-2i}}^2+\|\boldsymbol{E}^h(\cdot,t)\|_{\mathcal{H}^6}^2\leqslant c\Lambda_0,\end{aligned} \tag{6.1.53}$$

$$\int_0^t[\|(\psi_a^h-\sqrt{\rho_a^*}),(\psi_b^h-\sqrt{\rho_b^*})(\cdot,s)\|_5^2+\|(\partial_t\psi_a^h,\partial_t\psi_b^h)(\cdot,s)\|_4^2]\mathrm{d}s\leqslant c\Lambda_0 t, \tag{6.1.54}$$

$$\int_0^t\left[\sum_{k=0}^{1}\|(\partial_t^k\boldsymbol{u}_a^h,\partial_t^k\boldsymbol{u}_b^h)(\cdot,s)\|_{\mathcal{H}^{5-2i}}^2+\sum_{k=0}^{1}\|(\partial_t^k\boldsymbol{E}^h)(\cdot,s)\|_{\mathcal{H}^{6-i}}^2\right]\mathrm{d}s\leqslant c\Lambda_0, \tag{6.1.55}$$

以上不等式的右边不依赖于 h，由这些估计以及 Aubin-Lions 引理可知存在子序列 (不妨仍记为本身) $(\psi_a^h,\psi_b^h,\boldsymbol{u}_a^h,\boldsymbol{u}_b^h,\boldsymbol{E}^h)$ 满足当 $h\to 0$ 时

$$\psi_a^h\to\psi_a,\psi_b^h\to\psi_b,\ \text{在}\ C(0,t;C_b^3\cap H_{loc}^{5-s}(\mathbf{R}^3))\ \text{中}, \tag{6.1.56}$$

$$\boldsymbol{u}_a^h \to \boldsymbol{u}_a, \boldsymbol{u}_b^h \to u_b,\ 在\ C(0,t;C_b^3 \cap \mathcal{H}_{loc}^{5-s}(\mathbf{R}^3))\ 中, \tag{6.1.57}$$

$$\boldsymbol{E}^h \to \boldsymbol{E},\ 在\ C(0,t;C_b^4 \cap \mathcal{H}_{loc}^{6-s}(\mathbf{R}^3))\ 中, \tag{6.1.58}$$

其中 $s \in \left(0, \frac{1}{2}\right)$。因此有

$$\frac{h^2}{2}\nabla\left(\frac{\Delta\psi_i^h}{\psi_i^h}\right) \to 0,\ 在\ L^2(0,t;H_{loc}^3(\mathbf{R}^3))\ 中, h \to 0.$$

利用 (6.1.52)–(6.1.58)，令 $h \to 0$，解的极限满足方程组

$$\begin{aligned}
&2\psi_a\partial_t\psi_a + \operatorname{div}(\psi_a^2\boldsymbol{u}_a) = 0,\\
&\tau^2\partial_t(\psi_a^2\boldsymbol{u}_a) + \tau^2\operatorname{div}(\psi_a^2\boldsymbol{u}_a \otimes \boldsymbol{u}_a) + \nabla P_a(\psi_a^2) + \psi_a^2\boldsymbol{u}_a - \psi_a^2\boldsymbol{E} = 0,\\
&2\psi_b\partial_t\psi_b + \operatorname{div}(\psi_b^2\boldsymbol{u}_b) = 0,\\
&\tau^2\partial_t(\psi_b^2\boldsymbol{u}_b) + \tau^2\operatorname{div}(\psi_b^2\boldsymbol{u}_b \otimes \boldsymbol{u}_b) + \nabla P_b(\psi_b^2) + \psi_b^2\boldsymbol{u}_b + \psi_b^2\boldsymbol{E} = 0,\\
&\lambda^2\nabla\cdot\boldsymbol{E} = \psi_a^2 - \psi_b^2 - \mathcal{C}, \nabla\times\boldsymbol{E} = 0.
\end{aligned}$$

再令 $\rho_a = \psi_a^2$，$\rho_b = \psi_b^2$。易证 $(\rho_a, \rho_b, \boldsymbol{u}_a, \boldsymbol{u}_b, \boldsymbol{E})$ 是双极流体方程 (6.1.4)–(6.1.6) 的解。这样就得到了双极量子流体方程组到双极流体方程组的收敛性，从而完成了定理 6.1.2 的证明。 □

6.2 松弛极限

这一节，我们考虑双极量子流体方程组 (6.1.1)–(6.1.3) 的松弛极限，也即 $\tau \to 0$ 时的极限。在 6.1 节中为了研究的方便，已经将方程组做了尺度变换 (6.1.9)，并得到了方程组 (6.1.10)–(6.1.12)。因此，这里只需要研究方程组 (6.1.10)–(6.1.12) 在 $\tau \to 0$ 时的极限即可。从形式上，如果 $\tau \to 0$，我们可以得到 (6.1.10)–(6.1.12) 的极限方程为双极量子漂移–扩散方程 (Bipolar Quantum Drift-Diffusion，QDD)

$$\partial_t\rho_i + \nabla\left[q_i\rho_i\boldsymbol{E} - \nabla P_i(\rho_i) + \frac{\varepsilon^2}{2}\rho_i\nabla\left(\frac{\Delta\sqrt{\rho_i}}{\sqrt{\rho_i}}\right)\right] = 0, \tag{6.2.1}$$

$$\lambda^2\nabla\cdot\boldsymbol{E} = \rho_a - \rho_b - \mathcal{C}, \nabla\times\boldsymbol{E} = 0, \boldsymbol{E}(x) \to 0, |x| \to +\infty. \tag{6.2.2}$$

定理 6.2.1 (松弛极限) 设 h 为固定常数。$(\rho_a^\tau, \rho_b^\tau, \boldsymbol{u}_a^\tau, \boldsymbol{u}_b^\tau, \boldsymbol{E}^\tau)$ 为定理 6.1.1 给出的初值问题 (6.1.10)–(6.1.12) 及 (6.1.7) 的解，则当动量松弛时间 $\tau \to 0$ 时，存在 $(\rho_a, \rho_b, \boldsymbol{u}_a, \boldsymbol{u}_b, \boldsymbol{E})$

满足 $\rho_a>0,\rho_b>0$，对于任意的 $T>0$；$i=a,b$；$s\in\left(0,\frac{1}{2}\right)$ 有

$$\begin{aligned}
&\rho_i^{(\tau,h)}\to\rho_i \text{ 在 } C(0,T;C_b^2\cap H_{loc}^{4-s}) \text{ 中强收敛，}\\
&\boldsymbol{u}_i^{(\tau,h)}\to\boldsymbol{u}_i \text{ 在 } L^2(0,T;\mathcal{H}^4) \text{ 中弱收敛，}\\
&\boldsymbol{E}^{(\tau,h)}\to\boldsymbol{E} \text{ 在 } C(0,T;C_b^3\cap H_{loc}^{5-s}) \text{ 中强收敛。}
\end{aligned}$$

而且此处的 $(\rho_i,\boldsymbol{u}_i,\boldsymbol{E})$ $(i=a,b)$ 为双极量子漂移–扩散方程组 (6.2.1)–(6.2.2) 的初值问题的整体解。

下面给出上述松弛极限的严格的证明。

定理 6.2.1 的证明　此定理的证明与定理 6.1.2 的证明类似。由 6.1 节的对 τ 的一致先验估计引理 6.1.5 可知，对任意的 $t>0$，有

$$\|(\psi_a^{(\tau,h)}-\sqrt{\rho_a^*},\psi_b^{(\tau,h)}-\sqrt{\rho_b^*})(\cdot,t)\|_4^2+\|(\tau\boldsymbol{u}_a^{(\tau,h)},\tau\boldsymbol{u}_b^{(\tau,h)})(\cdot,t)\|_{\mathcal{H}^4}\leqslant c\Lambda_0, \tag{6.2.3}$$

$$\|(\tau\partial_t\psi_a^{(\tau,h)},\tau\partial_t\psi_b^{(\tau,h)})(\cdot,t)\|_3^2+\|\boldsymbol{E}^{(\tau,h)}(\cdot,t)\|_{\mathcal{H}^5}^2\leqslant c\Lambda_0, \tag{6.2.4}$$

$$\int_0^t\Big(\|(\psi_a^{(\tau,h)}-\sqrt{\rho_a^*},\psi_b^{(\tau,h)}-\sqrt{\rho_b^*})(\cdot,s)\|_5^2+\|(\partial_t\psi_a^{(\tau,h)},\partial_t\psi_b^{(\tau,h)})(\cdot,s)\|_3^2\Big)\mathrm{d}s\leqslant c\Lambda_0, \tag{6.2.5}$$

$$\int_0^t\Big(\|(\boldsymbol{u}_a^{(\tau,h)},\boldsymbol{u}_b^{(\tau,h)})(\cdot,s)\|_{\mathcal{H}^4}^2+\|\boldsymbol{E}^{(\tau,h)}(\cdot,s)\|_{\mathcal{H}^5}^2\Big)\mathrm{d}s\leqslant c\Lambda_0. \tag{6.2.6}$$

同样利用 Aubin-Lions 引理和 Sobolev 嵌入定理知，存在子序列 (不妨仍记为本身) 以及函数 $(\psi_a,\psi_b,\boldsymbol{u}_a,\boldsymbol{u}_b,\boldsymbol{E})$ 满足，当 $\tau\to0$ 时

$$\rho_i^{(\tau,h)}\to\rho_i \text{ 在 } C(0,T;C_b^2\cap H_{loc}^{4-s}) \text{ 中强收敛，} \tag{6.2.7}$$

$$\boldsymbol{u}_i^{(\tau,h)}\to\boldsymbol{u}_i \text{ 在 } L^2(0,T;\mathcal{H}^4) \text{ 中弱收敛，} \tag{6.2.8}$$

$$\boldsymbol{E}^{(\tau,h)}\to\boldsymbol{E} \text{ 在 } C(0,T;C_b^3\cap H_{loc}^{5-s}) \text{ 中强收敛。} \tag{6.2.9}$$

由 (6.2.3)–(6.2.4)，可得在 $(0,t)\times\mathbf{R}^3$ 中 $\psi_a>0,\psi_b>0$，且有当 $\tau\to0$ 时，在 $L^1(0,t;W_{loc}^{3,3}(\mathbf{R}^3))$ 中，

$$\tau^2|\boldsymbol{u}_a^{(\tau,h)}|^2\to0,\tau^2|\boldsymbol{u}_b^{(\tau,h)}|^2\to0。 \tag{6.2.10}$$

因而在 (6.1.10)–(6.1.12) 中令 $\tau\to0$ 可得双极量子流体方程组收敛到双极量子漂移–扩散方程组 (6.2.1)–(6.2.2)。这样就证明了此定理。 □

实际上，由 6.1 节的先验估计知，当初值 Λ_0 充分小时可以让 τ,h 同时趋于 0，这样我们可以得到双极量子流体方程组收敛到双极漂移–扩散方程组 (Bipolar Drift-Diffusion

Model)

$$\partial_t\rho_i+\nabla[q_i\rho_i\boldsymbol{E}-\nabla P_i(\rho_i)]=0, \tag{6.2.11}$$

$$\lambda^2\nabla\cdot\boldsymbol{E}=\rho_a-\rho_b-\mathcal{C}(x),\nabla\times\boldsymbol{E}=0,\boldsymbol{E}(x)\to 0,|x|\to+\infty. \tag{6.2.12}$$

且有以下定理：

定理 6.2.2 (松弛与半经典极限) 设 $(\rho_i^{(\tau,h)},\boldsymbol{u}_i^{(\tau,h)},\boldsymbol{E}^{(\tau,h)})(i=a,b)$ 是定理 6.1.1 给出的双极量子流体方程组 (6.1.10)–(6.1.12) 的整体唯一解。则存在 $(\rho_a,\rho_b,\boldsymbol{E})$ 满足当 $h\to 0$ 和 $\tau\to 0$ 时有

$$\begin{aligned}&\rho_i^{(\tau,h)}\to\rho_i \text{ 在 } C(0,T;C_b^2\cap H_{loc}^{4-s}) \text{ 中强收敛，}\\&\boldsymbol{u}_i^{(\tau,h)}\to\boldsymbol{u}_i \text{ 在 } C(0,T;C_b^3\cap\mathcal{H}_{loc}^{5-s}) \text{ 中弱收敛，}\\&\boldsymbol{E}^{(\tau,h)}\to\boldsymbol{E} \text{ 在 } L^1(0,T;W_{loc}^{3,3}) \text{ 中强收敛，} s\in(0,\frac{1}{2})\text{。}\end{aligned}$$

且 $(\rho_a,\rho_b,\boldsymbol{E})$ 是双极漂移–扩散方程组 (6.2.11)–(6.2.12) 及 (6.1.7) 的强解。

定理 6.2.2 的证明 此定理的证明类似于定理 6.2.1 的证明，因此此处仅简要提及。由引理 6.1.5 可得关于 h,τ 的一致先验估计

$$\|(\psi_a^{(\tau,h)}-\sqrt{\rho_a^*},\psi_b^{(\tau,h)}-\sqrt{\rho_b^*})(\cdot,t)\|_4^2+\|(\tau\boldsymbol{u}_a^{(\tau,h)},\tau\boldsymbol{u}_b^{(\tau,h)})(\cdot,t)\|_{\mathcal{H}^4}\leqslant c\Lambda_0, \tag{6.2.13}$$

$$\|(\tau\partial_t\psi_a^{(\tau,h)},\tau\partial_t\psi_b^{(\tau,h)})(\cdot,t)\|_3^2+\|\boldsymbol{E}^{(\tau,h)}(\cdot,t)\|_{\mathcal{H}^5}^2\leqslant c\Lambda_0, \tag{6.2.14}$$

$$\int_0^t\Big(\|(\psi_a^{(\tau,h)}-\sqrt{\rho_a^*},\psi_b^{(\tau,h)}-\sqrt{\rho_b^*})(\cdot,s)\|_5^2+\|(\partial_t\psi_a^{(\tau,h)},\partial_t\psi_b^{(\tau,h)})(\cdot,s)\|_3^2\Big)\mathrm{d}s\leqslant c\Lambda_0, \tag{6.2.15}$$

$$\int_0^t\Big(\|(\boldsymbol{u}_a^{(\tau,h)},\boldsymbol{u}_b^{(\tau,h)})(\cdot,s)\|_{\mathcal{H}^4}^2+\|\boldsymbol{E}^{(\tau,h)}(\cdot,s)\|_{\mathcal{H}^5}^2\Big)\mathrm{d}s\leqslant c\Lambda_0. \tag{6.2.16}$$

同样利用 Aubin-Lions 引理和 Sobolev 嵌入定理知，存在子序列 (不妨仍记为本身) 以及函数 $(\psi_a,\psi_b,\boldsymbol{u}_a,\boldsymbol{u}_b,\boldsymbol{E})$ 满足，当 $\tau\to 0$ 时

$$\rho_i^{(\tau,h)}\to\rho_i \text{ 在 } C(0,T;C_b^2\cap H_{loc}^{4-s}) \text{ 中强收敛，} \tag{6.2.17}$$

$$\boldsymbol{u}_i^{(\tau,h)}\to\boldsymbol{u}_i \text{ 在 } L^2(0,T;\mathcal{H}^4) \text{ 中弱收敛，} \tag{6.2.18}$$

$$\boldsymbol{E}^{(\tau,h)}\to\boldsymbol{E} \text{ 在 } C(0,T;C_b^3\cap H_{loc}^{5-s}) \text{ 中强收敛。} \tag{6.2.19}$$

由 (6.2.13)–(6.2.14)，可得在 $(0,t)\times\mathbf{R}^3$ 中 $\psi_a>0,\psi_b>0$，且有当 $\tau\to 0$ 时，在 $L^1(0,t;W_{loc}^{3,3}(\mathbf{R}^3))$ 中

$$\tau^2|\boldsymbol{u}_a^{(\tau,h)}|^2\to 0,\tau^2|\boldsymbol{u}_b^{(\tau,h)}|^2\to 0\text{。} \tag{6.2.20}$$

因而在 (6.1.10)–(6.1.12) 中令 $\tau\to 0$ 可得双极量子流体方程组收敛到双极漂移–扩散方程组 (6.2.11)–(6.2.12)。这样就证明了此定理。 □

6.3 拟中性极限

这一节我们研究以下双极量子流体方程组 (QHD) 的拟中性极限 $(i=a,b)$ [115]

$$\partial_t\rho_i^\lambda+\operatorname{div}(\rho_i^\lambda \boldsymbol{u}_i^\lambda)=0, \tag{6.3.1}$$

$$\partial_t(\rho_i^\lambda \boldsymbol{u}_i^\lambda)+\operatorname{div}(\rho_i^\lambda \boldsymbol{u}_i^\lambda\otimes \boldsymbol{u}_i^\lambda)+\nabla P_i^\lambda(\rho_i^\lambda)=q_i\rho_i^\lambda\nabla\phi^\lambda+\frac{h^2}{2}\rho_i^\lambda\nabla\left(\frac{\Delta\sqrt{\rho_i^\lambda}}{\sqrt{\rho_i^\lambda}}\right)-\frac{\rho_i^\lambda \boldsymbol{u}_i^\lambda}{\tau_i}, \tag{6.3.2}$$

$$\lambda^2\Delta\phi^\lambda=\rho_a^\lambda-\rho_b^\lambda-\mathcal{C}(x). \tag{6.3.3}$$

对应的初始条件为

$$\rho_i^\lambda(x,0)=\rho_{i0}^\lambda,\boldsymbol{u}_i^\lambda(x,0)=\boldsymbol{u}_{i0}^\lambda,x\in\mathbb{T}^3, \tag{6.3.4}$$

其中 $\mathbb{T}^3$ 是 $\mathbf{R}^3$ 内的环。这里的 $q_a=1,q_b=-1$，未知函数 $\rho_a^\lambda(\rho_a^\lambda\geqslant 0)$ 和 ρ_b^λ，$\boldsymbol{u}_a^\lambda$，$\boldsymbol{u}_b^\lambda$ 以及 ϕ^λ 分别表示密度、速度、静电势。P_a^λ 和 P_b^λ 表示压力密度函数，$\mathcal{C}(x)\geqslant 0$ 表示掺杂轮廓。参数 $h(h>0)$ 表示普朗克常量，τ_a 和 τ_b 表示动量松弛时间，$\lambda(\lambda>0)$ 表示 Debye 长度。

这一节主要研究 (6.3.1)–(6.3.3) 的拟中性极限。如果令 $\mathcal{C}\equiv 0$，$\lambda=0$，且令 $\tau_a=\tau_b=\tau>0$，$P_a^\lambda=A(\rho_a^\lambda)^\gamma$，以及 $P_b^\lambda=A(\rho_b^\lambda)^\gamma$ (A，γ 是固定常数且 $A>0$，$\gamma>1$)，则有 $\rho_a^\lambda=\rho_b^\lambda$，从而双极量子流体方程组变为量子流体方程组 [107] (如果 ρ_i^λ 和 $\boldsymbol{u}_i^\lambda$ 的极限 ρ 和 $\boldsymbol{u}$ 存在)

$$\partial_t\rho+\operatorname{div}(\rho \boldsymbol{u})=0, \tag{6.3.5}$$

$$\partial_t(\rho \boldsymbol{u})+\operatorname{div}(\rho \boldsymbol{u}\otimes \boldsymbol{u})+\nabla P(\rho)=\frac{h^2}{2}\rho\nabla\left(\frac{\Delta\sqrt{\rho}}{\sqrt{\rho}}\right)-\frac{\rho \boldsymbol{u}}{\tau}, \tag{6.3.6}$$

其中 $P(\rho)=A\rho^\gamma$。若更进一步在 (6.3.5)–(6.3.6) 中令 $h\to 0$，即可得到带有衰减的可压缩欧拉方程，

$$\partial_t\rho+\operatorname{div}(\rho \boldsymbol{u})=0, \tag{6.3.7}$$

$$\partial_t(\rho \boldsymbol{u})+\operatorname{div}(\rho \boldsymbol{u}\otimes \boldsymbol{u})+\nabla P(\rho)=-\frac{\rho \boldsymbol{u}}{\tau}. \tag{6.3.8}$$

记 $C,\bar{C},\bar{\bar{C}},C_i(i=1,2,\cdots)$ 以及 C_T 表示不同的不依赖于 λ 的常数，C_T 可能依赖于 T。为了简便起见还记 $\int f=\int_{\mathbb{T}^3}f\,\mathrm{d}x$。

在 6.1 节中证明了 (6.3.1)–(6.3.3) 在 $\mathbf{R}^3$ 的解是整体存在的。这里我们仅仅给出 (6.3.1)–(6.3.3) 在 $\mathbb{T}^3$ 中整体存在的定理，其证明留给读者。

定理 6.3.1 **(整体存在性)** 设 $\mathcal{C}(x)\equiv 0$，$\tau_a=\tau_b=\tau$ 并且

$$P_a^\lambda(\rho_a^\lambda)=A(\rho_a^\lambda)^\gamma, P_b^\lambda(\rho_b^\lambda)=A(\rho_b^\lambda)^\gamma, \tag{6.3.9}$$

其中 $A>0$，$\gamma>1$ 为给定常数。令初值满足 $(\rho_{i0}^\lambda,\boldsymbol{u}_{i0}^\lambda)\in H^6(\mathbb{T}^3)\times\mathcal{H}^\triangledown(\mathbb{T})^3$，

$$\int(\rho_{a0}^\lambda(x)-\rho_{b0}^\lambda(x))=0, \min_{x\in\mathbb{T}^3}\rho_{i0}^\lambda(x)>0,$$

设 $\Lambda_{i0}:=\|(\rho_{i0}^\lambda,\boldsymbol{u}_{i0}^\lambda)\|_{H^6\times\mathcal{H}^5}(i=a,b)$，若存在 $\Lambda>0$ 使得 $\max\{\Lambda_{a0},\Lambda_{b0}\}\leqslant\Lambda$，则 (6.3.1)–(6.3.4) 存在唯一整体解 $(\rho_i^\lambda,\boldsymbol{u}_i^\lambda,\phi^\lambda)(i=a,b)$，其中 $\rho_i^\lambda>0$，且对任意的 $0<T<+\infty$ 有

$$\begin{aligned}&\rho_i^\lambda\in C^k(0,T;H^{6-2k}(\mathbb{T})^3), \boldsymbol{u}_i^\lambda\in C^6(0,T;\mathcal{H}^{5-2k}(\mathbb{T})^3),\\&\boldsymbol{\nabla}\phi^\lambda\in C^k(0,T;\mathcal{H}^{6-2k}(\mathbb{T}^3)).\end{aligned}$$

此处 $\mathcal{H}^k(\mathbb{T}^3)=\{f\in L^6(\mathbb{T}^3), Df\in H^{k-1}(\mathbb{T}^3), k\geqslant 1\}$，以及 D^kf 记为 k-阶空间导数。

方程组 (6.3.5)–(6.3.6) 的局部存在性的证明与参考文献 [112] 类似，此处不作详细叙述。

定理 6.3.2 **(局部存在性)** 设初值

$$(\rho(x,0),\boldsymbol{u}(x,0))=(\rho_0(x),\boldsymbol{u}_0(x))\in H^6(\mathbb{T}^3)\times\mathcal{H}^5(\mathbb{T}^3),$$

以及 $\min\limits_{x\in\mathbb{T}^3}\rho_0(x)>0$，则存在一个常数 $T^*>0$ 满足对任意的 $0<T<T^*$，(6.3.5)–(6.3.6) 在 $[0,T]$ 上存在唯一解 $(\rho,\boldsymbol{u})$，且此解满足对任意的 $0<T<T^*$，在 $[0,T]$ 中，$\inf\limits_{x\in\mathbb{T}^3}\rho(x,t)>0$，

$$\rho\in C^k(0,T;H^{6-2k}(\mathbb{T}^3)), \boldsymbol{u}\in C^k(0,T;\mathcal{H}^{5-2k}(\mathbb{T}^3)), k=0,1,2.$$

对于可压缩欧拉方程 (6.3.7)–(6.3.8) 也存在唯一的局部光滑解。

定理 6.3.3 **(可压缩欧拉方程的局部解)** 令 $\rho(x,0)=\rho_0(x)$，初值 $\boldsymbol{u}(x,0)=\boldsymbol{u}_0$ 满足 $\rho_0,\boldsymbol{u}_0\in H^3(\mathbb{T}^3)$ 以及 $\min\limits_{x\in\mathbb{T}^3}\rho_0(x)>0$，则存在常数 $T^{**}\in(0,+\infty)$ 使得可压缩欧拉方程 (6.3.7)–(6.3.8) 存在唯一解 $(\rho,\boldsymbol{u})\in L^\infty_{loc}([0,T^{**}],H^3(\mathbb{T}^3))$，且对于任意的 $0<T<T^{**}$，该唯一解在 $[0,T]$ 上满足 $\inf_{x\in\mathbb{T}^3}\rho(x,t)>0$，并有

$$\sup_{0\leqslant t\leqslant T}\Big(\|\rho\|_{H^3}+\|\boldsymbol{u}\|_{H^3}+\|\partial_t\boldsymbol{u}\|_{H^2}+\|\boldsymbol{\nabla}\rho\|_{H^3}+\|\partial_t\boldsymbol{\nabla}\rho\|_{H^2}\Big)\leqslant C_T, \tag{6.3.10}$$

其中 C_T 是依赖于 T 的常数。

下面给出双极量子流体方程组的拟中性极限的结果。

定理 6.3.4 (拟中性极限) 假设条件与定理 6.3.1 相同，并令 $(\rho_i^\lambda, \boldsymbol{u}_i^\lambda, \phi^\lambda)(i=a,b)$，$\rho_i^\lambda > 0$ 是问题 (6.3.1)–(6.3.4) 的唯一整体光滑解。同时还假设 $\gamma \geqslant 2$ 以及初值 $(\rho_{i0}^\lambda, \boldsymbol{u}_{i0}^\lambda)(i=a,b)$ 满足 $\boldsymbol{u}_{a0}^\lambda$ 和 $\boldsymbol{u}_{b0}^\lambda$ 在 $H^s(\mathbb{T}^3)(s \geqslant 3)$ 收敛到 $\boldsymbol{u}_0$，且有

$$\rho_{a0}^\lambda = \rho_{b0}^\lambda + \lambda^2 \Delta \phi_0^\lambda, \tag{6.3.11}$$

$$\frac{1}{2}\sum_{i=a,b}\int \rho_{i0}^\lambda |\boldsymbol{u}_{i0}^\lambda - \boldsymbol{u}_0|^2 + \frac{h^2}{2}\sum_{i=a,b}\int |\nabla\sqrt{\rho_{i0}^\lambda} - \nabla\sqrt{\rho_0}|^2 + \frac{\lambda^2}{2}\int |\nabla \phi_0^\lambda|^2 +$$
$$\frac{A}{\gamma-1}\sum_{i=a,b}\int [(\rho_{i0}^\lambda)^\gamma - \rho_0^\gamma - \gamma\rho_0^{\gamma-1}(\rho_{i0}^\lambda - \rho_0)] \to 0, (\lambda \to 0), \tag{6.3.12}$$

则对所有的 $0 < T < T^*$，密度 $\rho_i^\lambda(i=a,b)$ 在 $L^\infty(0,T;L^\gamma(\mathbb{T}^3))$ 中强收敛到 ρ，速度 $\boldsymbol{u}_i^\lambda(i=a,b)$ 在 $L^\infty(0,T;L^2(\mathbb{T}^3))$ 中强收敛到 $\boldsymbol{u}$，其中 $(\rho,\boldsymbol{u})$ 是量子流体方程组 (6.3.5)–(6.3.6) 的初值为 $(\rho(x,0),\boldsymbol{u}(x,0)) = (\rho_0(x),\boldsymbol{u}_0(x))$ 的解。T^* 为定理 6.3.2 给出的强解的最大存在时间。

注 6.3.1 条件 (6.3.12) 是能够成立的。事实上，强解 $\boldsymbol{u}_{i0}^\lambda$ 在 L^2 中收敛到 $\boldsymbol{u}$ 意味着 (6.3.12) 第一项成立。对任意给定的 $\phi_0^\lambda \in H^s(\mathbb{T}^3)$，$s > 3 + \dfrac{3}{2}$，通过 (6.3.12) 选择 ρ_0^λ，这样就容易证明

$$\frac{h^2}{2}\int |\nabla\sqrt{\rho_{a0}^\lambda} - \nabla\sqrt{\rho_{b0}^\lambda}|^2 \leqslant C\lambda^2 h^2 \|\nabla(\Delta\phi_0^\lambda)\|_{L^2(\mathbb{T}^3)}^2,$$

第三项与第四项的收敛性也同样满足。

若初值满足更多条件，则可得到拟中性极限的收敛率。

定理 6.3.5 在定理 6.3.4 的假设下，若

$$\frac{1}{2}\sum_{i=a,b}\int \rho_{i0}^\lambda |\boldsymbol{u}_{i0}^\lambda - \boldsymbol{u}_0|^2 + \frac{h^2}{2}\sum_{i=a,b}\int |\nabla\sqrt{\rho_{i0}^\lambda} - \nabla\sqrt{\rho_0}|^2 + \frac{\lambda^2}{2}\int |\nabla \phi_0^\lambda|^2 +$$
$$\frac{A}{\gamma-1}\sum_{i=a,b}\int [(\rho_{i0}^\lambda)^\gamma - \rho_0^\gamma - \gamma\rho_0^{\gamma-1}(\rho_{i0}^\lambda - \rho_0)] \leqslant \bar{C}\lambda, \tag{6.3.13}$$

则有对任意的 $0 < T < T^*$，

$$\frac{1}{2}\sum_{i=a,b}\int \rho_i^\lambda |\boldsymbol{u}_i^\lambda - \boldsymbol{u}|^2 + \frac{h^2}{2}\sum_{i=a,b}\int |\nabla\sqrt{\rho_i^\lambda} - \nabla\sqrt{\rho}|^2 + \frac{\lambda^2}{2}\int |\nabla \phi^\lambda|^2 +$$
$$\frac{A}{\gamma-1}\sum_{i=a,b}\int [(\rho_i^\lambda)^\gamma - \rho^\gamma - \gamma\rho^{\gamma-1}(\rho_i^\lambda - \rho)] \leqslant M_T\lambda, \tag{6.3.14}$$

其中 $M_T > 0$ 是一个不依赖于 λ 的常数，$(\rho,\boldsymbol{u})$ 是量子流体方程组 (6.3.5)–(6.3.6) 的解。

如果令 Debye 长度 λ 和普朗克常量 h 同时趋于 0，我们就会得到，双极量子流体方程组 (6.3.1)–(6.3.3) 趋近于可压缩欧拉方程 (6.3.7)–(6.3.8)。此处为了简便我们考虑 $h=\lambda$。

定理 6.3.6 (松弛极限与半经典极限) 若定理 6.3.1 与定理 6.3.4 的假设都成立，则对任意的 $0<T<T^{**}$，密度 $\rho_i^\lambda(i=a,b)$ 在 $L^\infty(0,T;L^\gamma(\mathbb{T}^3))$ 中强收敛到 ρ，速度 $\boldsymbol{u}_i^\lambda(i=a,b)$ 在 $L^\infty(0,T;L^2(\mathbb{T}^3))$ 中强收敛到 $\boldsymbol{u}$，其中 $(\rho,\boldsymbol{u})$ 是可压缩欧拉方程组 (6.3.7)–(6.3.8) 的初值为 $(\rho(x,0),\boldsymbol{u}(x,0))=(\rho_0(x),\boldsymbol{u}_0(x))$ 的解。T^{**} 为定理 6.3.2 给出的强解的最大存在时间。

类似地，我们同样可以得到收敛率。

定理 6.3.7 在定理 6.3.6 的假设下，若

$$\begin{aligned}&\frac{1}{2}\sum_{i=a,b}\int\rho_{i0}^\lambda|\boldsymbol{u}_{i0}^\lambda-\boldsymbol{u}_0|^2+\frac{h^2}{2}\sum_{i=a,b}\int|\nabla\sqrt{\rho_{i0}^\lambda}-\nabla\sqrt{\rho_0}|^2+\frac{\lambda^2}{2}\int|\nabla\phi_0^\lambda|^2+\\&\frac{A}{\gamma-1}\sum_{i=a,b}\int[(\rho_{i0}^\lambda)^\gamma-\rho_0^\gamma-\gamma\rho_0^{\gamma-1}(\rho_{i0}^\lambda-\rho_0)]\leqslant\bar{\bar{C}}\lambda,\end{aligned}\tag{6.3.15}$$

则有对任意的 $0<T<T^{**}$，

$$\begin{aligned}&\frac{1}{2}\sum_{i=a,b}\int\rho_i^\lambda|\boldsymbol{u}_i^\lambda-\boldsymbol{u}|^2+\frac{h^2}{2}\sum_{i=a,b}\int|\nabla\sqrt{\rho_i^\lambda}-\nabla\sqrt{\rho}|^2+\frac{\lambda^2}{2}\int|\nabla\phi^\lambda|^2+\\&\frac{A}{\gamma-1}\sum_{i=a,b}\int[(\rho_i^\lambda)^\gamma-\rho^\gamma-\gamma\rho^{\gamma-1}(\rho_i^\lambda-\rho)]\leqslant M_T'\lambda,\end{aligned}\tag{6.3.16}$$

其中 $M_T'>0$ 是一个不依赖于 λ 的常数，$(\rho,\boldsymbol{u})$ 是可压缩欧拉方程组 (6.3.5)–(6.3.6) 的解。

下面我们就来证明定理 6.3.4 与定理 6.3.5。

定理 6.3.4 的证明 证明过程分为三步：

(1) 基本能量估计。对于 (6.3.1)–(6.3.4) 的光滑解，我们定义总能量 $\mathcal{E}^{\lambda,h}(t)$ 如下：

$$\begin{aligned}\mathcal{E}^{\lambda,h}(t)=&\frac{1}{2}\sum_{i=a,b}\int\rho_i^\lambda|\boldsymbol{u}_i^\lambda|^2+\frac{h^2}{2}\sum_{i=a,b}\int|\nabla\sqrt{\rho_i^\lambda}|^2+\\&\frac{A}{\gamma-1}\sum_{i=a,b}\int(\rho_i^\lambda)^\gamma+\frac{\lambda^2}{2}\int|\nabla\phi^\lambda|^2.\end{aligned}\tag{6.3.17}$$

通过计算容易得到

$$\frac{\mathrm{d}\mathcal{E}^{\lambda,h}(t)}{\mathrm{d}t}=-\frac{1}{\tau}\sum_{i=a,b}\int\rho_i^\lambda|\boldsymbol{u}_i^\lambda|^2<0.\tag{6.3.18}$$

而且有

$$\mathcal{E}^{\lambda,h}(t)\leqslant\mathcal{E}^{\lambda,h}(0),\tag{6.3.19}$$

其中

$$\mathcal{E}^{\lambda,h}(0)=\frac{1}{2}\sum_{i=a,b}\int\rho_{i0}^{\lambda}|\boldsymbol{u}_{i0}^{\lambda}|^2+\frac{h^2}{2}\sum_{i=a,b}\int|\nabla\sqrt{\rho_{i0}^{\lambda}}|^2+$$
$$\frac{A}{\gamma-1}\sum_{i=a,b}\int(\rho_{i0}^{\lambda})^{\gamma}+\frac{\lambda^2}{2}\int|\nabla\phi_0^{\lambda}|^2.$$

对于量子流体方程组 (6.3.5)–(6.3.6) 的光滑解，我们定义总能量 $\mathcal{G}(t)$ 如下：

$$\mathcal{G}(t)=\frac{1}{2}\int\rho|\boldsymbol{u}|^2+\frac{h^2}{2}\int|\nabla\sqrt{\rho}|^2+\frac{A}{\gamma-1}\int\rho^{\gamma}.\tag{6.3.20}$$

则通过计算可得

$$\frac{\mathrm{d}\mathcal{G}(t)}{\mathrm{d}t}=-\frac{1}{\tau}\int\rho|\boldsymbol{u}|^2<0,\tag{6.3.21}$$

而且

$$\mathcal{G}(t)\leqslant\mathcal{G}(0)=\frac{1}{2}\int\rho_0|\boldsymbol{u}_0|^2+\frac{h^2}{2}\int|\nabla\sqrt{\rho_0}|^2+\frac{A}{\gamma-1}\int\rho_0^{\gamma}.\tag{6.3.22}$$

(2) 调制能量泛函和一致估计。基于总能量不等式 (6.3.18) 和 (6.3.21)，我们引入如下调制能量泛函

$$\mathcal{H}^{\lambda,h}(t)=\frac{1}{2}\sum_{i=a,b}\int\rho_i^{\lambda}|\boldsymbol{u}_i^{\lambda}-\boldsymbol{u}|^2+\Pi^{\lambda}(t)+$$
$$\frac{h^2}{2}\sum_{i=a,b}\int|\nabla\sqrt{\rho_i^{\lambda}}-\nabla\sqrt{\rho}|^2+\frac{\lambda^2}{2}\int|\nabla\phi^{\lambda}|^2,\tag{6.3.23}$$

其中

$$\Pi^{\lambda}(t)=\frac{A}{\gamma-1}\sum_{i=a,b}\int[(\rho_i^{\lambda})^{\gamma}-\rho^{\gamma}-\gamma\rho^{\gamma-1}(\rho_i^{\lambda}-\rho)].\tag{6.3.24}$$

利用 (6.3.17) 和 (6.3.22)，可得

$$\frac{\mathrm{d}\mathcal{H}^{\lambda,h}(t)}{\mathrm{d}t}=\frac{\mathrm{d}\mathcal{E}^{\lambda,h}(t)}{\mathrm{d}t}-\sum_{i=a,b}\int\partial_t(\rho_i^{\lambda}\boldsymbol{u}_i^{\lambda}\cdot\boldsymbol{u})+\frac{1}{2}\sum_{i=a,b}\int\partial_t(\rho_i^{\lambda}|\boldsymbol{u}|^2)-$$
$$h^2\sum_{i=a,b}\int\partial_t(\nabla\sqrt{\rho_i^{\lambda}}\cdot\nabla\sqrt{\rho})+h^2\int\partial(\nabla\sqrt{\rho}^2)-$$
$$\frac{A\gamma}{\gamma-1}\sum_{i=a,b}\int\partial_t(\rho^{\gamma-1}\rho_i^{\lambda})+A\int\partial_t(\rho^{\gamma})$$

$$=: -\frac{1}{\tau}\sum_{i=a,b}\int \rho_i^\lambda|\boldsymbol{u}_i^\lambda|^2 + \sum_{j=1}^{6} I_j. \tag{6.3.25}$$

下面来估计 $I_j(j=1,\cdots,6)$。利用动量方程 (6.3.2)，我们有

$$I_1 = -\sum_{i=a,b}\int \rho_i^\lambda \boldsymbol{u}_i^\lambda\cdot\partial_t\boldsymbol{u} - \sum_{i=a,b}\int \partial_t(\rho_i^\lambda\boldsymbol{u}_i^\lambda)\cdot\boldsymbol{u} =$$

$$-\sum_{i=a,b}\int\left\{\rho_i^\lambda\boldsymbol{u}_i^\lambda\cdot\partial_t\boldsymbol{u} - \boldsymbol{u}\cdot\left[\operatorname{div}(\rho_i^\lambda\boldsymbol{u}_i^\lambda\otimes\boldsymbol{u}_i^\lambda) + A\boldsymbol{\nabla}(\rho_i^\lambda)^\gamma - q_i\rho_i^\lambda\boldsymbol{\nabla}\phi^\lambda\right]\right\} -$$

$$\sum_{i=a,b}\int \boldsymbol{u}\cdot\left[\frac{h^2}{2}\rho_i^\lambda\boldsymbol{\nabla}\Big(\frac{\Delta\sqrt{\rho_i^\lambda}}{\sqrt{\rho_i^\lambda}}\Big) - \frac{\rho_i^\lambda\boldsymbol{u}_i^\lambda}{\tau}\right] =$$

$$-\sum_{i=a,b}\left[\int \rho_i^\lambda\boldsymbol{u}_i^\lambda\cdot\partial_t\boldsymbol{u} + \int(\rho_i^\lambda\boldsymbol{u}_i^\lambda\otimes\boldsymbol{u}_i^\lambda):\boldsymbol{\nabla}\boldsymbol{u} - \int\frac{\rho_i^\lambda\boldsymbol{u}_i^\lambda\cdot\boldsymbol{u}}{\tau}\right] + II. \tag{6.3.26}$$

其中：表示矩阵求和，以及

$$II = A\sum_{i=a,b}\int\boldsymbol{\nabla}(\rho_i^\lambda)^\gamma\cdot\boldsymbol{u} - \sum_{i=a,b}\int q_i\rho_i^\lambda\boldsymbol{\nabla}\phi^\lambda\cdot\boldsymbol{u} + \frac{h^2}{2}\sum_{i=a,b}\int\frac{\Delta\sqrt{\rho_i^\lambda}}{\sqrt{\rho_i^\lambda}}\operatorname{div}(\rho_i^\lambda\boldsymbol{u}). \tag{6.3.27}$$

重新记 I_2：

$$I_2 = \frac{1}{2}\sum_{i=a,b}\int\left[\partial_t\rho_i^\lambda|\boldsymbol{u}|^2 + \rho_i^\lambda\partial_t|\boldsymbol{u}|^2\right] := I_{21} + I_{22}. \tag{6.3.28}$$

注意到

$$-\int(\rho_i^\lambda\boldsymbol{u}_i^\lambda\otimes\boldsymbol{u}_i^\lambda):\boldsymbol{\nabla}\boldsymbol{u} =$$

$$-\int\Big(\rho_i^\lambda(\boldsymbol{u}_i^\lambda-\boldsymbol{u})\otimes(\boldsymbol{u}_i^\lambda-\boldsymbol{u})\Big):\boldsymbol{\nabla}\boldsymbol{u} + \int(\rho_i^\lambda\boldsymbol{u}\otimes\boldsymbol{u}):\boldsymbol{\nabla}\boldsymbol{u} -$$

$$\int(\rho_i^\lambda\boldsymbol{u}_i^\lambda\otimes\boldsymbol{u}):\boldsymbol{\nabla}\boldsymbol{u} - \int(\rho_i^\lambda\boldsymbol{u}\otimes\boldsymbol{u}_i^\lambda):\boldsymbol{\nabla}\boldsymbol{u},$$

因而有

$$I_{22} - \sum_{i=a,b}\int\left[\rho_i^\lambda\boldsymbol{u}_i^\lambda\cdot\partial_t\boldsymbol{u} + (\rho_i^\lambda\boldsymbol{u}\otimes\boldsymbol{u}_i^\lambda):\boldsymbol{\nabla}\boldsymbol{u} - (\rho_i^\lambda\boldsymbol{u}\otimes\boldsymbol{u}):\boldsymbol{\nabla}\boldsymbol{u}\right] =$$

$$\sum_{i=a,b}\int[\boldsymbol{u}_t + (\boldsymbol{u}\cdot\nabla)\boldsymbol{u}]\cdot(\rho_i^\lambda\boldsymbol{u} - \rho_i^\lambda\boldsymbol{u}_i^\lambda).$$

又因为

$$-\sum_{i=a,b}\int(\rho_i^\lambda \boldsymbol{u}_i^\lambda\otimes\boldsymbol{u}):\nabla\boldsymbol{u}=\frac{1}{2}\sum_{i=a,b}\int \operatorname{div}(\rho_i^\lambda\boldsymbol{u}_i^\lambda)|\boldsymbol{u}|^2=$$

$$-\frac{1}{2}\sum_{i=a,b}\int\partial_t\rho_i^\lambda|\boldsymbol{u}|^2=-I_{21},$$

所以

$$\begin{aligned}I_1+I_2=&-\sum_{i=a,b}\int(\rho_i^\lambda(\boldsymbol{u}_i^\lambda-\boldsymbol{u})\otimes(\boldsymbol{u}_i^\lambda-\boldsymbol{u})):\nabla\boldsymbol{u}+\sum_{i=a,b}\int\frac{\rho_i^\lambda\boldsymbol{u}_i^\lambda\cdot\boldsymbol{u}}{\tau}+\\&\sum_{i=a,b}\int[\boldsymbol{u}_t+(\boldsymbol{u}\cdot\nabla)\boldsymbol{u}]\cdot(\rho_i^\lambda\boldsymbol{u}-\rho_i^\lambda\boldsymbol{u}_i^\lambda)+II=\\&-\sum_{i=a,b}\int(\rho_i^\lambda(\boldsymbol{u}_i^\lambda-\boldsymbol{u})\otimes(\boldsymbol{u}_i^\lambda-\boldsymbol{u})):\nabla\boldsymbol{u}+\sum_{i=a,b}\int\frac{\rho_i^\lambda\boldsymbol{u}_i^\lambda\cdot\boldsymbol{u}}{\tau}+\\&\sum_{i=a,b}\int(\rho_i^\lambda\boldsymbol{u}-\rho_i^\lambda\boldsymbol{u}_i^\lambda)\cdot\Big[-A\gamma\rho^{\gamma-2}\nabla\rho+\frac{h^2}{2}\nabla\Big(\frac{\Delta\sqrt{\rho}}{\sqrt{\rho}}\Big)-\frac{\boldsymbol{u}}{\tau}\Big]+II.\end{aligned}\tag{6.3.29}$$

利用质量守恒方程 (6.3.1) 和 (6.3.5)，我们可以计算 $I_j(j=3,\cdots,6)$:

$$\begin{aligned}I_3=&-h^2\sum_{i=a,b}\int\partial_t(\nabla\sqrt{\rho_i^\lambda})\cdot\nabla\sqrt{\rho}-h^2\sum_{i=a,b}\int\nabla\sqrt{\rho_i^\lambda}\cdot\partial_t(\nabla\sqrt{\rho})=\\&-\frac{h^2}{2}\sum_{i=a,b}\int\nabla\Big(\frac{\partial_t\rho_i^\lambda}{\sqrt{\rho_i^\lambda}}\Big)\cdot\nabla\sqrt{\rho}-\frac{h^2}{2}\sum_{i=a,b}\int\nabla\Big(\frac{\partial_t\rho}{\sqrt{\rho}}\Big)\cdot\nabla\sqrt{\rho_i^\lambda}=\\&-\frac{h^2}{2}\sum_{i=a,b}\int\operatorname{div}(\rho_i^\lambda\boldsymbol{u}_i^\lambda)\frac{\Delta\sqrt{\rho}}{\sqrt{\rho_i^\lambda}}-\frac{h^2}{2}\sum_{i=a,b}\int\operatorname{div}(\rho\boldsymbol{u})\frac{\Delta\sqrt{\rho_i^\lambda}}{\sqrt{\rho}},\end{aligned}\tag{6.3.30}$$

$$I_4=2h^2\int\nabla\sqrt{\rho}\cdot\nabla(\partial_t\sqrt{\rho})=h^2\int\nabla\sqrt{\rho}\cdot\nabla\Big(\frac{\partial_t\rho}{\sqrt{\rho}}\Big)=h^2\int\operatorname{div}(\rho\boldsymbol{u})\frac{\Delta\sqrt{\rho}}{\sqrt{\rho}},\tag{6.3.31}$$

$$\begin{aligned}I_5=&-A\gamma\sum_{i=a,b}\int\rho^{\gamma-2}\partial_t\rho\rho_i^\lambda-\frac{A\gamma}{\gamma-1}\sum_{i=a,b}\int\rho^{\gamma-1}\partial_t\rho_i^\lambda=\\&A\gamma\sum_{i=a,b}\int\rho^{\gamma-2}\operatorname{div}(\rho\boldsymbol{u})\rho_i^\lambda+\frac{A\gamma}{\gamma-1}\sum_{i=a,b}\int\rho^{\gamma-1}\operatorname{div}(\rho_i^\lambda\boldsymbol{u}_i^\lambda)=\\&-\sum_{i=a,b}\int\Big[(A\gamma\rho\rho_i^\lambda\boldsymbol{u}\cdot\nabla\rho^{\gamma-2}+\rho^{\gamma-2}\boldsymbol{u}\cdot\nabla\rho_i^\lambda)+\frac{A\gamma}{\gamma-1}\rho_i^\lambda\boldsymbol{u}_i^\lambda\cdot\nabla\rho^{\gamma-1}\Big],\end{aligned}\tag{6.3.32}$$

$$I_6=\gamma A\int\rho^{\gamma-1}\partial_t\rho=-\gamma A\int\rho^{\gamma-1}\operatorname{div}(\rho\boldsymbol{u})=\gamma A\int\rho\boldsymbol{u}\cdot\nabla\rho^{\gamma-1}.\tag{6.3.33}$$

将 (6.3.27)，(6.3.29)–(6.3.33) 代入 (6.3.25) 中再利用 Poisson 方程 (6.3.3)，可以得到

$$
\begin{aligned}
&\frac{\mathrm{d}\mathcal{H}^{\lambda,h}(t)}{\mathrm{d}t}+\frac{1}{\tau}\sum_{i=a,b}\int\rho_i^\lambda|\boldsymbol{u}_i^\lambda-\boldsymbol{u}|^2=-\sum_{i=a,b}\int(\rho_i^\lambda(\boldsymbol{u}_i^\lambda-\boldsymbol{u})\otimes(\boldsymbol{u}_i^\lambda-\boldsymbol{u})):\nabla\boldsymbol{u}-\\
&A\sum_{i=a,b}\int\left[(\rho_i^\lambda)^\gamma-\rho^\gamma-\gamma\rho^{\gamma-1}(\rho_i^\lambda-\rho)\right]\operatorname{div}\boldsymbol{u}-\lambda^2\int\Delta\phi^\lambda\nabla\phi^\lambda\cdot\boldsymbol{u}+\\
&\frac{h^2}{2}\sum_{i=a,b}\int\frac{\Delta\sqrt{\rho_i^\lambda}}{\sqrt{\rho_i^\lambda}}\operatorname{div}(\rho_i^\lambda\boldsymbol{u})-\frac{h^2}{2}\sum_{i=a,b}\int\frac{\Delta\sqrt{\rho}}{\sqrt{\rho}}\operatorname{div}(\rho_i^\lambda\boldsymbol{u})+\\
&\frac{h^2}{2}\sum_{i=a,b}\int\frac{\Delta\sqrt{\rho}}{\sqrt{\rho}}\operatorname{div}(\rho_i^\lambda\boldsymbol{u}_i^\lambda)+h^2\int\frac{\Delta\sqrt{\rho}}{\sqrt{\rho}}\operatorname{div}(\rho\boldsymbol{u})-\\
&\frac{h^2}{2}\sum_{i=a,b}\int\frac{\Delta\sqrt{\rho}}{\sqrt{\rho_i^\lambda}}\operatorname{div}(\rho_i^\lambda\boldsymbol{u}_i^\lambda)-\frac{h^2}{2}\sum_{i=a,b}\int\frac{\Delta\sqrt{\rho_i^\lambda}}{\sqrt{\rho}}\operatorname{div}(\rho^\lambda\boldsymbol{u}).
\end{aligned}\tag{6.3.34}
$$

下面来估计 (6.3.34) 右边的项。首先，由 ρ 和 $\boldsymbol{u}$ 的正则性知 $\|\operatorname{div}\boldsymbol{u}\|_{L^\infty}$ 和 $\|\nabla\boldsymbol{u}\|_{L^\infty}$ 有界。因而前两项有

$$
-\sum_{i=a,b}\int(\rho_i^\lambda(\boldsymbol{u}_i^\lambda-\boldsymbol{u})\otimes(\boldsymbol{u}_i^\lambda-\boldsymbol{u})):\nabla\boldsymbol{u}\leqslant C_1\|\nabla\boldsymbol{u}\|_{L^\infty}\sum_{i=a,b}\int\rho_i^\lambda|\boldsymbol{u}_i^\lambda-\boldsymbol{u}|^2,\tag{6.3.35}
$$

$$
-A\sum_{i=a,b}\int\left[(\rho_i^\lambda)^\gamma-\rho^\gamma-\gamma\rho^{\gamma-1}(\rho_i^\lambda-\rho)\right]\operatorname{div}\boldsymbol{u}\leqslant(\gamma-1)\|\operatorname{div}\boldsymbol{u}\|_{L^\infty}\Pi^\lambda(t).\tag{6.3.36}
$$

对于第三项，我们有

$$
\begin{aligned}
-\lambda^2\int\Delta\phi^\lambda\nabla\phi^\lambda\cdot\boldsymbol{u}&=\lambda^2\int(\nabla\phi^\lambda\otimes\nabla\phi^\lambda):\nabla\boldsymbol{u}-\frac{\lambda^2}{2}\int|\nabla\phi^\lambda|^2\operatorname{div}\boldsymbol{u}\leqslant\\
&C_2(\|\operatorname{div}\boldsymbol{u}\|_{L^\infty}+\|\nabla\boldsymbol{u}\|_{L^\infty})\lambda^2\int|\nabla\phi^\lambda|^2.
\end{aligned}\tag{6.3.37}
$$

最后我们来考虑后六项。利用 ρ 和 $\rho_i^\lambda(i=a,b)$ 的正性，$\rho,\boldsymbol{u},\rho_i^\lambda,\boldsymbol{u}_i^\lambda(i=a,b)$ 的正则性，以及 Cauchy 不等式，可得

$$
\begin{aligned}
&\frac{h^2}{2}\sum_{i=a,b}\int\frac{\Delta\sqrt{\rho_i^\lambda}}{\sqrt{\rho_i^\lambda}}\operatorname{div}(\rho_i^\lambda\boldsymbol{u})-\frac{h^2}{2}\sum_{i=a,b}\int\frac{\Delta\sqrt{\rho}}{\sqrt{\rho}}\operatorname{div}(\rho_i^\lambda\boldsymbol{u})+\\
&\frac{h^2}{2}\sum_{i=a,b}\int\frac{\Delta\sqrt{\rho}}{\sqrt{\rho}}\operatorname{div}(\rho_i^\lambda\boldsymbol{u}_i^\lambda)+h^2\int\frac{\Delta\sqrt{\rho}}{\sqrt{\rho}}\operatorname{div}(\rho\boldsymbol{u})-
\end{aligned}
$$

$$
\begin{aligned}
&\frac{h^2}{2}\sum_{i=a,b}\int\frac{\Delta\sqrt{\rho}}{\sqrt{\rho_i^\lambda}}\operatorname{div}(\rho_i^\lambda\boldsymbol{u}_i^\lambda)-\frac{h^2}{2}\sum_{i=a,b}\int\frac{\Delta\sqrt{\rho_i^\lambda}}{\sqrt{\rho}}\operatorname{div}(\rho^\lambda\boldsymbol{u})=\\
&-\frac{h^2}{2}\sum_{i=a,b}\int(\Delta\sqrt{\rho_i^\lambda}-\Delta\sqrt{\rho})\frac{\operatorname{div}(\rho\boldsymbol{u})}{\sqrt{\rho}}+\\
&\frac{h^2}{2}\sum_{i=a,b}\int\frac{\sqrt{\rho}\Delta\sqrt{\rho_i^\lambda}-\Delta\sqrt{\rho}\sqrt{\rho_i^\lambda}}{\sqrt{\rho}\sqrt{\rho_i^\lambda}}\operatorname{div}(\rho_i^\lambda\boldsymbol{u})+\\
&\frac{h^2}{2}\sum_{i=a,b}\int\frac{\Delta\sqrt{\rho}(\sqrt{\rho_i^\lambda}-\sqrt{\rho})}{\sqrt{\rho_i^\lambda}\sqrt{\rho}}\operatorname{div}(\rho_i^\lambda\boldsymbol{u}_i^\lambda)=\\
&\frac{h^2}{2}\sum_{i=a,b}\int(\nabla\sqrt{\rho_i^\lambda}-\nabla\sqrt{\rho})\nabla\Big(\frac{\operatorname{div}(\rho\boldsymbol{u})}{\sqrt{\rho}}\Big)-\\
&\frac{h^2}{2}\sum_{i=a,b}\int(\nabla\sqrt{\rho_i^\lambda}-\nabla\sqrt{\rho})\nabla\Big(\frac{\operatorname{div}(\rho_i^\lambda\boldsymbol{u})}{\sqrt{\rho_i^\lambda}}\Big)-\\
&\frac{h^2}{2}\sum_{i=a,b}\int\rho_i^\lambda(\boldsymbol{u}_i^\lambda-\boldsymbol{u})\cdot\nabla\Big((\sqrt{\rho_i^\lambda}-\sqrt{\rho})\frac{\Delta\sqrt{\rho}}{\sqrt{\rho_i^\lambda}\sqrt{\rho}}\Big)=\\
&-\frac{h^2}{2}\sum_{i=a,b}\int(\nabla\sqrt{\rho_i^\lambda}-\nabla\sqrt{\rho})\nabla((\sqrt{\rho_i^\lambda}-\sqrt{\rho})\operatorname{div}\boldsymbol{u})+\\
&\frac{h^2}{2}\sum_{i=a,b}\int(\nabla\sqrt{\rho_i^\lambda}-\nabla\sqrt{\rho})\nabla\Big((\sqrt{\rho_i^\lambda}-\sqrt{\rho})\frac{\nabla\sqrt{\rho}\cdot\boldsymbol{u}}{\sqrt{\rho_i^\lambda}\sqrt{\rho}}\Big)+\\
&\frac{h^2}{2}\sum_{i=a,b}\int(\nabla\sqrt{\rho_i^\lambda}-\nabla\sqrt{\rho})\nabla\Big((\nabla\sqrt{\rho_i^\lambda}-\nabla\sqrt{\rho})\cdot\frac{\boldsymbol{u}}{\sqrt{\rho_i^\lambda}}\Big)-\\
&\frac{h^2}{2}\sum_{i=a,b}\int\rho_i^\lambda(\boldsymbol{u}_i^\lambda-\boldsymbol{u})\cdot\nabla\Big((\sqrt{\rho_i^\lambda}-\sqrt{\rho})\frac{\Delta\sqrt{\rho}}{\sqrt{\rho_i^\lambda}\sqrt{\rho}}\Big)\leqslant\\
&C_2h^2\sum_{i=a,b}\int|\sqrt{\rho_i^\lambda}-\sqrt{\rho}|^2+C_4\Pi^\lambda(t)+C_5\sum_{i=a,b}\int\rho_i^\lambda|\boldsymbol{u}_i^\lambda-\boldsymbol{u}|^2.
\end{aligned}
\tag{6.3.38}
$$

此处，我们利用了条件 $\gamma\geqslant 2$ 以及下述不等式

$$
|\sqrt{\rho_i^\lambda}-\sqrt{\rho}|^2\leqslant\tilde{C}_1|\rho_i^\lambda-\rho|^2\leqslant\tilde{C}_2\Pi^\lambda(t),
$$

其中 $\tilde{C}_1$ 和 $\tilde{C}_2$ 为正常数。

因而把 (6.3.35)–(6.3.38) 代入 (6.3.34) 中可得

$$\frac{\mathrm{d}\mathcal{H}^{\lambda,h}(t)}{\mathrm{d}t} \leqslant C_6\mathcal{H}^{\lambda,h}(t). \tag{6.3.39}$$

(3) 调制能量泛函的收敛性和最终的证明。对 (6.3.39) 利用 Gronwall 不等式可得

$$\mathcal{H}^{\lambda,h}(t) \leqslant \mathcal{H}^{\lambda,h}(0)\mathrm{e}^{-C_6 t}. \tag{6.3.40}$$

这样由初始假设 (6.3.12) 知

$$\lim_{\lambda\to 0}\mathcal{H}^{\lambda,h}(t) = 0. \tag{6.3.41}$$

由 (6.3.41) 知 $\rho_i^\lambda(i=a,b)$ 在 $C([0,T];\mathbb{T}^3)$ 中收敛到 ρ。因而由 $\rho_i^\lambda(i=a,b)$ 的正性可知 $\boldsymbol{u}_i^\lambda(i=a,b)$ 在 $L^\infty([0,T];L^2(\mathbb{T}^3))$ 中收敛到 $\boldsymbol{u}$。这就完成了定理 6.3.4 的证明。 □

定理 6.3.5 的证明　由定理 6.3.4 的证明可知

$$\mathcal{H}^{\lambda,h}(t) \leqslant \mathcal{H}^{\lambda,h}(0)\mathrm{e}^{-C_6 t}.$$

利用条件 (6.3.13)，可知 $\mathcal{H}^{\lambda,h}(0)\leqslant \bar{C}\lambda$。这样就有 $\mathcal{H}^{\lambda,h}(t)\leqslant M_T\lambda$。从而完成了定理 6.3.5 的证明。 □

6.4　时间衰减性

这一节我们研究双极量子流体方程组的 Cauchy 问题的解的长时间行为 [113]。

$$\partial_t\rho_i + \mathrm{div}(\rho_i\boldsymbol{u}_i) = 0, \tag{6.4.1}$$

$$\partial_t(\rho_i\boldsymbol{u}_i) + \mathrm{div}(\rho_i\boldsymbol{u}_i\otimes\boldsymbol{u}_i) + \nabla P_i(\rho_i) = q_i\rho_i\boldsymbol{E} + \frac{h^2}{2}\rho_i\left(\frac{\Delta\sqrt{\rho_i}}{\sqrt{\rho_i}}\right) - \frac{\rho_i\boldsymbol{u}_i}{\tau_i}, \tag{6.4.2}$$

$$\lambda^2\nabla\cdot\boldsymbol{E} = \rho_a - \rho_b - \mathcal{C}(x), \nabla\times\boldsymbol{E} = 0, \boldsymbol{E}(x)\to 0, |x|\to+\infty. \tag{6.4.3}$$

初值为

$$(\rho_i\boldsymbol{u}_i)(x,0) = (\rho_{i0},\boldsymbol{u}_{i0})(x). \tag{6.4.4}$$

其中 $i=a,b$，$q_a=1,q_b=-1$。变量 ρ_a 和 $\rho_b(\rho_a>0,\rho_b>0)$ 表示密度，$\boldsymbol{u}_a$ 和 $\boldsymbol{u}_b$ 表示速度，$\boldsymbol{E}$ 表示电场。定义动量 $\boldsymbol{J}_a=\rho_a\boldsymbol{u}_a$，$\boldsymbol{J}_b=\rho_b\boldsymbol{u}_b$。$P_a(\cdot)$ 和 $P_b(\cdot)$ 是压力密度函数。参数 $h(h>0)$、$\tau_a=\tau_b=\tau>0$ 以及 $\lambda(\lambda>0)$ 分别表示普朗克常量、动量松弛时间以及 Debye 长度。$\mathcal{C}=\mathcal{C}(x)$ 表示掺杂轮廓。若 $(\rho_b,\rho_b\boldsymbol{u}_b)\equiv(0,0)$，方程组 (6.4.1)–(6.4.3) 就变为单极量子流体方程组。

本节的主要定理如下：

定理 6.4.1 设 $\mathcal{C}(x)=c^*>0$ (c^* 是一个常数)。常数 $\rho_a^*, \rho_b^*>0$ 满足 $\rho_a^*-\rho_b^*-c^*=0$。再设 $P_a, P_b \in C^6$ 且 $P_a'(\rho_a^*), P_b'(\rho_b^*)>0$。令初值满足 $(\rho_{i0}-\rho_i^*, \boldsymbol{u}_{i0}) \in H^6(\mathbf{R}^3)\times\mathcal{H}^5(\mathbf{R}^3)(i=a,b)$，且 $\Lambda_0 := \|(\rho_{i0}-\rho_i^*, \boldsymbol{u}_{i0})\|_{H^6(\mathbf{R}^3)\times\mathcal{H}^5(\mathbf{R}^3)}$。若存在 $\Lambda_1>0$ 使得 $\Lambda_0 \leqslant \Lambda_1$，则初值问题 (6.4.1)–(6.4.4) 的唯一解 $(\rho_i, \boldsymbol{u}_i, \boldsymbol{E})(\rho_i>0)$ 是整体存在的，且满足

$$
\begin{aligned}
(\rho_i-\rho_i^*) \in C^k(0,T;H^{6-2k}(\mathbf{R}^3)),\ \boldsymbol{u}_i \in C^k(0,T;\mathcal{H}^{5-2k}(\mathbf{R}^3)),\\
\boldsymbol{E} \in C^k(0,T;\mathcal{H}^{6-2k}(\mathbf{R}^3)),\ k=0,1,2.
\end{aligned} \tag{6.4.5}
$$

而且解 $(\rho_i, \boldsymbol{u}_i, \boldsymbol{E})$ 以代数次的时间衰减率趋近于平衡态 $(\rho_i^*, 0, 0)$，也即：对 $0 \leqslant k \leqslant 5$ 有

$$
(1+t)^k\|D^k(\rho_i-\rho_i^*)\|^2+(1+t)^5\|hD^6(\rho_i-\rho_i^*)\|^2 \leqslant c\Lambda_0, \tag{6.4.6}
$$

对 $1 \leqslant k \leqslant 5$，有

$$
(1+t)^k\|D^k(\boldsymbol{u}_i, \boldsymbol{J}_i)\|^2+(1+t)^k\|D^k\boldsymbol{E}\|^2+(1+t)^6\|D^6\boldsymbol{E}\|^2 \leqslant c\Lambda_0, \tag{6.4.7}
$$

其中 c 是不依赖于 h 的常数。此处的空间 $\mathcal{H}^k(\mathbf{R}^3)=\{f\in L^6(\mathbf{R}^6), Df\in H^{k-1}(\mathbf{R}^3)\}(k\geqslant 1)$，且 D^kf 表示函数 f 的 k-次空间导数。

注 6.4.1 由 (6.4.6) 和 (6.4.7) 以及 Nirenberg 不等式

$$
\|\boldsymbol{u}\|_{L^\infty(\mathbf{R}^3)} \leqslant c\|D^2\boldsymbol{u}\|_{L^2(\mathbf{R}^3)}^{\frac{1}{2}}\|\boldsymbol{u}\|_{L^6(\mathbf{R}^3)}^{\frac{1}{2}} \leqslant c\|D^2\boldsymbol{u}\|_{L^2(\mathbf{R}^3)}^{\frac{1}{2}}\|D\boldsymbol{u}\|_{L^2(\mathbf{R}^3)}^{\frac{1}{2}}, \tag{6.4.8}
$$

可以得到 L^∞ 最优时间衰减率

$$
\|(\rho_i-\rho_i^*, \boldsymbol{u}_i, \boldsymbol{E})(t)\|_{L^\infty(\mathbf{R}^3)} \leqslant c(1+t)^{-\frac{3}{4}}. \tag{6.4.9}
$$

首先我们将方程 (6.4.1)–(6.4.3) 在平衡态 $(\rho_a, \boldsymbol{u}_a, \rho_b, \boldsymbol{u}_b, \boldsymbol{E})=(\rho_a^*, 0, \rho_b^*, 0, 0)$ 附近进行线性化可得

$$
\begin{cases}
W_{at}+\nabla\cdot\boldsymbol{J}_a=0,\\
\boldsymbol{J}_{at}+P_a'(\rho_a^*)\nabla W_a-\dfrac{h^2}{4}\nabla\Delta W_a+\boldsymbol{J}_a-\rho_a^*\boldsymbol{E}=0,\\
W_{bt}+\nabla\cdot\boldsymbol{J}_b=0,\\
\boldsymbol{J}_{bt}+P_b'(\rho_b^*)\nabla W_b-\dfrac{h^2}{4}\nabla\Delta W_b+\boldsymbol{J}_b+\rho_b^*\boldsymbol{E}=0,\\
\nabla\cdot\boldsymbol{E}=W_a-W_b, \nabla\times\boldsymbol{E}=0, \boldsymbol{E}(x)\to 0, \text{当 } |x|\to\infty \text{ 时},
\end{cases} \tag{6.4.10}
$$

此处为了简便起见，我们设常数 $\tau=1$，$\lambda=1$。方程组 (6.4.10) 的初始条件为

$$
(W_a, \boldsymbol{J}_a, W_b, \boldsymbol{J}_b)(x,0)=(W_{a0}, \boldsymbol{J}_{a0}, W_{b0}, \boldsymbol{J}_{b0})(x). \tag{6.4.11}
$$

由 $(6.4.10)_5$ 关于电场 $\boldsymbol{E}$ 的 Poisson 方程，可以得出

$$\boldsymbol{E}=\nabla\Delta^{-1}(W_a-W_b). \tag{6.4.12}$$

设初值 (6.4.11) 满足

$$W_{a0},W_{b0}\in H^6(\mathbf{R}^3)\cap L^1(\mathbf{R}^3);\boldsymbol{J}_{a0},\boldsymbol{J}_{b0}\in H^5(\mathbf{R}^3), \tag{6.4.13}$$

从而由 (6.4.12) 得出的电场 $\boldsymbol{E}_0$ 在初始时刻具有以下正则性

$$\boldsymbol{E}_0=\nabla\Delta^{-1}(W_{a0}-W_{b0})\in H^5(\mathbf{R}^3). \tag{6.4.14}$$

为了简便起见，仅仅考虑以下情形的 (6.4.10)–(6.4.11) 的初值问题

$$\frac{h^2}{4}=1,\rho_a^*=2,\rho_b^*=1,c^*=1,P_a'(2)=P_b'(1)=1. \tag{6.4.15}$$

下面先给出线性化方程组 (6.4.10)–(6.4.11) 的代数衰减性。

定理 6.4.2 假设 (6.4.13)–(6.4.15) 成立。更进一步设初始密度的 Fourier 变换 $(\hat{W}_{a0},\hat{W}_{b0})$ 满足，对常数 $m_0>0$，$r>0$ 有

$$\inf_{\xi\in B(0,r)}|(\hat{W}_{a0}+2\hat{W}_{b0})(\xi)|\geqslant m_0, \tag{6.4.16}$$

且初始动量满足

$$\nabla\cdot(\boldsymbol{J}_{a0}+2\boldsymbol{J}_{b0})=0. \tag{6.4.17}$$

则初值问题 (6.4.10)–(6.4.11) 的唯一解对时间是整体存在的，且满足

$$\begin{aligned}&W_a,W_b\in C([0,+\infty),H^6(\mathbf{R}^3));\boldsymbol{J}_a,\boldsymbol{J}_b\in C([0,+\infty),H^5(\mathbf{R}^3));\\&\boldsymbol{E}\in C([0,+\infty),H^5(\mathbf{R}^3));\end{aligned} \tag{6.4.18}$$

以及

$$c_1(1+t)^{-\frac{k}{2}-\frac{3}{4}}\leqslant\|(\partial_x^kW_a,\partial_x^kW_b)(t)\|_{L^2(\mathbf{R}^3)}\leqslant c_2(1+t)^{-\frac{k}{2}},0\leqslant k\leqslant 6; \tag{6.4.19}$$

$$c_1(1+t)^{-\frac{k}{2}-\frac{5}{4}}\leqslant\|(\partial_x^k\boldsymbol{J}_a,\partial_x^k\boldsymbol{J}_b)(t)\|_{L^2(\mathbf{R}^3)}\leqslant c_2(1+t)^{-\frac{k}{2}},0\leqslant k\leqslant 5; \tag{6.4.20}$$

$$\|\boldsymbol{E}(t)\|_{H^5(\mathbf{R}^3)}\leqslant C\mathrm{e}^{-c_3t}, \tag{6.4.21}$$

其中 $i=a,b$。c_1、c_2、c_3 是依赖于 m_0，$\|U_0\|_{H^6(\mathbf{R}^3)\times H^5(\mathbf{R}^3)}$ 和 $\|(W_{a0},W_{b0})\|$ 的常数。

注 6.4.2 电场 $\boldsymbol{E}$ 的正则性可以通过如下方式得到。首先通过引理 6.1.3 和 Poisson 方程 $(6.4.10)_5$ 得到 $\|D^k\boldsymbol{E}\|_{L^2}(k>0)$ 的估计。而范数 $\|\boldsymbol{E}\|_{L^2}$ 的估计以及指数衰减性需要对电场方程进行估计得到。而电场方程可以通过 (6.4.10)，(6.4.12)，(6.4.18) 得到

$$\boldsymbol{E}_{tt}-\Delta\boldsymbol{E}+\Delta^2\boldsymbol{E}+\boldsymbol{E}_t+3\boldsymbol{E}=0.$$

只需在上式两边同乘以 $(\boldsymbol{E}+2\boldsymbol{E}_t)$ 并在 $\mathbf{R}^3$ 上分部积分，再利用 Gronwall 不等式即可得到 (6.4.21)。

注 6.4.3 从定理 6.4.2 可知线性化方程组 (6.4.10) 是以代数次数衰减到平衡态，那么对应的双极量子流体方程组 (6.4.1)–(6.4.3) 也是以代数次数衰减，这是因为非线性方程可以看作线性化方程的小扰动。

下面我们先给出双极量子流体方程组 (6.4.1)–(6.4.3) 的解的先验估计。

为了简便起见，我们假设 $\lambda=1$，$\tau=1$。记 $\psi_i=\sqrt{\rho_i}(i=a,b)$，从而有

$$\begin{aligned}&\psi_{itt}+\psi_{it}+\frac{h^2\Delta^2\psi_i}{4}+\frac{q_i}{2\psi_i}\nabla\cdot(\psi_i^2\boldsymbol{E})-\frac{1}{2\psi_i}\nabla^2(\psi_i^2\boldsymbol{u}_i\otimes\boldsymbol{u}_i)-\\&\frac{1}{2\psi_i}\Delta P_i(\psi_i^2)+\frac{\psi_{it}^2}{\psi_i}-\frac{h^2|\Delta\psi_i|^2}{4\psi_i}=0,\end{aligned}\tag{6.4.22}$$

初始条件为

$$\psi_i(x,0):\psi_{i0}(x)=\sqrt{\rho_{i0}(x)};\ \psi_{it}(x,0):=\psi_1(x)=-\frac{1}{2}\psi_{i0}\nabla\cdot\boldsymbol{u}_{i0}-\boldsymbol{u}_{i0}\cdot\nabla\psi_{i0}.\tag{6.4.23}$$

在 (6.4.2) 两边同时求旋度，并利用 $(\boldsymbol{u}_i\cdot\nabla)\boldsymbol{u}_i=\frac{1}{2}\nabla(|\boldsymbol{u}_i|^2)-\boldsymbol{u}_i\times(\nabla\times\boldsymbol{u}_i)$，可以得到关于 $\boldsymbol{\phi}_i:=\nabla\times\boldsymbol{u}_i$ 的方程

$$\boldsymbol{\phi}_{it}+\boldsymbol{\phi}_i+(\boldsymbol{u}_i\cdot\nabla)\boldsymbol{\phi}_i+\boldsymbol{\phi}_i\nabla\cdot\boldsymbol{u}_i-(\boldsymbol{\phi}_i\cdot\nabla)\boldsymbol{u}_i-\boldsymbol{u}_i(\nabla\cdot\boldsymbol{\phi}_i)=0,\tag{6.4.24}$$

此处利用了 $\nabla\cdot\boldsymbol{\phi}=0$。

记

$$\omega_a=\psi_a-\sqrt{\rho_a^*},\omega_b=\psi_b-\sqrt{\rho_b^*}.$$

由 (6.4.22) 可以得到关于 $(\omega_a,\omega_b,\boldsymbol{\phi}_a,\boldsymbol{\phi}_b,\boldsymbol{E})$ 的方程组

$$\omega_{att}+\omega_{at}+\frac{h^2\Delta^2\omega_a}{4}+\frac{1}{2}(\omega_a+\sqrt{\rho_a^*})\nabla\cdot\boldsymbol{E}-P_a'(\rho_a^*)\Delta\omega_a=f_{a1},\tag{6.4.25}$$

$$\omega_{btt}+\omega_{bt}+\frac{h^2\Delta^2\omega_b}{4}-\frac{1}{2}(\omega_b+\sqrt{\rho_b^*})\nabla\cdot\boldsymbol{E}-P_b'(\rho_b^*)\Delta\omega_b=f_{b1},\tag{6.4.26}$$

$$\boldsymbol{\phi}_{at}+\boldsymbol{\phi}_a=f_{a2},\tag{6.4.27}$$

$$\boldsymbol{\phi}_{bt}+\boldsymbol{\phi}_b=f_{b2}, \tag{6.4.28}$$

$$\nabla\cdot\boldsymbol{E}=\omega_a^2-\omega_b^2+2\sqrt{\rho_a^*}\omega_a-2\sqrt{\rho_b^*}\omega_b,\ \nabla\times\boldsymbol{E}=0, \tag{6.4.29}$$

其中对 $i=a,b$ 初始条件为

$$\omega_i(x,0):=\omega_{i0}(x)=\psi_{i0}-\sqrt{\rho_i^*},\boldsymbol{\phi}_i(x,0):=\boldsymbol{\phi}_{i0}(x)=\nabla\times\boldsymbol{u}_{i0}(x), \tag{6.4.30}$$

$$\omega_{it}(x,0):=\omega_{i1}(x)=\Big[-\boldsymbol{u}_{i0}\cdot\nabla\omega_{i0}-\frac{1}{2}(\omega_{i0}+\sqrt{\rho_i^*})\nabla\cdot\boldsymbol{u}_{i0}\Big], \tag{6.4.31}$$

以及

$$\begin{aligned}
f_{i1}:=&\ f_{i1}(x,t)\\
=&\ \frac{-\omega_{it}^2}{\omega_i+\sqrt{\rho_i^*}}-q_i\nabla\omega_i\boldsymbol{E}+(P_i'((\omega_i+\sqrt{\rho_i^*})^2)-P_i'(\rho_i^*))\Delta\omega_i+\\
&\ 2(\omega_i+\sqrt{\rho_i^*})P_i''((\omega_i+\sqrt{\rho_i^*})^2)|\nabla\omega_i|^2+P_i'((\omega_i+\sqrt{\rho_i^*})^2)\frac{|\nabla\omega_i|^2}{\omega_i+\sqrt{\rho_i^*}}+\\
&\ \frac{h^2(\Delta\omega_i)^2}{4(\omega_i+\sqrt{\rho_i^*})}+\frac{\nabla^2((\omega_i+\sqrt{\rho_i^*})^2\boldsymbol{u}_i\otimes\boldsymbol{u}_i)}{2(\omega_i+\sqrt{\rho_i^*})}
\end{aligned} \tag{6.4.32}$$

$$f_{i2}:=f_{i2}(x,t)=(\boldsymbol{\phi}_i\cdot\nabla)\boldsymbol{u}_i-(\boldsymbol{u}_i\cdot\nabla)\boldsymbol{\phi}_i-\boldsymbol{\phi}_i\nabla\cdot\boldsymbol{u}_i. \tag{6.4.33}$$

由 (6.4.1) 可以得到 $\nabla\cdot\boldsymbol{u}_i$ 与 $\nabla\omega_i$ 和 ω_{it} 的关系式

$$2\omega_{it}+2\boldsymbol{u}_i\cdot\nabla\omega_i+[\omega_i+(\sqrt{\omega_i}+\sqrt{\rho_i^*})]\nabla\cdot\boldsymbol{u}_i=0. \tag{6.4.34}$$

下面光滑解 $(\omega_i,\boldsymbol{u}_i,\boldsymbol{E})$ 满足如下条件

$$\begin{aligned}
\delta_T\triangleq\max_{0\leqslant t\leqslant T}\Big\{&\sum_{k=0}^{5}(1+t)^k\|D^k\omega_i\|^2+\sum_{k=1}^{5}(1+t)^k\|D^k\boldsymbol{u}_i\|^2+\sum_{k=0}^{3}(1+t)^{k+2}\|D^k\omega_{it}\|^2+\\
&\sum_{k=1}^{3}(1+t)^{2+k}\|D^k\boldsymbol{u}_{it}\|^2+(1+t)^5\|D^4\omega_{it}\|^2+\sum_{k=1}^{5}(1+t)^k\|D^k\boldsymbol{E}\|^2+\\
&\sum_{k=0}^{2}(1+t)^{3+k}\|D^k\omega_{itt}\|^2\Big\}\ll 1.
\end{aligned} \tag{6.4.35}$$

由 (6.4.35) 可知对充分小的 δ_T 能保证密度 $\psi_i(i=a,b)$ 的正性

$$\frac{\sqrt{\rho_i^*}}{2}\leqslant\omega_i+\sqrt{\rho_i^*}\leqslant\frac{3}{2}\sqrt{\rho_i^*}.$$

利用三维的 Nirenberg 不等式以及 (6.4.35) 可知

$$\sum_{k=0}^{3}(1+t)^{k+1}\|D^k\omega_i\|_{L^\infty}^2+\sum_{k=0}^{2}(1+t)^{k+3}\|D^k\omega_{it}\|_{L^\infty}^2+(1+t)^4\|\omega_{itt}\|_{L^\infty}^2\leqslant\delta_T, \tag{6.4.36}$$

$$\sum_{k=0}^{2}(1+t)^{k+1}\|D^k\boldsymbol{u}_i\|_{L^\infty}^2+\sum_{k=0}^{1}(1+t)^{k+3}\|D^k\boldsymbol{u}_{it}\|_{L^\infty}^2+\sum_{k=0}^{3}(1+t)^{k+1}\|D^k\boldsymbol{E}\|_{L^\infty}^2\leqslant c\delta_T. \tag{6.4.37}$$

由先验假设 (6.4.35) 我们可以得到如下先验估计:

引理 6.4.1 设 $(\omega_i,\boldsymbol{u}_i,\boldsymbol{E})$ 为局部强解，则对 $t\in[0,T]$，δ_T 充分小时有

$$\sum_{k=0}^{5}(1+t)^{k}\|D^k\omega_i\|^2+(1+t)^5\|hD^6\omega_i\|^2+\sum_{k=0}^{3}(1+t)^{k+2}\|D^k\omega_{it}\|^2+$$
$$(1+t)^5\|D^4\omega_{it}\|^2+\sum_{k=0}^{2}(1+t)^{k+3}\|D^k\omega_{itt}\|^2\leqslant c\Lambda_0, \tag{6.4.38}$$

$$\sum_{k=1}^{5}(1+t)^{k}\|D^k\boldsymbol{u}_i\|^2+\sum_{k=1}^{3}(1+t)^{2+k}\|D^k\boldsymbol{u}_{it}\|^2\leqslant c\Lambda_0, \tag{6.4.39}$$

$$\sum_{k=1}^{5}(1+t)^{k}\|D^k\boldsymbol{E}\|^2+\int_0^t\sum_{k=1}^{5}(1+s)^{k-1}\|D^k\boldsymbol{E}\|^2\mathrm{d}s\leqslant c\Lambda_0, \tag{6.4.40}$$

$$\int_0^t\left[\sum_{k=1}^{5}(1+s)^{k-1}\|D^k\omega_i\|^2+\sum_{k=0}^{4}(1+s)^{k+1}\|D^k\omega_{it}\|^2\right]\mathrm{d}s\leqslant c\Lambda_0, \tag{6.4.41}$$

$$\int_0^t\left[\sum_{k=1}^{5}(1+s)^{k}\|D^k\boldsymbol{u}_i\|^2+\sum_{k=1}^{3}(1+s)^{k+2}\|D^k\boldsymbol{u}_{it}\|^2\right]\mathrm{d}s\leqslant c\Lambda_0. \tag{6.4.42}$$

引理 6.4.1 的证明 首先我们给出基本的能量估计。在 (6.4.25) 两边同时乘以 $(\omega_a+2\omega_{at})$，在 (6.4.26) 两边同时乘以 $(\omega_b+2\omega_{bt})$，在 $\mathbf{R}^3$ 上分部积分 (这里通常省略 $\mathbf{R}^3$)，并将上述结果相加，注意到以下事实

$$\int\left\{\left[\frac{1}{2}(\omega_a+\sqrt{\rho_a^*})\nabla\cdot\boldsymbol{E}\right](\omega_a+2\omega_{at})-\left[\frac{1}{2}(\omega_b+\sqrt{\rho_b^*})\nabla\cdot\boldsymbol{E}\right](\omega_b+2\omega_{bt})\right\}\mathrm{d}x=$$
$$\frac{1}{4}\frac{\mathrm{d}}{\mathrm{d}t}\int|\nabla\cdot\boldsymbol{E}|^2\mathrm{d}x+\frac{1}{4}\int|\nabla\cdot\boldsymbol{E}|^2\mathrm{d}x-\frac{1}{4}\int\nabla(\omega_a^2-\omega_b^2)\cdot\boldsymbol{E}\mathrm{d}x,$$

从而得到

$$\frac{\mathrm{d}}{\mathrm{d}t}\int\Big[\omega_{at}^2+\omega_a\omega_{at}+\frac{\omega_a^2}{2}+\omega_{bt}^2+\omega_b\omega_{bt}+\frac{\omega_b^2}{2}+P_a'(\rho_a^*)|\nabla\omega_a|^2+$$
$$P_b'(\rho_b^*)|\nabla\omega_b|^2+\frac{h^2}{4}(|\Delta\omega_a|^2+|\Delta\omega_b|^2)+\frac{1}{4}|\nabla\cdot\boldsymbol{E}|^2\Big]\mathrm{d}x+$$

$$\int\Big[(\omega_{at}^2+\omega_{bt}^2)+P_a'(\rho_a^*)|\nabla\omega_a|^2+P_b'(\rho_b^*)|\nabla\omega_b|^2+$$
$$\frac{h^2}{4}(|\Delta\omega_a|^2+|\Delta\omega_b|^2)+\frac{1}{4}|\nabla\cdot\boldsymbol{E}|^2\Big]\mathrm{d}x=$$
$$\int\Big\{\frac{1}{4}(\nabla(\omega_a^2-\omega_b^2)\cdot\boldsymbol{E})+[f_{a1}(x,t)(\omega_a+2\omega_{at})+f_{b1}(x,t)(\omega_b+2\omega_{bt})]\Big\}\mathrm{d}x. \tag{6.4.43}$$

由 (6.4.35) 的假设，以及利用 Sobolev 嵌入定理、Hölder 不等式、Young 不等式和分部积分，我们可以将 (6.4.43) 等号右边估计如下

$$\int\omega_i\nabla\omega_i\cdot\boldsymbol{E}\mathrm{d}x\leqslant\|\omega_i\|_{L^3}\|\nabla\omega_i\|_{L^2}\|\boldsymbol{E}\|_{L^6}\leqslant$$
$$c(\|\omega_i\|_{L^2}+\|\nabla\omega_i\|_{L^2})\|\nabla\omega_i\|_{L^2}\cdot\|\boldsymbol{E}\|_{L^6}\leqslant$$
$$c\delta_T(\|\nabla\omega_i\|^2+\|\nabla\cdot\boldsymbol{E}\|^2), \tag{6.4.44}$$

$$\int\Big[P_i'((\omega_i+\sqrt{\rho_i^*})^2)-P_i'(\rho_i^*)\Big]\Delta\omega_i\cdot(2\omega_{it})\mathrm{d}x\leqslant$$
$$-\frac{\mathrm{d}}{\mathrm{d}t}\int\Big[P_i'((\omega_i+\sqrt{\rho_i^*})^2)-P_i'(\rho_i^*)\Big]|\nabla\omega_i|^2\mathrm{d}x+c\delta_T\|(\nabla\omega_i,\omega_{it})\|^2, \tag{6.4.45}$$

$$\int\boldsymbol{u}_i\cdot\nabla\omega_{it}(2\omega_{it})\mathrm{d}x=-\int\nabla\cdot\boldsymbol{u}_i(\omega_it)^2\mathrm{d}x\leqslant c\delta_T\|\omega_{it}\|^2, \tag{6.4.46}$$

$$\int\boldsymbol{u}_i\nabla(\boldsymbol{u}_i\cdot\nabla\omega_i)\cdot2\omega_{it}\mathrm{d}x\leqslant-\frac{\mathrm{d}}{\mathrm{d}t}\int(\boldsymbol{u}_i\cdot\nabla\omega_i)^2\mathrm{d}x+c\delta_T\|(\nabla\omega_i,\omega_{it})\|^2, \tag{6.4.47}$$

这里我们利用了 $\|D(\boldsymbol{u}_i)\|^2\leqslant c(\|\nabla\cdot\boldsymbol{u}_i\|^2+\|\nabla\times\boldsymbol{u}_i\|^2)$。(6.4.43) 等号右边的其他项通过分部积分、Hölder 不等式、Young 不等式以及引理 6.1.3和引理 6.1.4 很容易估计，因而有

$$\frac{\mathrm{d}}{\mathrm{d}t}\int\Big\{\omega_{at}^2+\omega_a\omega_{at}+\frac{\omega_a^2}{2}+\omega_{bt}^2+\omega_b\omega_{bt}+\frac{\omega_b^2}{2}+P_a'(\rho_a^*)|\nabla\omega_a|^2+P_b'(\rho_b^*)|\nabla\omega_b|^2+$$
$$\frac{h^2}{4}(|\Delta\omega_a|^2+|\Delta\omega_b|^2)+\frac{1}{4}|\nabla\cdot\boldsymbol{E}|^2+[P_a'((\omega_a+\sqrt{\omega_a^*})^2)-P_a'(\rho_a^*)]|\nabla\omega_a|^2+$$
$$[P_b'((\omega_b+\sqrt{\omega_b^*})^2)-P_b'(\rho_b^*)]|\nabla\omega_b|^2+(\boldsymbol{u}_a\cdot\nabla\omega_a)^2+(\boldsymbol{u}_b\cdot\nabla\omega_b)^2\Big\}\mathrm{d}x+$$
$$\int\Big[(\omega_{at}^2+\omega_{bt}^2)+P_a'(\rho_a^*)|\nabla\omega_a|^2+P_b'(\rho_b^*)|\nabla\omega_b|^2+\frac{h^2}{4}(|\Delta\omega_a|^2+|\Delta\omega_b|^2)+\frac{1}{4}|\nabla\cdot\boldsymbol{E}|^2\Big]\mathrm{d}x\leqslant$$
$$c\delta_T\|(\nabla\omega_a,\nabla\omega_b,\omega_{at},\omega_{bt},\nabla\cdot\boldsymbol{E},\boldsymbol{\phi}_a,\boldsymbol{\phi}_b)\|^2. \tag{6.4.48}$$

在 (6.4.27) 两边同时乘以 $2\boldsymbol{\phi}_a$，在 (6.4.28) 两边同时乘以 $2\boldsymbol{\phi}_b$，并在 $\mathbf{R}^3$ 上分部积分，可得

$$\frac{\mathrm{d}}{\mathrm{d}t}\int(|\boldsymbol{\phi}_a|^2+|\boldsymbol{\phi}_b|^2)\mathrm{d}x+2\int(|\boldsymbol{\phi}_a|^2+|\boldsymbol{\phi}_b|^2)\mathrm{d}x=\int(f_{a2}\cdot2\boldsymbol{\phi}_a+f_{b2}\cdot2\boldsymbol{\phi}_b)\mathrm{d}x. \tag{6.4.49}$$

再由 (6.4.35) 可得

$$\frac{\mathrm{d}}{\mathrm{d}t}\int(|\boldsymbol{\phi}_a|^2+|\boldsymbol{\phi}_b|^2)\mathrm{d}x+2\int(|\boldsymbol{\phi}_a|^2+|\boldsymbol{\phi}_b|^2)\mathrm{d}x\leqslant c\delta_T\|(\boldsymbol{\phi}_a,\boldsymbol{\phi}_b,\nabla\omega_a,\nabla\omega_b,\omega_{at},\omega_{bt})\|^2. \quad (6.4.50)$$

将 (6.4.48) 和 (6.4.50) 在 $[0,t]$ 上积分并且利用

$$P_i'(\rho_i^*)>0,\ \frac{1}{6}(x^2+y^2)\leqslant x^2+xy+\frac{y^2}{2}\leqslant 2(x^2+y^2),$$

可以得到

$$\begin{aligned}&\|(\omega_a,\omega_b)\|_1^2+\|(hD^2\omega_a,hD^2\omega_b)\|^2+\|(\omega_{at},\omega_{bt},\boldsymbol{\phi}_a,\boldsymbol{\phi}_b,D\boldsymbol{E})\|^2+\\&\int_0^t[\|(\nabla\omega_a,\nabla\omega_b,hD^2\omega_a,hD^2\omega_b,\omega_{at},\omega_{bt},\boldsymbol{\phi}_a,\boldsymbol{\phi}_b)\|^2+\|D\boldsymbol{E}\|^2]\mathrm{d}s\leqslant c\Lambda_0. \qquad (6.4.51)\end{aligned}$$

另一方面,我们通过计算 $\int[(6.4.25)\times 2(1+t)\omega_{at}+(6.4.26)\times 2(t+1)\omega_{bt}]\mathrm{d}x$ 和 $(6.4.49)\times(1+t)$ 可得

$$\begin{aligned}&\frac{\mathrm{d}}{\mathrm{d}t}\Big\{(1+t)\int\Big\{\omega_{at}^2+\omega_{bt}^2+P_a'(\rho_a^*)|\nabla\omega_a|^2+P_b'(\rho_b^*)|\nabla\omega_b|^2+\frac{h^2}{4}(|\Delta\omega_a|^2+|\Delta\omega_b|^2)+\\&\frac{1}{4}|\nabla\cdot\boldsymbol{E}|^2+|\boldsymbol{\phi}_a|^2+|\boldsymbol{\phi}_b|^2+[P_a'((\omega_a+\sqrt{\rho_a^*})^2)-P_a'(\rho_a^*)]|\nabla\omega_a|^2+\\&[P_b'((\omega_b+\sqrt{\rho_b^*})^2)-P_b'(\rho_b^*)]|\nabla\omega_b|^2+(\boldsymbol{u}_a\cdot\omega_a)^2+(\boldsymbol{u}_b\cdot\omega_b)^2\Big\}\mathrm{d}x\Big\}\\&2(1+t)\|(\omega_{at},\omega_{bt},\boldsymbol{\phi}_a,\boldsymbol{\phi}_b)\|^2\leqslant\\&(1+t)\|(\omega_{at},\omega_{bt},\boldsymbol{\phi}_a,\boldsymbol{\phi}_b)\|^2+c\delta_T\|(\nabla\omega_a,\nabla\omega_b,hD^2\omega_a,hD^2\omega_b,\boldsymbol{\phi}_a,\boldsymbol{\phi}_b,D\boldsymbol{E})\|^2, \qquad (6.4.52)\end{aligned}$$

此处我们利用了先验假设 (6.4.35)、Hölder 不等式和 Young 不等式来估计右边项

$$\begin{aligned}&\frac{1}{4}\int(1+t)\nabla(\omega_a^2-\omega_b^2)\cdot\boldsymbol{E}\mathrm{d}x+\int(1+t)[f_{a1}(\omega_a+2\omega_{at})+f_{b1}(\omega_b+2\omega_{bt})]\mathrm{d}x+\\&\int(1+t)[f_{a2}\cdot 2\boldsymbol{\phi}_a+f_{b2}\cdot 2\boldsymbol{\phi}_b]\mathrm{d}x\leqslant\\&(1+t)\|(\omega_{at},\omega_{bt},\boldsymbol{\phi}_a,\boldsymbol{\phi}_b)\|^2+c\delta_T\|(\nabla\omega_a,\nabla\omega_b,hD^2\omega_a,hD^2\omega_b,\boldsymbol{\phi}_a,\boldsymbol{\phi}_b,D\boldsymbol{E})\|^2.\end{aligned}$$

将 (6.4.52) 在 $[0,t]$ 上积分得

$$\begin{aligned}&(1+t)\|(\nabla\omega_a,\nabla\omega_b,hD^2\omega_a,hD^2\omega_b,\omega_{at},\omega_{bt},\boldsymbol{\phi}_a,\boldsymbol{\phi}_b,D\boldsymbol{E})\|^2+\\&\int_0^t(1+s)\|(\omega_{at},\omega_{bt},\boldsymbol{\phi}_a,\boldsymbol{\phi}_b)\|^2\mathrm{d}s\leqslant c\Lambda_0. \qquad (6.4.53)\end{aligned}$$

再结合 (6.4.51) 可得出引理 6.4.1 的基本估计

$$\|\omega_i\|^2+(1+t)\|D\omega_i\|^2+(1+t)\|D\boldsymbol{E}\|^2+(1+t)\|D\boldsymbol{u}_i\|^2\leqslant c\Lambda_0, \tag{6.4.54}$$

$$\int_0^t\|(\nabla\omega_i,D\boldsymbol{E})\|^2\mathrm{d}s+\int_0^t(1+s)(\|D\boldsymbol{u}_i\|^2+\|\omega_{it}\|^2)\mathrm{d}s\leqslant c\Lambda_0. \tag{6.4.55}$$

下面来估计高阶导数。

记 $\tilde{\omega}_i:=D^\alpha\omega_i$，$\tilde{\boldsymbol{\phi}}_i:=D^\alpha\boldsymbol{\phi}_i$，$\tilde{\boldsymbol{E}}:=D^\alpha\boldsymbol{E}$ $(i=a,b;1<|\alpha|\leqslant 4)$。将 (6.4.25)–(6.4.29) 对 x 求偏导，得到关于 $(\tilde{\omega}_i,\tilde{\boldsymbol{\phi}}_i,\tilde{\boldsymbol{E}})$ 的方程

$$\begin{aligned}&\tilde{\omega}_{itt}+\tilde{\omega}_{it}+\frac{h^2}{4}\Delta^2\tilde{\omega}_i-P_i'(\rho_i^*)\Delta\tilde{\omega}_i+\frac{q_i}{2}(\omega_i+\sqrt{\rho_i^*})\nabla\cdot\tilde{\boldsymbol{E}}=\\&D^\alpha f_{i1}(x,t)-D^\alpha\Big[\frac{q_i}{2}(\omega_i+\sqrt{\rho_i^*})\nabla\cdot\boldsymbol{E}\Big]+\frac{q_i}{2}(\omega_i+\sqrt{\rho_i^*})\nabla\cdot\tilde{\boldsymbol{E}},\end{aligned} \tag{6.4.56}$$

$$\tilde{\boldsymbol{\phi}}_{it}+\tilde{\boldsymbol{\phi}}_i=D^\alpha f_{i2}, \tag{6.4.57}$$

$$\nabla\cdot\tilde{\boldsymbol{E}}=D^\alpha(\omega_a^2-\omega_b^2+2\sqrt{\rho_a^*}\omega_a-2\sqrt{\rho_b^*}\omega_b). \tag{6.4.58}$$

跟先前的基本估计相似，当 $|\alpha|=k(k=1,2,3,4)$ 时分别计算下述积分

$$\begin{aligned}&\int_0^t\int\sum_{l=0}^{|\alpha|}[(6.4.56)_{i=a}\times(1+s)^l(D^\alpha\omega_a+2D^\alpha\omega_{at})+\\&(6.4.56)_{i=b}\times(1+s)^l(D^\alpha\omega_b+2D^\alpha\omega_{bt})]\mathrm{d}x\mathrm{d}s,\\&\int_0^t\int\sum_{l=0}^{|\alpha|}[(6.4.57)_{i=a}\times 2(1+s)^lD^\alpha\boldsymbol{\phi}_a+(6.4.57)_{i=b}\times 2(1+s)^lD^\alpha\boldsymbol{\phi}_b]\mathrm{d}x\mathrm{d}s,\\&\int_0^t\int[(6.4.56)_{i=a}\times 2(1+s)^lD^{|\alpha|+1}\omega_{at}+(6.4.56)_{i=b}\times 2(1+s)^lD^{|\alpha|+1}\omega_{bt}]\mathrm{d}x\mathrm{d}s,\\&\int_0^t\int[(6.4.57)_{i=a}\times 2(1+s)^lD^{|\alpha|+1}\boldsymbol{\phi}_a+(6.4.57)_{i=b}\times 2(1+s)^lD^{|\alpha|+1}\boldsymbol{\phi}_b]\mathrm{d}x\mathrm{d}s,\end{aligned}$$

继而得到估计

$$\begin{aligned}&(1+t)^{k+1}\|(D^{k+1}\omega_a,D^{k+1}\omega_b,hD^{k+2}\omega_a,hD^{k+2}\omega_b,D^k\omega_{at},D^k\omega_{bt})\|^2+\\&(1+t)^{k+1}\|(D^k\boldsymbol{\phi}_a,D^k\boldsymbol{\phi}_b,D^{k+1}\boldsymbol{E})\|^2+\\&\int_0^t(1+s)^k\|(D^{k+1}\omega_a,D^{k+1}\omega_b,hD^{k+2}\omega_a,hD^{k+2}\omega_b,D^{k+1}\boldsymbol{E})\|^2\mathrm{d}s+\\&\int_0^t(1+s)^{k+1}\|(D^k\omega_{at},D^k\omega_{bt},D^k\boldsymbol{\phi}_a,D^k\boldsymbol{\phi}_b)\|^2\mathrm{d}s\leqslant c\Lambda_0.\end{aligned} \tag{6.4.59}$$

由 (6.4.59) 我们可以得到引理 6.4.1 的衰减估计

$$(1+t)^k\|D^k\omega_i\|^2+(1+t)^5\|hD^6\omega_i\|^2\leqslant c\Lambda_0,\ 0\leqslant k\leqslant 5; \tag{6.4.60}$$

$$(1+t)^k\|D^k\boldsymbol{u}_i\|^2+(1+t)^k\|D^k\boldsymbol{E}\|^2\leqslant c\Lambda_0,\ 1\leqslant k\leqslant 5; \tag{6.4.61}$$

$$\int_0^t[(1+s)^{k-1}\|(D^k\omega_i,D^k\boldsymbol{E})\|^2+(1+s)^k\|D^k\boldsymbol{u}_i\|^2]\mathrm{d}s\leqslant c\Lambda_0,\ 1\leqslant k\leqslant 5; \tag{6.4.62}$$

$$(1+t)^{k+1}\|D^k\omega_{it}\|^2+\int_0^t(1+s)^{k+1}\|D^k\omega_{it}\|^2\mathrm{d}s\leqslant c\Lambda_0,\ 1\leqslant k\leqslant 4. \tag{6.4.63}$$

这里的高阶导数 $(1+t)^6\|D^6\boldsymbol{E}\|^2\leqslant c\Lambda_0$ 可以通过 Poisson 方程 (6.4.29) 以及引理 6.1.2 进行估计。

为了完成引理的证明，下面需要求 $(\omega_a,\omega_b,\boldsymbol{u}_a,\boldsymbol{u}_b)$ 关于时间导数的估计。令 $\bar{\omega}_i:=D^\alpha\omega_{it}$，$\bar{\boldsymbol{\phi}}_i:=D^\alpha\boldsymbol{\phi}_{it}$，$\bar{\boldsymbol{E}}:=D^\alpha\boldsymbol{E}_t$ $(0\leqslant|\alpha|\leqslant 2)$，则有关于 $\bar{\omega}_i,\bar{\boldsymbol{\phi}}_i,\bar{\boldsymbol{E}}(i=a,b)$ 的方程

$$\begin{aligned}&\bar{\omega}_{itt}+\bar{\omega}_{it}+\frac{h^2}{4}\Delta^2\bar{\omega}_i-P_i'(\rho_i^*)\Delta\bar{\omega}_i+\frac{q_i}{2}(\omega_i+\sqrt{\rho_i^*})\nabla\cdot\bar{\boldsymbol{E}}=\\&D^\alpha f_{i1}(x,t)_t-D^\alpha\Big(\frac{q_i}{2}(\omega_i+\sqrt{\rho_i^*})\nabla\cdot\boldsymbol{E}\Big)_t+\frac{q_i}{2}(\omega_i+\sqrt{\rho_i^*})\nabla\cdot\bar{\boldsymbol{E}},\end{aligned} \tag{6.4.64}$$

$$\bar{\boldsymbol{\phi}}_{it}+\bar{\boldsymbol{\phi}}_i=D^\alpha(f_{i2})_t, \tag{6.4.65}$$

$$\nabla\cdot\bar{\boldsymbol{E}}=D^\alpha(\omega_a^2-\omega_b^2+2\sqrt{\rho_a^*}\omega_a-2\sqrt{\rho_b^*}\omega_b)_t. \tag{6.4.66}$$

基于 (6.4.60)–(6.4.63) 的时间衰减估计，我们可以从 (6.4.64)–(6.4.66) 得到关于 $\bar{\omega}_i,\bar{\boldsymbol{\phi}}_i,\bar{\boldsymbol{E}}$ 的更快的衰减估计。事实上，首先当 $|\alpha|=0,1,2$ 时分别计算下列积分

$$\begin{aligned}&\int_0^t\int\sum_{l=0}^{|\alpha|+2}[(6.4.64)_{i=a}\times(1+s)^l(D^\alpha\omega_{at}+2D^\alpha\omega_{att})+\\&(6.4.64)_{i=b}\times(1+s)^l(D^\alpha\omega_{bt}+2D^\alpha\omega_{btt})]\mathrm{d}x\mathrm{d}s,\end{aligned}$$

$$\int_0^t\int\sum_{l=0}^{|\alpha|+2}[(6.4.65)_{i=a}\times 2(1+s)^lD^\alpha\boldsymbol{\phi}_{at}+(6.4.65)_{i=b}\times 2(1+s)^lD^\alpha\boldsymbol{\phi}_{bt}]\mathrm{d}x\mathrm{d}s,$$

$$\begin{aligned}&\int_0^t\int[(6.4.64)_{i=a}\times 2(1+s)^{|\alpha|+3}D^\alpha\omega_{att}+(6.4.64)_{i=b}\times 2(1+s)^{|\alpha|+3}D^\alpha\omega_{btt}+\\&(6.4.65)_{i=a}\times 2(1+s)^{|\alpha|+3}D^\alpha\boldsymbol{\phi}_{at}+(6.4.65)_{i=b}\times 2(1+s)^{|\alpha|+3}D^\alpha\boldsymbol{\phi}_{bt}]\mathrm{d}x\mathrm{d}s,\end{aligned}$$

再由估计 (6.4.60)–(6.4.63) 可以得到下列估计

$$(1+t)^{k+2}\|D^k\omega_{it}\|^2+\int_0^t(1+s)^{1+k}\|D^k\omega_{it}\|^2\mathrm{d}s\leqslant c\Lambda_0,0\leqslant k\leqslant 3, \tag{6.4.67}$$

$$(1+t)^{k+3}\|D^k\omega_{itt}\|^2+\int_0^t(1+s)^{3+k}\|D^k\omega_{itt}\|^2\mathrm{d}s\leqslant c\Lambda_0, 0\leqslant k\leqslant 2, \tag{6.4.68}$$

$$(1+t)^{k+3}\|D^k\boldsymbol{\phi}_{it}\|^2+\int_0^t(1+s)^{3+k}\|D^k\boldsymbol{\phi}_{it}\|^2\mathrm{d}s\leqslant c\Lambda_0, 0\leqslant k\leqslant 2, \tag{6.4.69}$$

$$(1+t)^{k+2}\|D^k\boldsymbol{E}_t\|^2+\int_0^t(1+s)^{1+k}\|D^k\boldsymbol{E}_t\|^2\mathrm{d}s\leqslant c\Lambda_0, 1\leqslant k\leqslant 3, \tag{6.4.70}$$

此处利用了 $\|D\boldsymbol{u}_t\|^2\leqslant c(\|\nabla\cdot\boldsymbol{u}_t\|^2+\|\nabla\times\boldsymbol{u}_t\|^2)$。由估计 (6.4.67)–(6.4.70) 以及 $\nabla\cdot\boldsymbol{u}_i$ 与 $\nabla\omega_i$ 和 ω_{it} 的关系式 (6.4.24) 可得

$$(1+t)^{2+k}\|D^k\boldsymbol{u}_{it}\|^2+\int_0^t(1+s)^{2+k}\|D^k\boldsymbol{u}_{it}\|^2\mathrm{d}s\leqslant c\Lambda_0, 1\leqslant k\leqslant 3. \tag{6.4.71}$$

因而由估计 (6.4.54)–(6.4.55)、(6.4.60)–(6.4.63) 以及 (6.4.67)–(6.4.71) 即可得到引理 6.4.1 的全部估计，从而完成了引理 6.4.1 的证明。 □

定理 6.4.1 的证明 由引理 6.4.1 知，对于充分小的 Λ_0，可以将局部解延拓为整体解，而且估计 (6.4.38)–(6.4.42) 对 $t\in[0,T]$ 仍然成立。特别的有

$$(1+t)^k\|D^k\omega_i\|^2+(1+t)^5\|hD^6\omega_i\|^2c\Lambda_0,\ 0\leqslant k\leqslant 5, \tag{6.4.72}$$

$$(1+t)^{k+2}\|D^{k+2}\omega_{it}\|^2+(1+t)^5\|D^4\omega_{it}\|^2\leqslant c\Lambda_0,\ 0\leqslant k\leqslant 3, \tag{6.4.73}$$

$$(1+t)^k\|D^k\boldsymbol{u}_i\|^2+(1+t)^k\|D^k\boldsymbol{E}\|^2\leqslant c\Lambda_0,\ 1\leqslant k\leqslant 5, \tag{6.4.74}$$

$$(1+t)^{k+2}\|D^k\boldsymbol{u}_{it}\|^2\leqslant c\Lambda_0,\ 1\leqslant k\leqslant 3. \tag{6.4.75}$$

此处的系数 c 是不依赖于 h 和 $t(t>0)$ 的常数。由于 $\rho_i=(\omega_i+\sqrt{\rho_i^*})^2$，因而可以得到定理 6.4.1 的结论

$$(1+t)^k\|D^k(\rho_i-\rho_i^*)\|^2+(1+t)^5\|hD^6(\rho_i-\rho_i^*)\|^2\leqslant c\Lambda_0,\ 0\leqslant k\leqslant 5, \tag{6.4.76}$$

$$(1+t)^k\|D^k\boldsymbol{u}_i\|^2+(1+t)^k\|D^k\boldsymbol{E}\|^2\leqslant c\Lambda_0,\ 1\leqslant k\leqslant 5. \tag{6.4.77}$$

这就完成了定理 6.4.1 的证明。 □

下面我们来证明线性方程组 (6.4.10) 的代数衰减性。

首先依据 (6.4.15)，(6.4.10) 可以简化为关于 $U_a=(W_a,W_b,\boldsymbol{J}_a,\boldsymbol{J}_b)$ 的方程组

$$\begin{cases} W_{at}+\nabla\cdot\boldsymbol{J}_a=0,\\ \boldsymbol{J}_{at}+\nabla W_a-\nabla\Delta W_a+\boldsymbol{J}_a-2\nabla\Delta^{-1}(W_a-W_b)=0,\\ W_{bt}+\nabla\cdot\boldsymbol{J}_b=0,\\ \boldsymbol{J}_{bt}+\nabla W_b-\nabla\Delta W_b+\boldsymbol{J}_b+\nabla\Delta^{-1}(W_a-W_b)=0. \end{cases} \tag{6.4.78}$$

其初始条件为

$$U(x,0)=U_0(x):=(W_{a0},\boldsymbol{J}_{a0},W_{b0},\boldsymbol{J}_{a0}). \tag{6.4.79}$$

可将 (6.4.78)–(6.4.79) 的解的形式表达式给出

$$U=\mathrm{e}^{\boldsymbol{A}t}U_0, \tag{6.4.80}$$

其中 U 是 $\hat{U}=(\hat{W}_a,\hat{\boldsymbol{J}}_a,\hat{W}_b,\hat{\boldsymbol{J}}_b)$ 的 Fourier 逆变换。而 $\hat{U}$ 是对方程组 (6.4.78) 做 Fourier 变换之后的方程组

$$\begin{cases}\hat{U}_t=\hat{\boldsymbol{A}}\hat{U},\\ \hat{U}(\xi,0)=(\hat{W}_{a0},\hat{\boldsymbol{J}}_{a0},\hat{W}_{b0},\hat{\boldsymbol{J}}_{b0}),\end{cases} \tag{6.4.81}$$

的解。其中 $\hat{\boldsymbol{J}}_a=(\hat{\boldsymbol{J}}_a^{(1)},\hat{\boldsymbol{J}}_a^{(2)},\hat{\boldsymbol{J}}_a^{(3)})$，$\hat{\boldsymbol{J}}_b=(\hat{\boldsymbol{J}}_b^{(1)},\hat{\boldsymbol{J}}_b^{(2)},\hat{\boldsymbol{J}}_b^{(3)})$，矩阵

$$\hat{\boldsymbol{A}}=\begin{pmatrix}0 & -\mathrm{i}\boldsymbol{\xi}^{\mathrm{T}} & 0 & 0\\ -\mathrm{i}\boldsymbol{\xi}b_1 & -\boldsymbol{I}_3 & \mathrm{i}\boldsymbol{\xi}d_1 & 0\\ 0 & 0 & 0 & -\mathrm{i}\boldsymbol{\xi}^{\mathrm{T}}\\ \mathrm{i}\boldsymbol{\xi}d_2 & 0 & -\mathrm{i}\boldsymbol{\xi}b_2 & -\boldsymbol{I}_3\end{pmatrix},$$

这里的 i 是虚数单位，

$$b_1=1+|\boldsymbol{\xi}|^2+\frac{2}{|\boldsymbol{\xi}|^2},d_1=\frac{2}{|\boldsymbol{\xi}|},b_2=1+|\boldsymbol{\xi}|^2+\frac{1}{|\boldsymbol{\xi}|^2},$$
$$d_2=\frac{1}{|\boldsymbol{\xi}|^2},\ \boldsymbol{I}_3=\mathrm{diag}(1,1,1).$$

可以利用标准的常微分方程的求解方法求出 (6.4.81) 的解。事实上，很容易求得 (6.4.81) 的解为

$$\hat{U}=\mathrm{e}^{\hat{\boldsymbol{A}}t}\hat{U}_0, \tag{6.4.82}$$

其中 $\hat{U}=(\hat{W}_a,\hat{\boldsymbol{J}}_a,\hat{W}_b,\hat{\boldsymbol{J}}_b)$，

$$\begin{aligned}\hat{W}_a(\boldsymbol{\xi},t)=&\frac{1}{6}\hat{W}_{a0}\Big[F_1+2F_2+e_1^-+e_1^++2(e_2^-+e_2^+)\Big]+\\&\frac{1}{3}\hat{W}_{b0}\Big[F_1-F_2+e_1^-+e_1^+-(e_2^-+e_2^+)\Big]-\\&\frac{\mathrm{i}}{3}(\hat{\boldsymbol{J}}_{a0}\cdot\boldsymbol{\xi})(F_1+2F_2)-\frac{\mathrm{i}}{3}(\hat{\boldsymbol{J}}_{b0}\cdot\boldsymbol{\xi})(2F_1-2F_2),\end{aligned} \tag{6.4.83}$$

$$\begin{aligned}\hat{W}_b(\boldsymbol{\xi},t)=&\frac{1}{6}\hat{W}_{b0}\Big[2F_1+F_2+2(e_1^-+e_1^+)+(e_2^-+e_2^+)\Big]+\\&\frac{1}{3}\hat{W}_{a0}\Big[F_1-F_2+e_1^-+e_1^+-(e_2^-+e_2^+)\Big]-\end{aligned}$$

$$\frac{\mathrm{i}}{3}(\hat{\boldsymbol{J}}_{b0}\cdot\boldsymbol{\xi})(2F_1+F_2)-\frac{\mathrm{i}}{3}(\hat{\boldsymbol{J}}_{a0}\cdot\boldsymbol{\xi})(F_1-F_2), \tag{6.4.84}$$

以及对 $k=1,2,3$

$$\begin{aligned}\hat{J}_a^{(k)}(\boldsymbol{\xi},t)=&\frac{\hat{J}_{a0}^{(k)}}{|\boldsymbol{\xi}|^2}(|\boldsymbol{\xi}|^2-\boldsymbol{\xi}_k^2)\mathrm{e}^{-t}-\frac{\boldsymbol{\xi}_k}{|\boldsymbol{\xi}|^2}\left(\sum_{\substack{l=1\\l\neq k}}^3\boldsymbol{\xi}_l\hat{J}_{a0}^{(l)}\right)\mathrm{e}^{-t}-\\&\frac{\boldsymbol{\xi}_k}{6|\boldsymbol{\xi}|^2}(\boldsymbol{\xi}\cdot\hat{\boldsymbol{J}}_{a0})\left[2F_2+F_1-2(e_2^-+e_2^+)-(e_1^++e_1^-)\right]+\\&\frac{\boldsymbol{\xi}_k}{3|\boldsymbol{\xi}|^2}(\boldsymbol{\xi}\cdot\hat{\boldsymbol{J}}_{b0})\left[F_2-F_1+e_1^-+e_1^+-e_2^--e_2^+\right]-\\&2(\hat{W}_{a0}-\hat{W}_{b0})\frac{\mathrm{i}\boldsymbol{\xi}_k}{|\boldsymbol{\xi}|^2}F_2-\frac{\mathrm{i}}{3}W_{a0}\boldsymbol{\xi}_k(1+|\boldsymbol{\xi}|^2)(2F_2+F_1)-\\&\frac{2\mathrm{i}}{3}\hat{W}_{b0}\boldsymbol{\xi}_k(1+|\boldsymbol{\xi}|^2)(F_1-F_2),\end{aligned} \tag{6.4.85}$$

$$\begin{aligned}\hat{J}_b^{(k)}(\boldsymbol{\xi},t)=&\frac{\hat{J}_{b0}^{(k)}}{|\boldsymbol{\xi}|^2}(|\boldsymbol{\xi}|^2-\boldsymbol{\xi}_k^2)\mathrm{e}^{-t}-\frac{\boldsymbol{\xi}_k}{|\boldsymbol{\xi}|^2}\left(\sum_{\substack{l=1\\l\neq k}}^3\boldsymbol{\xi}_l\hat{J}_{b0}^{(l)}\right)\mathrm{e}^{-t}-\\&\frac{\boldsymbol{\xi}_k}{6|\boldsymbol{\xi}|^2}(\boldsymbol{\xi}\cdot\hat{\boldsymbol{J}}_{b0})\left[F_2+2F_1-(e_2^-+e_2^+)-2(e_1^++e_1^-)\right]+\\&\frac{\boldsymbol{\xi}_k}{6|\boldsymbol{\xi}|^2}(\boldsymbol{\xi}\cdot\hat{\boldsymbol{J}}_{a0})\left[F_2-F_1+e_1^-+e_1^+-e_2^--e_2^+\right]+\\&(\hat{W}_{a0}-\hat{W}_{b0})\frac{\mathrm{i}\boldsymbol{\xi}_k}{|\boldsymbol{\xi}|^2}F_2-\frac{\mathrm{i}}{3}W_{b0}\boldsymbol{\xi}_k(1+|\boldsymbol{\xi}|^2)(F_2+2F_1)-\\&\frac{\mathrm{i}}{3}\hat{W}_{a0}\boldsymbol{\xi}_k(1+|\boldsymbol{\xi}|^2)(F_1-F_2).\end{aligned} \tag{6.4.86}$$

此处

$$e_1^-=\mathrm{e}^{-\frac{t}{2}(1-I_1)},\ e_1^+=\mathrm{e}^{-\frac{t}{2}(1+I_1)},\ e_2^-=\mathrm{e}^{-\frac{t}{2}(1-I_2)},\ e_2^+=\mathrm{e}^{-\frac{t}{2}(1+I_2)}, \tag{6.4.87}$$

其中

$$I_1=\sqrt{1-4|\boldsymbol{\xi}|^2(1+|\boldsymbol{\xi}|^2)},\ I_2=\sqrt{1-4(3+|\boldsymbol{\xi}|^2(1+|\boldsymbol{\xi}|^2))}. \tag{6.4.88}$$

另外还有

$$F_1=\frac{e_1^--e_1^+}{I_1},\ F_2=\frac{e_2^--e_2^+}{I_2}. \tag{6.4.89}$$

由 $E_0=\boldsymbol{\nabla}\Delta^{-1}(W_{a0}-W_{b0})\in L^2(\mathbf{R}^3)$ 可知 $(\hat{W}_{a0}-\hat{W}_{b0})\dfrac{\mathrm{i}\boldsymbol{\xi}_k}{|\boldsymbol{\xi}|^2}\in L^2(\mathbf{R}^3)$。从而 $\hat{U}$ 的 Fourier 逆变换存在，因而得出了方程组 (6.4.78)–(6.4.79) 的解。

定理 6.4.2 的证明　首先分析 (6.4.19)–(6.4.20) 的下界估计。这里所用的主要方法是通过 Plancherel 定理来估计 U 的 Fourier 变换。由 (6.4.87)–(6.4.89) 我们容易得

出 (6.4.83)–(6.4.86) 的 W_a，$\boldsymbol{J}_a$，W_b，$\boldsymbol{J}_b$ 的估计。事实上我们易得以下估计

$$|e_1^+|+|e_2^-|+|e_2^+|+|F_2|+|\boldsymbol{\xi}|^2|F_2|<c\mathrm{e}^{ct},\ \boldsymbol{\xi}\in\mathbf{R}^3, \tag{6.4.90}$$

$$|e_1^-|\leqslant \mathrm{e}^{-\frac{t}{2}},|F_1|\leqslant \frac{t}{2}\mathrm{e}^{-\frac{1}{2}t},|\boldsymbol{\xi}|^2|F_1|<c\frac{t}{2}\mathrm{e}^{-\frac{1}{2}t},\ |\boldsymbol{\xi}|^2\geqslant\frac{\sqrt{2}-1}{2}, \tag{6.4.91}$$

$$e_1^-\geqslant \mathrm{e}^{-c|\boldsymbol{\xi}|^2t},\ |\boldsymbol{\xi}|^2\leqslant\frac{\sqrt{2}-1}{2}. \tag{6.4.92}$$

下面简要说明一下 (6.4.90)–(6.4.92) 的推导。(6.4.90) 通过直接计算很容易得到。下面证明估计 (6.4.91)–(6.4.92)。对 $|\boldsymbol{\xi}|^2\geqslant\frac{\sqrt{2}-1}{2}$，有

$$1-4|\boldsymbol{\xi}|^2(1+|\boldsymbol{\xi}|^2)\leqslant 0, I_1=\sqrt{1-4|\boldsymbol{\xi}|^2(1+|\boldsymbol{\xi}|^2)}=\mathrm{i}\sqrt{4|\boldsymbol{\xi}|^2(1+|\boldsymbol{\xi}|^2)-1}=\mathrm{i}|I_1|,$$

以及

$$|e_1^-|=|\mathrm{e}^{-\frac{t}{2}(1-I_1)}|\leqslant \mathrm{e}^{-\frac{t}{2}}.$$

又因为

$$|F_1|=\left|\frac{\mathrm{e}^{-\frac{t}{2}(1-I_1)}-\mathrm{e}^{-\frac{t}{2}(1+I_1)}}{I_1}\right|=\left|\frac{t}{2}\mathrm{e}^{-\frac{t}{2}}\left(\frac{\mathrm{e}^{\mathrm{i}\frac{t|I_1|}{2}}-\mathrm{e}^{-\mathrm{i}\frac{t|I_1|}{2}}}{\mathrm{i}\frac{t|I_1|}{2}}\right)\right| \text{ 和 } |(\mathrm{e}^{\mathrm{i}s})'|\leqslant 1,$$

所以

$$|F_1|\leqslant\frac{t}{2}\mathrm{e}^{-\frac{1}{2}t}.$$

对于 $|\boldsymbol{\xi}|^2|F_1|$，当 $\frac{\sqrt{2}-1}{2}\leqslant|\boldsymbol{\xi}|^2<\frac{\sqrt{3}-1}{2}$ 时

$$|\boldsymbol{\xi}|^2|F_1|\leqslant c\frac{t}{2}\mathrm{e}^{-\frac{1}{2}t}.$$

当 $\frac{\sqrt{3}-1}{2}\leqslant|\boldsymbol{\xi}|^2$ 时，直接计算可得

$$|\boldsymbol{\xi}|^2|F_1|=|\boldsymbol{\xi}|^2\left|\mathrm{e}^{-\frac{t}{2}}\left(\frac{\mathrm{e}^{\mathrm{i}\frac{t|I_1|}{2}}-\mathrm{e}^{-\mathrm{i}\frac{t|I_1|}{2}}}{\mathrm{i}|I_1|}\right)\right|=\mathrm{e}^{-\frac{t}{2}}\left|\frac{|\boldsymbol{\xi}|^2}{\mathrm{i}|I_1|}\right|\left|\left(\mathrm{e}^{\mathrm{i}\frac{t|I_1|}{2}}-\mathrm{e}^{-\mathrm{i}\frac{t|I_1|}{2}}\right)\right|\leqslant c\mathrm{e}^{-\frac{t}{2}}.$$

再由当 $0\leqslant s\leqslant\frac{\sqrt{2}-1}{2}$ 时，$1-\sqrt{1-4s(1+s)}\leqslant 2(\sqrt{2}+1)s$ 可知

$$e_1^-=\mathrm{e}^{-\frac{t}{2}(1-\sqrt{1-4|\boldsymbol{\xi}|^2(1+|\boldsymbol{\xi}|^2)})}\geqslant \mathrm{e}^{-c|\boldsymbol{\xi}|^2t},$$

从而 (6.4.92) 成立。

利用 (6.4.90)–(6.4.92)，证明密度和动量 $\hat{W}_a$，$\hat{W}_b$，$\hat{\boldsymbol{J}}_a$，$\hat{\boldsymbol{J}}_b$ 的衰减性。这里以 $\hat{W}_a$，$\hat{\boldsymbol{J}}_a$ 为例作简要说明。

$$\hat{W}_a = T_1 + R_1; \hat{\boldsymbol{J}}_a^{(k)} = T_2^{(k)} + R_2^{(k)}; k = 1, 2, 3.$$

其中

$$T_1 = \frac{1}{6}(\hat{W}_{a0} + 2\hat{W}_{b0})(F_1 + e_1^-), \tag{6.4.93}$$

$$R_1 = W_a - T_1, (\text{余项}), \tag{6.4.94}$$

$$T_2^{(k)} = -\frac{\mathrm{i}}{3}(\hat{W}_{a0} + 2\hat{W}_{b0})\xi_k(1 + |\xi|^2)F_1, \tag{6.4.95}$$

$$R_2^{(k)} = \hat{\boldsymbol{J}}_a^{(k)} - T_2^{(k)}, (\text{余项}). \tag{6.4.96}$$

由 (6.4.90)–(6.4.92) 知

$$\begin{aligned}
\|\hat{W}_a(\cdot, t)\|^2 \geqslant\ & \frac{1}{2}\int_{\mathbf{R}^3} |T_1|^2 \mathrm{d}\boldsymbol{\xi} - \int_{\mathbf{R}^3} |R_1|^2 \mathrm{d}\boldsymbol{\xi} \geqslant \\
& \frac{1}{2}\int_{|\boldsymbol{\xi}|^2 < \frac{\sqrt{2}-1}{2}} \left|\frac{1}{6}(\hat{W}_{a0} + 2\hat{W}_{b0})(F_1 + e_1^-)\right|^2 \mathrm{d}\boldsymbol{\xi} - c(1+t)\mathrm{e}^{-ct} \geqslant \\
& \frac{1}{2}\int_{|\boldsymbol{\xi}|^2 < \frac{\sqrt{2}-1}{2}} \left|\frac{1}{6}(\hat{W}_{a0} + 2\hat{W}_{b0})e_1^-\right|^2 \mathrm{d}\boldsymbol{\xi} - c(1+t)\mathrm{e}^{-ct} \geqslant \\
& \int_{|\boldsymbol{\xi}|^2 < \min\{\frac{\sqrt{2}-1}{2}, r^2\}} c\mathrm{e}^{-2c|\boldsymbol{\xi}|^2 t} \mathrm{d}\boldsymbol{\xi} - c(1+t)\mathrm{e}^{-ct} \geqslant \\
& c(1+t)^{-\frac{3}{2}} - c(t+1)\mathrm{e}^{-ct}.
\end{aligned} \tag{6.4.97}$$

这里用到了定理 6.4.2 的假设，在 $B(0,r)$ 中 $|\hat{W}_{a0} + 2\hat{W}_{b0}| > m_0 > 0$，以及对 $|\boldsymbol{\xi}|^2 < \dfrac{\sqrt{2}-1}{2}$ 有 $F_1 > 0$。对于 $0 \leqslant n \leqslant 6$，$0 \leqslant l \leqslant 5$，我们利用 $(|\boldsymbol{\xi}|^n \hat{W}_{a0}, |\boldsymbol{\xi}|^n \hat{W}_{b0}, |\boldsymbol{\xi}|^l \hat{\boldsymbol{J}}_{a0}, |\boldsymbol{\xi}|^l \hat{\boldsymbol{J}}_{b0}) \in L^2(\mathbf{R}^3)$ 可得 $\int_{\mathbf{R}^3} |R_1|^2 \mathrm{d}\boldsymbol{\xi} < c\mathrm{e}^{-ct}$。此处的 $c > 0$ 依赖于初值和 m_0。

利用 Plancherel 定理和 (6.4.97) 可得对于 $t \gg 1$，有

$$\|W_a(\cdot, t)\| = \|\hat{W}_a(\cdot, t)\| \geqslant c_1(1+t)^{-\frac{3}{4}}. \tag{6.4.98}$$

类似地，从 (6.4.90)–(6.4.92) 我们还可得到

$$\begin{aligned}
\|\mathrm{i}\boldsymbol{\xi}_k \hat{W}_a(\cdot, t)\|^2 \geqslant\ & \frac{1}{2}\int_{\mathbf{R}^3} |\mathrm{i}\boldsymbol{\xi}_k T_1|^2 \mathrm{d}\boldsymbol{\xi} - \int_{\mathbf{R}^3} |\mathrm{i}\boldsymbol{\xi}_k R_1|^2 \mathrm{d}\boldsymbol{\xi} \geqslant \\
& \frac{1}{2}\int_{|\boldsymbol{\xi}|^2 < \frac{\sqrt{2}-1}{2}} \left|\frac{\boldsymbol{\xi}_k}{6}(W_{a0} + 2W_{b0})(F_1 + e_1^-)\right|^2 \mathrm{d}\boldsymbol{\xi} - c(1+t)\mathrm{e}^{-ct} \geqslant
\end{aligned}$$

$$c\int_{|\boldsymbol{\xi}|^2<\min\{\frac{\sqrt{2}-1}{2},r^2\}}|\boldsymbol{\xi}_k|^2|\mathrm{e}^{-2c|\boldsymbol{\xi}|^2t}|\mathrm{d}\boldsymbol{\xi}-c(1+t)\mathrm{e}^{-ct}\geqslant$$
$$c(1+t)^{-\frac{5}{2}}-c(1+t)\mathrm{e}^{-ct}.\tag{6.4.99}$$

因而从 (6.4.99) 知当 $t\gg 1$ 时

$$\|\partial_{x_k}W_a(\cdot,t)\|^2=\|\mathrm{i}\boldsymbol{\xi}_k\hat{W}_a(\cdot,t)\|^2\geqslant c_1(1+t)^{-\frac{5}{4}}.\tag{6.4.100}$$

重复以上的步骤，我们就可以估计更高阶项 $\|\mathrm{i}^{|\alpha|}\boldsymbol{\xi}_1^{\alpha_1}\boldsymbol{\xi}_2^{\alpha_2}\boldsymbol{\xi}_3^{\alpha_3}\hat{W}_a\|^2(|\alpha|\leqslant 6)$，再利用 Plancherel 定理即可得出 W_a 按代数次数衰减估计的下界，

$$\|\partial_x^l W_a(\cdot,t)\|_{L^2(\mathbf{R}^3)}\geqslant c(1+t)^{-\frac{l}{2}-\frac{3}{4}},0\leqslant l\leqslant 6.\tag{6.4.101}$$

类似地，我们即可得到关于 $\hat{\boldsymbol{J}}_a$ 的代数次数衰减估计。事实上，由 (6.4.90)–(6.4.92) 知

$$\begin{aligned}\|\hat{\boldsymbol{J}}_a^{(k)}(\cdot,t)\|^2\geqslant&\frac{1}{2}\int_{\mathbf{R}^3}|T_2^{(k)}|^2\mathrm{d}\boldsymbol{\xi}-\int_{\mathbf{R}^3}|R_2^{(k)}|^2\mathrm{d}\boldsymbol{\xi}\geqslant\\&\frac{1}{2}\int_{\mathbf{R}^3}|T_2^{(k)}|^2\mathrm{d}\boldsymbol{\xi}-c(1+t)\mathrm{e}^{-ct}\geqslant\\&c\int_{|\boldsymbol{\xi}|^2<\min\{\frac{\sqrt{2}-1}{2},r^2\}}|\boldsymbol{\xi}_kF_1|^2\mathrm{d}\boldsymbol{\xi}-c(1+t)\mathrm{e}^{-ct},\text{ 其中 }k=1,2,3.\end{aligned}\tag{6.4.102}$$

又因为对 $0\leqslant|\boldsymbol{\xi}|^2<\frac{1}{2}\left(\frac{\sqrt{2}-1}{2}\right)$，有 $\frac{5-2\sqrt{2}}{4}<I_1<1$，所以对 $t>1$ 以及 $|\boldsymbol{\xi}|^2<\frac{1}{2}\left(\frac{\sqrt{2}-1}{2}\right)$，有

$$|F_1|=\left|\frac{\mathrm{e}^{-\frac{t}{2}(1-I_1)}-\mathrm{e}^{-\frac{t}{2}(1+I_1)}}{I_1}\right|=\frac{1}{|I_1|}|\mathrm{e}^{-\frac{t}{2}(1-I_1)}(1-\mathrm{e}^{-tI_1})|\geqslant c\mathrm{e}^{-\frac{t}{2}(1-I_1)}.\tag{6.4.103}$$

由 (6.4.92) 以及对 $|\boldsymbol{\xi}|^2\leqslant\frac{1}{2}\left(\frac{\sqrt{2}-1}{2}\right)$，有 $\mathrm{e}^{-\frac{t}{2}(1-I_1)}\geqslant c\mathrm{e}^{-c|\boldsymbol{\xi}|^2t}$ 成立，最终可以得到对 $|\boldsymbol{\xi}|^2<\frac{1}{2}\left(\frac{\sqrt{2}-1}{2}\right)$ 有

$$|F_1|\geqslant c\mathrm{e}^{-c|\boldsymbol{\xi}|^2t}.\tag{6.4.104}$$

选择 $r_1^2=\min\left\{r^2,\frac{1}{2}\left(\frac{\sqrt{2}-1}{2}\right)\right\}$，并令 $t>1$。由 (6.4.102) 与 (6.4.104) 可得

$$\|\hat{\boldsymbol{J}}_a^{(k)}(\cdot,t)\|^2\geqslant c\int_{|\boldsymbol{\xi}|^2<r_1^2}|\boldsymbol{\xi}_k|^2\mathrm{e}^{-2c|\boldsymbol{\xi}|^2t}\mathrm{d}\boldsymbol{\xi}-c(1+t)\mathrm{e}^{-ct}\geqslant$$
$$c(1+t)^{-\frac{5}{3}}-c(1+t)\mathrm{e}^{-ct},\text{ 其中 }k=1,2,3.\tag{6.4.105}$$

这就给出了对于 $t \gg 1$ 时，$\boldsymbol{J}_a = (\boldsymbol{J}_a^{(1)}, \boldsymbol{J}_a^{(2)}, \boldsymbol{J}_a^{(3)})$ 的时间衰减率

$$\|\boldsymbol{J}_a(\cdot,t)\| = \|\hat{\boldsymbol{J}}_a(\cdot,t)\| \geqslant c_1(1+t)^{-\frac{5}{4}}. \tag{6.4.106}$$

关于 $\boldsymbol{J}_a$ 的高阶导数的衰减估计可以根据与 (6.4.99) 类似的方法得到，最终我们得到对于 $t \gg 1$ 有

$$\|D_x^l \boldsymbol{J}_a(\cdot,t)\| \geqslant c(1+t)^{-\frac{l}{2}-\frac{5}{4}}, \text{ 其中 } l = 1,2,3,4,5. \tag{6.4.107}$$

由于 W_a 与 W_b 和 $\boldsymbol{J}_a$ 与 $\boldsymbol{J}_b$ 的对称性，以上估计对 W_b 和 $\boldsymbol{J}_b^{(k)}(k=1,2,3)$ 也成立。这样就完成了定理 6.4.2 的关于时间衰减的下界估计，而上界估计根据 (6.4.83)–(6.4.86) 以及 Plancherel 定理很容易得出，从而完成了定理 6.4.2 的证明。 □

参考文献

[1] 孟庆巨，胡云峰，敬守勇，等. 电子科学与技术专业规划教材：半导体物理学简明教程 [M]. 北京：电子工业出版社，2014.

[2] JÜNGEL A. Transport equations for semiconductors[M]. Berlin: Springer, 2009.

[3] MÉHATS F, PINAUD O. An inverse problem in quantum statistical physics[J]. Journal of statistical physics, 2010, 140: 565-602.

[4] JÜNGEL A, MATTHES D, MILIŠIĆ J P. Derivation of new quantum hydrodynamic equations using entropy minimization[J]. SIAM Journal on applied mathematics, 2006, 67: 46-68.

[5] GUO B L, WANG G W. Blow-up of the smooth solution to quantum hydrodynamic models in R^d[J]. Journal of differential equations, 2016, 261(7): 3815-3842.

[6] GUO B L, WANG G W. Existence of the solution for the viscous bipolar quantum hydrodynamic model[J]. Discrete and continuous dynamical systems series A, 2017, 37(6): 3183-3210.

[7] GUO B L, WANG G W. Blow-up of solutions to quantum hydrodynamic models in half space[J]. Journal of mathematical physics, 2017, 58: 031505.

[8] GUO B L, WANG G W. Global finite energy weak solution to the viscous quantum Navier-Stokes-Landau-Lifschitz-Maxwell model in 2-dimension[J]. Annal of applied mathematics, 2016(2): 111-132.

[9] WANG G W. Exponential decay for the viscous bipolar quantum hydrodynamic model[J]. Annal of applied mathematics, 2015(3): 329-336.

[10] ANTONELLI P, MARCATI P. On the finite energy weak solutions to a system in quantum fluid dynamics[J]. Communication in mathematical physics, 2009, 287(2): 657-686.

[11] BRESCH D, DESJARDINS B, LIN C K. On some compressible fluid models: Korteweg, lubrication, and shallow water systems[J]. Communications partial differential equations, 2003, 28(3-4): 843-868.

[12] BACCARANI G, WORDEMAN M. An investigation of steady-state velocity overshoot in silicon[J]. Solid-State electron, 1985, 28(4): 407-416.

[13] BRESCH D, DESJARDINS B. Quelques modèles diffusifs capillaires de type Korteweg[J]. Comptes rendus - Mécanique. Retour au numéro, 2004, 332(11): 881-886.

[14] CASTELLA F, ERDÖS L, FROMMLET F, MARKOWICH P. Fokker-Planck equations as scaling limits of reversible quantum systems[J]. Journal of statistical physics, 2000, 100(3-4): 543-601.

[15] CALDEIRA A, LEGGETT A. Path integral approach to quantum Brownian motion[J]. Physica A: statistical mechanics and its applications, 1983, 121(3): 587-616.

[16] CHEN L, DREHER M. The viscous model of quantum hydrodynamics in several dimensions[J]. Mathematical models and methods in applied sciences, 2007, 17(7): 1065-1093.

[17] DIÓSI L. On high-temperature Markovian equation for quantum Brownian motion[J]. Europhysics letters, 2007, 22(1): 1-3.

[18] FEIREISL E. Dynamics of viscous compressible fluids[M]. Oxford: Oxford University Press, 2004.

[19] 郭柏灵. 粘性消去法和差分格式的粘性 [M]. 北京：科学出版社，1993.

[20] GUO B L, XI X Y. Global weak solutions to one-dimensional compressible viscous hydrodynamic equations[J]. Acta mathematica scientia, 2017, 37(3): 573-583.

[21] GAMBA I M, JÜNGEL A. Positive solutions to singular third order differential equations for quantum fluids[J]. Archive for rational mechanics and analysis, 2001, 156(3): 183-203.

[22] GAMBA I M, JÜNGEL A. Asymptotic limits in quantum trajectory models[J]. Communication in partial differential equations, 2002, 27(3-4): 669-691.

[23] GAMBA I M, JÜNGEL A, VASSEUR A. Global existence of solutions to one-dimensional viscous quantum hydrodynamic equations[J]. Journal of differential equations, 2009, 247(11): 3117-3135.

[24] GUALDANI M, JÜNGEL A. Analysis of viscous quantum hydrodynamic equations for semiconductors[J]. European journal of applied mathematics, 2004, 15(5): 577-595.

[25] LIONS P L. 非线性边值问题的一些解法 [M]. 郭柏灵, 汪礼礽, 译. 广州: 中山大学出版社, 1992.

[26] HSIAO L, LI H L. Dissipation and dispersion approximation to hydrodynamic equations and asymptotic limit[J]. Journal of partial differential equations, 2008, 21: 59-76.

[27] HAAS F. A magnetohydrodynamic model for quantum plasmas[J]. Physics of plasmas, 2005, 12(6): 062117.

[28] JÜNGEL A. A steady-state quantum Euler-Poisson system for potential flows[J]. Communications in mathematical physics, 1998, 194(2): 463-479.

[29] JÜNGEL A, MILIŠIĆ J P. Physical and numerical viscosity for quantum hydrodynamics[J]. Communication in mathematical sciences, 2007, 5(2): 447-471.

[30] LEFLOCH P, SHELUKHIN V. Symmetries and global solvability of the isothermal gas dynamic equations[J]. Archive for rational mechanics and analysis, 2005, 175(3): 389-430.

[31] NISHIBATA S, SUZUKI M. Initial boundary value problems for a quantum hydrodynamic model of semiconductors: Asymptotic behaviors and classical limites[J]. Journal of differential equations, 2008, 244(4): 836-874.

[32] BRESCH D, DESJARDINS B. Existence of global weak solutions for a 2D viscous shallow water equations and convergence to the quasi-geostrophic model[J]. Communications in mathematical physics, 2003, 238(1-2): 211-223.

[33] BRESCH D, DESJARDINS B. On the construction of approximate solutions for the 2D viscous shallow water model and for compressible Navier-Stokes models[J]. Journal de mathématiques pures et appliquées, 2006, 86(4): 362-368.

[34] BRENNER H. Navier-Stokes revisited[J]. Physica A: statistical mechanics and its applications, 2005, 349(1): 60-132.

[35] BENZONI-GAVAGE S, DANCHIN R, DESCOMBES S. On the well-posedness for the Euler-Korteweg model in several space dimensions[J]. Indiana university mathematics journal, 2007, 56(4): 1499-1580.

[36] BRESCH D, DESJARDINS B. On the existence of global weak solutions to the Navier-Stokes equations for viscous compressible and heat conducting fluids[J]. Journal de mathématiques pures et appliquées, 2007, 87(1): 57-90.

[37] BRESCH D, DESJARDINS B, GÉRARD-VARET D. On compressible Navier-Stokes equations with density dependent viscosities in bounded domains[J]. Journal de mathématiques pures et appliquées, 2007, 87(2): 227-235.

[38] BRULL S, MÉHATS F. Derivation of viscous correction terms for the isothermal quantum Euler model[J]. ZAMM-Journal of applied mathematics and mechanics zeitschrift für angewandte mathematik und mechanik, 2010, 90(3): 219-230.

[39] CHEN L, DREHER M. Viscous quantum hydrodynamics and parameter-elliptic systems[J]. Mathematical methods in the applied sciences, 2011, 34(5): 520-531.

[40] CHEN L, DREHER M. Partial differential equations and spectral theory[M]. Berlin: Springer, 2011.

[41] DONG J. A note on barotropic compressible quantum Navier-Stokes equations[J], Nonlinear analysis: theory, methods and applications, 2010, 73(4): 854-856.

[42] DANCHIN R, DESJARDINS B. Existence of solutions for compressible fluid models of Korteweg type[C]. Annales de l'IHP Analyse non linéaire. 1998, 18(1): 97-133.

[43] DREHER M. The transient equations of viscous quantum hydrodynamics[J]. Mathematical methods in the applied sciences, 2010, 31(4): 391-414.

[44] FEIREISL E, VASSEUR A. New perspectives in fluid dynamics: Mathematical analysis of a model proposed by Howard Brenner[M]. Basel: Birkhäuser, 2009.

[45] FERRY D K, ZHOU J R. Form of the quantum potential for use in hydrodynamic equations for semiconductor device modeling[J]. Physical review B, 1993, 48(11): 7944-7950.

[46] GARDNER C L. The quantum hydrodynamic model for semiconductor devices[J]. SIAM Journal on applied mathematics, 1994, 54(2): 409-427.

[47] GRANT J. Pressure and stress tensor expressions in the fluid mechanical formulation of the Bose condensate equations[J]. Journal of physics A: mathematical, nuclear and general, 2001, 6(11): L151.

[48] HATTORI H H H, LI D. Global solutions of a high dimensional system for Korteweg materials[J]. Journal of mathematical analysis and applications, 1996, 198(1): 84-97.

[49] HASPOT B. Existence of weak solutions for compressible fluid models of Korteweg type[J]. Journal of mathematical fluid mechanics, 2011, 13(2): 223-249.

[50] HOFF D, SMOLLER J. Non-formation of vacuum states for compressible Navier-Stokes equations[J]. Communications in mathematical physics, 2001, 216(2): 255-276.

[51] HUANG F, WANG Z. Convergence of viscosity solutions for isothermal gas dynamics[J]. SIAM Journal on mathematical analysis, 2002, 34(3): 595-610.

[52] JÜNGEL A. Effective velocity in compressible Navier-Stokes equations with third-order derivatives[J]. Nonlinear analysis: theory, methods and applications, 2011, 74(8): 2813-2818.

[53] JÜNGEL A, LI H. Quantum Euler-Poisson systems: global existence and exponential decay[J]. Quarterly of applied mathematics, 2004, 62(3): 569-600.

[54] JÜNGEL A, MATTHES D. An algorithmic construction of entropies in higher-order nonlinear PDEs[J]. Nonlinearity, 2006, 19(3): 633.

[55] JÜNGEL A, MATTHES D. The Derrida-Lebowitz-Speer-Spohn equation: existence, nonuniqueness, and decay rates of the solutions[J]. SIAM Journal on mathematical analysis, 2008, 39(6): 1996-2015.

[56] JOSEPH D D, HUANG A, HU H. Non-solenoidal velocity effects and Korteweg stresses in simple mixtures of incompressible liquids[J]. Physica D: nonlinear phenomena, 1996, 97(1): 104-125.

[57] JIANG F. A remark on weak solutions to the barotropic compressible quantum Navier-Stokes equations[J]. Nonlinear analysis: real world applications, 2011, 12(3): 1733-1735.

[58] JÜNGEL A. Global weak solutions to compressible Navier-Stokes equations for quantum fluids[J]. SIAM Journal on mathematical analysis, 2010, 42(3): 1025-1045.

[59] LI H L, LI J, XIN Z. Vanishing of vacuum states and blow-up phenomena of the compressible Navier-Stokes equations[J]. Communications in mathematical physics, 2008, 281(2): 401-444.

[60] LOFFREDO M I, MORATO L M. On the creation of quantized vortex lines in rotating He II[J]. Il Nuovo Cimento B (1971-1996), 1993, 108(2): 205-215.

[61] LUNARDI A. Analytic semigroups and optimal regularity in parabolic problems[M]. Berlin: Springer Science & Business Media, 2012.

[62] LEI Y, WENJUN W. Compressible Navier-Stokes equations with density-dependent viscosity, vacuum and gravitational force in the case of general pressure[J]. Acta mathematica scientia, 2008, 28(4): 801-817.

[63] MADELUNG E. Quantentheorie in hydrodynamischer Form[J]. Zeitschrift für physik A hadrons and nuclei, 1927, 40(3): 322-326.

[64] MELLET A, VASSEUR A. On the barotropic compressible Navier-Stokes equations[J]. Communications in partial differential equations, 2007, 32(3): 431-452.

[65] WYATT R E. Quantum dynamics with trajectories: introduction to quantum hydrodynamics[M]. Berlin: Springer Science & Business Media, 2006.

[66] ZEIDLER E. Nonlinear functional analysis and its applications[M]. Berlin: Springer, 1990.

[67] ZATORSKA E. Fundamental problems to equations of compressible chemically reacting flows [D/OL]. Warszawski: Uniwersytet Warszawski, 2013.

[68] GISCLON M, LACROIX-VIOLET I. About the barotropic compressible quantum Navier-Stokes equations[J]. Nonlinear analysis: theory, methods and applications, 2015, 128: 106-121.

[69] JÜNGEL A, MILISIK J P. Progress in Industrial Mathematics at ECMI 2010[C]. Berlin: Springer, 2012.

[70] MUCHA P B, POKORNÝ M, ZATORSKA E. Chemically reacting mixtures in terms of degenerated parabolic setting[J]. Journal of mathematical physics, 2013, 54(7): 071501.

[71] ORON A, DAVIS S H, BANKOFF S G. Long-scale evolution of thin liquid films[J]. Reviews of modern physics, 1997, 69(3): 931.

[72] SIMON J. Compact sets in the space $L^p(O,T;B)$[J]. Annali di Matematica pura ed applicata, 1986, 146(1): 65-96.

[73] DEGOND P, GALLEGO S, MEHATS F. On quantum hydrodynamic and quantum energy transport models[J]. Communications in mathematical sciences, 2007, 5(4): 887-908.

[74] GASSER I, MARKOWICH P A. Quantum hydrodynamics Wigner transforms and the classical limit[J]. Asymptotic analysis, 1997, 14(2): 97-116.

[75] GINIBRE J, VELO G. The global Cauchy problem for the non linear Schrödinger equation revisited[C]. Annales de l'IHP Analyse non linéaire. 1985, 2(4): 309-327.

[76] KHALATNIKOV I M. An introduction to the theory of superfluidity[M]. New Jersey: Addison-Wesley Pub. Co, 1988.

[77] MARKOWICH P, RINGHOFER C. Quantum hydrodynamics for semiconductors in the high-field case[J]. Applied mathematics letters, 1994, 7(5): 37-41.

[78] NELSON E. Quantum Fluctuations[M]. Princeton, NJ:Princeton University Press, 1984.

[79] WIGNER E. On the quantum correction for thermodynamic equilibrium[J]. Physical review, 1932, 40(5): 749-759.

[80] WEIGERT S. How to determine a quantum state by measurements: the Pauli problem for a particle with arbitrary potential[J]. Physical review A, 1996, 53(4): 2078.

[81] CAZENAVE T. Semilinear Schrödinger Equations[C] //Courant Lecture Notes in Mathematics, 10, New York University, Courant Institute of Mathematical Sciences, AMS, 2003: 635-637.

[82] TAO T. Nonlinear Dispersive Equations: Local and Global Analysis[C]. Washington: CBMS regional conference series in mathematics, 2006.

[83] BRESCH D, DESJARDINS B. Some diffusive capillary models of Korteweg type[J]. Comptes rendus mecanique, 2004, 332(11): 881-886.

[84] FEIREISL E, NOVOTNÝ A, PETZELTOVÁ H. On the existence of globally defined weak solutions to the Navier-Stokes equations[J]. Journal of mathematical fluid mechanics, 2001, 3(4): 358-392.

[85] FEIREISL E, NOVOTNÝ A. Singular limits in thermodynamics of viscous fluids[M]. Berlin: Springer Science & Business Media, 2009.

[86] LIONS P L. Mathematical topics in fluid mechanics: Compressible models[J]. SIAM review, 1998, 46(2): 123-131.

[87] LI J, XIN Z. Global existence of weak solutions to the barotropic compressible Navier-Stokes flows with degenerate viscosities[J]. Mathematics, 2015.

[88] MUCHA P B, POKORNÝ M, ZATORSKA E. Heat-conducting, compressible mixtures with multicomponent diffusion: construction of a weak solution[J]. SIAM Journal on mathematical analysis, 2015, 47(5): 3747-3797.

[89] BERTOZZI A, PUGH M. Long-wave instabilities and saturation in thin film equations[J]. Communications on pure & applied mathematics, 1998, 51: 625-661.

[90] BLEHER P, LEBOWITZ J, SPEER E. Existence and positivity of solutions of a fourth-order nonlinear PDE describing interface fluctuations[J]. Communications on pure & applied mathematics, 1994, 47: 923-942.

[91] JÜNGEL A. PINNAU R. Global non-negative solutions of a nonlinear fourth-order parabolic equation for quantum systems[J]. SIAM Journal on mathematical analysis, 2000, 32(4): 760-777.

[92] PASSO R, GARCKE H, GRÜN G. On a fourth-order degenerate parabolic equation: global entropy estimates, existence, and qualitative behaviour of solutions[J]. SIAM Journal on mathematical analysis, 1998, 29(2): 321-342.

[93] BREZIS H, OSWALD L. Remarks on sublinear elliptic equations[J]. Nonlinear analysis theory methods & applications, 1986, 10(1): 55-64.

[94] ANCONA M G, IAFRATE G J. Quantum correction to the equation of state of an electron gas in a semiconductor[J]. Physical review B, 1989, 39(13): 9536-9540.

[95] BLOTEKJAER K. Transport equations for electrons in two-valley semiconductors[J]. IEEE Transactions on electron devices, 1970, 17(1): 38-47.

[96] DEGOND P, MARKOWICH P A. On a one-dimensional steady-state hydrodynamic model for semiconductors[J]. Applied mathematics letters, 1990, 3(3): 25-29.

[97] GUO Y, STRAUSS W. Stability of semiconductor states with insulating and contact boundary conditions[J]. Archive for rational mechanics and analysis, 2006, 179(1): 1-30.

[98] GILBARG D, TRUDINGER N S. Elliptic partial differential equations of second order[M]. Berlin: springer, 2015.

[99] KAWASHIMA S, NIKKUNI Y, NISHIBATA S. The initial value problem for hyperbolic-elliptic coupled systems and applications to radiation hydrodynamics[J]. Analysis of systems of conservation laws, 1999, 99.

[100] KAWASHIMA S, NIKKUNI Y, NISHIBATA S. Large-time behaviour of solutions to hyperbolic-elliptic coupled systems[J]. Archive for rational mechanics and analysis, 2003, 170(4): 297-329.

[101] LI H, MARKOWICH P, MEI M. Asymptotic behaviour of solutions of the hydrodynamic model of semiconductors[J]. Proceedings of the royal society of edinburgh: section A mathematics, 2002, 132(02): 359-378.

[102] MATSUMURA A, MURAKAMI T. Asymptotic behaviour of solutions for a fluid dynamical model of semiconductor equation[J]. Kyoto University. RIMS kokyuroku, 2006, 1495: 60-70.

[103] NISHIBATA S, SUZUKI M. Asymptotic stability of a stationary solution to a hydrodynamic model of semiconductors[J]. Osaka journal of mathematics, 2007, 44(3): 639-665.

[104] PINNAU R. A note on boundary conditions for quantum hydrodynamic equations[J]. Applied mathematics letters, 1999, 12(5): 77-82.

[105] RACKE R. Lectures on nonlinear evolution equations[M]. Berlin: Springer, 1992.

[106] TEMAM R. Infinite-dimensional dynamical systems in mechanics and physics[M]. Berlin: Springer science & business media, 1997.

[107] GAMBA I M, GUALDANI M P, ZHANG P. On the blowing up of solutions to quantum hydrodynamic models on bounded domains[J]. Monatshefie für mathematik, 2009, 157(1): 37-54.

[108] GASSER I, HSIAO L, LI H L. Large time behaviour of solutions of the bipolar hydrodynamic model for semiconductors[J]. Journal of differential equations, 2003, 192(2): 326-359.

[109] HUANG F M, LI H L, MATSUMURA A, et al. Well-posedness and stability of multi-dimensional quantum hydrodynamics for semiconductors in R^3, Series in Contemporary Applied Mathematics CAM 15[M]. Beijing: High Education Press, Beijing, 2010.

[110] JÜNGEL A. Global smooth solutions to the multi-dimensional hydrodynamic model for two-carrier plasmas[J]. Journal of differential equations, 2003, 190(2): 663-685.

[111] JÜNGEL A, Li H L, Matsumura A. The relaxation-time limit in the quantum hydrodynamic equations for semiconductors[J]. Journal of differential equations, 2006, 225(2): 440-464.

[112] LI H L, MARCATI P. Existence and asymptotic behavior of multi-dimensional quantum hydrodynamic model for semiconductors[J]. Communications in mathematical physics, 2004, 245(2): 215-247.

[113] LI H L, ZHANG G J, ZHANG K J. Algebraic time decay for the bipolar quantum hydrodynamic model[J]. Mathematical models & methods in applied sciences, 2008, 18(6): 859-881.

[114] MARCATI P, NATALINI R. Weak solution to a hydrodynamic model for semiconductors and relaxation to the drift-diffusion equations[J]. Archive for rational mechanics and analysis, 1995, 129(2): 129-145.

[115] YANG X H. Quasineutral limit of bipolar quantum hydrodynamic model for semiconductors[J]. Frontiers of mathematics in China, 2011, 6(2): 349-362.

[116] ZhANG G J, LI H L, ZHANG K J. Semiclassical and relaxation limits of bipolar quantum hydrodynamic model for semiconductors[J]. Journal of differential equations, 2008, 245(6): 1433-1453.